Mengen – Zahlen – Zahlbereiche

# Mathematik Primar- und Sekundarstufe

Herausgegeben von
Prof. Dr. Friedhelm Padberg
Universität Bielefeld

Bisher erschienene Bände:

**Didaktik der Mathematik**

A.-M. Fraedrich: Planung von Mathematikunterricht in der Grundschule (P)
M. Franke: Didaktik der Geometrie (P)
M. Franke: Didaktik des Sachrechnens in der Grundschule (P)
K. Hasemann: Anfangsunterricht Mathematik (P)
G. Krauthausen/P. Scherer: Einführung in die Mathematikdidaktik (P)
G. Krummheuer/M. Fetzer: Der Alltag im Mathematikunterricht (P)
F. Padberg: Didaktik der Arithmetik (P)

G. Holland: Geometrie in der Sekundarstufe (S)
F. Padberg: Didaktik der Bruchrechnung (S)
H.-J. Vollrath: Algebra in der Sekundarstufe (S)
H.-J. Vollrath: Grundlagen des Mathematikunterrichts in der Sekundarstufe (S)
H.-G. Weigand/T. Weth: Computer im Mathematikunterricht (S)

**Mathematik**

F. Padberg: Einführung in die Mathematik I – Arithmetik (P)
F. Padberg: Zahlentheorie und Arithmetik (P)
M. Stein: Einführung in die Mathematik II – Geometrie (P)
M. Stein: Geometrie (P)

K. Appell/J. Appell: Mengen – Zahlen – Zahlbereiche (P/S)
S. Krauter: Erlebnis Elementargeometrie (P/S)
H. Kütting: Elementare Stochastik (P/S)
F. Padberg: Elementare Zahlentheorie (P/S)
F. Padberg/R. Danckwerts/M. Stein: Zahlbereiche (P/S)

**Weitere Bände in Vorbereitung:**

Mathematische Begabung in der Grundschule (P)

Didaktik der Geometrie (S)
Didaktik des Sachrechnens (S)
Didaktik der Analysis (S)

P: Schwerpunkt Primarstufe
S: Schwerpunkt Sekundarstufe

Kristina Appell / Jürgen Appell

# Mengen – Zahlen – Zahlbereiche

## Eine elementare Einführung in die Mathematik

**Autoren**
Akad. Rätin Dr. Kristina Appell
Prof. Dr. Jürgen Appell,
Mathematisches Institut
Universität Würzburg
Am Hubland
97074 Würzburg



**Bibliografische Information Der Deutschen Bibliothek**
Die Deutsche Bibliothek verzeichnet diese Publikation in der Deutschen Nationalbibliografi e; detaillierte bibliografische Daten sind im Internet über http://dnb.ddb.de abrufbar.


Springer ist ein Unternehmen von Springer Science+Business Media
springer.de


1. Auflage 2005, Nachdruck 2012
© Spektrum Akademischer Verlag Heidelberg 2005
Spektrum Akademischer Verlag ist ein Imprint von Springer


12   13   14   15   16      5   4   3   2



Planung und Lektorat: Dr. Andreas Rüdinger, Barbara Lühker
Umschlaggestaltung: SpieszDesign, Neu-Ulm
Satz: Autorensatz

ISBN 978-3-8274-1660-5

# Vorwort

Dieses Buch ist aus den Erfahrungen heraus entstanden, die wir in Vorlesungen zum Aufbau des Zahlensystems und verwandten Themen in den Jahren 2002–2004 am Mathematischen Institut der Universität Würzburg sammeln konnten. Zielgruppe dieser Vorlesungen waren Studentinnen und Studenten zu Beginn ihres Studiums für das Lehramt an Grund-, Haupt- und Realschulen. Der in diesem Buch enthaltene Stoff ist aber auch für Erstsemester im Diplomstudiengang Mathematik sowie im Studiengang für zukünftige Lehrerinnen und Lehrer an Gymnasien unverzichtbar: Er deckt das Basiswissen ab, welches im Laufe des späteren Studiums immer wieder gebraucht wird.

Im Hinblick auf die Leserschaft im ersten Semester ist die Darstellung durchweg elementar: Außer einer gewissen „naiven" Erfahrung mit Zahlen wird so gut wie nichts vorausgesetzt; neue Begriffe werden von vielen konkreten Beispielen ausgehend eingeführt und danach ebenso mit weiteren Beispielen illustriert.

Traditionell steht der Aufbau des Zahlensystems (von den natürlichen über die ganzen und rationalen zu den reellen Zahlen) am Beginn des Mathematikstudiums, obwohl er sich – bei streng mathematischer Behandlung – wegen seiner Komplexität eigentlich gar nicht als Einstieg eignet. Eine axiomatische Einführung der natürlichen Zahlen über die Peano-Axiome ist reichlich abstrakt, ganz zu schweigen von der Konstruktion der reellen Zahlen aus den rationalen über Dedekind'sche Schnitte, Intervallschachtelungen oder Cauchyfolgen. Selbst „harmlose" Erweiterungen wie die von den natürlichen zu den ganzen oder von den ganzen zu den rationalen Zahlen setzen Äquivalenzklassenbildung voraus. Man steht also als Autor oder Dozent vor der undankbaren Aufgabe, ein im Grunde einfaches Thema mit komplizierten Methoden angehen zu müssen.

Ein Ausweg aus diesem Dilemma, den wir auch in diesem Buch beschritten haben, besteht darin, „zweigleisig" zu fahren: Zunächst führt man die betrachteten Zahlenmengen in naiver Weise ein, d.h. auf unserer Alltagserfahrung beruhend, und rechnet auch damit „wie man es schon immer getan hat". Dies werden wir in den ersten vier Kapiteln tun. Da wir dort auch algebraische Strukturen wie Gruppen, Ringe und Körper einführen, können wir die betrachteten Zahlenmengen auf ihre algebraischen Eigenschaften hin beleuchten. Erst im fünften Kapitel kommen wir zum Begriff der Äquivalenzrelation, der es uns erlaubt, die übliche axiomatische Erweiterung von den natürlichen zu den rationalen Zahlen sauber durchzuführen. Im sechsten Kapitel beschreiben wir dann kurz die drei üblichen Methoden zur Konstruktion der reellen Zahlen und zeigen, warum das Ergebnis (bis auf Isomorphie) jedes Mal dasselbe ist.

Das Buch dient nicht nur der Einführung der wichtigsten Zahlbereiche bis hin zu den komplexen Zahlen, sondern soll auch den in der Mathematik fundamentalen Mengen- und Funktionsbegriff erklären. En passant lernt man also mit so wichtigen Begriffen wie Aussagen, Mengen, Funktionen, Injektivität und Surjektivität, Monotonie, Folgen, Primzahlen und Teilbarkeit umzugehen, die später immer wieder gebraucht werden. Darüber hinaus kann man sich bei der Lektüre auch schon an Begriffe und Techniken gewöhnen, die in den mathematischen Grundvorlesungen Analysis und Lineare Algebra zentral sind, wie etwa den Begriff der konvergenten Folge oder die Regel für die Multiplikation zweier Matrizen.

Wir danken dem Spektrum Akademischer Verlag für die durchweg sehr angenehme Zusammenarbeit und die Aufnahme dieses Buches in die MPS-Reihe. Besonders dankbar sind wir Herrn Professor Dr. Friedhelm Padberg und Herrn Dr. Andreas Rüdinger für mehrere Verbesserungsvorschläge sowie Frau Barbara Lühker für ihre große Hilfsbereitschaft bei der Lösung redaktionstechnischer Probleme. Schließlich danken wir unseren Studentinnen und Studenten, die mit unendlicher Geduld Vorlesungen und Seminare über den Stoff dieses Buches gehört und danach beschlossen haben, noch tiefer in die Mathematik einzudringen.

Würzburg, Mai 2005
Kristina und Jürgen Appell

# Inhaltsverzeichnis

# Einleitung

Hauptsächlicher (aber nicht einziger) Gegenstand dieses Buches sind *Mengen von Zahlen*. Einerseits kennen wir alle diese Zahlen aus naiver Erfahrung und gehen täglich mit ihnen um. Andererseits haben diese Zahlen interessante Eigenschaften, deren Verständnis einige Kenntnisse über mathematische Grundstrukturen voraussetzen. Die Vermittlung dieser Kenntnisse ist ein wichtiges Ziel dieses Buches.

Auch wenn wir Zahlenmengen systematisch erst in den folgenden Kapiteln (vor allem in Kapitel 3 und 4) untersuchen werden, wollen wir zu Beginn einmal zusammenstellen, was wir über Zahlen schon „wissen". Besonders geläufig ist uns die Menge der *natürlichen Zahlen*[1]

$$\mathbb{N} := \{1, 2, 3, 4, 5, 6, 7, 8, 9, 10, \ldots\}, \tag{1}$$

die wir ja seit unserer frühesten Kindheit zum „Zählen" von Objekten benutzen.[2] Nehmen wir zur Menge der natürlichen Zahlen die Null hinzu, so nennen wir die entstehende erweiterte Menge $\mathbb{N}_0$, also

$$\mathbb{N}_0 := \{0, 1, 2, 3, 4, 5, 6, 7, 8, 9, 10, \ldots\}. \tag{2}$$

Beim Aufbau des Zahlensystems wird die Menge der natürlichen Zahlen schrittweise erweitert, und zwar wegen der Unmöglichkeit, die „gewohnten" Rechenoperationen unbegrenzt ausführen zu können. Hierbei sind zunächst zwei verschiedene Erweiterungen möglich und nützlich:

Einerseits ist klar, dass (im Gegensatz zur *Summe*) die *Differenz* zweier natürlicher Zahlen nicht mehr eine natürliche Zahl zu sein braucht (z.B.

---

[1]Der Doppelpunkt vor dem Gleichheitszeichen in (1) soll bedeuten, dass die linke Menge durch die rechte Menge *definiert* wird, d.h., wir „erfinden" damit eine Bezeichnung für das Objekt nach dem Symbol :=.

[2]Die Punkte rechts in der Menge (1) sollen andeuten, dass es im Positiven „unbegrenzt weitergeht". Diese „Definitionen" sind natürlich unbefriegend, weil man ja nicht weiß, *wie* es weitergeht. Wie genau die hier vorgestellten Zahlenmengen definiert werden, erfahren Sie erst im sechsten Kapitel; aber auch ohne eine saubere Definition kann man mit diesen Zahlen gut „rechnen".

$3 - 7$). Man betrachtet deshalb außer natürlichen Zahlen noch die Menge der *ganzen Zahlen*

$$\mathbb{Z} := \{\ldots, -6, -5, -4, -3, -2, -1, 0, 1, 2, 3, 4, 5, 6, \ldots\}, \tag{3}$$

nimmt also „negative" Zahlen dazu.[3]

Andererseits ist klar, dass (im Gegensatz zum *Produkt*) der *Quotient* zweier natürlicher Zahlen nicht mehr eine natürliche Zahl zu sein braucht (z.B. $3/7$). Man erweitert deshalb die natürlichen Zahlen um die „Brüche"

$$\mathbb{Q}^+ := \{1, 2, 3 \ldots, \tfrac{1}{2}, \tfrac{3}{2}, \tfrac{5}{2}, \ldots, \tfrac{1}{3}, \tfrac{2}{3}, \tfrac{4}{3}, \ldots, \tfrac{1}{4}, \tfrac{3}{4}, \tfrac{5}{4}, \ldots \tfrac{1}{5}, \tfrac{2}{5}, \tfrac{3}{5}, \ldots\}, \tag{4}$$

die als (positive) *rationale Zahlen* bezeichnet werden.

Beide Erweiterungen lassen sich auch kombinieren und führen dann auf die Menge der *rationalen Zahlen*

$$\begin{aligned}
\mathbb{Q} := \{ &\tfrac{1}{2}, \tfrac{3}{2}, \tfrac{5}{2}, \ldots, \tfrac{1}{3}, \tfrac{2}{3}, \tfrac{4}{3}, \ldots, \tfrac{1}{4}, \tfrac{3}{4}, \tfrac{5}{4}, \ldots, \\
&-\tfrac{1}{2}, -\tfrac{3}{2}, -\tfrac{5}{2}, \ldots, -\tfrac{1}{3}, -\tfrac{2}{3}, -\tfrac{4}{3}, \ldots, -\tfrac{1}{4}, -\tfrac{3}{4}, -\tfrac{5}{4}, \ldots\},
\end{aligned} \tag{5}$$

die schon für viele Zwecke ausreichen. Rationale Zahlen sind also alle „Brüche" der Form $m/n$ mit ganzen Zahlen $m$ und $n$, wobei $n$ nicht Null sein darf. Hierbei ist als Nenner auch $n = 1$ erlaubt, d.h., wir sehen auch die ganzen Zahlen selbst als spezielle rationale Zahlen an.

Es gibt allerdings wichtige Gründe, warum man auch mit der Menge der rationalen Zahlen noch nicht zufrieden ist. Ein Grund hierfür ist, dass man in dieser Menge nicht beliebig „Wurzeln ziehen kann" (vgl. Satz 1.1 unten); weitere noch wichtigere Gründe werden wir in Kapitel 4 behandeln. Anders als bei der Erweiterung von $\mathbb{Z}$ zu $\mathbb{Q}$ gibt es allerdings keine „Alltagsprobleme", die eine nochmalige Erweiterung von $\mathbb{Q}$ veranlassen. Im täglichen Leben rechnen wir nun mal nur mit rationalen Zahlen,[4] weil wir immer nur endlich viele Stellen hinter dem Komma berücksichtigen.

Um vernünftig Mathematik betreiben zu können, reicht die Menge der rationalen Zahlen allerdings bei weitem nicht aus. Die nützlichste Erweiterung der Menge $\mathbb{Q}$ liefert dann die Menge $\mathbb{R}$ der so genannten *reellen Zahlen* (die wir hier leider noch nicht beschreiben können, also Geduld!). Alle

---

[3] Die Punkte links und rechts in der Menge (3) sollen andeuten, dass es sowohl im Negativen als auch im Positiven „unbegrenzt weitergeht".

[4] Ihr Taschenrechner (und sogar jeder noch so leistungsfähige Computer) kennt sogar nur endlich viele rationale Zahlen!

reellen Zahlen, die nicht rational sind, werden *irrationale Zahlen* genannt; prominente Beispiele irrationaler Zahlen sind Wurzeln wie $\sqrt{2} \approx 1,41$ oder $\sqrt[3]{2} \approx 1,26$, die *Euler'sche Zahl* $e \approx 2,72$ und die *Kreiszahl* $\pi \approx 3,14$. Die irrationalen Zahlen kann man noch einmal unterteilen in *algebraische Zahlen* (wie $\sqrt{2}$ und $\sqrt[3]{2}$) und *transzendente Zahlen* (wie $e$ und $\pi$). Hierbei muss betont werden, dass solche Zahlen wie $\sqrt{2}$ oder $\pi$ keine sporadisch auftretenden „Exoten" sind, sondern die „typischen" reellen Zahlen. In der Tat, wenn man aus einer hypothetischen „Zahlenkiste", die alle reellen Zahlen enthält, „zufällig" eine herausnimmt, ist die Wahrscheinlichkeit, eine rationale Zahl ausgewählt zu haben, gleich null.

Die Menge $\mathbb{R}$ der reellen Zahlen ist die mit Abstand wichtigste Zahlenmenge der Mathematik und hat schon alle Eigenschaften, die wir beim Rechnen so benutzen. Hierbei kann man drei Arten von Eigenschaften unterscheiden.

- Erstens können wir reelle Zahlen *addieren* und miteinander *multiplizieren*, d.h., wir können je zwei reellen Zahlen $a$ und $b$ ihre *Summe* $a + b$ oder ihr *Produkt*[5] $a \cdot b$ zuordnen. Eine wichtige Eigenschaft dieser algebraischen Operationen ist ihre *Umkehrbarkeit*, d.h., wir können auch die *Differenz* $a - b$ sowie (für $b \neq 0$) den *Quotienten* $a/b$ betrachten. Übrigens können wir auch die „Potenzierung" $a^n$ für positives $a$ umkehren, d.h., wir können die *$n$-te Wurzel* $\sqrt[n]{a}$ aus einer positiven Zahl ziehen. Alles das werden wir im Laufe dieses Buches natürlich präzisieren.

- Zweitens können wir zwei reelle Zahlen $a$ und $b$ hinsichtlich ihrer Größe *miteinander vergleichen*, d.h., wir können sagen, ob $a < b$ (gesprochen: „$a$ kleiner $b$"), $a = b$ oder $a > b$ (gesprochen: „$a$ größer $b$") gilt. Die Schreibweise $a \leq b$ (gesprochen: „$a$ kleiner gleich $b$") bedeutet, dass $a < b$ *oder* $a = b$ ist, die Schreibweise $a \geq b$ (gesprochen: „$a$ größer gleich $b$") entsprechend, dass $a > b$ *oder* $a = b$ ist. Beispielsweise gilt $2 < 3$, $-\pi > -4$ und $11 \geq 11$. Eine Zahl $a$ heißt *positiv*, falls $a > 0$ ist, *negativ*, falls $a < 0$ ist, *nichtnegativ*, falls $a \geq 0$ ist, und *nichtpositiv*, falls $a \leq 0$ ist.

- Drittens können wir den *Abstand* zweier reeller Zahlen $a$ und $b$ messen, der durch $|a - b|$ gegeben ist. Hierbei ist $|a|$ (gesprochen: „$a$

---

[5]Wie üblich lassen wir beim Produkt den Multiplikationspunkt oft weg, schreiben statt $a \cdot b$ also einfach $ab$.

Betrag") definiert als $a$, falls $a \geq 0$ ist, und als $-a$, falls $a < 0$ ist.[6] Beispielsweise ist $|4| = 4$, $|0| = 0$ und $|-1| = 1$, der Abstand von 4 und $-3$ ist also $|4 - (-3)| = 7$, der Abstand von $\frac{1}{2}$ und $\frac{3}{2}$ dagegen $|\frac{1}{2} - \frac{3}{2}| = 1$.

In der Menge $\mathbb{R}$ der reellen Zahlen kann man Wurzeln aus beliebigen positiven Zahlen ziehen, allerdings nicht aus negativen Zahlen. Beispielsweise hat das Symbol $\sqrt{-1}$ in den reellen Zahlen keinen Sinn, denn es gibt keine reelle Zahl $x$ mit $x^2 = -1$. Dieses Problem kann man dadurch lösen, dass man die Menge der reellen Zahlen noch einmal erweitert zur Menge $\mathbb{C}$ der *komplexen Zahlen*. Eine komplexe Zahl kann man in der Form $z = x + yi$ schreiben, wobei $x$ und $y$ reelle Zahlen sind und $i$, die so genannte „imaginäre Einheit", die Gleichung $i^2 = -1$ löst. Dahinter steckt überhaupt nichts Geheimnisvolles, sondern es ist ganz einfach, wie wir im vierten Kapitel ebenfalls noch sehen werden. Es gibt auch noch andere nützliche Darstellungen komplexer Zahlen, etwa in Polarkoordinaten, die wir ebenfalls besprechen werden.

Auch die Menge der komplexen Zahlen kann man noch zweimal erweitern; man kommt dann zur Menge der so genannten „Quaternionen" $\mathbb{H}$ und „Oktaven" $\mathbb{O}$. Diese etwas exotischen Zahlenmengen spielen aber in der Mathematik fast keine Rolle; wir werden sie daher in diesem Buch auch nur sehr oberflächlich behandeln. Ein merkwürdiges (und sehr tief liegendes) Ergebnis besagt, dass eine nochmalige Erweiterung über die Quaternionen und Oktaven hinaus nicht mehr sinnvoll ist (s. Satz 4.15).

Wir werden die oben unter (1) − (5) angegebenen Zahlenmengen übrigens nicht nur erweitern, sondern auch spezielle Teilmengen davon untersuchen. Eine der interessantesten Teilmengen von $\mathbb{N}$ ist die *Menge der Primzahlen*

$$\mathbb{P} := \{2, 3, 5, 7, 11, 13, 17, 19, 23, 29, 31, 37, 41, 43, 47, \ldots\}, \qquad (6)$$

also derjenigen von 1 verschiedenen natürlichen Zahlen, die nur durch 1 und sich selbst teilbar sind. Alle anderen Zahlen werden wir *zusammengesetzte Zahlen* nennen.[7] Primzahlen und ihre Eigenschaften werden wir insbesondere in Kapitel 3 noch genauer untersuchen. Dort und im Folgenden werden wir allein drei verschiedene Beweise für die Unendlichkeit der Menge der Primzahlen geben (Satz 3.5, Satz 3.9 und Satz 5.5).

---

[6]Mit anderen Worten, der Betrag einer positiven Zahl ist diese Zahl selbst, während der Betrag einer negativen Zahl ihre positive „Gegenzahl" ist; das „Pluszeichen" lässt man vor positiven Zahlen ja immer weg.

[7]Die Zahl 1 spielt eine gewisse Sonderrolle: Sie ist weder eine Primzahl noch eine zusammengesetzte Zahl.

Dieses Buch besteht aus 6 Kapiteln sowie einer Aufgabensammlung und einem Anhang. In den ersten beiden Kapiteln stellen wir zusammen, was ein Studienanfänger über *Aussagen, Mengen* und *Funktionen* wissen sollte. Die *natürlichen* und *ganzen Zahlen* werden im dritten Kapitel behandelt, einschließlich des *Prinzips der vollständigen Induktion* und Fragen der *Teilbarkeit* und Darstellung natürlicher Zahlen als Produkt von Primzahlpotenzen. Die drei wichtigsten Zahlkörper, nämlich die *rationalen, reellen* und *komplexen Zahlen*, sind Gegenstand des vierten Kapitels; dieses Kapitel bildet das Herzstück des Buches.

Im fünften Kapitel stellen wir *Äquivalenz-* und *Ordnungsrelationen* vor und illustrieren sie anhand zahlreicher Beispiele. Ein wichtiges Beispiel einer Äquivalenzrelation auf der Menge $\mathbb{Z}$ der ganzen Zahlen, nämlich die *Kongruenz modulo einer natürlichen Zahl*, spielt eine große Rolle in der Elementaren Zahlen- und Gruppentheorie.

Im sechsten Kapitel beschreiben wir, wie man durch schrittweise Erweiterung von den natürlichen über die ganzen und rationalen zu den *reellen Zahlen* kommt, dem weitaus wichtigsten Zahlbereich in der Mathematik. Insbesondere skizzieren wir die drei klassischen Methoden der Konstruktion von $\mathbb{R}$ aus $\mathbb{Q}$, nämlich die Methode der *Dedekindschen Schnitte, Cauchyfolgen* und *Intervallschachtelungen*, die trotz ihrer Verschiedenheit alle zu demselben Ergebnis führen.

Im siebten Kapitel finden Sie eine Sammlung von etwa 300 Aufgaben. Der größte Teil dieser Aufgaben ist elementar und dürfte selbst von nicht so routinierten Leserinnen und Lesern in überschaubarer Zeit gelöst werden können. Wo es mal etwas schwieriger werden könnte, haben wir Lösungshinweise gegeben; aber der Lerneffekt stellt sich natürlich nur dann ein, wenn Sie erst einmal selbst versuchen, eine möglichst große Anzahl von Aufgaben ohne fremde Hilfe zu lösen. Aus diesem Grund haben wir auch keine vollständigen Lösungen für alle Aufgaben angegeben; die Versuchung, nach kurzer Zeit vergeblichen Probierens dort nachzuschlagen, ist erfahrungsgemäß groß, und das würde den Effekt der Aufgaben wieder zunichte machen. Klavierspielen lernt man ja auch nicht dadurch, dass man einem Pianisten beim Üben zusieht.

Die Bezeichnungsweisen in diesem Buch folgen allgemein üblichen Regeln, ansonsten helfen das Stichwort- und Symbolverzeichnis am Ende. Mit dem Symbol ∎ bezeichnen wir das Ende eines Beweises, mit □ das Ende einer Definition und mit ♡ das Ende eines Beispiels. Im Literaturverzeichnis finden Sie Hinweise auf Bücher, die wir für besonders geeignet halten, das Vorgestellte zu vertiefen und zu ergänzen.

# 1 Aussagen und Mengen

Dieses Kapitel hat einführenden Charakter. Wir diskutieren fundamentale Begriffe der Mathematik wie Aussagen, Mengen und Zahlen, ohne die eine angemessene Formulierung vieler mathematischer Ergebnisse schlicht unmöglich ist. Daneben stellen wir einige gängige Beweisverfahren vor und wiederholen wichtige Eigenschaften reeller Zahlen, wie sie uns aus der Schule vertraut sind.

## 1.1 Etwas Aussagenlogik

Eine *Aussage* ist ein Satz, von dem man eindeutig entscheiden kann, ob er *wahr* oder *falsch* ist. Beispielsweise sind die Sätze „2 ist eine Primzahl", „4 ist eine Primzahl" oder „144 ist eine Quadratzahl" alle Aussagen, dagegen ist der Satz „Was gibt es heute in der Mensa?" keine Aussage. Man muss dabei übrigens eine Aussage gar nicht „sofort" auf ihren Wahrheitsgehalt hin überprüfen können. So ist etwa der Satz „Am 24. Dezember 2023 wird es in Berlin schneien" durchaus eine Aussage, aber erst am Ende des 24. Dezembers 2023 werden wir wissen, ob sie wahr oder falsch ist.

Zwei Aussagen $p$ und $q$ können mithilfe gewisser Symbole („Junktoren") zu neuen Aussagen verknüpft werden. Als wichtige Beispiele hierfür nennen wir

(a) die *Konjunktion* $p \wedge q$ (gesprochen: „$p$ und $q$");

(b) die *Disjunktion* $p \vee q$ (gesprochen: „$p$ oder $q$");

(c) die *Implikation* $p \Rightarrow q$ (gesprochen: „$p$ impliziert $q$", „aus $p$ folgt $q$", „$p$ ist hinreichend für $q$" oder „$q$ ist notwendig für $p$");

(d) die *Äquivalenz* $p \Leftrightarrow q$ (gesprochen: „$p$ und $q$ sind äquivalent").

Definiert sind diese Verknüpfungen dadurch, dass man festlegt, wie ihr Wahrheitsgehalt vom Wahrheitsgehalt von $p$ und $q$ abhängt. Dies kann man z.B. mit so genannten *Wahrheitstafeln* darstellen:

| $p$ | $q$ | $p \wedge q$ | $p \vee q$ | $p \Rightarrow q$ | $p \Leftrightarrow q$ |
|---|---|---|---|---|---|
| wahr | wahr | wahr | wahr | wahr | wahr |
| wahr | falsch | falsch | wahr | falsch | falsch |
| falsch | wahr | falsch | wahr | wahr | falsch |
| falsch | falsch | falsch | falsch | wahr | wahr |

Aus der Wahrheitstafel kann man Folgendes ablesen:

- Die Konjunktion $p \wedge q$ ist nur dann wahr, wenn sowohl $p$ als auch $q$ wahr sind, sonst immer falsch.

- Die Disjunktion $p \vee q$ ist nur dann falsch, wenn sowohl $p$ als auch $q$ falsch sind, sonst immer wahr.

- Die Implikation $p \Rightarrow q$ ist nur dann falsch, wenn $p$ wahr und $q$ falsch ist; *insbesondere ist eine von einer falschen Voraussetzung $p$ ausgehende Implikation immer wahr.*

- Die Äquivalenz $p \Leftrightarrow q$ ist genau dann wahr, wenn $p$ und $q$ denselben Wahrheitswert haben (also beide wahr oder beide falsch sind).

**Warnung.** Man beachte, dass das Symbol $\vee$ *kein ausschließendes „oder"* (im Sinne von „entweder – oder") bezeichnet. Es sei beispielsweise $p$ die Ausage „Ich studiere Mathematik" und $q$ die Aussage „Ich studiere Informatik". Dann ist die Aussage $p \vee q$ auch dann wahr, wenn ich sowohl Mathematik als auch Informatik studiere. Falsch wäre sie nur dann, wenn ich weder Mathematik noch Informatik, sondern z.B. nur Physik studiere.

Und noch eine Warnung müssen wir aussprechen, die oben bei der Implikation schon kursiv hervorgehoben ist: Wenn die Aussage $p$ falsch ist, ist die Implikation $p \Rightarrow q$ immer richtig. Beispielsweise ist die Aussage „Wenn der Mond aus grünem Käse ist, ist heute Donnerstag" *auf jeden Fall richtig* (egal, ob nun tatsächlich Donnerstag ist oder nicht), denn die Voraussetzung „Der Mond ist aus grünem Käse" ist falsch. Das klingt etwas hirnrissig, ist aber – wie wir noch sehen werden – durchaus sinnvoll. Nun betrachten wir einige Beispiele.

**Beispiel 1.1.** Für eine natürliche Zahl $n$ bezeichne $g(n)$ die Aussage[1] „$n$ ist gerade", $u(n)$ die Aussage „$n$ ist ungerade" und $p(n)$ die Aussage „$n$ ist eine Primzahl". Dann ist die Aussage $g(n) \wedge u(n)$ für alle $n$ falsch (denn es gibt keine natürliche Zahl, die sowohl gerade als auch ungerade ist), während die Aussage $g(n) \vee u(n)$ für alle $n$ richtig ist (denn jede natürliche Zahl ist entweder gerade oder ungerade). Außerdem gilt z.B. die Äquivalenz

$$p(n) \wedge g(n) \;\Leftrightarrow\; n = 2,$$

denn 2 ist bekanntlich die einzige gerade Primzahl. Eine weitere wahre Aussage ist durch die Implikation

$$p(n) \wedge u(n) \;\Rightarrow\; n \geq 3$$

gegeben, denn eine ungerade Primzahl muss größer oder gleich 3 sein (1 ist keine Primzahl und 2 ist nicht ungerade). Allerdings ist diese Implikation *keine Äquivalenz*, denn die Umkehrung

$$n \geq 3 \;\Rightarrow\; p(n) \wedge u(n)$$

ist *falsch*, wie man schon am Beispiel $n = 4$ sieht.　　　　　　　　♡

Mit dem Symbol $\neg p$ (gesprochen: „nicht $p$") bezeichnet man die *Negation* einer Aussage $p$. Ist also $p$ wahr, so ist $\neg p$ falsch, und ist $p$ falsch, so ist $\neg p$ wahr. Insbesondere gilt

$$\neg(\neg p) \;\Leftrightarrow\; p, \tag{1.1}$$

d.h., das Gegenteil des Gegenteils von $p$ ist wieder $p$ selbst. Die fundamentale Tatsache, dass es außer $p$ und $\neg p$ keine dritte Möglichkeit geben kann, wird als *tertium non datur*[2] bezeichnet. Das „tertium non datur" besagt also, dass

$$p \vee \neg p \tag{1.2}$$

eine *Tautologie* ist, d.h., (1.2) ist immer wahr. In Worten bedeutet (1.2), dass eins von beidem stets wahr ist, die Aussage $p$ oder aber ihr Gegenteil.

---

[1] Sie werden sich vielleicht wundern, dass hinter dem Symbol „$g$" (was an „gerade" erinnern soll) die Zahl $n$ in Klammern steht, also $g(n)$. Das soll nur zum Ausdruck bringen, dass sich die Aussage „$g$" *auf eine allgemeine natürliche Zahl $n$ bezieht*. Aussagen wie $g(m)$, $u(n)$, $p(x)$, $q(y)$ usw., die Variablen $m$, $n$, $x$, $y$ usw. enthalten, werden manchmal auch als *Aussageformen* bezeichnet.

[2] Das ist lateinisch und heißt „Ein Drittes gibt es nicht".

Negiert man eine aus $\wedge$ und $\vee$ zusammengesetzte Aussage, so gelten die folgenden „Rechenregeln":

$$\neg(p \wedge q) \;\Leftrightarrow\; \neg p \vee \neg q, \qquad \neg(p \vee q) \;\Leftrightarrow\; \neg p \wedge \neg q, \qquad (1.3)$$

d.h., $\wedge$ und $\vee$ vertauschen bei der Negation ihre Rollen. Wenden wir diese Regeln auf das *tertium non datur* (1.2) an, so erhalten wir

$$\neg(p \wedge \neg p), \qquad (1.4)$$

d.h., *es kann niemals eine Aussage und gleichzeitig ihr Gegenteil wahr sein.*[3]

Zur Erläuterung der Regel (1.3) betrachten wir zwei Beispiele.

**Beispiel 1.2.** Sie stehen mit Ihrem Fahrrad an einer Straßenkreuzung mit Stoppschild. Sei $p$ die Aussage „rechts ist frei" und $q$ die Aussage „links ist frei". Sie sollten also nur losfahren, wenn $p \wedge q$ wahr ist, d.h. wenn rechts *und* links frei ist. Umgekehrt sollten Sie warten, wenn $\neg(p \wedge q)$, also $\neg p \vee \neg q$ gilt, d.h. wenn rechts etwas kommt *oder* links etwas kommt. $\heartsuit$

**Beispiel 1.3.** Seien $p(n)$, $g(n)$ und $u(n)$ dieselben Aussagen wie in Beispiel 1.1. Wir wissen, dass $n = 2$ die einzige natürliche Zahl ist, die $p(n) \wedge g(n)$ erfüllt. Die Negation von $p(n) \wedge g(n)$ ist nach (1.3)

$$\neg(p(n) \wedge g(n)) \;\Leftrightarrow\; (\neg p(n)) \vee (\neg g(n)) \;\Leftrightarrow\; (\neg p(n)) \vee u(n),$$

d.h., sie wird von allen natürlichen Zahlen erfüllt, die zusammengesetzt *oder* ungerade sind. Dies sind genau alle natürlichen Zahlen außer 2. $\heartsuit$

Eine Implikation der Form $p \Rightarrow q$ kann man äquivalent auch als Disjunktion schreiben, nämlich

$$(p \Rightarrow q) \;\Leftrightarrow\; (\neg p \vee q). \qquad (1.5)$$

Diese Tatsache ist besonders nützlich, wenn man eine Implikation negieren will, wie wir später noch sehen werden. Die Richtigkeit von (1.5) kann man sich anhand der folgenden Wahrheitstafel klar machen, in der alle vier möglichen Kombinationen von $p$ und $q$ erfasst sind:

---

[3] Hier ist ein „Gegenbeispiel": Die Aussage „Dieser Satz besteht aus sechs Wörtern" ist offensichtlich richtig, aber auch sein Gegenteil „Dieser Satz besteht nicht aus sechs Wörtern". Wo liegt der Trugschluss?

| $p$ | $q$ | $p \Rightarrow q$ | $\neg p$ | $\neg p \vee q$ |
|---|---|---|---|---|
| wahr | wahr | wahr | falsch | wahr |
| wahr | falsch | falsch | falsch | falsch |
| falsch | wahr | wahr | wahr | wahr |
| falsch | falsch | wahr | wahr | wahr |

Wie man sieht, stimmen die dritte und fünfte Spalte überein. Damit wird auch klarer, warum eine Implikation, die von einer falschen Voraussetzung ausgeht, immer richtig ist. In der Tat, ist $p$ falsch, so ist $\neg p$ wahr, und daher ist dann $\neg p \vee q$ auf jeden Fall wahr, egal welchen Wahrheitswert $q$ hat!

Durch Benutzung von (1.5) kann man auch leicht eine Implikation negieren, nämlich

$$\neg(p \Rightarrow q) \ \Leftrightarrow \ p \wedge \neg q. \tag{1.6}$$

Die Implikation $p \Rightarrow q$ ist also *falsch*, wenn zwar die Voraussetzung $p$ erfüllt ist, aber die Folgerung $q$ trotzdem nicht eintrifft. Dies entspricht genau unserem logischen Verständnis einer Implikation, oder?

Sehr nützlich beim Beweisen ist auch die Äquivalenz

$$(p \Rightarrow q) \ \Leftrightarrow \ (\neg q \Rightarrow \neg p), \tag{1.7}$$

die als *Kontraposition* bezeichnet wird. Eine Implikation hat also *immer denselben Wahrheitsgehalt* wie ihre Kontraposition! Peinlich genau davon zu unterscheiden ist die *Umkehrung* der Aussage $p \Rightarrow q$, also $q \Rightarrow p$, die einen anderen Wahrheitsgehalt haben kann als $p \Rightarrow q$. Es ist erhellend, sich auch hierfür sowohl ein mathematisches als auch ein umgangssprachliches Beispiel auszudenken:

**Beispiel 1.4.** Sei $p(n)$ die Aussage „$n$ ist durch 10 teilbar" und $q(n)$ die Aussage „$n$ ist durch 5 teilbar". Dann ist die Implikation $p(n) \Rightarrow q(n)$ sicher richtig, denn jede durch 10 teilbare Zahl ist auch durch 5 teilbar. Die *Kontraposition* wäre die Aussage $\neg q(n) \Rightarrow \neg p(n)$, also in Worten: „Ist $n$ nicht durch 5 teilbar, dann auch nicht durch 10", und das ist wieder richtig. Dagegen wäre die *Umkehrung* die Aussage $q(n) \Rightarrow p(n)$, also: „Ist $n$ durch 5 teilbar, dann auch durch 10". Dies ist aber falsch, wie man etwa am Beispiel $n = 25$ sieht! $\heartsuit$

**Beispiel 1.5.** Sei $p$ die Aussage „dieser Monat hat nur 28 Tage" und $q$ die Aussage „dieser Monat ist Februar". Dann ist die Kontraposition

der (richtigen) Aussage $p \Rightarrow q$ (also „wenn dieser Monat nur 28 Tage hat,
dann ist es der Februar") die richtige Aussage $\neg q \Rightarrow \neg p$ (also „wenn dieser
Monat nicht der Februar ist, hat er mehr als 28 Tage"). Die Umkehrung
$q \Rightarrow p$ (also „wenn dieser Monat der Februar ist, dann hat er nur 28 Tage")
ist dagegen nicht immer richtig, denn man könnte ja in einem Schaltjahr
sein.                                                                       $\heartsuit$


## 1.2  Einige Beweistechniken

Das Prinzip der Kontraposition nehmen wir zum Anlass, drei wichtige
Beweismethoden vorzustellen, nämlich die des *direkten*, des *indirekten* und
des *Widerspruchsbeweises*. Beim direkten Beweis der Implikation $p \Rightarrow q$
geht man von der Voraussetzung $p$ aus und argumentiert durch eine Kette
logischer Schlüsse so lange, bis man bei der Behauptung $q$ ankommt. Beim
indirekten Beweis nimmt man dagegen $\neg q$ an und schließt dann auf $\neg p$,
zeigt also in Wirklichkeit die Kontraposition $\neg q \Rightarrow \neg p$. Eine Variante des
indirekten Beweises ist der Widerspruchsbeweis: Hierbei führt man die
Negation der zu beweisenden Aussage $p \Rightarrow q$, also die Aussage $p \wedge \neg q$,
zum Widerspruch. Mit anderen Worten, man nimmt sowohl $p$ also auch
$\neg q$ an und schließt dann so lange weiter, bis man auf einen logischen
Widerspruch stößt.[4] Um die Unterschiede in der Argumentation bei diesen
drei Beweistypen zu illustrieren, bringen wir ein einfaches, aber typisches
Beispiel.

**Beispiel 1.6.** Behauptet wird folgende Aussage über natürliche Zahlen
$n$:

$$\text{Ist } n \text{ ungerade, so ist auch das Quadrat } n^2 \text{ ungerade.} \qquad (1.8)$$

Hier ist also $p(n)$ die Aussage „$n$ ist ungerade" und $q(n)$ die Aussage „$n^2$
ist ungerade", und wir müssen $p(n) \Rightarrow q(n)$ zeigen.

Wir beweisen dies *direkt*. Ist $n$ ungerade, so können wir $n$ in der Form
$n = 2k+1$ mit einer anderen natürlichen Zahl $k$ schreiben. Nach bekannten
Rechenregeln gilt dann $n^2 = (2k+1)^2 = 4k^2 + 4k + 1 = 4k(k+1) + 1$, und
dies ist offensichtlich wieder ungerade. Damit haben wir die Implikation
$p(n) \Rightarrow q(n)$, also (1.8) bewiesen.

Nun wollen wir untersuchen, ob auch die *Umkehrung* von (1.8) gilt, d.h.:

$$\text{Ist } n^2 \text{ ungerade, so ist auch } n \text{ selbst ungerade.} \qquad (1.9)$$

---

[4]Man könnte Widerspruchsbeweise auch *Alibibeweise* nennen, denn auf dem Prinzip
der Widerlegung einer falschen Annahme fußt ein Alibi.

Mit $p(n)$ und $q(n)$ wie vorher ist in (1.9) also die Implikation $q(n) \Rightarrow p(n)$ zu zeigen. Diese Implikation direkt zu beweisen, ist nahezu unmöglich, daher beweisen wir sie *indirekt*, nehmen also $\neg p(n)$ an und müssen $\neg q(n)$ daraus folgern. Mit anderen Worten bedeutet dies, dass wir statt (1.9) die äquivalente Implikation

$$\text{Ist } n \text{ gerade, so ist auch das Quadrat } n^2 \text{ gerade} \qquad (1.10)$$

beweisen wollen. Das machen wir ähnlich wie vorher: Ist $n$ gerade, so können wir $n$ in der Form $n = 2k$ mit einer anderen natürlichen Zahl $k$ schreiben. Nach bekannten Rechenregeln gilt dann $n^2 = (2k)^2 = 4k^2$, und dies ist offensichtlich wieder gerade.

Und wie sähe ein Widerspruchsbeweis der Implikation (1.9) aus? Hierbei müssten wir die Gültigkeit der Negation von (1.9), also

$$n^2 \text{ ist ungerade, aber } n \text{ selbst ist gerade}$$

annehmen, und das könnten wir wieder dadurch zum Widerspruch führen, dass wir $n$ in der Form $n = 2k$ schreiben und damit zeigen, dass auch $n^2$ gerade sein muss.     $\heartsuit$

An diesem Beispiel sieht man schon, dass indirekte Beweise und Beweise durch Widerspruch sich sehr ähnlich sind.[5] Zu erkennen, welche Beweistechnik man besser benutzen sollte, hängt von der zu beweisenden Behauptung ab und erfordert ein gewisses Maß an Intuition und Routine.

Die harmlose Implikation (1.8) aus Beispiel 1.6 erlaubt es uns, eine sehr wichtige Tatsache zu beweisen, nämlich *die Existenz irrationaler Zahlen*. Zunächst halten wir als Definition fest, was wir schon in (5) aufgeschrieben haben:

**Definition 1.1.** Eine reelle Zahl $x$ heißt *rational*, wenn sie sich in der Form $x = m/n$ mit zwei ganzen Zahlen $m$ und $n$ schreiben lässt, wobei $n \neq 0$ sei. Im gegenteiligen Fall heißt $x$ *irrational*.     $\square$

Schon in der Einleitung haben wir erwähnt, dass die Zahl $\sqrt{2}$ (Quadratwurzel aus 2) nicht rational ist, d.h., es gibt *keine* rationale Zahl $m/n$, deren Quadrat 2 ist. Dies können wir nun mit einem schönen indirekten Beweis zeigen:

---

[5] Aus diesem Grund unterscheiden manche Autoren auch gar nicht zwischen diesen.

**Satz 1.1.** *Die Quadratwurzel*[6] $\sqrt{2}$ *aus 2 ist irrational.*

**Beweis:** Wir beweisen die Behauptung indirekt. *Angenommen, die Behauptung ist falsch,* d.h., $x := \sqrt{2}$ ist rational. Dann lässt $x$ sich als Bruch $x = m/n$ zweier natürlicher Zahlen $m$ und $n$ schreiben, wobei wir o.B.d.A.[7] annehmen können, dass $m$ und $n$ keine gemeinsamen Teiler enthalten, d.h., dass der Bruch $m/n$ „vollständig gekürzt" ist. Nach Definition von $x = \sqrt{2}$ haben wir also $2 = x^2 = m^2/n^2$, d.h., $m^2 = 2n^2$. Hieraus können wir schließen, dass $m^2$ gerade ist. Damit ist aber nach Beispiel 1.6 auch $m$ selbst gerade. (An dieser Stelle benutzen wir die Kontraposition von (1.8)!). Wir können $m$ also in der Form $m = 2k$ mit einer geeigneten natürlichen Zahl $k$ schreiben. Damit erhalten wir $m^2 = 4k^2$ und $n^2 = 2k^2$, d.h., auch $n^2$ ist gerade. Wieder unter Benutzung der Kontraposition von (1.8) schließen wir hieraus, dass auch $n$ gerade ist. Insgesamt haben wir gezeigt, dass sowohl $m$ als auch $n$ gerade sind, also den gemeinsamen Faktor 2 enthalten. Das ist aber ein *Widerspruch zur Annahme*, dass $m$ und $n$ keine gemeinsamen Teiler haben. Dieser Widerspruch zeigt, dass unsere Annahme falsch war, also die Behauptung richtig. ∎

Das war unser erster Beweis, und er war zugegebenermaßen gar nicht einmal so leicht. Wenn es Ihnen gelungen ist, sich durch die logische Abfolge der Argumentation „durchzufressen", kann man Ihnen nur gratulieren. Wenn (noch) nicht: keine Panik, das ist reine Routinesache!

Praktisch jede mathematische Aussage läuft darauf hinaus, eine Implikation (oder eine Kette von Implikationen) nachzuweisen. Dabei ist es wichtig, sich eine formal hingeschriebene Kette solcher Implikationen zunächst durch „Übersetzen" in eine vernünftige sprachliche Form klar zu machen. Beispielsweise können wir die Aussage

$$[p \wedge (p \Rightarrow q)] \;\Rightarrow\; q \tag{1.11}$$

so deuten: *Wenn p wahr ist und aus p stets q folgt, dann ist auch q wahr.* Die Aussage

$$[(p \Rightarrow q) \wedge (q \Rightarrow r)] \;\Rightarrow\; [p \Rightarrow r] \tag{1.12}$$

---

[6]Wir erinnern an die Konvention, dass Quadratwurzeln immer *positiv* sind, d.h., $\sqrt{2}$ ist die eindeutige positive Zahl $x$, die die Bedingung $x^2 = 2$ erfüllt, vgl. Satz 4.9 und die anschließenden Bemerkungen.

[7]Die Abkürzung „o.B.d.A." ist mathematischer Slang und bedeutet „ohne Beschränkung der Allgemeinheit". Damit meint man, dass man eine Zusatzannahme machen darf, welche die Allgemeingültigkeit des Beweises nicht beeinträchtigt, wohl aber die Denk- und Schreibarbeit verkürzt.

könnte dagegen so formuliert werden: *Wenn aus $p$ stets $q$ folgt und aus $q$ wiederum $r$, dann folgt schon aus $p$ stets $r$.*[8]

**Beispiel 1.7.** Ein Beispiel für (1.11) wäre folgende Argumentationskette: „Es regnet. Wenn es regnet, wird die Straße nass. Also ist die Straße nass." Und hier ist ein Beispiel für (1.12): „Jeder Student ist ein Mensch. Jeder Mensch muss mal was essen. Also muss jeder Student mal was essen." ♡

**Warnung.** Wie wir schon ein paarmal bemerkt haben, sagt eine Implikation $p \Rightarrow q$ absolut nichts über den Wahrheitsgehalt von $p$ aus, sondern nur darüber, dass, *falls* (!) *p wahr ist*, auch $q$ wahr sein muss. Dies ist Nicht-Mathematikern oft nicht klar, wie viele politische Diskussionen zeigen.

Neben den Symbolen $\wedge$, $\vee$ und $\neg$ spielen in der elementaren Aussagenlogik so genannte *Quantoren* eine Rolle, nämlich der *Allquantor* $\forall$ und der *Existenzquantor* $\exists$. Die Symbolik „$\forall x : p(x)$" bedeutet hierbei: „Für alle $x$ gilt (die Aussage) $p(x)$", während die Symbolik „$\exists x : p(x)$" bedeutet: „Es gibt ein $x$, für welches (die Aussage) $p(x)$ gilt". Wichtig ist hierbei, dass bei der Negation einer Aussage die Quantoren $\forall$ und $\exists$ ihre Rollen vertauschen, d.h., es gilt

$$\neg(\forall x : p(x)) \quad\Leftrightarrow\quad \exists x : \neg p(x), \qquad \neg(\exists x : p(x)) \quad\Leftrightarrow\quad \forall x : \neg p(x). \qquad (1.13)$$

Die Beziehung (1.13) wird klarer, wenn man sie in Worten ausdrückt: Ist $p(x)$ nicht *für alle* $x$ richtig, so *gibt es* (mindestens) ein $x$, für das $p(x)$ falsch ist (und umgekehrt); *gibt es* kein $x$, für das $p(x)$ richtig ist, so ist $p(x)$ *für alle* $x$ falsch (und umgekehrt).

**Beispiel 1.8.** Die Negation von „*Alle* Berge sind niedriger als 3000 m" ist: „*Es gibt* einen Berg, der mindestens 3000 m hoch ist". Die Negation von „*Es gibt* einen Menschen, der unsterblich ist" ist: „*Alle* Menschen müssen sterben". Die Negation von „*Alle* Wege führen nach Rom" ist: „*Es gibt* einen Weg, der nicht nach Rom führt."       ♡

**Wichtige Bemerkung.** Aus der ersten Regel in (1.13) kann man folgende äußerst nützliche Lehre ziehen: *Will man eine mit einem Allquantor*

---

[8]Man beachte, dass solche Phrasen oft mit Füllwörtern wie „stets", „auch", „schon" usw. ausgeschmückt sind; diese Füllwörter haben keine logische Bedeutung, sondern sollen nur die Sprache suggestiver machen und zudem verhindern, dass zwei mathematische Symbole aufeinanderstoßen.

*eingeleitete Behauptung widerlegen, so genügt die Angabe eines einzigen*
(!) *Gegenbeispiels.* Nehmen wir etwa an, wir wären der Überzeugung, dass
alle Schwäne weiß seien. Wenn wir dann auch nur einem einzigen anders-
farbigen Schwan begegnen, müssen wir unsere Überzeugung fallen lassen.[9]
Ein etwas mehr mathematisch motiviertes Beispiel wäre: Angenommen,
jemand behauptet, dass alle Primzahlen ungerade seien. Dann genügt es,
ihm das Gegenbeispiel $p = 2$ zu präsentieren und er wäre schlüssig widerlegt.

In der Literatur werden statt $\forall x$ bzw. $\exists x$ auch manchmal die Symbole
$\bigwedge\limits_{x}$ bzw. $\bigvee\limits_{x}$ benutzt. Dies geschieht in Analogie zu den entsprechenden
Operationen zwischen Mengen (s. (1.41) und (1.42) weiter unten).

Mithilfe des Allquantors können wir die Ergebnisse aus Beispiel 1.6 etwas
vollständiger in der Form

$$\forall n \in \mathbb{N} : n \text{ gerade} \ \Leftrightarrow\ n^2 \text{ gerade}$$

sowie

$$\forall n \in \mathbb{N} : n \text{ ungerade} \ \Leftrightarrow\ n^2 \text{ ungerade}$$

formulieren. Oft muss man auch mehrere Quantoren hintereinander benutzen; z.B. wäre das folgende Ungetüm

$$\forall x \ \forall y \ \exists u \ \exists v \ \forall w : \ x + y - u = v + w \tag{1.14}$$

folgendermaßen zu lesen: „Zu jedem $x$ und $y$ existieren ein $u$ und ein $v$
derart, dass für alle $w$ die Beziehung $x + y - u = v + w$ gilt."[10]

**Warnung.** Wenn in einer Aussage mehrere Existenz- oder Allquantoren
hintereinander stehen, dann kann man sie (aber nur solche vom gleichen
Typ!) auch zusammenfassen. So kann man etwa (1.14) etwas kürzer in der
Form

$$\forall x, y \ \exists u, v \ \forall w : \ x + y - u = v + w$$

---

[9]Wie Sie sehen, betrachten wir in diesem Buch ab und zu auch einige „außermathe-
matische Alltagsbeispiele". Solche Beispiele erweisen sich bei näherem Hinsehen aber
oft als tückisch, weil sie bisweilen wegen ihrer mangelnden Präzision einen Interpretati-
onsspielraum lassen: Wie groß muss zum Beispiel der „nichtweiße Anteil" des Gefieders
sein, damit ein Schwan nicht mehr als weiß durchgeht?

[10]Ob die Aussage (1.14) richtig oder falsch oder überhaupt nur sinnvoll ist, interessiert uns hier gar nicht; es geht uns nur um die formale Schreibweise.

schreiben. Allerdings darf man *keinesfalls die Reihenfolge von Existenz-
und Allquantoren vertauschen.* Beispielsweise ist im Bereich der natürlichen Zahlen die Aussage

$$\forall n \; \exists m : \; n \leq m$$

sicher richtig (man kann ja z.B. $m := n + 1$ wählen), aber die durch
Vertauschung der Quantoren entstehende Aussage

$$\exists m \; \forall n : \; n \leq m$$

ist falsch, denn es gibt nun einmal keine natürliche Zahl $m$, die größer
als alle natürlichen Zahlen ist. Was bei der Vertauschung von Quantoren
passiert, können Sie sich an einem umgangssprachlichen Beispiel noch
drastischer klar machen, indem Sie in der Aussage „Zu jedem Studenten
gibt es eine Studentin, die mit ihm ein Verhältnis hat" den All- und den
Existenzquantor vertauschen.

**Wichtige Bemerkung.** Die Symbole $\wedge$, $\vee$ und $\neg$ sowie die Quantoren $\forall$
und $\exists$ sind nützlich, wenn man z.B. eine komplizierte Aussage logisch ein-
wandfrei negieren will. *Keinesfalls sollten sie im Sinne stenographischer
Abkürzungen in einem mathematischen Text (z.B. bei der Bearbeitung von
Übungsblättern) verwendet werden!* Ein mathematischer Text, egal ob bei
der Lösung einer Übungsaufgabe, einer Klausur oder einer Examensarbeit,
sollte immer aus ganzen deutschen Sätzen bestehen. Wir veranschaulichen
dies an einem Beispiel, welches inhaltlich zwar über den Rahmen dieses
Buches hinausgeht, aber trotzdem formal zur Illustration benutzt werden
kann.

Man nennt eine Funktion $f : \mathbb{R} \to \mathbb{R}$ *stetig*[11] in einem Punkt $x_0 \in \mathbb{R}$,
wenn es zu jedem $\varepsilon > 0$ ein $\delta > 0$ gibt derart, dass für alle $x \in \mathbb{R}$ aus
$|x - x_0| < \delta$ stets $|f(x) - f(x_0)| < \varepsilon$ folgt. *Formalisiert* sieht das so aus:

$$\forall \varepsilon > 0 \; \exists \delta > 0 \; \forall x \in \mathbb{R} : |x - x_0| < \delta \; \Rightarrow \; |f(x) - f(x_0)| < \varepsilon.$$

Die Negation dieser Aussage lautet also, wiederum *formalisiert*, nach (1.6)
und (1.13) so:

$$\exists \varepsilon > 0 \; \forall \delta > 0 \; \exists x \in \mathbb{R} : |x - x_0| < \delta \wedge |f(x) - f(x_0)| \geq \varepsilon.$$

---

[11]Sie müssen diese Definition hier nicht in allen Einzelheiten verstehen, das lernen
Sie noch in der Analysis.

Nachdem Sie sich das auf Schmierpapier klar gemacht haben, schreiben Sie dann im Text die Negation in vernünftigem Deutsch auf, etwa: „Eine Funktion $f$ ist im Punkt $x_0$ *unstetig*, falls ein $\varepsilon > 0$ existiert derart, dass man zu jedem $\delta > 0$ ein $x \in \mathbb{R}$ finden kann mit der Eigenschaft, dass $|x - x_0| < \delta$ und $|f(x) - f(x_0)| \geq \varepsilon$ gilt.“

Als weiteres Beispiel kann die etwas komplizierte Aussage (1.14) dienen, deren Negation man formal genauso durch stures Austauschen der Quantoren ($\forall \leftrightarrow \exists$) und schließliches Negieren der Aussage hinten erhält, also:

$$\exists x\ \exists y\ \forall u\ \forall v\ \exists w:\ x + y - u \neq v + w.$$

Dies klingt dann in vernünftigem Mathematikerdeutsch folgendermaßen: „Es gibt Elemente $x$ und $y$ derart, dass zu jedem ein $u$ und $v$ ein $w$ existiert mit $x + y - u \neq v + w$.“

## 1.3  Das Rechnen mit reellen Zahlen

An dieser Stelle wollen wir eine kleine Pause einlegen und uns auf das zurückbesinnen, was wir in der Schule über die algebraischen Operationen (Addition, Subtraktion, Multiplikation, Division), die Ordnungsrelationen ($<$, $\leq$, $>$, $\geq$) und die Betragsfunktion $|\cdot|$ auf der Menge $\mathbb{R}$ der reellen Zahlen gelernt haben. Wir wollen einmal alle Eigenschaften dieser Operationen zusammentragen und dabei gleich die Benutzung der oben eingeführten Quantoren üben. Zunächst gelten für reelle Zahlen bekanntlich die folgenden Rechenregeln:

$$\forall a, b, c \in \mathbb{R}:\ (a + b) + c = a + (b + c), \tag{1.15}$$

$$\forall a, b \in \mathbb{R}:\ a + b = b + a, \tag{1.16}$$

$$\exists 0 \in \mathbb{R}\ \forall a \in \mathbb{R}:\ a + 0 = a, \tag{1.17}$$

$$\forall a \in \mathbb{R}\ \exists b \in \mathbb{R}:\ a + b = 0, \tag{1.18}$$

$$\forall a, b, c \in \mathbb{R}:\ (a \cdot b) \cdot c = a \cdot (b \cdot c), \tag{1.19}$$

$$\forall a, b \in \mathbb{R}:\ a \cdot b = b \cdot a, \tag{1.20}$$

$$\exists 1 \in \mathbb{R}\ \forall a \in \mathbb{R}:\ a \cdot 1 = a, \tag{1.21}$$

$$\forall a \in \mathbb{R}, a \neq 0\ \exists b \in \mathbb{R}:\ a \cdot b = 1, \tag{1.22}$$

$$\forall a, b, c \in \mathbb{R}:\ (a + b) \cdot c = a \cdot c + b \cdot c, \tag{1.23}$$

$$\forall a, b, c \in \mathbb{R} : \quad a \cdot (b + c) = a \cdot b + a \cdot c. \tag{1.24}$$

Die Aussagen (1.17) und (1.21) erscheinen auf den ersten Blick etwas merkwürdig: Sie besagen lediglich, dass es sowohl bzgl. der Addition als auch bzgl. der Multiplikation ein neutrales Element gibt (genannt „Null" bzw. „Eins"), welches „keine Wirkung hat": Addieren wir zu einer beliebigen Zahl die 0, oder multiplizieren wir sie mit 1, so verändern wir diese Zahl nicht. Man beachte auch die Analogie zwischen (1.18) und (1.22): Wo es bei der Addition zu $a$ ein $b$ gibt (nämlich $-a$), welches zu $a$ addiert 0 ergibt, steht bei der Multiplikation ein Element $b$ (nämlich $1/a$), welches mit $a$ multipliziert 1 ergibt.[12]

Man nennt (1.15) das *Assoziativgesetz der Addition*, (1.16) das *Kommutativgesetz der Addition*, (1.19) das *Assoziativgesetz der Multiplikation* und (1.20) das *Kommutativgesetz der Multiplikation*. Die Beziehungen (1.23) und (1.24) heißen *Distributivgesetze* und bedeuten, dass man wie gewohnt bei der Multiplikation von Summen „ausklammern" kann. Die bekannte „Punkt-vor-Strich-Regel" ist dagegen nur eine Konvention, um Klammern zu sparen. Im Sinne von (1.24) ist also $2 \cdot (3 + 4) = 14$, aber $2 \cdot 3 + 4 = 10$.

Wir sammeln jetzt – wieder unter Benutzung von Quantoren – einige Eigenschaften der Ordnung auf den reellen Zahlen.

$$\forall a \in \mathbb{R} : \quad a \leq a, \tag{1.25}$$

$$\forall a, b \in \mathbb{R} : \quad a \leq b \wedge a \geq b \ \Rightarrow \ a = b, \tag{1.26}$$

$$\forall a, b, c \in \mathbb{R} : \quad a \leq b \wedge b \leq c \ \Rightarrow \ a \leq c, \tag{1.27}$$

$$\forall a, b \in \mathbb{R} : \quad a < b \vee a = b \vee a > b, \tag{1.28}$$

$$\forall a, b, c \in \mathbb{R} : \quad a \leq b \ \Rightarrow \ a + c \leq b + c, \tag{1.29}$$

$$\forall a, b, c \in \mathbb{R} : \quad a \leq b \wedge c \geq 0 \ \Rightarrow \ a \cdot c \leq b \cdot c, \tag{1.30}$$

$$\forall a, b, c \in \mathbb{R} : \quad a < b \ \Rightarrow \ a + c < b + c, \tag{1.31}$$

$$\forall a, b, c \in \mathbb{R} : \quad a < b \wedge c > 0 \ \Rightarrow \ a \cdot c < b \cdot c. \tag{1.32}$$

Man nennt die Eigenschaften (1.25), (1.26) und (1.27) die *Reflexivität, Antisymmetrie* und *Transitivität* der Kleiner-gleich-Ordnung; diese Eigenschaften werden wir noch in allgemeinerer Form in Abschnitt 5.1 untersuchen. Wir weisen besonders auf die Eigenschaft (1.28) hin, die besagt, dass

---

[12]Natürlich muss in (1.22) $a \neq 0$ sein, denn eine Null im Nenner eines Bruchs macht diesen Bruch sinnlos.

man zwei reelle Zahlen $a$ und $b$ *immer hinsichtlich ihrer Größe mitein-ander vergleichen* kann.[13] Schließlich bedeuten die Regeln (1.29) – (1.32), dass sich eine Ungleichung der Form $a \leq b$ oder $a < b$ nicht ändert, wenn man auf beiden Seiten eine Zahl $c$ addiert oder mit einer Zahl $c \geq 0$ bzw. $c > 0$ multipliziert.

**Warnung.** Die Einschränkungen $c \geq 0$ in (1.30) und $c > 0$ in (1.32) sind wirklich wichtig und ihre Nichtbeachtung eine häufige Fehlerquelle. Multiplizieren wir beispielweise die richtige Ungleichung $3 \leq 4$ auf beiden Seiten mit $c := -2$, so erhalten wir die *falsche* Ungleichung $-6 \leq -8$, und multiplizieren wir die richtige Ungleichung $3 < 4$ auf beiden Seiten mit $c := 0$, so erhalten wir die *falsche* Ungleichung $0 < 0$.[14]

Schließlich stellen wir noch einige Eigenschaften der Betragsfunktion zusammen.

$$\forall a \in \mathbb{R} : \ |a| = 0 \ \Leftrightarrow \ a = 0, \tag{1.33}$$

$$\forall a \in \mathbb{R} : \ |-a| = |a|, \tag{1.34}$$

$$\forall a, b \in \mathbb{R} : \ |a + b| \leq |a| + |b|, \tag{1.35}$$

$$\forall a, b \in \mathbb{R} : \ |a - b| \geq ||a| - |b||, \tag{1.36}$$

$$\forall a, b \in \mathbb{R} : \ |a \cdot b| = |a| \cdot |b|. \tag{1.37}$$

Die Eigenschaft (1.33) heißt *Definitheit*[15] der Betragsfunktion, die Eigenschaft (1.34) ihre *Symmetrie*. Die Rechenregeln (1.35) und (1.36) nennt man *Dreiecksungleichung* bzw. *umgekehrte Dreiecksungleichung*. Im Allgemeinen gilt *nicht* $|a + b| = |a| + |b|$, wie man etwa am Beispiel $a = 1$ und $b = -1$ sieht, d.h., die Betragsfunktion ist nicht „additiv". Dagegen ist sie „multiplikativ", wie (1.37) zeigt.

Die „umgekehrte" Dreiecksungleichung (1.36) kann man aus der „direkten" Dreiecksungleichung (1.35) wie folgt herleiten: Ersetzt man in (1.35) auf der linken Seite $a$ durch $a - b$, so bekommt man

$$|a| = |a - b + b| = |(a - b) + b| \leq |a - b| + |b|,$$

---

[13]Diese Eigenschaft nennt man bisweilen *Trichotomie* der Ordnung.

[14]Die folgende Scherzaufgabe suggeriert, dass sogar Gleichungen falsch werden können, wenn man sie auf beiden Seiten mit derselben Zahl multipliziert: Wenn Sie die Gleichheit „$\frac{1}{2}$ volles Glas $= \frac{1}{2}$ leeres Glas" auf beiden Seiten mit 2 multiplizieren, erhalten Sie „1 volles Glas $=$ 1 leeres Glas", oder?

[15]Dieses merkwürdige Wort (kein Druckfehler!) bedeutet, dass die Null *und nur sie* den Betrag Null hat. In manchen Gebieten der Mathematik (und sogar in der modernen Physik) gibt es „indefinite Betragsfunktionen", die auch die „Größe" gewisser Objekte messen, bei denen aber sehr viele Objekte den Betrag Null haben können, ohne dass sie selbst „null sind".

und damit nach Subtraktion von $|b|$ auf beiden Seiten $|a| - |b| \leq |a-b|$. Da dieser Ausdruck symmetrisch in $a$ und $b$ ist, gilt ebenso $|b| - |a| \leq |a-b|$, und wir bekommen (1.36).

## 1.4  Operationen mit Mengen

Wir wollen nun den fundamentalen Begriff der *Menge*, den wir ja schon mehrmals benutzt haben, etwas genauer betrachten. Es soll hier mit Bedacht nicht präzise definiert werden, was eine Menge ist. Intuitiv kann man eine Menge als Zusammenfassung derjenigen Objekte (*Elemente* der Menge genannt) einer „universellen Klasse" vorstellen, die durch bestimmte Eigenschaften ausgezeichnet sind.[16] Ist $P$ die Menge der Elemente $x$ mit der Eigenschaft $p$, so schreibt man $P = \{x : p(x)\}$ oder auch $P = \{x| \ p(x)\}$, wobei $p(x)$ bedeuten soll, dass die Aussage $p$ für $x$ wahr ist. Es gilt also

$$p(x) \ \Leftrightarrow \ x \in P, \qquad \neg p(x) \ \Leftrightarrow \ x \notin P.$$

Man kann ein und dieselbe Menge auf verschiedene Arten darstellen. So kann man die ihre Elemente charakterisierende Eigenschaft angeben (wie in der Schreibweise $\{x : p(x)\}$) oder ihre Elemente einfach aufzählen (wie z.B. in (1)). Wichtig für die Gleichheit von Mengen ist nur, dass sie genau dieselben Elemente enthalten. Beispielsweise gilt

$$\{x : x \text{ ist eine ganze Zahl mit } x^2 = 1\} = \{x \in \mathbb{Z} : x^2 = 1\} = \{-1, 1\}.$$

**Warnung.** Man muss peinlich genau zwischen einer Menge und ihren Elementen unterscheiden, d.h., man darf nicht Aussagen „auf zwei verschiedenen Stufen" vermischen. Beispielsweise ist die Aussage $1 \in \{1, 2, 3\}$ sinnvoll (und richtig), die Aussage $\{1\} \in \{1, 2, 3\}$ dagegen falsch.

Aus zwei Mengen $P = \{x : p(x)\}$ und $Q = \{x : q(x)\}$ kann man mithilfe von *Mengenoperationen* neue Mengen gewinnen. Als wichtige Beispiele nennen wir den *Durchschnitt*, definiert durch

$$P \cap Q := \{x : p(x) \wedge q(x)\}$$

und die *Vereinigung*, definiert durch

$$P \cup Q := \{x : p(x) \vee q(x)\}.$$

---

[16]Das bedeutet nicht, dass nur „gleichartige Objekte" zu einer Menge zusammengefasst werden dürfen.

Die wichtigstene Relationen zum Vergleich zweier Mengen $P$ und $Q$ sind die *Inklusion* $P \subseteq Q$, definiert durch[17]

$$P \subseteq Q \ :\Leftrightarrow \ (\forall x : p(x) \ \Rightarrow \ q(x))$$

und die *Gleichheit* $P = Q$, definiert durch

$$P = Q \ :\Leftrightarrow \ (\forall x : p(x) \ \Leftrightarrow \ q(x)).$$

Zwei Mengen $P$ und $Q$ sind also gleich, wenn sowohl $P \subseteq Q$ als auch $Q \subseteq P$ gilt.

**Warnung.** Bei der Inklusion $P \subseteq Q$ ist *nicht* ausgeschlossen, dass $P$ und $Q$ gleich sind. Soll ausgedrückt werden, dass $P \subseteq Q$, aber $P \neq Q$ gilt, so schreiben wir $P \subset Q$ und sagen, dass $P$ eine *echte Teilmenge* von $Q$ ist. Dies ist also eine Analogie zu den Zeichen $\leq$ und $<$ zwischen Zahlen; auch bei der Schreibweise $a \leq b$ ist ja $a = b$ zugelassen, bei der Schreibweise $a < b$ dagegen nicht. Leider findet man allerdings in manchen Büchern durchweg die Schreibweise $P \subset Q$ für jegliche Inklusionen, also auch „nicht echte". Wir bemerken noch, dass die Schreibweisen $P \supseteq Q$ und $P \supset Q$ nichts anderes als $Q \subseteq P$ bzw. $Q \subset P$ bedeuten.

Der logischen Negation einer Aussage entspricht in der Sprache der Mengen die Komplementbildung. Das *Komplement* einer Menge $P = \{x : p(x)\}$ ist also definiert durch $\complement P := \{x : \neg p(x)\}$.

**Warnung.** Streng genommen muss man mit angeben, *bezüglich welcher Grundmenge* das Komplement gebildet wird. Ist $G$ diese Grundmenge, so schreibt man deswegen auch eindrucksvoller $\complement_G P$ statt $\complement P$. Oft ist allerdings klar, welche Grundmenge $G$ gemeint ist.

Wir können nun auch die Beziehungen (1.3) in die Mengensprache übersetzen:

$$\complement(P \cap Q) = \complement P \cup \complement Q, \qquad \complement(P \cup Q) = \complement P \cap \complement Q. \tag{1.38}$$

In Worten ausgedrückt heißt das: *Das Komplement des Durchschnitts ist die Vereinigung der Komplemente, und das Komplement der Vereinigung*

---

[17]Wir benutzen hier wieder die Symbolik $p \ :\Leftrightarrow \ q$, um auszudrücken, dass die Aussage $p$ auf der linken Seite (wo der Doppelpunkt steht) durch die Aussage $q$ auf der rechten Seite *definiert* wird.

*ist der Durchschnitt der Komplemente.*[18] Weiter bedeutet (1.7) in Mengenschreibweise nichts anderes, als dass

$$P \subseteq Q \ \Leftrightarrow \ \complement Q \subseteq \complement P$$

gilt.

Es ist nützlich, auch eine Menge einzuführen, die *keine Elemente enthält*; sie wird *leere Menge* genannt und $\emptyset$ geschrieben.[19] Die oben erwähnte Tatsache, dass eine von einer falschen Voraussetzung ausgehende Implikation immer wahr ist, kann dann auch so formuliert werden: *Die leere Menge $\emptyset$ ist in jeder anderen Menge enthalten.* Wir können die Eigenschaft (1.6) auch in der Form

$$P \not\subseteq Q \ \Leftrightarrow \ P \cap \complement Q \neq \emptyset$$

schreiben. Die Menge $P \cap \complement Q$ wird oft als *Mengendifferenz $P \backslash Q$* bezeichnet (gesprochen: „$P$ ohne $Q$", *nicht* „$P$ minus $Q$"). Für $P = \{x : p(x)\}$ und $Q = \{x : q(x)\}$ gilt also

$$P \backslash Q := \{x : p(x) \wedge \neg q(x)\}, \tag{1.39}$$

d.h., die Menge $P \backslash Q$ enthält nur die Elemente von $P$, die nicht zu $Q$ gehören. Hierbei muss keineswegs $Q \subseteq P$ gelten; diejenigen Elemente von $Q$, die „außerhalb" von $P$ liegen, erscheinen in $P \backslash Q$ ohnehin nicht.

Zur Illustration dieser Mengenoperationen werden wir immer wieder die uns vertrauten Zahlenmengen heranziehen. Beginnen wir mit einigen Teilmengen der Menge $\mathbb{N}$ der natürlichen Zahlen, um die soeben eingeführten Operationen einzuüben.

**Beispiel 1.9.** Wir betrachten die Zahlenmengen

$$P := \{2, 4, 6, 8, 10, \ldots\}, \qquad Q := \{2, 3, 5, 7, 11, \ldots\},$$
$$R := \{1, 2, 3, 4, 5, 6\}. \tag{1.40}$$

Mit anderen Worten: $P$ ist die Menge aller geraden natürlichen Zahlen, $Q$ die Menge der Primzahlen und $R$ die Mengen aller natürlichen Zahlen bis einschließlich 6. Dann gilt

$$P \cap Q = \{2\}, \qquad Q \cap R = \{2, 3, 5\}, \qquad P \cap R = \{2, 4, 6\}$$

---

[18]Dies wird in der Literatur manchmal als *Regel von De Morgan* bezeichnet.

[19]Die Nützlichkeit besteht z.B. darin, dass dann $P \cap Q$ immer wieder eine Menge ist, wenn $P$ und $Q$ Mengen sind. Im Fall $P \cap Q = \emptyset$ heißen die Mengen $P$ und $Q$ *disjunkt*.

sowie

$$P \cup Q = \{2, 3, 4, 5, 6, 7, 8, 10, 11, 12, \dots\},$$

$$Q \cup R = \{1, 2, 3, 4, 5, 6, 7, 11, 13, \dots\},$$

$$P \cup R = \{1, 2, 3, 4, 5, 6, 8, 10, 12, \dots\},$$

d.h., $P \cap Q$ ist die Menge aller geraden Primzahlen (und davon gibt es nun einmal nur eine), $Q \cap R$ ist die Menge aller Primzahlen bis einschließlich 6, $P \cap R$ ist die Menge aller geraden Zahlen bis einschließlich 6, $P \cup Q$ ist die Menge aller Zahlen, die gerade oder Primzahlen sind, $Q \cup R$ ist die Menge aller Zahlen, die kleiner oder gleich 6 oder aber Primzahlen sind, und $P \cup R$ ist die Menge aller Zahlen, die kleiner oder gleich 6 oder aber gerade sind.

Legen wir die Menge $\mathbb{N}$ als Grundmenge zugrunde, so können wir die Komplementärmengen von $P$, $Q$ und $R$ betrachten und erhalten

$$\complement P = \{1, 3, 5, 7, 9, \dots\}, \qquad \complement Q = \{1, 4, 6, 8, 9, 10, \dots\},$$

$$\complement R = \{7, 8, 9, 10, 11, \dots\},$$

d.h., $\complement P$ ist die Menge aller ungeraden Zahlen, $\complement Q$ ist die Menge aller zusammengesetzten Zahlen einschließlich 1, und $\complement R$ ist die Menge aller natürlichen Zahlen größer oder gleich 7.

Überprüfen wir einmal die „Dualität" aus (1.38) anhand dieser Mengen. So ist einerseits

$$\complement(P \cap Q) = \complement\{2\} = \mathbb{N} \setminus \{2\} = \{1, 3, 4, 5, 6, \dots\}$$

die Menge aller natürlichen Zahlen außer 2, während andererseits

$$\complement P \cup \complement Q = \{1, 3, 5, 7, 9, \dots\} \cup \{1, 4, 6, 8, 9, 10, \dots\} = \{1, 3, 4, 5, 6, \dots\}$$

die Vereinigung aller ungeraden und aller zusammengesetzten Zahlen ist, und das ist nach (1.38) dieselbe Menge.

Schließlich kann man noch die Differenzmengen (1.39) in allen möglichen Kombinationen aus $P$, $Q$ und $R$ bilden. Es ergeben sich die Mengen

$$P \setminus Q = \{4, 6, 8, 10, \dots\}, \qquad Q \setminus R = \{7, 11, 13, 17, \dots\},$$

$$R \setminus P = \{1, 3, 5\}, \qquad Q \setminus P = \{3, 5, 7, 11, \dots\},$$

$$R \setminus Q = \{1, 4, 6\}, \qquad P \setminus R = \{8, 10, 12, 14, \dots\}.$$

Beschreiben Sie diese 6 Mengen mit Worten! $\qquad\qquad\qquad\heartsuit$

Bevor wir ein weiteres Beispiel zur Durchschnitts-, Vereinigungs- und Komplementbildung betrachten, wollen wir gewisse Teilmengen reeller Zahlen einführen, die besonders in der Analysis sehr oft vorkommen, nämlich die so genannten *Intervalle*. Hier muss man verschiedene Typen unterscheiden.

**Definition 1.2.** Für zwei reelle Zahlen $a, b$ mit $a < b$ setzen wir[20]

$$[a,b] := \{x \in \mathbb{R} : a \leq x \leq b\}, \qquad (a,b) := \{x \in \mathbb{R} : a < x < b\},$$

$$[a,b) := \{x \in \mathbb{R} : a \leq x < b\}, \qquad (a,b] := \{x \in \mathbb{R} : a < x \leq b\},$$

$$[a,\infty) := \{x \in \mathbb{R} : x \geq a\}, \qquad (a,\infty) := \{x \in \mathbb{R} : x > a\},$$

$$(-\infty,b] := \{x \in \mathbb{R} : x \leq b\}, \qquad (-\infty,b) := \{x \in \mathbb{R} : x < b\}$$

und nennen alle diese Mengen *Intervalle*. Der Vollständigkeit halber kann man noch $(-\infty, \infty) := \mathbb{R}$ definieren. Intervalle der Form $[a,b]$ heißen *abgeschlossen*, Intervalle der Form $(a,b)$ *offen*[21] und Intervalle der Form $[a,b)$ oder $(a,b]$ *halboffen*.[22] Ein abgeschlossenes Intervall enthält also beide Randpunkte, ein halboffenes einen Randpunkt und ein offenes keinen von beiden. Die Intervalle $[a,b]$, $(a,b)$, $[a,b)$ und $(a,b]$ heißen *beschränkt*; Intervalle, in denen das Unendlich-Symbol $\infty$ vorkommt, dagegen *unbeschränkt*. Statt $(0,\infty)$ (also der Menge aller positiven reellen Zahlen) benutzt man auch die Schreibweise $\mathbb{R}^+$ und statt $[0,\infty)$ (also der Menge aller nichtnegativen reellen Zahlen) die Schreibweise $\mathbb{R}_0^+$. Manchmal ist auch die so genannte *punktierte reelle Achse*

$$\mathbb{R}^* := (-\infty, 0) \cup (0, \infty) = \{x \in \mathbb{R} : x \neq 0\}$$

aller von Null verschiedenen reellen Zahlen wichtig; das ist natürlich *kein* Intervall mehr. $\qquad\qquad\qquad\square$

---

[20]Das Symbol $\infty$ wird „Unendlich" genannt, das Intervall $[a,\infty)$ also „$a$-Unendlich" gesprochen. Achtung: $\infty$ ist *keine* reelle Zahl, sondern nur eine symbolische Schreibweise! Es ist übrigens sehr hilfreich, sich die Lage aller dieser Intervalle am „Zahlenstrahl" einmal zu veranschaulichen.

[21]Später werden wir noch dieselbe Schreibweise $(a,b)$ für das Paar aus zwei Elementen $a$ und $b$ einführen. Aus dem Zusammenhang wird immer klar sein, ob es sich bei $(a,b)$ um ein Intervall oder um ein Paar von Elementen handelt. Um diese Mehrdeutigkeit der Schreibweise auszuschließen, schreiben manche Autoren auch $]a,b[$ statt $(a,b)$, $[a,b[$ statt $[a,b)$, und $]a,b]$ statt $(a,b]$. Wenn Sie möchten, können Sie das natürlich gern so machen.

[22]Mit demselben Recht könnte man sie als *halbabgeschlossen* bezeichnen.

Wir haben die oben eingeführten Intervalle nur für $a < b$ definiert, weil das sinnvoll ist; allerdings könnte man beim abgeschlossenen Intervall noch $a = b$ zulassen und erhielte dann die einpunktige Menge $[a, a] = \{a\}$. Dagegen sind die Intervalle $(a, a)$, $[a, a)$ und $(a, a]$ alle leer, und erst recht die Intervalle $[a, b]$, $(a, b)$, $[a, b)$ und $(a, b]$ für $a > b$.

**Beispiel 1.10.** Wir betrachten die vier Intervalle

$$I_1 = [0, 1], \qquad I_2 = [0, 1), \qquad I_3 = [1, 3), \qquad I_4 = (2, 3].$$

Dann erhält man für alle möglichen Durchschnitte und Vereinigungen von je zweien dieser Intervalle

$$I_1 \cap I_2 = [0, 1), \qquad I_1 \cap I_3 = \{1\}, \qquad I_1 \cap I_4 = \emptyset,$$

$$I_2 \cap I_3 = \emptyset, \qquad I_2 \cap I_4 = \emptyset, \qquad I_3 \cap I_4 = (2, 3),$$

$$I_1 \cup I_2 = [0, 1], \qquad I_1 \cup I_3 = [0, 3), \qquad I_1 \cup I_4 = [0, 1] \cup (2, 3],$$

$$I_2 \cup I_3 = [0, 3), \qquad I_2 \cup I_4 = [0, 1) \cup (2, 3], \qquad I_3 \cup I_4 = [1, 3].$$

Berechnen Sie nun selbst alle möglichen Differenzmengen $I_m \setminus I_n$ für $m, n \in \{1, 2, 3, 4\}$!                                 $\heartsuit$

Die Mengenoperationen $\cup$ und $\cap$ lassen sich natürlich auch für mehr als zwei, ja sogar für beliebig viele Mengen erklären. Sei dazu $A$ eine beliebige Menge („Indexmenge" genannt); ihre Elemente bezeichnen wir mit $\alpha$. Das System

$$\mathfrak{M} := \{M_\alpha : \alpha \in A\}$$

wird dann als *durch $A$ indiziertes Mengensystem* bezeichnet. Der *Durchschnitt* aller Mengen $M_\alpha \in \mathfrak{M}$ wird definiert durch

$$\bigcap_{\alpha \in A} M_\alpha := \{x : \bigwedge_{\alpha \in A} x \in M_\alpha\} \tag{1.41}$$

und entsprechend die *Vereinigung* aller Mengen $M_\alpha \in \mathfrak{M}$ durch[23]

$$\bigcup_{\alpha \in A} M_\alpha := \{x : \bigvee_{\alpha \in A} x \in M_\alpha\}. \tag{1.42}$$

---

[23] Hier haben wir die zu $\forall$ und $\exists$ alternativ eingeführten Symbole benutzt, um die Parallelität in der Schreibweise hervorzuheben.

Die oben definierten Operationen $P \cap Q$ und $P \cup Q$ finden wir hier als Spezialfälle wieder, wenn wir $A = \{1, 2\}$, $M_1 = P$ und $M_2 = Q$ wählen. Für die vier Intervalle $I_1, \ldots, I_4$ aus Beispiel 1.10 bekommen wir

$$\bigcap_{n=1}^{4} I_n = [0, 1] \cap [0, 1) \cap [1, 3) \cap (2, 3] = \emptyset$$

bzw.

$$\bigcup_{n=1}^{4} I_n = [0, 1] \cup [0, 1) \cup [1, 3) \cup (2, 3] = [0, 3].$$

**Warnung.** Die Indexmenge $A$ muss nicht aus natürlichen Zahlen (eigentlich überhaupt nicht aus Zahlen) bestehen, sondern kann „beliebig groß" sein. Deswegen haben wir oben auch nicht $n$ statt $\alpha$ geschrieben, da dies eine Indizierung mit natürlichen Zahlen suggeriert hätte. Ist man allerdings sicher, dass die Indexmenge endlich oder „abzählbar unendlich" ist (d.h. ebenso viele Elemente enthält, wie es natürliche Zahlen gibt, s. Abschnitt 2.4 weiter unten), so sind die Schreibweisen $\mathfrak{M} = \{M_1, M_2, M_3, M_4, \ldots\}$ und

$$\bigcap_{n=1}^{\infty} M_n = M_1 \cap M_2 \cap M_3 \cap \ldots, \qquad \bigcup_{n=1}^{\infty} M_n = M_1 \cup M_2 \cup M_3 \cup \ldots$$

legitim (und üblich). Die folgenden beiden Beispiele zeigen, dass sich bei unendlichen Durchschnitts- und Vereinigungsbildungen von Mengen deren „Charakter" stark verändern kann.

**Beispiel 1.11.** Die Mengen

$$M_n := \left(-\tfrac{1}{n}, \tfrac{1}{n}\right) = \left\{x \in \mathbb{R} : |x| < \tfrac{1}{n}\right\} \qquad (n \in \mathbb{N}) \tag{1.43}$$

sind alle offene Intervalle. Allerdings ist deren Durchschnitt

$$\bigcap_{n=1}^{\infty} M_n = \bigcap_{n=1}^{\infty} \left(-\tfrac{1}{n}, \tfrac{1}{n}\right) = \{0\}$$

kein offenes Intervall mehr, sondern eine einpunktige Menge (die wir auch als abgeschlossenes Intervall $[0, 0]$ ansehen können). Entsprechend sind alle Mengen

$$M_n := [-n, n] = \{x \in \mathbb{R} : |x| \leq n\} \qquad (n \in \mathbb{N})$$

beschränkte Intervalle, aber ihre Vereinigung

$$\bigcup_{n=1}^{\infty} M_n = \bigcup_{n=1}^{\infty} [-n, n] = \mathbb{R}$$

ist die unbeschränkte Menge $\mathbb{R} = (-\infty, \infty)$. Noch drastischer ist das Beispiel der unbeschränkten Intervalle

$$M_n := [n, \infty) = \{x \in \mathbb{R} : x \geq n\} \qquad (n \in \mathbb{N}), \qquad (1.44)$$

deren Durchschnitt

$$\bigcap_{n=1}^{\infty} M_n = \bigcap_{n=1}^{\infty} [n, \infty) = \emptyset$$

sogar leer ist. $\qquad\qquad\qquad\qquad\qquad\qquad\qquad\qquad\qquad\qquad\qquad\qquad\qquad$ ♡

**Beispiel 1.12.** Mit $Q$ bezeichnen wir das achsenparallele Quadrat mit Seitenlänge 2 und Mittelpunkt im Ursprung in der Ebene. Drehen wir dieses Quadrat mathematisch positiv[24] um den Winkel $\alpha$ ($0 \leq \alpha \leq 2\pi$), so erhalten wir ein „schiefes" Quadrat $Q_\alpha$. Was ist wohl die Vereinigung

$$V := \bigcup_{\alpha \in A} Q_\alpha,$$

und was der Durchschnitt

$$D := \bigcap_{\alpha \in A} Q_\alpha$$

aller dieser Quadrate? $\qquad\qquad\qquad\qquad\qquad\qquad\qquad\qquad\qquad\qquad\qquad\qquad$ ♡

Die in (1.38) erwähnte Dualität zwischen $\cap$ und $\cup$ beim Übergang zum Komplement überträgt sich auf beliebig viele Mengen folgendermaßen:

$$\complement\left(\bigcap_{\alpha \in A} M_\alpha\right) = \bigcup_{\alpha \in A} \complement M_\alpha, \qquad \complement\left(\bigcup_{\alpha \in A} M_\alpha\right) = \bigcap_{\alpha \in A} \complement M_\alpha. \qquad (1.45)$$

Beispielsweise ergibt sich für die Mengen $M_n$ aus (1.43)

$$\complement\left(\bigcap_{n=1}^{\infty} M_n\right) = \complement\{0\} = \mathbb{R} \setminus \{0\} = \bigcup_{n=1}^{\infty} \left[(-\infty, -\tfrac{1}{n}] \cup [\tfrac{1}{n}, \infty)\right] = \bigcup_{n=1}^{\infty} \complement M_n$$

---

[24]Mathematisch positiv bedeutet immer gegen den Uhrzeigersinn (engl. *counterclockwise*), negativ im Uhrzeigersinn (engl. *clockwise*).

und für die Mengen $M_n$ aus (1.44)

$$\complement\left(\bigcap_{n=1}^{\infty} M_n\right) = \complement\emptyset = \mathbb{R} = \bigcup_{n=1}^{\infty}(-\infty, n) = \bigcup_{n=1}^{\infty}\complement M_n.$$

Zum Schluss erwähnen wir noch eine weitere wichtige Operation zwischen Mengen, nämlich die so genannte „Produktbildung".

**Definition 1.3.** Für zwei Mengen $P$ und $Q$ ist das (kartesische) *Produkt* von $P$ und $Q$ definiert als Menge $P \times Q$ aller *Paare* $(x, y)$ mit $x \in P$ und $y \in Q$, also

$$P \times Q := \{(x, y) : x \in P \wedge y \in Q\}. \tag{1.46}$$

Im Unterschied zur *Menge* $\{x, y\}$ kommt es also beim *Paar* $(x, y)$ auf die Reihenfolge an: Es gilt $\{x, y\} = \{y, x\}$, aber $(x, y) \neq (y, x)$ (falls nicht gerade $x = y$ ist). $\qquad\qquad\square$

**Beispiel 1.13.** Für die Zahlenmenge $R = \{1, 2, 3, 4, 5, 6\}$ aus (1.40) erhalten wir

$$\begin{aligned}
R \times R = \{&(1,1), (1,2), (1,3), (1,4), (1,5), (1,6), (2,1), (2,2),\\
&(2,3), (2,4), (2,5), (2,6), (3,1), (3,2), (3,3), (3,4), (3,5),\\
&(3,6), (4,1), (4,2), (4,3), (4,4), (4,5), (4,6), (5,1), (5,2),\\
&(5,3), (5,4), (5,5), (5,6), (6,1), (6,2), (6,3), (6,4), (6,5), (6,6)\}.
\end{aligned}$$

Wir können diese Menge als Aufzählung aller 36 Möglichkeiten deuten, mit zwei Würfeln eine Punktzahl zwischen 2 und 12 zu erreichen. $\qquad\heartsuit$

**Beispiel 1.14.** Sind $P = [a, b]$ und $Q = [c, d]$ zwei Intervalle, so ist $P \times Q$ das *Rechteck*

$$P \times Q = \{(x, y) \in \mathbb{R} \times \mathbb{R} : a \leq x \leq b \wedge c \leq y \leq d\}$$

in der Ebene $\mathbb{R} \times \mathbb{R}$. Machen Sie sich dies an einer Zeichnung klar. $\qquad\heartsuit$

Auch die Definition des kartesischen Produkts lässt sich natürlich auf mehr als zwei Mengen übertragen. So ist z.B. die Produktmenge

$$\mathbb{R}^2 := \mathbb{R} \times \mathbb{R} = \{(x, y) : x \in \mathbb{R} \wedge y \in \mathbb{R}\} \tag{1.47}$$

die Menge aller reellen Paare (= Punkte der Ebene), die Produktmenge

$$\mathbb{R}^3 := \mathbb{R} \times \mathbb{R} \times \mathbb{R} = \{(x,y,z) : x \in \mathbb{R} \wedge y \in \mathbb{R} \wedge z \in \mathbb{R}\} \qquad (1.48)$$

die Menge aller reellen *Tripel* (= Punkte des Raumes), und allgemeiner die Produktmenge

$$\mathbb{R}^n := \underbrace{\mathbb{R} \times \mathbb{R} \times \ldots \times \mathbb{R}}_{n \ mal} = \{(x_1, x_2, \ldots, x_n) : x_1, x_2, \ldots, x_n \in \mathbb{R}\} \quad (1.49)$$

die Menge der so genannten reellen *n-tupel*, die wir als Punkte des $n$-dimensionalen *Euklidischen Raums* deuten können. In Analogie zu Beispiel 1.14 wäre also das kartesische Produkt $P \times Q \times R$ der drei Intervalle $P = [a,b]$, $Q = [c,d]$ und $R = [e,f]$ der *Quader*

$$P \times Q \times R = \{(x,y,z) \in \mathbb{R}^3 : a \leq x \leq b \wedge c \leq y \leq d \wedge e \leq z \leq f\}$$

im Anschauungsraum $\mathbb{R}^3$. Man kann sogar das kartesische Produkt einer beliebigen Anzahl von Mengen definieren. Darauf gehen wir aber nicht ein; stattdessen wollen wir noch eine andere Mengenoperation einführen.

**Definition 1.4.** Ist $M$ eine beliebige Menge (auch $M = \emptyset$ ist erlaubt), so ist die *Potenzmenge* $\mathcal{P}(M)$ von $M$ durch

$$\mathcal{P}(M) := \{N : N \subseteq M\}, \qquad (1.50)$$

definiert, d.h., $\mathcal{P}(M)$ ist nichts anderes als die *Menge aller Teilmengen* von $M$. Hierzu zählt man immer auch die leere Menge $\emptyset$ sowie die Menge $M$ selbst.                                                      $\square$

**Beispiel 1.15.** Die Menge $M = \{1\}$ hat die Potenzmenge

$$\mathcal{P}(M) = \{\{1\}, \emptyset\},$$

die Menge $M = \{1,2\}$ die Potenzmenge

$$\mathcal{P}(M) = \{\{1,2\}, \{1\}, \{2\}, \emptyset\}$$

und die Menge $M = \{1,2,3\}$ die Potenzmenge

$$\mathcal{P}(M) = \{\{1,2,3\}, \{1,2\}, \{2,3\}, \{1,3\}, \{1\}, \{2\}, \{3\}, \emptyset\}.$$

Man beachte, dass die einelementige Menge $M$ in diesem Beispiel eine zweielementige Potenzmenge hat, die zweielementige Menge $M$ eine vierelementige Potenzmenge und die dreielementige Menge $M$ eine achtelementige Potenzmenge. Wie viele Elemente wird dann wohl die Potenzmenge einer vierelementigen, fünfelementigen oder allgemein $n$-elementigen Menge haben?                                                         $\heartsuit$

**Warnung.** Man muss peinlich genau zwischen einer Menge und ihrer Potenzmenge unterscheiden, d.h., man darf wieder nicht Aussagen „auf zwei verschiedenen Stufen" vermischen. Beispielsweise sind die Aussagen

$$M \in \mathcal{P}(M), \quad \{M\} \subseteq \mathcal{P}(M), \quad \emptyset \in \mathcal{P}(M), \quad \emptyset \subseteq \mathcal{P}(M)$$

alle sinnvoll (und richtig); von den beiden Aussagen

$$M \subseteq \mathcal{P}(M), \quad \{M\} \in \mathcal{P}(M)$$

ist dagegen die erste nur für $M = \emptyset$ richtig, die zweite stets falsch. Die Aussage $\emptyset \subseteq M$ ist immer richtig, die Aussage $\emptyset \in M$ kann richtig oder falsch sein.

# 2 Funktionen und Mächtigkeiten

Hauptanliegen dieses Kapitels ist es, einen der fundamentalen Begriffe der Mathematik zu erklären, nämlich den der Funktion oder Abbildung. Besonders wichtig (und uns vertraut) sind Funktionen zwischen Mengen reeller Zahlen, und hierbei spezielle Klassen wie injektive, surjektive, bijektive, monotone oder stetige Funktionen. Bis auf die Letzte werden wir alle diese Klassen ausführlich studieren. Bijektive Abbildungen geben Anlass zum Begriff der Gleichmächtigkeit zweier Mengen, was auch ein wichtiger Begriff beim Studium etwa rationaler oder reeller Zahlen ist.

## 2.1 Injektive und surjektive Funktionen

Seien wieder $P$ und $Q$ zwei nichtleere Mengen. Eine *Funktion* von $P$ nach $Q$ kann man sich als eine *Zuordnung* $f : P \to Q$ denken, die jedem Element $x \in P$ *genau ein* Element $y = f(x) \in Q$ zuordnet. Man schreibt hierfür auch $f : x \mapsto f(x)$. Statt Funktion sagt man auch *Abbildung*, besonders dann, wenn man den geometrischen Charakter dieser Funktion hervorheben will. Die Menge $P$ heißt die *Startmenge* oder der *Definitionsbereich*, die Menge $Q$ die *Zielmenge* der Funktion $f$. Jede Funktion $f : P \to Q$ erzeugt eine spezielle Teilmenge des kartesischen Produkts $P \times Q$, nämlich

$$\Gamma(f) := \{(x, f(x)) : x \in P\} \quad (\subseteq P \times Q), \tag{2.1}$$

die als *Graph* der Funktion $f$ bezeichnet wird. Aus der Schule bringt man meistens die Vorstellung mit, dass der Graph insofern eine geometrische Veranschaulichung der Funktion ist, als die Paare $(x, f(x))$ als Punktkoordinaten interpretiert werden. Das liegt insbesondere bei solchen Funktionen nahe, deren Startmenge und Zielmenge Teilmengen von $\mathbb{R}$ sind. Wir werden deshalb im Folgenden die entsprechenden geometrischen Objekte, etwa Geraden oder Parabeln, in geeigneten Fällen als Graphen der Funktionen bezeichnen.

In der Beziehung $y = f(x)$ nennt man $y$ das *Bild* von $x$ (unter $f$) und umgekehrt $x$ ein *Urbild* von $y$ (unter $f$).[1] Diese Begriffe benutzt man auch für Teilmengen: Für $M \subseteq P$ nennt man die Teilmenge von $Q$

$$f(M) := \{f(x) : x \in M\} \tag{2.2}$$

das *Bild von M unter f* und für $N \subseteq Q$ die Teilmenge von $P$

$$f^{-1}(N) := \{x : f(x) \in N\} \tag{2.3}$$

das *Urbild von N unter f*. Während also $f(x)$ immer nur *ein einziges Element* aus der Zielmenge $Q$ ist, kann $f^{-1}(\{y\})$ entweder leer, einelementig oder sogar eine mehrelementige Teilmenge von $P$ sein.

**Beispiel 2.1.** Sei $f : \mathbb{R} \to \mathbb{R}$ definiert durch $f(x) = x^2$. Dann ist z.B.

$$f(1) = 1, \qquad f^{-1}(\{0\}) = 0, \qquad f(\{1, 2\}) = \{1, 4\},$$

$$f^{-1}(\{1, 4\}) = \{1, -1, 2, -2\}, \quad f^{-1}(\{-1\}) = \emptyset.$$

Das Urbild von $\{-1\}$ unter $f$ ist hier natürlich deswegen leer, weil es keine reelle Zahl $x$ mit $f(x) = x^2 = -1$ gibt. $\qquad\qquad\qquad\qquad\qquad \heartsuit$

**Beispiel 2.2.** Eine Funktion $f : \mathbb{R} \to \mathbb{R}$ der Form

$$f(x) = a_n x^n + a_{n-1} x^{n-1} + \ldots + a_2 x^2 + a_1 x + a_0 \tag{2.4}$$

wird *Polynom* genannt. Ein Polynom ist stets auf der ganzen reellen Geraden $\mathbb{R}$ definiert. In (2.4) sind $a_n, a_{n-1}, \ldots, a_2, a_1, a_0$ feste reelle Zahlen, die so genannten *Koeffizienten* des Polynoms. Hierbei wird $a_n \neq 0$ vorausgesetzt und die natürliche Zahl $n$ heißt dann *Grad* des Polynoms und wird mit $\deg f$ bezeichnet.[2] Die Funktion $f$ aus Beispiel 2.1 ist ein Spezialfall von (2.4), nämlich mit $a_2 = 1$ und $a_1 = a_0 = 0$ und hat daher den Grad 2, d.h., es ist ein *quadratisches Polynom*.

Ist $f$ ein allgemeines quadratisches Polynom, also $f(x) = a_2 x^2 + a_1 x + a_0$ mit $a_2 \neq 0$, können wir aus $f$ (nach Division durch $a_2$) ein weiteres quadratisches Polynom $g$ erzeugen, welches die speziellere Form $g(x) = x^2 + px + q$

---

[1] Es ist kein Zufall, dass wir hier den bestimmten Artikel *das Bild*, aber den unbestimmten Artikel *ein Urbild* verwenden. Nach Definition des Funktionsbegriffs ist das Bild $y$ ja immer eindeutig, aber das Urbild $x$ muss es nicht sein, denn es kann mehrere Elemente $x$ geben, die $y = f(x)$ erfüllen.

[2] Die Abkürzung deg steht für *degree* (engl. für „Grad"). Jedes Polynom außer dem Nullpolynom (d.h., $f(x) = 0$ für alle $x$) hat einen eindeutig bestimmten Grad; dem Nullpolynom ordnet man keinen Grad zu.

hat, also den Führungskoeffizienten 1. Dieses „normalisierte" Polynom $g$ ist zwar nicht dasselbe wie $f$, hat aber dieselben Nullstellen. Bei der Untersuchung der Lösbarkeit quadratischer Polynomgleichungen kann man sich also o.B.d.A. auf solche normalisierten Polynome beschränken.

Setzen wir für beliebiges $y \in \mathbb{R}$ dann $\Delta(y) := y - q + \frac{p^2}{4}$, so ist das Urbild von $y$ unter $g$ nach der aus der Schule bekannten Formel

$$
g^{-1}(\{y\}) = \begin{cases} \left\{ -\frac{p}{2} + \sqrt{\Delta(y)}, \, -\frac{p}{2} - \sqrt{\Delta(y)} \right\} & \text{falls} \quad \Delta(y) > 0, \\[2mm] \left\{ -\frac{p}{2} \right\} & \text{falls} \quad \Delta(y) = 0, \\[2mm] \emptyset & \text{falls} \quad \Delta(y) < 0. \end{cases}
$$

Im Spezialfall der Funktion $g$ aus Beispiel 2.1 (also $p = q = 0$) bekommen wir einfach $\Delta(y) = y$ und daher

$$
g^{-1}(\{y\}) = \begin{cases} \left\{ \sqrt{y}, -\sqrt{y} \right\} & \text{falls} \quad y > 0, \\[2mm] \{0\} & \text{falls} \quad y = 0, \\[2mm] \emptyset & \text{falls} \quad y < 0, \end{cases}
$$

in vollständiger Übereinstimmung mit unserer Anschauung: Der Graph der Funktion $x \mapsto x^2 - y$ ist ja eine nach oben geöffnete Parabel, die im Fall $y > 0$ die $x$-Achse in den beiden Punkten $\sqrt{y}$ und $-\sqrt{y}$ schneidet, im Fall $y = 0$ die $x$-Achse nur im Nullpunkt berührt und im Fall $y < 0$ die $x$-Achse nicht trifft. $\qquad\heartsuit$

**Warnung.** Die Startmenge $P$ und Zielmenge $Q$ einer Abbildung müssen keineswegs so anschauliche und einfache Zahlenmengen wie in den beiden vorangegangenen Beispielen sein, sondern der Funktionsbegriff ist sehr viel allgemeiner, als Sie sich vielleicht vorstellen. So ist die Zuordnung, die jedem Augsburger Mathematikstudenten sein Alter zuordnet oder die jedem Punkt eines Hörsaals die dort herrschende Temperatur zuordnet, durchaus eine Funktion im mathematischen Sinn. Im ersten Fall wäre die Startmenge

$$P = \{x : x \text{ ist in der Fakultät für Mathematik}$$
$$\text{der Universität Augsburg eingeschrieben}\}$$

und als Zielmenge könnte man $Q = \mathbb{N}$ wählen. Im zweiten Fall wäre die Startmenge

$$P = \{(x, y, z) \in \mathbb{R}^3 : (x, y, z) \text{ ist ein Raumpunkt des Hörsaals}\}$$

und als Zielmenge könnte man $Q = \mathbb{Z}$ wählen. Wichtig ist nur, dass man genau die Mengen $P$ und $Q$ angibt und dass durch $f : x \mapsto f(x)$ *jedem* Element $x \in P$ *genau ein* Element $f(x) \in Q$ zugeordnet ist. Um ein Gegenbeispiel zu nennen: Die Zuordnung

$$f : \quad \mathbb{Q} \to \mathbb{Z},$$

$$\frac{p}{q} \mapsto p + q \qquad \textbf{(Achtung: nicht wohldefiniert!)}$$

ist *keine Funktion* (Warum nicht?).

Bevor wir weitere Funktionen untersuchen, beweisen wir eine einfache, aber nützliche Beziehung zwischen Bildern und Urbildern von Mengen.

**Satz 2.1.** *Für $f : P \to Q$, $M \subseteq P$ und $N \subseteq Q$ gelten die Beziehungen*

$$f(f^{-1}(N)) \subseteq N, \qquad f^{-1}(f(M)) \supseteq M. \tag{2.5}$$

**Beweis:** Sei zunächst $y \in f(f^{-1}(N))$. Dann können wir $y$ in der Form $y = f(x)$ mit einem geeigneten $x \in f^{-1}(N)$ schreiben. Nach der Definition (2.3) bedeutet Letzteres aber gerade, dass $f(x) \in N$ ist. Damit haben wir die Inklusion $f(f^{-1}(N)) \subseteq N$ bewiesen.

Wir beweisen nun die Inklusion $M \subseteq f^{-1}(f(M))$ aus (2.5). Ist $x \in M$, so ist $f(x) \in f(M)$ nach der Definition (2.2). Hieraus folgt aber nach der Definition (2.3) sofort $x \in f^{-1}(f(M))$, und das war die Behauptung. ∎

Das Beispiel $f(x) = \exp x = e^x$ mit $N = \mathbb{R}$ zeigt, dass die erste Inklusion in (2.5) *strikt* sein kann,[3] denn hier gilt $f(f^{-1}(N)) = (0, \infty) \subset N$. Entsprechend zeigt das Beispiel $f(x) = x^2$ mit $M = \{1, 2\}$, dass auch die zweite Inklusion in (2.5) strikt sein kann, denn hier gilt $f^{-1}(f(M)) = \{1, -1, 2, -2\} \supset M$; s. Beispiel 2.1. Man kann also in (2.5) i.A. keine Gleichheit erwarten (vgl. jedoch Aufgabe 2.10).

Ist $f : P \to Q$ eine Funktion, so nennt man die Menge $f(P)$ den *Wertebereich* von $f$. Diese Menge muss sorgfältig von der Zielmenge $Q$ von $f$ unterschieden werden, denn sie kann durchaus kleiner als $Q$ sein. Beispielsweise haben wir oben die Funktion $f : \mathbb{R} \to \mathbb{R}$ mit $f(x) = x^2$, betrachtet, bei der $Q = \mathbb{R}$ ist, aber $f(P) = f(\mathbb{R}) = \mathbb{R}_0^+ := \{y \in \mathbb{R} : y \geq 0\}$. Während

---

[3]Die Funktion $x \mapsto e^x$, die *Exponentialfunktion* genannt wird, ist eine der wichtigsten Funktionen der Analysis; Funktionen der Form $x \mapsto a^x$ mit einer anderen positiven Basis $a$, die oft in der Schule betrachtet werden, spielen demgegenüber in der Analysis fast keine Rolle.

also nach Definition einer Funktion $f : P \to Q$ jedes $x \in P$ als Urbild auftritt, muss nicht jedes $y \in Q$ als Bild auftreten. Dies gibt Anlass zu folgender wichtigen Definition.

**Definition 2.1.** Hat eine Funktion $f : P \to Q$ die Eigenschaft, dass es zu *jedem* $y \in Q$ ein $x \in P$ mit $y = f(x)$ gibt (d.h., es gilt $f(P) = Q$), so nennt man $f$ *surjektiv*.[4] Die Surjektivität von $f$ ist also gleichbedeutend mit einer Existenzaussage: *Die Gleichung*

$$f(x) = y \tag{2.6}$$

*besitzt für jedes $y \in Q$ mindestens[5] eine Lösung $x \in P$.* $\square$

**Beispiel 2.3.** Wir untersuchen einige Funktionen $f : \mathbb{R} \to \mathbb{R}$ auf Surjektivität:

(a) Sei $f$ definiert durch $f(x) := ax + b$ mit festem $a, b \in \mathbb{R}$; der Graph von $f$ ist also eine Gerade mit Steigung $a$, die die $y$-Achse auf der Höhe $b$ schneidet. Hier müssen wir zwei Fälle unterscheiden. Ist $a \neq 0$, so ist $f$ surjektiv, denn für vorgebenenes $y \in \mathbb{R}$ löst das Element $x := \frac{1}{a}(y - b)$ die Gleichung (2.6). Ist dagegen $a = 0$, so ist $f$ natürlich nicht surjektiv, denn der Wertebereich von $f$ ist die einelementige Menge $f(\mathbb{R}) = \{b\}$; die Gleichung (2.6) hat also für $y \neq b$ keine Lösung.

(b) Sei $f$ definiert durch $f(x) := x^2$. Wir haben oben schon gesehen, dass $f$ nicht surjektiv ist, weil die Gleichung (2.6) für $y < 0$ keine Lösung besitzt.

(c) Sei $f$ definiert durch

$$f(x) := \begin{cases} x + 1 & \text{für} \quad x < -1, \\ 0 & \text{für} \quad -1 \leq x \leq 1, \\ x - 1 & \text{für} \quad x > 1. \end{cases} \tag{2.7}$$

Dann ist $f$ surjektiv, weil $f(\mathbb{R}) = \mathbb{R}$ ist. Genauer kann man bzgl. der Lösbarkeit von (2.6) Folgendes feststellen: Die Gleichung (2.6) hat für $y < 0$ die eindeutige Lösung $x = y - 1$ und für $y > 0$ die eindeutige Lösung $x = y + 1$, während für $y = 0$ jedes $x \in [-1, 1]$ Lösung ist.

---

[4]Ist $f : P \to Q$ surjektiv, so spricht man auch von einer Abbildung „von $P$ auf $Q$", während man bei einer beliebigen Abbildung die Sprechweise „von $P$ in $Q$" benutzt. In dem Kunstwort „surjektiv" steckt übrigens die französische Präposition *sur* = auf.

[5]Hier ist über die Eindeutigkeit der Lösung nichts gesagt, d.h., es kann für ein $y$ durchaus mehrere Lösungen $x$ geben; dies wird ja auch durch das Wort „mindestens" ausgedrückt.

(d) Sei $f$ definiert durch $f(x) := x^3$. Dann ist $f$ surjektiv, denn für jedes $y \in \mathbb{R}$ (auch für negative $y$!) hat die Gleichung (2.6) eine reelle Lösung.

(e) Sei $f$ definiert durch $f(x) := \exp x$. Diese Funktion ist nicht surjektiv, da sie nur positive Werte annimmt, d.h., es gilt $\exp(\mathbb{R}) = \mathbb{R}^+ := \{y \in \mathbb{R} : y > 0\}$. Die Gleichung (2.6) ist also für $y \leq 0$ nicht lösbar.

(f) Sei $f$ definiert durch $f(x) := \sin x$ („Sinusfunktion"). Auch diese Funktion ist nicht surjektiv, da sie nur Werte zwischen $-1$ und $1$ annimmt. Die Gleichung (2.6) ist also für $|y| > 1$ nicht lösbar.

(g) Wir definieren eine Funktion ent : $\mathbb{R} \to \mathbb{R}$ („Ganzteilfunktion") dadurch, dass wir jeder reellen Zahl $x$ die größte ganze Zahl $k$ zuordnen, die kleiner oder gleich $x$ ist, also

$$\mathrm{ent}\, x := \max\{k \in \mathbb{Z} : k \leq x\}. \tag{2.8}$$

Beispielsweise ist $\mathrm{ent}\, 2 = 2$, $\mathrm{ent}\, \frac{3}{2} = 1$, $\mathrm{ent}\,(-\frac{3}{2}) = -2$, $\mathrm{ent}\, \pi = 3$ und $\mathrm{ent}\,(-\pi) = -4$. Diese Funktion ist nicht surjektiv, weil sie nur ganze Zahlen als Werte annimmt, d.h., es ist $\mathrm{ent}\,(\mathbb{R}) = \mathbb{Z}$. Die Gleichung (2.6) ist also für $y \in \mathbb{R} \setminus \mathbb{Z}$ nicht lösbar.                                  $\heartsuit$

Die Surjektivität von $f$ erlaubt Aussagen über die Lösbarkeit der Gleichung (2.6). Oft ist es auch nützlich zu wissen, *wie viele verschiedene* Lösungen $x \in P$ diese Gleichung für ein festes Element $y$ besitzt; dies führt auf einen anderen wichtigen Begriff:

**Definition 2.2.** Sei $f : P \to Q$ eine Funktion; hat dann jedes $y$ höchstens ein Urbild, so nennt man $f$ *injektiv*. Die Injektivität einer Funktion $f$ können wir also formal definieren durch die Eigenschaft

$$\forall x_1, x_2 \in P : \ f(x_1) = f(x_2) \ \Rightarrow \ x_1 = x_2 \tag{2.9}$$

oder nach (1.7) äquivalent durch die Eigenschaft

$$\forall x_1, x_2 \in P : \ x_1 \neq x_2 \ \Rightarrow \ f(x_1) \neq f(x_2). \tag{2.10}$$

Die Injektivität von $f$ ist gleichbedeutend mit der folgenden Eindeutigkeitsaussage: *Die Gleichung* (2.6) *besitzt für jedes $y \in Q$ höchstens[6] eine Lösung $x \in P$.*                                  $\square$

Zur Illustration betrachten wir wieder die Funktionen $f : \mathbb{R} \to \mathbb{R}$ aus Beispiel 2.3. Im Beispiel (a) ist $f$ für $a \neq 0$ injektiv, denn aus $ax_1 + b =$

---

[6]Hier ist über die Existenz der Lösung nichts gesagt, d.h., es kann für ein $y$ durchaus keine Lösung $x$ geben; dies wird ja auch durch das Wort „höchstens" ausgedrückt.

$ax_2 + b$ folgt $ax_1 = ax_2$ und hieraus wegen $a \neq 0$ wiederum $x_1 = x_2$. Ist dagegen $a = 0$, so ist $f$ natürlich nicht injektiv, denn *alle* Punkte $x$ werden auf $f(x) = 0$ abgebildet.

Im Beispiel (b) ist $f$ nicht injektiv, denn für jedes $x \neq 0$ gilt ja $-x \neq x$, aber $f(-x) = f(x)$. Auch die Funktion $f$ aus (c) ist nicht injektiv, weil z.B. $f(-1) = f(1) = 0$ gilt. Die Funktion $f$ aus (d) ist dagegen injektiv, denn in der Gleichung $x_1^3 = x_2^3$ können wir auf beiden Seiten die dritte Wurzel ziehen und erhalten $x_1 = x_2$. Auch die Exponentialfunktion aus (e) ist injektiv, denn in der Gleichung $\exp x_1 = \exp x_2$ können wir auf beiden Seiten den Logarithmus bilden und erhalten $x_1 = x_2$. Dagegen ist die Sinusfunktion nicht injektiv, denn es ist z.B. $\sin x = 0$ für alle $x$, die ganzzahlige Vielfache von $\pi$ sind. Schließlich ist natürlich auch die Ganzteilfunktion nicht injektiv, denn es gilt ja z.B. $\mathrm{ent}\, x = 0$ für alle reellen Zahlen $x \in [0, 1)$.

An diesen Beispielen sieht man sehr schön den Vorteil der Injektivität: Ist $f$ injektiv, so kann man aus jedem Funktionswert $f(x)$ das Argument $x$ „rekonstruieren" oder „zurückgewinnen". Beispielsweise kann man aus $\exp x = 1$ schließen, dass $x = 0$ sein muss, aber man kann aus $\sin x = 1$ nicht schließen, dass $x = \pi/2$ sein muss, denn es gibt noch viele andere Elemente $x$ mit $\sin x = 1$.

Ist eine Funktion $f$ surjektiv *und* injektiv, so nennt man sie auch *bijektiv*. Für bijektive Funktionen $f$ hat also die Gleichung (2.6) *für jede rechte Seite $y \in Q$ eine eindeutige Lösung $x \in P$.* Ist eine Funktion $f : P \to Q$ bijektiv, so kann man ihr eine so genannte *Umkehrfunktion $f^{-1} : Q \to P$* zuordnen, die sozusagen „den Effekt von $f$ rückgängig macht." Für bijektives $f$ mit Umkehrfunktion $f^{-1}$ gilt also

$$\forall x \in P: \ f^{-1}(f(x)) = x, \qquad \forall y \in Q: \ f(f^{-1}(y)) = y. \tag{2.11}$$

**Warnung.** Wir benutzen damit das Symbol $f^{-1}$, um zwei verschiedene Dinge auszudrücken. Einerseits bedeutet $f^{-1}$ im Falle einer bijektiven Abbildung $f : P \to Q$ deren Umkehrfunktion $f^{-1} : Q \to P$. Andererseits haben wir mit $f^{-1}(N)$ das Urbild einer Teilmenge $N \subseteq Q$ unter einer Abbildung $f$ bezeichnet, *auch wenn diese Abbildung gar nicht bijektiv ist.* Besonders im Fall einer einelementigen Menge $N = \{y\}$ muss man also aufpassen! Einerseits kann man für eine beliebige Abbildung $f : P \to Q$ und beliebiges $y \in Q$ die *Menge $f^{-1}(\{y\}) \subseteq P$* gemäß (2.3) bilden. Andererseits kann man für bijektives $f : P \to Q$ das *Element $f^{-1}(y) \in P$* bilden, das nicht mit der Menge $f^{-1}(\{y\})$ verwechselt werden darf.

Allerdings ist der Unterschied nicht sehr groß, denn für bijektives $f$ ist stets $f^{-1}(\{y\}) = \{f^{-1}(y)\}$.

In der folgenden Tabelle stellen wir die Eigenschaften der Funktionen $f$ aus Beispiel 2.3 zusammen.

| *Funktion* $f : \mathbb{R} \to \mathbb{R}$ | *surjektiv* | *injektiv* | *bijektiv* |
|---|---|---|---|
| $f(x) = ax + b$ $(a \neq 0)$ | ja | ja | ja |
| $f(x) = ax + b$ $(a = 0)$ | nein | nein | nein |
| $f(x) = x^2$ | nein | nein | nein |
| $f(x)$ gemäß (2.7) | ja | nein | nein |
| $f(x) = x^3$ | ja | ja | ja |
| $f(x) = \exp x$ | nein | ja | nein |
| $f(x) = \sin x$ | nein | nein | nein |
| $f(x) = \text{ent}\, x$ | nein | nein | nein |

Übrigens kann man die Injektivität, Surjektivität und Bijektivität einer Funktion $f : \mathbb{R} \to \mathbb{R}$ sehr schön „geometrisch" an einer Eigenschaft des Graphen von $f$ überprüfen: Die Funktion $f$ ist genau dann injektiv [bzw. surjektiv bzw. bijektiv], wenn jede horizontale Gerade den Graphen von $f$ höchstens [bzw. mindestens bzw. genau] einmal schneidet. Überprüfen Sie dies einmal an den Funktionen der Tabelle oben (wenn Sie die Tabelle nicht schon ohnehin durch Anwendung dieses Kriteriums erstellt haben).

Sind die Startmenge $P$ und die Zielmenge $Q$ einer Abbildung $f : P \to Q$ dagegen sehr „klein", d.h., bestehen sie nur aus wenigen Elementen, dann gibt es eine andere Möglichkeit, sich die Surjektivität bzw. Injektivität von $f$ zu veranschaulichen, nämlich mit Pfeilen. Wir diskutieren dies an einem sehr einfachen Beispiel. Betrachten wir dazu die Mengen $P := \{-2, -1, 0, 1, 2\}$ und $Q := \{0, 1, 4\}$ sowie die durch $f(x) := x^2$ definierte Funktion $f : P \to Q$. Nun male man links die 5 Elemente der Menge $P$ und rechts die 3 Elemente der Menge $Q$ auf ein Blatt Papier und verbinde dann jedes Element $x \in P$ mit seinem Funktionswert $f(x) \in Q$ durch einen Pfeil.

Die Funktion $f$ ist offensichtlich surjektiv, weil jedes der drei Elemente aus $Q$ von einem Pfeil „getroffen" wird, der von irgendeinem der fünf Elemente aus $P$ ausgeht. Andererseits ist $f$ nicht injektiv, denn die beiden Pfeile, die von $-2$ und $2$ ausgehen, landen beide bei $4$.

Betrachten wir nun die Funktion $f$ mit derselben Abbildungsvorschrift, also $f(x) = x^2$, aber diesmal von der Menge $P := \{-1, 0, 2\}$ in die Menge $Q := \{0, 1, 2, 3, 4\}$. Hier sieht man sofort, dass $f$ zwar injektiv ist, da alle drei möglichen Pfeile bei jeweils verschiedenen Elementen aus $Q$ landen, aber nicht surjektiv, da bei den Elementen 2 und 3 kein Pfeil landet.

Diese Beispiele machen klar, wie wir an solchen Pfeildiagrammen zwischen endlichen Mengen $P$ und $Q$ ablesen können, ob eine gegebene Abbildung von $P$ in $Q$ injektiv, surjektiv oder bijektiv ist: Die Funktion $f$ ist genau dann injektiv [bzw. surjektiv bzw. bijektiv], wenn bei jedem Element von $Q$ höchstens [bzw. mindestens bzw. genau] ein Pfeil ankommt, der bei irgendeinem Element von $P$ startet.

Wie oben bemerkt, kann man die Umkehrabbildung („Inverse") $f^{-1}$ : $Q \to P$ einer gegebenen Abbildung $f : P \to Q$ nur dann bilden, wenn $f : P \to Q$ bijektiv ist. Allerdings kann man wenigstens „einseitige" Umkehrabbildungen auch dann definieren, wenn $f$ nur surjektiv oder nur injektiv ist:

**Definition 2.3.** Man nennt eine Abbildung $g : f(P) \to P$ eine *Linksinverse* zu $f : P \to Q$, wenn

$$\forall x \in P: \quad g(f(x)) = x \qquad (2.12)$$

gilt, und eine Abbildung $h : Q \to P$ eine *Rechtsinverse* zu $f : P \to Q$, wenn

$$\forall y \in Q: \quad f(h(y)) = y \qquad (2.13)$$

gilt. Für eine Links- bzw. Rechtsinverse ist also jeweils nur eine der beiden Beziehungen in (2.11) erfüllt. Ist $f : P \to Q$ sogar bijektiv, so kann man natürlich $g = h = f^{-1}$ wählen, d.h., sowohl die Links- als auch die Rechtsinverse stimmen mit der gewöhnlichen Inversen überein. $\qquad \square$

Wie der folgende Satz zeigt, ist die Existenz einer Links- oder Rechtsinversen einer Abbildung eng mit der Injektivität bzw. Surjektivität dieser Abbildung verknüpft:

**Satz 2.2.** *Eine Abbildung $f : P \to Q$ hat genau dann eine Linksinverse, wenn sie injektiv ist, und genau dann eine Rechtsinverse, wenn sie surjektiv ist.*

**Beweis:** Wir nehmen an, $f : P \to Q$ habe eine Linksinverse $g : f(P) \to P$, d.h., es gilt (2.12). Wir müssen zeigen, dass $f$ injektiv ist. Seien also

$x_1, x_2 \in P$ mit $f(x_1) = f(x_2)$. Wenden wir auf beiden Seiten dieser Gleichheit die Funktion $g$ an, so erhalten wir nach (2.12)

$$x_1 = g(f(x_1)) = g(f(x_2)) = x_2,$$

womit die Injektivität von $f$ bewiesen ist. Nun nehmen wir umgekehrt an, dass $f : P \to Q$ injektiv ist, und müssen die Existenz einer Linksinversen $g : f(P) \to P$ beweisen. Nun hat aber nach (2.2) jedes $y \in f(P)$ die Form $y = f(x)$ mit einem geeigneten $x \in P$. Wegen der Injektivität von $f$ ist dieses $x$ sogar eindeutig! Damit ist durch $g(y) := x$ eine wohldefinierte Abbildung $g : f(P) \to P$ gegeben, die nach Konstruktion natürlich (2.12) erfüllt.

Nun beweisen wir den zweiten Teil der Behauptung. Wir nehmen zunächst an, $f : P \to Q$ habe eine Rechtsinverse $h : Q \to P$, d.h., es gilt (2.13). Wir müssen zeigen, dass $f$ surjektiv ist. Ist aber $y \in Q$ beliebig, so besagt (2.13) nichts anderes, als dass $x = h(y)$ ein Urbild von $y$ unter $f$ ist, also $f(x) = y$. Damit ist die Surjektivität von $f$ bewiesen. Nun nehmen wir umgekehrt an, dass $f : P \to Q$ surjektiv ist, und müssen die Existenz einer Rechtsinversen $h : Q \to P$ beweisen. Wegen der Surjektivität von $f$ hat jedes $y \in Q$ die Form $y = f(x)$ mit einem geeigneten $x \in P$. Damit können wir $h : Q \to P$ einfach durch $h(y) := x$ definieren, denn dann ist nach Konstruktion natürlich (2.13) erfüllt. ∎

Da die Begriffe der Links- und Rechtsinversen erfahrungsgemäß mehr Schwierigkeiten bereiten als der Begriff der Inversen, wollen wir den Inhalt von Satz 2.2 noch einmal an einem leicht überprüfbaren Beispiel erläutern. Sei dazu wie oben zunächst

$$f : \{-2, -1, 0, 1, 2\} \to \{0, 1, 4\}, \qquad f(x) := x^2.$$

Wir haben schon gesehen, dass $f$ surjektiv, aber nicht injektiv ist; nach Satz 2.2 hat $f$ also eine Rechtsinverse, aber keine Linksinverse. In der Tat sieht man sofort, dass

$$g : \{0, 1, 4\} \to \{-2, -1, 0, 1, 2\}, \qquad g(y) := \sqrt{y}$$

eine Rechtsinverse zu $f$ ist, denn für alle $y \in \{0, 1, 4\}$ gilt $f(g(y)) = y$. Nun definieren wir, ebenfalls wie vorher,

$$f : \{-1, 0, 2\} \to \{0, 1, 2, 3, 4\}, \qquad f(x) := x^2.$$

Wir haben schon gesehen, dass $f$ injektiv, aber nicht surjektiv ist; nach Satz 2.2 hat $f$ also eine Linksinverse, aber keine Rechtsinverse. In der Tat sieht man sofort, dass

$$h : \{0, 1, 4\} \to \{-1, 0, 2\}, \qquad h(y) := (-1)^y \sqrt{y}$$

eine Linksinverse zu $f$ ist, denn für alle $x \in \{-1, 0, 2\}$ gilt $h(f(x)) = x$. Man überzeuge sich noch einmal anhand der Definition, dass eine Linksinverse nicht auf der ganzen *Zielmenge* von $f$ (hier: $\{0, 1, 2, 3, 4\}$) definiert ist, sondern nur auf dem *Wertebereich* von $f$ (hier: $\{0, 1, 4\}$).

**Beispiel 2.4.** Nun betrachten wir noch einmal alle Funktionen aus der Tabelle oben im Lichte von Satz 2.2. Die Funktion $f$ aus (a) ist im Falle $a \neq 0$ bijektiv und besitzt die Umkehrfunktion $f^{-1}(y) = (y - b)/a$; im Falle $a = 0$ ist sie konstant und daher weder injektiv noch surjektiv. Die Funktion $f$ aus (d) ist auch bijektiv und besitzt die Umkehrfunktion

$$f^{-1}(y) = \begin{cases} \sqrt[3]{y} & \text{falls} \quad y \geq 0, \\ -\sqrt[3]{|y|} & \text{falls} \quad y < 0. \end{cases} \tag{2.14}$$

Hierbei ist mit $\sqrt[3]{y}$ für $y \geq 0$ diejenige eindeutig bestimmte positive reelle Zahl $x$ gemeint, die Gleichung $x^3 = y$ erfüllt.[7] Die Funktionen aus (b), (f) und (g) sind weder injektiv noch surjektiv und haben folglich weder eine Links- noch eine Rechtsinverse. Dagegen ist die Funktion $f(x) = \exp x$ aus (e) injektiv und hat daher eine Linksinverse $g : \mathbb{R}_+ \to \mathbb{R}$; diese Funktion wird *Logarithmusfunktion* genannt und mit log abgekürzt.

**Warnung.** Die so definierte Funktion $y \mapsto \log y$ ist *nicht* die oft in der Schule betrachtete Logarithmusfunktion zur Basis 10, sondern zur Basis $e$. Nur diese ist in der Analysis von Bedeutung! Manche Autoren verwenden statt log auch die Schreibweise ln für „logarithmus naturalis". Für eine Logarithmusfunktion zu einer anderen Basis $a > 0$, d.h. für die Umkehrfunktion zur Funktion $x \mapsto a^x$, wird manchmal die Schreibweise $\log_a$ benutzt. Es gilt also genau dann $x = \log_a y$, wenn $y = a^x$ ist.

Nach der Definition (2.12) der Linksinversen gilt mithin

$$\forall x \in \mathbb{R} : \; \log(\exp x) = x. \tag{2.15}$$

---

[7]Manche Autoren benutzen die Schreibweise $\sqrt[3]{y}$ auch für negatives $y$ und verstehen hierunter dann die eindeutig bestimmte *negative* Lösung $x$ der Gleichung $x^3 = y$. Diese Definition hat ihre Tücken und wird daher von anderen Autoren abgelehnt; man vergleiche hierzu die Warnung am Schluss von Abschnitt 4.3.

Schließlich hat die Funktion (2.7) aus (c) als surjektive Funktion eine Rechtsinverse $h$, nämlich

$$h(y) := \begin{cases} y - 1 & \text{für} \quad y < 0, \\ 0 & \text{für} \quad y = 0, \\ y + 1 & \text{für} \quad y > 0. \end{cases}$$

Durch Einsetzen und Unterscheidung der drei Fälle $y < 0$, $y = 0$ und $y > 0$ überzeugt man sich, dass tatsächlich (2.13) für alle $y \in \mathbb{R}$ erfüllt ist. $\heartsuit$

Wie die Tabelle auf S. 40 zeigt, sind die Funktionen $f$ aus (a) (für $a = 0$), (b), (e), (f) und (g) nicht surjektiv, weil jeweils der Wertebereich $f(\mathbb{R})$ eine echte Teilmenge der Zielmenge $\mathbb{R}$ ist. Wir können aber natürlich jede Abbildung dadurch surjektiv „machen", dass wir einfach ihren Wertebereich als Zielmenge nehmen. So werden die Funktionen aus (b), (e), (f) und (g) surjektiv, wenn wir sie jeweils als Abbildungen $f : \mathbb{R} \to [0, \infty)$ bzw. $f : \mathbb{R} \to (0, \infty)$ bzw. $f : \mathbb{R} \to [-1, 1]$ bzw. $f : \mathbb{R} \to \mathbb{Z}$ schreiben.

Dagegen ist es i.A. schwieriger, eine Funktion „injektiv zu machen". Manchmal gelingt dies dadurch, dass man die Funktion auf eine kleinere Teilmenge ihres natürlichen Definitionsbereiches *einschränkt*. Sind $P$ und $Q$ beliebige nichtleere Mengen, $f : P \to Q$ eine Abbildung und $M \subset P$, so nennen wir $f|_M : M \to Q$ die *Einschränkung von $f$ auf $M$*. Es gibt auch den umgekehrten Prozess: Ist $f : P \to Q$ eine Abbildung, $N \supset P$ und $F : N \to Q$ eine Abbildung derart, dass $F|_P = f$ ist, so heißt $F$ eine *Fortsetzung von $f$ auf $N$*. Man macht sich leicht klar, dass die Injektivität einer Abbildung bei jeder Einschränkung erhalten bleibt (aber i.A. nicht die Surjektivität), während die Surjektivität einer Abbildung bei jeder Fortsetzung erhalten bleibt (aber i.A. nicht die Injektivität).

**Beispiel 2.5.** Sei $f(x) = x^2$ wie in Beispiel 2.3 (b). Wir wissen, dass $f : \mathbb{R} \to \mathbb{R}$ weder surjektiv noch injektiv ist. Allerdings ist $f : \mathbb{R} \to [0, \infty)$ surjektiv und $f|_{[0,\infty)} : [0, \infty) \to [0, \infty)$ ist sogar bijektiv.

Sei nun $f(x) = \exp x$ wie in Beispiel 2.3 (e). Wir wissen, dass $f : \mathbb{R} \to \mathbb{R}$ injektiv, aber nicht surjektiv ist. Allerdings ist $f : \mathbb{R} \to (0, \infty)$ sogar bijektiv.

Weiter sei $f(x) = \sin x$ wie in Beispiel 2.3 (f). Wir wissen, dass $f : \mathbb{R} \to \mathbb{R}$ weder injektiv noch surjektiv ist. Allerdings ist $f : \mathbb{R} \to [-1, 1]$ surjektiv und (z.B.) $f|_{[-\frac{\pi}{2}, \frac{\pi}{2}]} : [-\frac{\pi}{2}, \frac{\pi}{2}] \to [-1, 1]$ ist sogar bijektiv.

Schließlich betrachten wir noch die Funktion $f(x) = \text{ent } x$ aus Beispiel 2.3 (g). Wir wissen, dass $f : \mathbb{R} \to \mathbb{R}$ weder injektiv noch surjektiv ist.

Allerdings ist $f : \mathbb{R} \to \mathbb{Z}$ surjektiv, und (z.B.) $f|_{\mathbb{Z}} : \mathbb{Z} \to \mathbb{Z}$ ist sogar bijektiv.[8]     ♡

Wir bringen nun noch einige weitere Beispiele von Funktionen, die etwas anders als bisher definiert sind, und untersuchen diese auf Surjektivität und Injektivität. Zunächst führen wir einen neuen Begriff ein:

**Definition 2.4.** Seien $P$, $Q$ und $R$ nichtleere Mengen und $f : P \to Q$ sowie $g : Q \to R$ Abbildungen. Dann nennt man die durch

$$(g \circ f)(x) := g(f(x)) \qquad (x \in P) \tag{2.16}$$

definierte Abbildung $g \circ f : P \to R$ die *Verknüpfung* (auch *Hintereinanderausführung*, *Verkettung* oder *Komposition* genannt)[9] von $f$ und $g$.   □

**Beispiel 2.6.** Ist $P$ eine beliebige nichtleere Menge, so heißt die Abbildung $id_P : P \to P$, die jedes Element $x \in P$ auf sich selbst abbildet, die *Identität* oder *identische Abbildung* auf $P$. Beispielsweise können wir die Gleichungen (2.12), (2.13) und (2.15) mit der in (2.16) eingeführten Bezeichnungsweise kurz als $g \circ f = id_P$ bzw. $f \circ h = id_Q$ bzw. $\log \circ \exp = id_{\mathbb{R}}$ schreiben.     ♡

**Beispiel 2.7.** Sei $P$ eine beliebige Menge und $Q \supseteq P$. Ordnet man jedem Element $x \in P$ dasselbe Elemente $x$ zu, aber *aufgefasst als Element der Obermenge* $Q$, ist dadurch eine Funktion $f : P \to Q$ definiert, die so genannte *Einbettung* von $P$ in $Q$. Eine Einbettung ist immer injektiv, aber i.A. nicht surjektiv. Manchmal benutzt man für eine Einbettung das Symbol $f : P \hookrightarrow Q$, die sozusagen den Abbildungspfeil $\to$ und das Inklusionszeichen $\subset$ kombiniert.     ♡

**Beispiel 2.8.** Sei $f : \mathbb{Z} \to \mathbb{Z}$ definiert durch $f(k) = 2k$. Dann ist $f$ injektiv, weil aus $2m = 2n$ stets $m = n$ folgt. Andererseits ist $f$ nicht surjektiv, weil der Wertebereich $f(\mathbb{Z})$ von $f$ nur aus den geraden Zahlen besteht. Nimmt man also statt $\mathbb{Z}$ nur die geraden Zahlen als Zielmenge, so hat man damit $f$ „surjektiv gemacht".     ♡

---

[8]Dies ist allerdings ziemlich trivial, denn die Einschränkung der Ganzteilfunktion auf die ganzen Zahlen ist ja nichts anderes als die Identität, s. das folgende Beispiel 2.6.

[9]Für $g \circ f$ hat sich die Sprechweise „$g$ nach $f$" oder (etwas infantil) „$g$ Kringel $f$" eingebürgert.

**Beispiel 2.9.** Mit

$$\mathbb{P} = \{2, 3, 5, 7, 11, 13, 17, 19, \ldots\} \tag{2.17}$$

bezeichnen wir die Menge aller Primzahlen. Sei $f : \mathbb{N} \setminus \{1\} \to \mathbb{P}$ dadurch definiert, dass wir jeder natürlichen Zahl $n \geq 2$ ihren kleinsten Primteiler zuordnen (s. Abschnitt 3.4 unten). Dann ist $f$ surjektiv, weil z.B. $f(p) = p$ für jedes $p \in \mathbb{P}$ gilt. Andererseits ist $f$ nicht injektiv, weil z.B. $f(4) = f(6) = 2$ ist. Schränkt man aber $f$ von $\mathbb{N} \setminus \{1\}$ auf die Primzahlmenge $\mathbb{P}$ als Startmenge ein, so hat man damit $f|_\mathbb{P}$ „injektiv gemacht".[10]          $\heartsuit$


## 2.2  Monotone Funktionen

Funktionen, die auf $\mathbb{R}$ (oder auf einem reellen Intervall) definiert sind und wieder Werte in $\mathbb{R}$ annehmen, können auf eine wichtige Eigenschaft untersucht werden, die man *Monotonie* nennt. Man unterscheidet vier Typen von Monotonie:

**Definition 2.5.** Eine Funktion $f : \mathbb{R} \to \mathbb{R}$ heißt

(a) *monoton steigend*, wenn gilt: $\forall x_1, x_2 \in \mathbb{R}: x_1 \leq x_2 \;\Rightarrow\; f(x_1) \leq f(x_2)$;

(b) *monoton fallend*, wenn gilt: $\forall x_1, x_2 \in \mathbb{R}: x_1 \leq x_2 \;\Rightarrow\; f(x_1) \geq f(x_2)$;

(c) *streng monoton steigend*, wenn gilt: $\forall x_1, x_2 \in \mathbb{R}: x_1 < x_2 \;\Rightarrow\; f(x_1) < f(x_2)$;

(d) *streng monoton fallend*, wenn gilt: $\forall x_1, x_2 \in \mathbb{R}: x_1 < x_2 \;\Rightarrow\; f(x_1) > f(x_2)$.

Ist $f$ nicht auf ganz $\mathbb{R}$ definiert, sondern nur auf einem Intervall $I \subset \mathbb{R}$, so fordert man die entsprechenden Eigenschaften für alle $x_1, x_2 \in I$. Statt *steigend* sagt man auch *wachsend*, statt *fallend* auch *abnehmend*.          $\square$


Die Monotonie einer reellen Funktion kann man unmittelbar an ihrem Graphen ablesen: Bei anwachsendem $x$ (nach rechts) geht der Graph bei einer monoton steigenden [bzw. fallenden] Funktion nach oben [bzw. nach unten]; bei einfacher Monotonie sind dabei „waagrechte Ruhepausen" erlaubt, bei strenger Monotonie aber nicht.

Wir wollen nun alle Funktionen aus Beispiel 2.3 auf Monotonie untersuchen. Die durch $f(x) = ax + b$ definierte Funktion $f$ ist offensichtlich genau

---

[10] Auch hier ist die Einschränkung trivial, weil sie wieder die Identität ergibt!

für $a \geq 0$ monoton steigend, für $a > 0$ streng monoton steigend, für $a \leq 0$ monoton fallend und für $a < 0$ streng monoton fallend. Man sieht insbesondere, dass die *konstante Funktion* $f$, die sich für $a = 0$ ergibt und jedem $x \in \mathbb{R}$ ein und denselben Wert $b$ zuordnet,[11] damit sowohl als monoton steigend als auch als monoton fallend angesehen werden kann. Konstante Funktionen sind die einzigen Funktionen mit dieser Eigenschaft.

Im Beispiel (b) war $f(x) = x^2$; diese Funktion ist auf dem Intervall $(-\infty, 0]$ streng monoton fallend und auf dem Intervall $[0, \infty)$ streng monoton steigend. Die Funktion (2.7) aus (c) ist dagegen auf ganz $\mathbb{R}$ monoton steigend, allerdings nicht streng monoton, da sie auf dem Intervall $[-1, 1]$ konstant ist. Die durch $f(x) = x^3$ gegebene Funktion aus (d) ist sogar streng monoton steigend auf ganz $\mathbb{R}$.

Es bleiben die Exponentialfunktion und die Sinusfunktion zu untersuchen. Die Exponentialfunktion ist auf ganz $\mathbb{R}$ streng monoton steigend. Dagegen verhält sich die Sinusfunktion vom Standpunkt der Monotonie ziemlich schlecht: sie ist zwar (z.B.) auf dem Intervall $[-\frac{\pi}{2}, \frac{\pi}{2}]$ streng monoton steigend und auf dem anschließenden Intervall $[\frac{\pi}{2}, \frac{3\pi}{2}]$ streng monoton fallend,[12] aber sie ist auf ganz $\mathbb{R}$ natürlich weder monoton steigend noch fallend.

Wir bemerken noch, dass die Ganzteilfunktion (2.8) aus Beispiel 2.3 (g) auf ganz $\mathbb{R}$ monoton steigend ist, aber natürlich nicht streng monoton steigend.

Der folgende Satz liefert einen Zusammenhang zwischen (strenger) Monotonie und Injektivität:

**Satz 2.3.** *Eine streng monoton steigende oder fallende Funktion* $f : \mathbb{R} \to \mathbb{R}$ *ist injektiv.*

**Beweis:** Sei o.B.d.A. $f : \mathbb{R} \to \mathbb{R}$ streng monoton steigend. Seien $x_1, x_2 \in \mathbb{R}$ fest gewählt mit $x_1 \neq x_2$. Wieder o.B.d.A. können wir annehmen, dass $x_1 < x_2$ gilt. Nach Voraussetzung ist dann $f(x_1) < f(x_2)$, also sicher $f(x_1) \neq f(x_2)$. Dies ist aber nach (2.10) gerade die Injektivität von $f$. ∎

Die Funktion aus Beispiel 2.3 (c) zeigt, dass man auf das Wort „streng" in Satz 2.3 nicht verzichten kann. Das folgende Beispiel zeigt dagegen, dass man Satz 2.3 nicht umkehren kann; ein noch drastischeres Beispiel findet man in Aufgabe 2.16.

---

[11]Für solche konstanten Funktionen schreibt man manchmal $f(x) \equiv b$, gelesen: „$f(x)$ identisch $b$".

[12]Und so weiter periodisch fortgesetzt; eine solche Funktion nennt man aus offensichtlichen Gründen *stückweise monoton*.

**Beispiel 2.10.** Sei $f : \mathbb{R} \to \mathbb{R}$ definiert durch

$$f(x) := \begin{cases} x & \text{für} \quad x < -1, \\ -x & \text{für} \quad -1 \leq x \leq 1, \\ x & \text{für} \quad x > 1. \end{cases}$$

Dann ist $f$ injektiv (sogar bijektiv!), wie man durch eine Fallunterscheidung nachweisen kann. Andererseits ist $f$ weder monoton steigend (da z.B. $f(-1) = 1 > -1 = f(1)$ ist) noch monoton fallend (da z.B. $-2 = f(-2) < f(2) = 2$ ist). $\heartsuit$

## 2.3 Zahlenfolgen

Wir wollen nun eine spezielle Klasse von Funktionen einführen, die in der gesamten Mathematik von fundamentaler Bedeutung sind. Sei $M$ eine beliebige nichtleere Menge; wem das zu abstrakt ist, kann einfach an $M = \mathbb{Q}$ oder $M = \mathbb{R}$ denken.

**Definition 2.6.** Eine *Folge in einer Menge $M$* ist eine Abbildung $f : \mathbb{N} \to M$. Statt $f(n)$ benutzt man bei Folgen die Schreibweise $(a_n)_n$ oder $(a_n)_{n \in \mathbb{N}}$ oder $(a_1, a_2, a_3, \ldots)$. Hiermit soll zum Ausdruck gebracht werden, dass es – im Gegensatz zu einer Menge – bei einer Folge sehr wohl auf die *Reihenfolge* ankommt, in der die Folgenelemente $a_1, a_2, a_3, \ldots$ „aufgezählt" werden. $\square$

Im Hinblick auf die letztgenannte Schreibweise $(a_1, a_2, a_3, \ldots)$ kann man eine Folge etwas salopp als einen „unendlich langen Vektor" ansehen, in Analogie zum „normalen Vektor" $(a_1, a_2, \ldots, a_n)$ mit $n$ Komponenten.

**Warnung.** Man muss bei einer Folge sorgfältig die Folge $(a_1, a_2, a_3, \ldots)$ selbst von ihrer Wertemenge $\{a_1, a_2, a_3, \ldots\}$ unterscheiden, denn bei der Folge kommt es – wie schon oben betont – auf die Reihenfolge der durchlaufenen Elemente an. Beispielsweise sind die beiden Folgen

$$(a_n)_n := (1, 2, 4, 3, 5, 6, 7, \ldots), \qquad (b_n)_n := (1, 2, 3, 4, 5, 6, 7, \ldots)$$

verschieden, haben aber dieselbe Wertemenge $\{1, 2, 3, 4, 5, 6, 7, \ldots\} = \mathbb{N}$. Noch drastischer ist das Beispiel der „Sprungfolge" $(-1, 1, -1, 1, -1, 1, \ldots)$

(also $a_n = (-1)^n$), deren Wertemenge nur aus den beiden Zahlen 1 und $-1$ besteht. Man kann auch *konstante* Folgen der Form $(c, c, c, \ldots)$ betrachten; deren Wertemenge $\{c\}$ ist dann sogar nur einelementig.

Für *reelle Zahlenfolgen* (also Folgen $(a_n)_n$ mit $a_n \in \mathbb{R}$) können wir wie bei Funktionen die folgenden *Monotonie-Eigenschaften* definieren:

**Definition 2.7.** Eine Folge $(a_n)_n$ in $\mathbb{R}$ heißt

(a) *monoton steigend*, wenn gilt: $\forall n \in \mathbb{N}$: $a_n \leq a_{n+1}$;

(b) *monoton fallend*, wenn gilt: $\forall n \in \mathbb{N}$: $a_n \geq a_{n+1}$;

(c) *streng monoton steigend*, wenn gilt: $\forall n \in \mathbb{N}$: $a_n < a_{n+1}$;

(d) *streng monoton fallend*, wenn gilt: $\forall n \in \mathbb{N}$: $a_n > a_{n+1}$.

Statt *steigend* sagt man auch *wachsend*, statt *fallend* auch *abnehmend*. □

**Beispiel 2.11.** Die Folge $(a_n)_n$ mit $a_n := \frac{1}{n}$, also

$$(a_1, a_2, a_3, a_4, \ldots) = (1, \tfrac{1}{2}, \tfrac{1}{3}, \tfrac{1}{4}, \ldots)$$

ist streng monoton fallend, die Folge $(a_n)_n$ mit

$$(a_1, a_2, a_3, a_4, \ldots) = (1, 1, \tfrac{1}{2}, \tfrac{1}{2}, \tfrac{1}{3}, \tfrac{1}{3}, \ldots)$$

ist auch monoton fallend, aber nicht streng monoton fallend, und die Folge $(a_n)_n$ mit $a_n := (-1)^n$, also

$$(a_1, a_2, a_3, a_4, \ldots) = (-1, 1, -1, 1, -1, 1, \ldots) \tag{2.18}$$

ist weder monoton steigend noch monoton fallend. ♡

**Beispiel 2.12.** Seien $a$ und $d$ fest gewählte reelle Zahlen. Die Folge $(a_n)_n$ mit $a_n := a + (n-1)d$, also

$$(a_1, a_2, a_3, a_4, \ldots) = (a, a + d, a + 2d, a + 3d, \ldots) \tag{2.19}$$

kennen Sie aus dem Schulunterricht unter dem Namen *arithmetische Folge*. Sie ist im Falle $d \geq 0$ [bzw. $d > 0$, $d \leq 0$, $d < 0$] monoton steigend [bzw. streng monoton steigend, monoton fallend, streng monoton fallend]. Für $a = d = 1$ erhält man einfach die Folge aller natürlichen Zahlen. ♡

**Beispiel 2.13.** Seien $a$ und $q$ fest gewählte positive reelle Zahlen. Die Folge $(a_n)_n$ mit $a_n := aq^{n-1}$, also

$$(a_1, a_2, a_3, a_4, \ldots) = (a, aq, aq^2, aq^3, \ldots) \qquad (2.20)$$

kennen Sie aus dem Schulunterricht unter dem Namen *geometrische Folge*. Sie ist im Falle $q \geq 1$ [bzw. $q > 1$, $q \leq 1$, $q < 1$] monoton steigend [bzw. streng monoton steigend, monoton fallend, streng monoton fallend]. Die entsprechende Wertemenge $\{a, aq, aq^2, aq^3, \ldots\}$ ist im Fall $q = 1$ endlich (nämlich einelementig!), sonst unendlich.                                    ♡

**Beispiel 2.14.** Wir definieren eine rationale Zahlenfolge durch

$$a_1 := \frac{3}{2}, \ a_2 := \frac{17}{12}, \ a_3 := \frac{577}{408}, \ \ldots, a_{n+1} := \frac{1}{2}\left(a_n + \frac{2}{a_n}\right). \qquad (2.21)$$

Man nennt eine solche Folge *rekursiv definiert*, da man $a_{n+1}$ durch $a_n$ ausdrückt. Offenbar sind alle Folgenglieder $a_n$ positiv. Weiter kann man zeigen, dass stets $a_{n+1} \leq a_n$ ist, d.h., die Folge $(a_n)_n$ ist monoton fallend (s. Aufgabe 2.48).                                    ♡

**Beispiel 2.15.** Wir definieren eine rationale Zahlenfolge durch

$$a_n := \left(1 + \frac{1}{n}\right)^n. \qquad (2.22)$$

Auch hier sind natürlich alle Folgenglieder $a_n$ positiv. Weiter kann man zeigen, dass stets $a_{n+1} \geq a_n$ ist, d.h., die Folge $(a_n)_n$ ist monoton wachsend (s. Aufgabe 3.39). Diese Folge spielt in der Analysis eine sehr wichtige Rolle; wir werden sie später noch näher untersuchen.                                    ♡

Wir führen nun noch zwei Begriffe für (rationale oder reelle) Folgen ein, die Sie in der Analysis noch ausgiebig studieren werden.

**Definition 2.8.** Sei entweder $M = \mathbb{Q}$ oder $M = \mathbb{R}$. Wir nennen eine Folge $(a_n)_n$ in $M$ *konvergent gegen* $a \in M$ und schreiben

$$a_n \to a \ (n \to \infty) \quad \text{oder} \quad \lim_{n \to \infty} a_n = a, \qquad (2.23)$$

falls Folgendes gilt: Zu jedem $\varepsilon > 0$ existiert ein $N \in \mathbb{N}$ derart, dass für $n \geq N$ stets $|a_n - a| < \varepsilon$ gilt. Die Zahl $a$ heißt dann der *Grenzwert* der Folge $(a_n)_n$. Anschaulich bedeutet dies, dass die Folgenglieder $a_n$ „beliebig nahe beim Grenzwert $a$ liegen", wenn wir nur ihre Indizes $n$ groß genug wählen. Mit $KF(M)$ bezeichnen wir die Menge aller konvergenten Folgen in $M$. Eine Folge, die nicht konvergent ist, bezeichnet man als *divergent*.

Nahe damit verwandt, aber verschieden, ist der folgende Begriff. Eine *Cauchyfolge* in $M$ ist eine Folge $(a_n)_n$ in $M$ mit folgender Eigenschaft: Zu jedem $\varepsilon > 0$ existiert ein $N \in \mathbb{N}$ derart, dass für $m, n \geq N$ stets $|a_m - a_n| < \varepsilon$ gilt. Anschaulich bedeutet dies, dass die Folgenglieder $a_m$ und $a_n$ „beliebig nahe beieinander liegen", wenn wir nur ihre Indizes $m$ und $n$ groß genug wählen. Mit $CF(M)$ bezeichnen wir die Menge aller Cauchyfolgen in $M$. $\qquad\qquad\qquad\qquad\qquad\qquad\qquad\qquad\qquad\qquad$ $\square$

Die Menge $CF(\mathbb{Q})$ wird in Abschnitt 6.4 bei der Konstruktion der reellen Zahlen eine sehr wichtige Rolle spielen.

Obwohl der Begriff der konvergenten Folge im Rahmen dieses Buches nur eine untergeordnete Rolle spielt, wollen wir wegen seiner Kompliziertheit ein kleines Beispiel betrachten:

**Beispiel 2.16.** Sei $(a_n)_n$ gegeben durch

$$a_1 := 1, a_2 := \frac{9}{5}, a_3 := \frac{15}{7}, \ldots, a_n := \frac{6n - 3}{2n + 1}, \ldots,$$

d.h., $(a_n)_n$ ist offensichtlich eine rationale Folge. Ist diese Folge in $\mathbb{Q}$ konvergent, d.h., gilt $(a_n)_n \in KF(\mathbb{Q})$? Ja, und zwar konvergiert sie gegen $a = 3$. Um dies einzusehen,[13] wählen wir zu vorgegebenem $\varepsilon > 0$ eine natürliche Zahl $N$ so groß, dass $N > \varepsilon/3$ ist. Für alle $n \geq N$ erhalten wir dann

$$|a_n - a| = \left| < \frac{6n - 3}{2n + 1} - 3 \right| = \frac{6}{2n + 1} < \frac{6}{2n} \leq \frac{3}{N} < \varepsilon$$

und das bedeutet nichts anderes als die Konvergenz der Folge $(a_n)_n$ gegen den Grenzwert 3. $\qquad\qquad\qquad\qquad\qquad\qquad\qquad\qquad\qquad\qquad\qquad$ $\heartsuit$

Gibt es eine Beziehung zwischen konvergenten Folgen und Cauchyfolgen? Ja, denn man sieht leicht, dass jede konvergente Folge auch Cauchyfolge ist! Um dies einzusehen, sei $(a_n)_n$ eine konvergente Folge in $M$ mit

---

[13]Das „Erraten" des Grenzwerts 3 sowie die „richtige" Wahl des Index' $N$ in Abhängigkeit von $\varepsilon$ fallen hier sozusagen „vom Himmel", und Sie werden vielleicht ausrufen: „Da wäre ich nie draufgekommen!" Die angemessene Antwort wäre: Das verlangt auch keiner, die hierfür erforderliche Routine erwerben Sie sehr schnell in der Analysis.

Grenzwert $a$. Zu $\varepsilon > 0$ können wir also ein $N \in \mathbb{N}$ wählen derart, dass gilt[14]

$$n \geq N \;\Rightarrow\; |a_n - a| < \frac{\varepsilon}{2}. \tag{2.24}$$

Damit gilt aber für beliebige Indizes $m$ und $n$:

$$
\begin{aligned}
m, n \geq N \;\Rightarrow\; |a_m - a_n| &= |a_m - a + a - a_n| \\
&\leq |a_m - a| + |a - a_n| < \frac{\varepsilon}{2} + \frac{\varepsilon}{2} = \varepsilon.
\end{aligned}
\tag{2.25}
$$

In (2.25) haben wir übrigens die Eigenschaften (1.34) und (1.35) des Absolutbetrages benutzt, also die Symmetrie und die Dreiecksungleichung.

Wir werden später sehen, dass die Umkehrung des eben bewiesenen Sachverhalts im Falle $M = \mathbb{Q}$ nicht gilt, d.h., *in $\mathbb{Q}$ gibt es Cauchyfolgen, die nicht konvergieren*. Dies ist übrigens einer der Hauptgründe, warum man nicht in $\mathbb{Q}$ Analysis treibt, sondern in $\mathbb{R}$, denn dort sind alle Cauchyfolgen konvergent! Als Beispiel kann die Folge (2.22) dienen: Sie besteht offensichtlich nur aus rationalen Zahlen, ist auch eine Cauchyfolge in $\mathbb{Q}$, aber konvergiert *nicht* in $\mathbb{Q}$, sondern nur in $\mathbb{R}$.

Wir beenden unsere Exkursion über Folgen mit einer weiteren wichtigen Definition. Eine Folge $(a_n)_n$ in $\mathbb{R}$ heißt *beschränkt*, falls es ein $R > 0$ gibt mit $|a_n| \leq R$ für alle $n \in \mathbb{N}$ (d.h., alle Folgenglieder liegen im Intervall $[-R, R]$); im gegenteiligen Fall nennt man die Folge $(a_n)_n$ *unbeschränkt*. Die Folge (2.19) aus Beispiel 2.12 etwa ist nur für $d = 0$ beschränkt (beweisen Sie dies!), während die Folge (2.20) aus Beispiel 2.13 genau dann beschränkt ist, wenn $q \leq 1$ ist. Die Folge (2.21) aus Beispiel 2.14 ist beschränkt (wähle z.B. $R := 2$) und die Folge (2.22) aus Beispiel 2.15 ebenfalls (wähle z.B. $R := 3$).

Allgemein gilt die folgende Beziehung zwischen konvergenten Folgen und beschränkten Folgen:

**Satz 2.4.** *Jede konvergente Folge ist beschränkt.*

**Beweis:** Sei $(a_n)_n$ eine gegen $a$ konvergente Folge. Nach Definition der Konvergenz finden wir insbesondere zu $\varepsilon = 1$ ein $N \in \mathbb{N}$ derart, dass $|a_n - a| < 1$ für $n \geq N$ ausfällt. Für diese $n$ haben wir also

$$|a_n| = |(a_n - a) + a| \leq |a_n - a| + |a| < 1 + |a|. \tag{2.26}$$

---

[14]Wundern Sie sich nicht, warum hier $\frac{\varepsilon}{2}$ statt $\varepsilon$ in (2.24) steht! Das haben wir nur so gemacht, damit am Schluss unserer Begründung in (2.25) ein reines $\varepsilon$ steht. Hätten wir mit $\varepsilon$ in (2.24) angefangen, dann stünde in (2.25) natürlich $2\varepsilon$. Beide Methoden sind zulässig.

Andererseits gibt es nur endlich viele Folgenelemente $a_n$, die (2.26) *nicht* erfüllen (nämlich die ersten Elemente $a_1, a_2, \ldots, a_{N-1}$) und diese bilden natürlich eine beschränkte (weil endliche) Menge. Damit ist die Menge *aller* Folgenelemente $\{a_n : n = 1, 2, 3, \ldots\}$ beschränkt wie behauptet. ∎

Wir bemerken, dass die Umkehrung von Satz 2.4 *nicht* gilt, d.h., aus der Beschränktheit einer Folge folgt keineswegs ihre Konvergenz. Beispielsweise ist die Folge (2.18) zwar beschränkt, aber nicht konvergent, wie man etwa durch die Wahl $\varepsilon := \frac{1}{2}$ bestätigt. Allerdings wird oft die Kontraposition von Satz 2.4 benutzt, um die *Divergenz* einer Folge dadurch zu beweisen, dass man einfach ihre Unbeschränktheit zeigt.

## 2.4  Gleichmächtige Mengen und Abzählbarkeit

Wir kehren zurück zu allgemeinen Abbildungen. Der nächste Satz gibt Auskunft darüber, wann es zwischen zwei *endlichen* Mengen eine surjektive, injektive oder bijektive Abbildung geben kann. Als „Modell" einer endlichen Menge mit $k$ Elementen wählen wir hierbei einfach die Menge aller Zahlen von 1 bis $k$.

**Satz 2.5.** *Für $M := \{1, 2, \ldots, m\}$ und $N := \{1, 2, \ldots, n\}$ gilt:*

(a) *Es gibt genau im Fall $m \geq n$ eine surjektive Funktion $f : M \to N$;*

(b) *es gibt genau im Fall $m \leq n$ eine injektive Funktion $f : M \to N$;*

(c) *es gibt genau im Fall $m = n$ eine bijektive Funktion $f : M \to N$.*

**Beweis (a):** Ist $f : M \to N$ surjektiv, so ist

$$N = f(M) = \{f(1), f(2), \ldots, f(m)\}.$$

Da in der letzten Menge höchstens $m$ Elemente stehen, muss $m \geq n$ sein. Ist umgekehrt $m \geq n$, so kann man eine surjektive Abbildung $f : \{1, 2, \ldots, m\} \to \{1, 2, \ldots, n\}$ definieren durch

$$f(1) = 1, \ f(2) = 2, \ \ldots, \ f(n) = f(n+1) = \ldots = f(m) = n.$$

**Beweis (b):** Ist $f : M \to N$ injektiv, so enthält die Menge

$$f(M) = \{f(1), f(2), \ldots, f(m)\} \subseteq N$$

genau $m$ Elemente und daher muss $m \leq n$ sein. Ist umgekehrt $m \leq n$, so kann man als injektive Abbildung $f : M \to N$ die Einbettung von $M$ in $N$ wählen (s. Beispiel 2.7).

**Beweis (c):** Die Behauptung ergibt sich durch Kombination der Beweise von (a) und (b).                                                                    ∎

Aus Satz 2.5 kann man folgende interessante Folgerung ableiten: *Ist M eine endliche Menge und $f : M \to M$ eine Funktion, so ist $f$ genau dann surjektiv, wenn $f$ injektiv ist.* Mit anderen Worten: Eine Abbildung von einer endlichen Menge *in sich* ist entweder *bijektiv* oder *weder surjektiv noch injektiv.*

Die Aussage aus Satz 2.5 (c) gibt Anlass zu folgender Definition. Zwei Mengen $M$ und $N$ heißen *gleichmächtig*, falls es eine bijektive Funktion $f : M \to N$ gibt. Anschaulich gesprochen bedeutet dies, dass $M$ und $N$ „gleich viele" Elemente haben. Diese Definition lässt für $M$ und $N$ sowohl endliche als auch unendliche Mengen zu. Allerdings darf man die in Satz 2.5 angestellten Überlegungen nicht einfach auf unendliche Mengen übertragen. Im Falle einer *unendlichen* Menge $M$ erlebt man nämlich eine große Überraschung, die unserer naiven Vorstellung heftig widerspricht: Man kann dann injektive Abbildungen $f : M \to M$ angeben, die nicht surjektiv sind, aber auch surjektive Abbildungen $f : M \to M$, die nicht injektiv sind!

Als einfaches Beispiel für den ersten Fall kann die Abbildung

$$f : \mathbb{N} \to \mathbb{N}, \qquad f(n) := 2n \tag{2.27}$$

dienen, als Beispiel für den zweiten Fall die Abbildung

$$f : \mathbb{N}_0 \to \mathbb{N}_0, \qquad f(n) := \text{ent}\left(\frac{n}{2}\right). \tag{2.28}$$

Übrigens kann dieses Beispiel in Verbindung mit Satz 2.5 auch der Erläuterung der Tatsache dienen, dass „beliebig groß" nicht dasselbe ist wie „unendlich": Solange wir die endliche Menge $M = \{1, 2, \ldots, m\}$ betrachten, und sei $m$ auch noch so groß, können wir niemals eine Abbildung $f : M \to M$ konstruieren, die injektiv, aber nicht surjektiv, oder surjektiv, aber nicht injektiv ist. Sobald wir aber die unendlichen Mengen $M = \mathbb{N}$ oder $M = \mathbb{N}_0$ benutzen, können wir solche Abbildungen leicht angeben, wie etwa in (2.27) und (2.28) geschehen.

Wir können diese Merkwürdigkeit auch noch etwas anders ausdrücken: *Eine unendliche Menge kann gleichmächtig zu einer ihrer echten Teilmengen sein.* Beispielsweise ist der Wertebereich der Abbildung (2.27) offensichtlich die Menge der geraden Zahlen, die somit gleichmächtig zur

Menge *aller* natürlicher Zahlen ist! Man sieht ebenso leicht, dass auch $\mathbb{N}_0$ gleichmächtig zu $\mathbb{N}$ ($\subset \mathbb{N}_0$!) ist, denn durch

$$f(1) := 0, \ f(2) := 1, \ f(3) := 2, \ f(4) := 3, \ldots, f(n) := n - 1, \ldots \quad (2.29)$$

ist tatsächlich eine bijektive Funktion $f : \mathbb{N} \to \mathbb{N}_0$ gegeben. Ebenso ist $\mathbb{Z}$ gleichmächtig zu $\mathbb{N}$, denn wir können eine bijektive Funktion $f : \mathbb{N} \to \mathbb{Z}$ finden, etwa indem wir

$$f(1) := 0, \ f(2) := 1, \ f(3) := -1, \ f(4) := 2, \ f(5) := -2, \ldots \quad (2.30)$$

setzen. Dies gelingt uns natürlich nur, weil wir durch die Unendlichkeit von $\mathbb{Z}$ „genügend Platz haben", um die Elemente auf eine echte Teilmenge bijektiv „zu verteilen". Dies kann man geradezu als Definition für unendliche Mengen benutzen:

**Definition 2.9.** Eine Menge heißt *unendlich*, wenn sie eine gleichmächtige echte Teilmenge besitzt. $\qquad\qquad\qquad\qquad\qquad\qquad\qquad\qquad\qquad\qquad\quad \square$

Satz 2.5 zeigt in der Tat, dass so etwas bei endlichen Mengen nicht möglich ist: Jede echte Teilmenge einer *endlichen* Menge hat notwendigerweise weniger Elemente als diese.

Und noch eine wichtige Definition ist hier angebracht. Man nennt eine Menge *abzählbar unendlich* oder von der *Kardinalität* $\aleph_0$ (gesprochen: „aleph-null"), wenn sie gleichmächtig zur Menge $\mathbb{N}$ der natürlichen Zahlen ist; ihre Elemente kann man dann nämlich „abzählen", d.h. als eine Folge hinschreiben. Beispielsweise können wir nach (2.29) die Elemente von $\mathbb{N}_0$ als Folge

$$(a_n)_n = (0, 1, 2, 3, 4, 5, 6, \ldots)$$

hinschreiben und nach (2.30) die Elemente von $\mathbb{Z}$ als Folge

$$(a_n)_n = (0, 1, -1, 2, -2, 3, -3, \ldots);$$

sowohl $\mathbb{N}_0$ als auch $\mathbb{Z}$ sind also abzählbar unendlich. Dies ist noch nicht so überraschend, denn beide Mengen liegen ja schön „diskret verteilt"[15] auf der reellen Zahlengeraden. Schon überraschender ist, dass auch die Menge $\mathbb{Q}$ aller rationalen Zahlen abzählbar unendlich ist, d.h., es gibt

---

[15] Das soll heißen, dass je zwei benachbarte Zahlen einen positiven Abstand voneinander haben, nämlich 1, sich also nirgends „häufen".

„genausoviele" rationale wie natürliche Zahlen![16] Dies werden wir in Kapitel 4 beweisen, indem wir eine bijektive Abbildung $f : \mathbb{N} \to \mathbb{Q}$ explizit angeben. Und jetzt heißt's aufpassen: *Die Menge $\mathbb{R}$ der reellen Zahlen ist nicht mehr abzählbar unendlich,*[17] wie wir ebenfalls in Kapitel 4 sehen werden. Etwas salopp könnte man also sagen, dass es „erheblich mehr" reelle Zahlen als rationale Zahlen gibt.

In Beispiel 1.14 haben wir gesehen, dass die Potenzmenge einer endlichen Menge immer größer als diese (aber natürlich wieder endlich) ist. Das folgende Beispiel zeigt, dass die Potenzmenge einer abzählbar unendlichen Menge sogar überabzählbar unendlich ist.

**Beispiel 2.17.** Wir behaupten, dass die Potenzmenge $\mathcal{P}(\mathbb{N})$ der abzählbar unendlichen Menge $\mathbb{N}$ überabzählbar unendlich ist. Dazu nehmen wir an, $\mathcal{P}(\mathbb{N})$ wäre auch nur abzählbar unendlich, d.h., es existiert eine bijektive Abbildung $f : \mathbb{N} \to \mathcal{P}(\mathbb{N})$. Wir schreiben $f(n) =: M_n$ und betrachten die Menge

$$M := \{k \in \mathbb{N} : k \notin M_k\},$$

d.h. die Menge aller natürlicher Zahlen $k$, die *nicht* in der entsprechenden Bildmenge $f(k)$ enthalten sind. Da $M \subseteq \mathbb{N}$ gilt und $f$ nach Voraussetzung surjektiv ist, finden wir ein $n \in \mathbb{N}$ derart, dass $M = M_n$ gilt. Wir unterscheiden nun zwei Fälle.

<u>1. Fall</u>: Es gilt $n \in M_n$; dann gehört $n$ nicht zu $M$, im Widerspruch zu $M = M_n$.

<u>2. Fall</u>: Es gilt $n \notin M_n$; dann gehört $n$ zu $M$, im Widerspruch zu $M = M_n$.

Da wir in beiden Fällen einen Widerspruch bekommen haben, war unsere Annahme falsch, d.h., *es gibt gar keine solche Abbldung $f$.* Daher ist $\mathcal{P}(\mathbb{N})$ überabzählbar unendlich.                                                          ♡

Gibt es Mengen, die noch „größer" sind als die (soeben als überabzählbar unendlich erkannte) Menge $\mathcal{P}(\mathbb{N})$? Ja natürlich: Man muss nur den Prozess der Potenzmengenbildung fortsetzen und kann damit die Mächtigkeit „immer höher treiben". Wir geben hier ein etwas anderes Beispiel einer Menge, die eine noch höhere Mächtigkeit als die Menge der reellen Zahlen hat:

---

[16]Diese Menge ist ja nicht mehr „diskret verteilt", denn zwischen je zwei rationalen Zahlen gibt es unendlich viele weitere rationale Zahlen, wie wir in Abschnitt 4.3 noch sehen werden.

[17]Unendliche Mengen, die nicht abzählbar unendlich sind, werden als *überabzählbar unendlich* bezeichnet.

**Beispiel 2.18.** Wir behaupten, dass die Menge $Abb(\mathbb{R}, \mathbb{R})$ aller Abbildungen von $\mathbb{R}$ in sich eine höhere Mächtigkeit als die Menge $\mathbb{R}$ selbst hat. Wir zeigen dies sogar für eine erheblich kleinere Menge, nämlich die Teilmenge

$$\mathcal{F} := \{f \in Abb(\mathbb{R}, \mathbb{R}) : f(\mathbb{R}) = \{0, 1\}\}$$

aller Abbildungen auf $\mathbb{R}$, die nur die Werte $0$ und $1$ annehmen. Dazu nehmen wir an, $\mathbb{R}$ und $\mathcal{F}$ wären gleichmächtig, d.h., es gäbe eine bijektive Abbildung von $\mathbb{R}$ auf $\mathcal{F}$; dann können wir jede Abbildung aus $\mathcal{F}$ mit einer reellen Zahl $\alpha$ indizieren, also

$$\mathcal{F} = \{f_\alpha : \alpha \in \mathbb{R}\}.$$

Wir definieren dann eine Funktion $g : \mathbb{R} \to \{0, 1\}$ durch

$$g(x) := \begin{cases} 0 & \text{falls} \quad f_x(x) = 1, \\ 1 & \text{falls} \quad f_x(x) = 0. \end{cases}$$

Dann gilt zwar einerseits $g \in \mathcal{F}$, aber andererseits gibt es kein $\alpha \in \mathbb{R}$ mit $g = f_\alpha$, weil ja $g(\alpha) \neq f_\alpha(\alpha)$ ist. $\qquad\qquad\heartsuit$

# 3 Natürliche und ganze Zahlen

Obwohl wir die natürlichen Zahlen von Kindesbeinen an gut zu kennen glauben, bieten sie doch nichttriviale mathematische Aspekte. Jede natürliche Zahl hat einen eindeutig bestimmten Nachfolger, nämlich die um 1 größere Zahl. Beginnt man mit 1, so kann man durch fortgesetztes Nachfolgerbilden (was man landläufig als „Zählen" bezeichnet) theoretisch jede natürliche Zahl erreichen. Diese Eigenschaft der natürlichen Zahlen ist Grundlage des wichtigen Beweisverfahrens der vollständigen Induktion, das wir in diesem Kapitel ausführlich behandeln werden. Darüber hinaus untersuchen wir die Menge der natürlichen und der ganzen Zahlen vom Standpunkt ihrer algebraischen Struktur. Besondere Aufmerksamkeit schenken wir der interessantesten Teilmenge der natürlichen Zahlen überhaupt, nämlich der der Primzahlen.

## 3.1 Halbgruppen und Gruppen

In diesem Abschnitt beginnen wir mit der Untersuchung der algebraischen Eigenschaften der Mengen $\mathbb{N}$ und $\mathbb{Z}$. Unsere erste Definition stellt die Tatsache, dass man natürliche Zahlen addieren kann und dabei wieder eine natürliche Zahl erhält, auf eine allgemeine Grundlage.

**Definition 3.1.** Eine Menge $\mathcal{H}$ mit einer algebraischen Operation $(a, b) \mapsto a * b$ heißt *Halbgruppe*, wenn gilt:

$$\forall a, b, c \in \mathcal{H} : (a * b) * c = a * (b * c), \tag{3.1}$$

$$\exists e \in \mathcal{H} \; \forall a \in \mathcal{H} : a * e = e * a = a. \tag{3.2}$$

Die erste Bedingung ist das so genannte *Assoziativgesetz*; es besagt, dass man beliebig „Klammern setzen" (und diese daher auch weglassen) kann. Das Element $e$ in der zweiten Bedingung heißt *neutrales Element*[1] bzgl. der Verknüpfung $*$. Es ist stets eindeutig bestimmt, denn wäre $\tilde{e}$ ein weiteres

---

[1] In manchen Büchern fordert man bei Halbgruppen einfach nur das Assoziativgesetz (3.1), verzichtet also auf die Existenz eines neutralen Elements.

neutrales Element, so bekämen wir nach (3.2) sowohl $e * \tilde{e} = e$ (da $\tilde{e}$ neutral ist) als auch $e * \tilde{e} = \tilde{e}$ (da $e$ neutral ist). $\qquad\square$

Man kann eine Menge $\mathcal{H}$ durchaus mit mehreren Verknüpfungen versehen; das allgemeine Symbol $*$ für die Verknüpfung ist mit Absicht gewählt, damit man nicht nur an Zahlen denkt (wie bei den Symbolen $+$ und $\cdot$). Will man genauer hervorheben, welche Verknüpfung man meint, schreibt man die Halbgruppe eindrucksvoller als Paar $(\mathcal{H}, *)$.

Ein „primitives", aber wichtiges Beispiel einer Halbgruppe ist die Menge

$$\mathbb{N}_0 = \{0, 1, 2, 3, 4, 5, \ldots\}$$

mit der üblichen Addition; die Null 0 spielt hier natürlich die Rolle des neutralen Elements. Ein anderes Beispiel ist die Menge

$$\mathbb{Z}^* := \mathbb{Z} \setminus \{0\} = \{\ldots, -4, -3, -2, -1, 1, 2, 3, 4, \ldots\}$$

der von 0 verschiedenen ganzen Zahlen mit der üblichen Multiplikation; hier ist die Eins 1 das neutrale Element.

Man beachte, dass man in einer Halbgruppe zwar stets ein neutrales Element hat, aber i.A. keine „inversen" Elemente bilden kann. Beispielsweise gibt es in der Halbgruppe $(\mathbb{N}_0, +)$ zu keiner Zahl $a \in \mathbb{N}$ eine Zahl $b \in \mathbb{N}$ mit $a + b = 0$,[2] und in der Halbgruppe $(\mathbb{Z}^*, \cdot)$ zu keiner Zahl $a \in \mathbb{Z} \setminus \{-1, 1\}$ eine Zahl $b \in \mathbb{Z}^*$ mit $a \cdot b = 1$.[3]

Halbgruppen, in denen man jedes Element invertieren kann, sind besonders interessant, sei es theoretisch, sei es im Hinblick auf Anwendungen. Dies führt auf einen Begriff, den man ohne Übertreibung als den wichtigsten der ganzen Algebra bezeichnen kann.

**Definition 3.2.** Eine Menge $\mathcal{G}$ mit einer algebraischen Operation $(a, b) \mapsto a * b$ heißt *Gruppe*, wenn $(\mathcal{G}, *)$ Halbgruppe ist und außerdem zu jedem $a \in \mathcal{G}$ ein Element $a^{-1} \in \mathcal{G}$ existiert mit der Eigenschaft, dass

$$\forall a \in \mathcal{G} : \quad a * a^{-1} = a^{-1} * a = e \tag{3.3}$$

ist, wobei $e$ das neutrale Elemente in $(\mathcal{G}, *)$ sei. Das Element $a^{-1}$ heißt dann *zu $a$ inverses Element*[4] bzgl. der Verknüpfung $*$; es ist stets eindeutig

---

[2]Das ist ja genau der Grund dafür, warum man die Menge der natürlichen Zahlen zur Menge der ganzen Zahlen erweitert.

[3]Und das ist der Grund dafür, warum man die Menge der ganzen Zahlen zur Menge der rationalen Zahlen erweitert.

[4]Hierbei ist das Symbol $a^{-1}$ geeignet zu interpretieren, etwa als $-a$ bei einer additiven und als $1/a$ bei einer multiplikativen Gruppe.

bestimmt. Wir bemerken noch, dass eine Gruppe $(\mathcal{G}, *)$ *kommutativ* (oder *abelsch*)[5] genannt wird, falls

$$a * b = b * a \tag{3.4}$$

für alle $a, b \in \mathcal{G}$ gilt, d.h. falls es gleichgültig ist, in welcher Reihenfolge man die Gruppenelemente $a$ und $b$ miteinander verknüpft.  $\square$

Im Beispiel $(\mathbb{N}_0, +)$ ist $-a$ invers zu $a$, im Beispiel $(\mathbb{Z}^*, \cdot)$ ist $1/a$ invers zu $a$; diese Inversen liegen wie gesagt *nicht* mehr in der entsprechenden Halbgruppe. Allerdings liegen sie nach einer geeigneten Erweiterung in der Menge $\mathbb{Q}^* := \mathbb{Q} \setminus \{0\}$. Wie genau diese Erweiterungen aussehen, werden wir in den Abschnitten 6.2 und 6.3 diskutieren. Für den Moment halten wir nur fest:

**Beispiel 3.1.** Die Halbgruppen $(\mathbb{Z}, +)$ und $(\mathbb{Q}^*, \cdot)$ sind beides abelsche Gruppen.  $\heartsuit$

Es gibt eine unübersehbare Fülle von Gruppen, die nicht nur in der Mathematik, sondern auch in anderen Wissenschaften (wie zum Beispiel in der Elementarteilchenphysik) von fundamentaler Bedeutung sind. Es ist daher nicht verwunderlich, dass die so genannte „Gruppentheorie" ein wichtiger Zweig der Algebra geworden ist.

Wir bringen noch weitere Beispiele von Halbgruppen und (abelschen oder nichtabelschen) Gruppen.

**Beispiel 3.2.** Sei $\mathcal{M}(\mathbb{Z}, 2)$ die Menge aller $2 \times 2$-Matrizen mit ganzzahligen Einträgen, versehen mit der Addition

$$\begin{pmatrix} a & b \\ c & d \end{pmatrix} + \begin{pmatrix} \alpha & \beta \\ \gamma & \delta \end{pmatrix} := \begin{pmatrix} a + \alpha & b + \beta \\ c + \gamma & d + \delta \end{pmatrix}. \tag{3.5}$$

Dann ist $(\mathcal{M}(\mathbb{Z}, 2), +)$ eine Gruppe mit neutralem Element („Nullmatrix")

$$N := \begin{pmatrix} 0 & 0 \\ 0 & 0 \end{pmatrix} \tag{3.6}$$

---

[5] Das Wort „abelsch" ist vom Namen des norwegischen Mathematikers Niels Henrik Abel (1802–1829) abgeleitet.

und der nahe liegenden Inversenbildung

$$-\begin{pmatrix} a & b \\ c & d \end{pmatrix} := \begin{pmatrix} -a & -b \\ -c & -d \end{pmatrix}. \tag{3.7}$$

Wegen der Kommutativität der Addition von Zahlen ist klar, dass die Gruppe $(\mathcal{M}(\mathbb{Z}, 2), +)$ abelsch ist. Statt ganzzahliger Einträge kann man natürlich auch rationale oder reelle Einträge betrachten und kommt dann zu den abelschen Gruppen $(\mathcal{M}(\mathbb{Q}, 2), +)$ bzw. $(\mathcal{M}(\mathbb{R}, 2), +)$.　　　　　♡

**Beispiel 3.3.** Sei $\mathcal{M}(\mathbb{Z}, 2)$ wie oben in Beispiel 3.2 die Menge aller $2 \times 2$-Matrizen mit ganzzahligen Einträgen, aber nun versehen mit der Multiplikation

$$\begin{pmatrix} a & b \\ c & d \end{pmatrix} \circ \begin{pmatrix} \alpha & \beta \\ \gamma & \delta \end{pmatrix} := \begin{pmatrix} a\alpha + b\gamma & a\beta + b\delta \\ c\alpha + d\gamma & c\beta + d\delta \end{pmatrix}. \tag{3.8}$$

Dann ist $(\mathcal{M}(\mathbb{Z}, 2), \circ)$ eine Halbgruppe mit neutralem Element („Einheitsmatrix")

$$E := \begin{pmatrix} 1 & 0 \\ 0 & 1 \end{pmatrix}. \tag{3.9}$$

Allerdings ist $(\mathcal{M}(\mathbb{Z}, 2), \circ)$ *keine Gruppe*. Um dies einzusehen, genügt es, ein einziges Element zu finden, welches nicht invertierbar ist. Beispielsweise ist die Matrix

$$A := \begin{pmatrix} 1 & 0 \\ 1 & 0 \end{pmatrix}$$

nicht invertierbar. Gäbe es nämlich eine inverse Matrix

$$A^{-1} := \begin{pmatrix} \alpha & \beta \\ \gamma & \delta \end{pmatrix}$$

zu $A$, so müsste $E = A \circ A^{-1}$ gelten, nach Definition (3.9) der Einheitsmatrix also

$$\begin{pmatrix} 1 & 0 \\ 0 & 1 \end{pmatrix} = \begin{pmatrix} 1 & 0 \\ 1 & 0 \end{pmatrix} \circ \begin{pmatrix} \alpha & \beta \\ \gamma & \delta \end{pmatrix}$$

und damit nach der Multiplikationsregel (3.8)

$$\begin{pmatrix} 1 & 0 \\ 0 & 1 \end{pmatrix} = \begin{pmatrix} \alpha & \beta \\ \alpha & \beta \end{pmatrix},$$

also gleichzeitig $\alpha = 1$ und $\alpha = 0$ (bzw. $\beta = 0$ und $\beta = 1$). Dieser Widerspruch zeigt, dass $A^{-1}$ nicht existiert.

Wie oben kann man statt ganzzahliger Einträge auch wieder rationale oder reelle Einträge betrachten und kommt dann zu den Halbgruppen $(\mathcal{M}(\mathbb{Q}, 2), \circ)$ bzw. $(\mathcal{M}(\mathbb{R}, 2), \circ)$.						$\heartsuit$

**Beispiel 3.4.** Mit $Abb(\mathbb{R}, \mathbb{R})$ bezeichnen wir die Menge aller Abbildungen $f : \mathbb{R} \to \mathbb{R}$. Auf dieser Menge können wir die „punktweise" Addition betrachten: Für zwei Funktionen $f$ und $g$ definieren wir die „Summe" $f + g$ durch

$$(f + g)(x) := f(x) + g(x) \qquad (x \in \mathbb{R}). \tag{3.10}$$

Man sieht leicht, dass $(Abb(\mathbb{R}, \mathbb{R}), +)$ eine abelsche Gruppe ist. Das neutrale Element ist die „Nullfunktion" $n(x) \equiv 0$, und invers zu $f \in Abb(\mathbb{R}, \mathbb{R})$ ist die Abbildung $-f$, definiert durch $(-f)(x) := -f(x)$.						$\heartsuit$

**Beispiel 3.5.** Auf der Menge $Abb(\mathbb{R}, \mathbb{R})$ können wir neben der Addition auch die punktweise Multiplikation betrachten: Für zwei Funktionen $f$ und $g$ definieren wir das „Produkt" $f \cdot g$ durch

$$(f \cdot g)(x) := f(x)g(x) \qquad (x \in \mathbb{R}). \tag{3.11}$$

Man sieht leicht, dass $(Abb(\mathbb{R}, \mathbb{R}), \cdot)$ eine Halbgruppe ist, wobei nun das neutrale Element die „konstante Einsfunktion" $e$ ist, die $e(x) = 1$ für alle $x \in \mathbb{R}$ erfüllt. Allerdings ist $(Abb(\mathbb{R}, \mathbb{R}), \cdot)$ *keine Gruppe*. Beispielsweise besitzt die Identität $f(x) = x$ *kein Inverses* in $(Abb(\mathbb{R}, \mathbb{R}), \cdot)$: Gäbe es nämlich eine Funktion $g$ mit $f \cdot g = e$, so müsste für alle $x \in \mathbb{R}$ gelten

$$1 = e(x) = f(x)g(x) = xg(x).$$

An der Stelle $x = 0$ bekämen wir dann aber den Widerspruch $1 = 0$ (egal, wie $g(0)$ definiert ist).						$\heartsuit$

**Beispiel 3.6.** Mit $Bij(\mathbb{R}, \mathbb{R})$ bezeichnen wir die Menge aller *bijektiven* Abbildungen $f : \mathbb{R} \to \mathbb{R}$. Auf dieser Menge können wir die in (2.16) definierte Komposition $\circ$ als Verknüpfung betrachten, also

$$(g \circ f)(x) := g(f(x)) \qquad (x \in \mathbb{R}), \tag{3.12}$$

die wieder eine bijektive Abbildung ist. Man sieht leicht, dass $(Bij(\mathbb{R}, \mathbb{R}), \circ)$ eine Gruppe ist. Das neutrale Element ist hier die Identität *id*, definiert durch $id(x) = x$ für alle $x \in \mathbb{R}$, und invers zu $f \in Bij(\mathbb{R}, \mathbb{R})$ ist die übliche Umkehrabbildung $f^{-1}$, die (2.11) erfüllt.

Die Gruppe $(Bij(\mathbb{R}, \mathbb{R}), \circ)$ ist allerdings nicht abelsch, denn zum Beispiel für die bijektiven Abbildungen $f(x) := 1 + x$ und $g(x) := x^3$ hat man

$$(g \circ f)(x) = g(f(x)) = (1 + x)^3 \neq 1 + x^3 = f(g(x)) = (f \circ g)(x),$$

also $g \circ f \neq f \circ g$. $\hspace{8cm}\heartsuit$

**Beispiel 3.7.** Für jedes $a \in \mathbb{R}$ definieren wir eine Abbildung $f_a : \mathbb{R} \to \mathbb{R}$ durch

$$f_a(x) := e^{ax}. \tag{3.13}$$

Auf der Menge $\mathcal{G} := \{f_a : a \in \mathbb{R}\}$ können wir dann die punktweise Multiplikation (3.11) als Verknüpfung betrachten, denn wegen

$$(f_a \cdot f_b)(x) = f_a(x) \cdot f_b(x) = e^{ax} \cdot e^{bx} = e^{(a+b)x} = f_{a+b}(x) \tag{3.14}$$

$(x \in \mathbb{R})$ liegt $f_a \cdot f_b = f_{a+b}$ wieder in $\mathcal{G}$. Mit dieser Verknüpfung ist $(\mathcal{G}, \cdot)$ sogar eine Gruppe. Man rechnet leicht nach, dass $e = f_0$ (also $e(x) \equiv 1$) neutrales Element und $f_{-a}$ inverses Element zu $f_a$ ist. $\hspace{4cm}\heartsuit$

**Beispiel 3.8.** Für jedes $\alpha \in \mathbb{R}$ definieren wir Abbildungen $s_\alpha, c_\alpha : \mathbb{R} \to \mathbb{R}$ durch

$$s_\alpha(x) := \sin \alpha x, \quad c_\alpha(x) := \cos \alpha x. \tag{3.15}$$

Auf der Menge $\mathcal{G} := \{(c_\alpha, s_\alpha) : \alpha \in \mathbb{R}\}$ können wir dann eine Verknüpfung $*$ definieren durch

$$(c_\alpha, s_\alpha) * (c_\beta, s_\beta) := (c_\alpha c_\beta - s_\alpha s_\beta, c_\alpha s_\beta + s_\alpha c_\beta). \tag{3.16}$$

Nach bekannten Additionstheoremen für die Sinus- und Cosinusfunktion ist

$$(c_\alpha, s_\alpha) * (c_\beta, s_\beta) = (c_{\alpha+\beta}, s_{\alpha+\beta}),$$

liegt also wieder in $\mathcal{G}$. Mit der Verknüpfung (3.16) ist $(\mathcal{G}, *)$ sogar eine Gruppe. Man rechnet mit etwas Aufwand nach, dass $(c_0, s_0)$ (also $(c_0(x), s_0(x)) \equiv (1, 0)$) das neutrale Element ist, und dass $(c_{-\alpha}, s_{-\alpha})$ inverses Element zu $(c_\alpha, s_\alpha)$ ist. $\hspace{3cm}\heartsuit$

Sei $(\mathcal{G}, *)$ eine Gruppe mit neutralem Element $e$. Eine nichtleere Teilmenge $\mathcal{U} \subseteq \mathcal{G}$ heißt *Untergruppe* von $\mathcal{G}$, falls $(\mathcal{U}, *)$ selbst wieder eine Gruppe ist, d.h. wenn die Verknüpfung $*$ und die Inversenbildung nicht „aus $\mathcal{U}$ herausführen". Man kann sich leicht klar machen, dass jede Untergruppe von $\mathcal{G}$ das neutrale Element $e$ von $\mathcal{G}$ enthalten muss.

Die „trivialen" Teilmengen $\mathcal{U} = \mathcal{G}$ und $\mathcal{U} = \{e\}$ sind immer Untergruppen von $\mathcal{G}$ und daher uninteressant. Wir nennen einige nichttriviale Untergruppen der oben aufgeführten Gruppen. Zum Beispiel bildet die Menge $\{\ldots, -6, -4, -2, 0, 2, 4, 6, \ldots\}$ der geraden Zahlen eine Untergruppe der Gruppe $(\mathbb{Z}, +)$, denn die Summe und Differenz zweier gerader Zahlen ist wieder gerade. Dagegen kann die Menge $\{\ldots, -5, -3, -1, 1, 3, 5, \ldots\}$ der ungeraden Zahlen *keine* Untergruppe der Gruppe $(\mathbb{Z}, +)$ sein, weil sie das neutrale Element 0 nicht enthält.

Die Gruppe $\mathcal{M}(\mathbb{Z}, 2)$ aus Beispiel 3.2 hat zum Beispiel die Untergruppe aller Matrizen, bei denen die Einträge rechts oben und links unten null sind, denn die Summe

$$\begin{pmatrix} a & 0 \\ 0 & d \end{pmatrix} + \begin{pmatrix} \alpha & 0 \\ 0 & \delta \end{pmatrix} = \begin{pmatrix} a + \alpha & 0 \\ 0 & d + \delta \end{pmatrix}$$

zweier solcher Matrizen hat wieder diese Form. Entsprechendes gilt, wenn man nur einen oder drei Einträge auf null setzt (aber immer an derselben Stelle!). Allerdings darf man die Null nicht durch eine andere Zahl ersetzen (warum?).

Eine mögliche Untergruppe der Gruppe $(Bij(\mathbb{R}, \mathbb{R}), \circ)$ aus Beispiel 3.6 wäre etwa die Menge aller (bijektiven) Abbildungen $f : \mathbb{R} \to \mathbb{R}$, die die Bedingung $f(0) = 0$ erfüllen. Eine interessante Untergruppe der additiven Gruppe $(Abb(\mathbb{R}, \mathbb{R}), +)$ ist die Menge $(Pol(\mathbb{R}, \mathbb{R}), +)$ aller Polynome (s. (2.4)), denn die Summe und Differenz zweier Polynome ist wieder ein Polynom.

In diesem Kapitel beschäftigen wir uns ausführlich mit der Menge

$$\mathbb{N} = \{1, 2, 3, 4, \ldots\}$$

der natürlichen Zahlen, der Menge $\mathbb{N}_0 = \mathbb{N} \cup \{0\}$ sowie der Menge

$$\mathbb{Z} = \{\ldots, -4, -3, -2, -1, 0, 1, 2, 3, 4, \ldots\}$$

der ganzen Zahlen. Zu Beginn dieses Kapitels haben wir schon ein einfaches Ergebnis über die algebraische Struktur der Mengen $\mathbb{N}_0$ und $\mathbb{Z}$ erwähnt, welches wir hier noch einmal als Satz festhalten wollen:

**Satz 3.1.** *Die Menge* $(\mathbb{N}_0, +)$ *ist eine Halbgruppe, die Menge* $(\mathbb{Z}, +)$ *eine Gruppe.*

Neben dieser algebraischen tragen diese Mengen aber noch zwei andere wichtige Strukturen, auf die wir schon in der Einleitung eingegangen sind. Zum einen können wir ganze (insbesondere: natürliche) Zahlen ihrer Größe nach miteinander vergleichen, d.h., wir können eine *Ordnungsrelation* oder einfach nur *Ordnung* $\leq$ auf der Menge $\mathbb{Z}$ einführen, die die charakteristischen Eigenschaften (1.25) – (1.27) hat.[6] Zum anderen können wir den *Abstand*

$$d(m, n) := |m - n| \tag{3.17}$$

zwischen zwei ganzen (insbesondere: natürlichen) Zahlen $m$ und $n$ messen, wobei $|k|$ den Betrag (s. Einleitung) von $k \in \mathbb{Z}$ bezeichne. Dieser Betrag hat die charakteristischen Eigenschaften (1.33) – (1.37).

Wir können noch einen weiteren Begriff einführen, der etwas mit der Ordnung auf $\mathbb{Z}$ zu tun hat, nämlich das *Maximum* (auch *größtes Element* genannt) und *Minimum* (auch *kleinstes Element* genannt) zweier ganzer Zahlen. Mit $\max\{m, n\}$ bezeichnen wir die größere und mit $\min\{m, n\}$ die kleinere der beiden Zahlen $m, n \in \mathbb{Z}$. Beispielsweise gilt[7]

$$\max\{-2, 1\} = 1, \qquad \min\{-2, 1\} = -2.$$

Natürlich können wir auch das Maximum und Minimum von mehr als zwei Zahlen betrachten, also etwa

$$\max\{-2, 3, 1, 0, -5, 6, 2\} = 6, \qquad \min\{-2, 3, 1, 0, -5, 6, 2\} = -5.$$

Das Maximum mehrerer (sogar unendlich vieler) Zahlen haben wir schon bei der Definition der Ganzteilfunktion (2.8) benutzt. Mithilfe des Maximums können wir übrigens den Betrag von $k \in \mathbb{Z}$ alternativ durch

$$|k| := \max\{-k, k\} \tag{3.18}$$

definieren. Insbesondere gilt $d(m, n) = \max\{m - n, n - m\}$, wobei $d(m, n)$ den Abstand (3.17) von $m$ und $n$ bezeichne.

---

[6]In Kapitel 1 hatten wir die Eigenschaften (1.25) – (1.27) für reelle Zahlen formuliert, aber sie gelten dann natürlich insbesondere auch für ganze Zahlen.

[7]Eigentlich ist es nicht ganz korrekt, vom „Maximum zweier Zahlen $m$ und $n$" zu sprechen, korrekter wäre die Sprechweise „Maximum der zweielementigen Menge $\{m, n\}$", wie ja auch die folgende Schreibweise suggeriert. Es sind aber beide Sprechweisen üblich.

## 3.2 Das Prinzip der vollständigen Induktion

Es gibt ein wichtiges Beweisprinzip, welches immer dann erfolgreich angewandt wird, wenn man eine Aussage über alle natürlichen Zahlen macht, und welches wir in diesem Abschnitt behandeln wollen. Zunächst formulieren wir aber ein Ergebnis, das nicht so harmlos ist, wie es auf den ersten Blick aussieht:

**Satz 3.2 (Wohlordnungssatz).** *Jede nichtleere Menge $M \subseteq \mathbb{N}$ hat ein Minimum.*

Man sagt auch, dass die Menge der natürlichen Zahlen *wohlgeordnet* ist. Es ist klar, dass dies für die Menge $\mathbb{Z}$ der ganzen Zahlen nicht gilt, denn jede Teilmenge von $\mathbb{Z}$, die unendlich viele negative Zahlen enthält, hat natürlich kein kleinstes Element (Minimum).

Aus dem doch recht harmlos aussehenden Satz 3.2 können wir einige interessante Folgerungen ableiten. Eine davon wird das weiter unten behandelte Induktionsprinzip sein. Eine andere ist die folgende Tatsache, die zwar unmittelbar einsichtig erscheint, aber trotzdem eines Beweises bedarf:

**Satz 3.3.** *Es gibt keine natürliche Zahl zwischen 0 und 1.*

**Beweis:** Angenommen, es gäbe ein $k \in \mathbb{N}$ mit $0 < k < 1$. Dann gilt nach Regel (1.32) offenbar $0 < k^2 < k$ und wieder nach derselben Regel $0 < k^3 < k^2, 0 < k^4 < k^3, \ldots, 0 < k^{n+1} < k^n$ und so weiter. Das bedeutet aber, dass die (nichtleere) Menge

$$M := \{k, k^2, k^3, k^4, \ldots\} \subset \mathbb{N}$$

*kein* Minimum hat: Wäre nämlich $m = \min M$, so wäre $m = k^n$ für ein geeignetes $n \in \mathbb{N}$, aber $k^{n+1} < m$ und $k^{n+1} \in M$, im Widerspruch zur Minimumeigenschaft von $m$. ∎

Wir kommen nun zum *Prinzip der vollständigen Induktion.* Hierunter versteht man Folgendes. Angenommen, wir wollen eine gewisse Eigenschaft *p für alle natürlichen Zahlen* nachweisen, d.h., wir wollen zeigen, dass $p(1), p(2), \ldots, p(n), \ldots$ wahr ist. Dies macht man dann so, dass man nur zwei Dinge nachweist:

- Erstens: Man beweist die Aussage für die Zahl 1.

- Zweitens: Man zeigt, dass aus der Gültigkeit der Aussage für eine Zahl $k \in \mathbb{N}$ auch ihre Gültigkeit für die nachfolgende Zahl $k+1$ folgt.

Formal bezeichnet man den ersten Teil, also:

$$p(1) \tag{IB}$$

als *Induktionsbeginn* und den zweiten Teil, also

$$\forall k \in \mathbb{N}: \ p(k) \ \Rightarrow \ p(k+1) \tag{IS}$$

als *Induktionsschritt* oder auch *Induktionsschluss*. Aus (IB) folgt dann nämlich unter Benutzung von (IS), dass $p(2)$ gilt; hieraus folgt wieder mit (IS), dass $p(3)$ gilt und so weiter; man erreicht so „potenziell" jede natürliche Zahl.[8] Dabei ist der Induktionsbeginn i.A. der einfachere Teil, aber man darf ihn deswegen nicht unterschätzen: Ohne diesen wird die Induktion eventuell falsch (Aufgabe 3.20). Man könnte den Induktionsbeginn auch sehr suggestiv als *Induktionsverankerung* bezeichnen, denn er ist der „Startpunkt" des Induktionsbeweises, während der Induktionsschritt das „Fortbewegungsmittel" ist. Wir bringen einige einfache Beispiele für Induktionsbeweise.

**Beispiel 3.9.** Wir behaupten, dass für alle natürlichen Zahlen $n$ die Gleichheit

$$1 + 2 + 3 + \ldots + n = \frac{n(n+1)}{2}. \tag{3.19}$$

gilt. Hier bedeutet $p(n)$ also, dass $n$ die Gleichung (3.19) erfüllt. Die Aussage $p(1)$ ist einfach die Gleichheit $1 = 1 \cdot 2/2$, was offenbar richtig ist (IB). Wir *setzen jetzt voraus*, dass $p(k)$ gilt, also

$$1 + 2 + 3 + \ldots + k = \frac{k(k+1)}{2}, \tag{3.20}$$

und bekommen daraus (IS)

$$1 + 2 + 3 + \ldots + k + 1 = \frac{k(k+1)}{2} + k + 1 = \frac{(k+1)(k+2)}{2},$$

---

[8]Umgangssprachlich: Wenn einer in der Familie eine vererbbare Krankheit hat (IB) und jeder sie an seinen einzigen Nachfolger vererbt (IS), so existiert die Krankheit in dieser Familie auf ewig.

wobei wir beim ersten Gleichheitszeichen (3.20) benutzt haben, und dies ist gerade $p(k+1)$. Nach dem Prinzip der vollständigen Induktion ist die Gleichheit (3.19) also *für alle* $n \in \mathbb{N}$ richtig.                          ♡

Übrigens haben schon die antiken Griechen Zahlen der Form (3.19) *Dreieckszahlen* genannt; das Schema

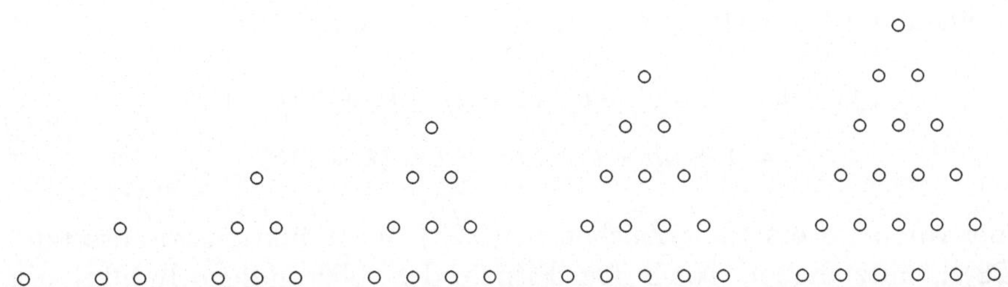

macht vielleicht klar, woher dieser Name kommt. Dreieckszahlen haben eine Verbindung zu so genannten vollkommenen Zahlen, die wir in Abschnitt 3.4 im Zusammenhang mit Teilbarkeitsfragen behandeln werden (vgl. auch Aufgabe 3.58). Multipliziert man beide Seiten von (3.19) mit 2, so kommt man zu folgendem Ergebnis über Dreieckszahlen: *Das Doppelte der $n$-ten Dreieckszahl ist gleich dem Produkt $n(n+1)$*. Die geometrische Veranschaulichung dieses Ergebnisses für $n = 1, 2, 3, 4, 5$ sieht so aus:

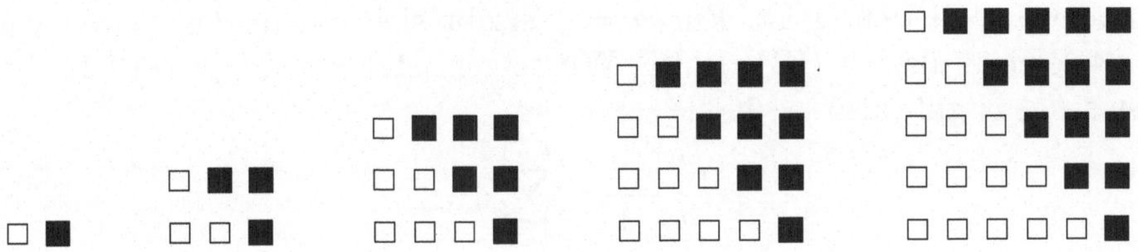

Wie man sieht, bilden die schwarzen und weißen Knöpfe jeweils ein Rechteck der Höhe $n$ und Breite $n+1$ ($n = 1, 2, 3, 4, 5$), und in jedem Rechteck kommen genauso viele schwarze wie weiße Knöpfe vor, nämlich $1 + 2 + \ldots + n$ Stück.

Im folgenden Beispiel beweisen wir eine wichtige Ungleichung, die in der Mathematik an vielen Stellen von Nutzen ist.

**Beispiel 3.10.** Sei $h$ eine festgewählte reelle Zahl mit $h > -1$. Wir behaupten, dass die Ungleichung

$$(1 + h)^n \geq 1 + nh \qquad (3.21)$$

für alle $n \in \mathbb{N}$ richtig ist. Die Abschätzung (3.21) wird oft in der Analysis verwandt und in der Literatur *Bernoulli'sche Ungleichung* genannt.

Für $n = 1$ ergibt sich $1 + h$ auf beiden Seiten von (3.21), also ist (3.21) für $n = 1$ richtig (IB). Wir setzen jetzt voraus, dass (3.21) für festes $k \in \mathbb{N}$ gilt, also

$$(1 + h)^k \geq 1 + kh. \tag{3.22}$$

Einsetzen von $k + 1$ (IS) liefert dann

$$\begin{aligned}
(1 + h)^{k+1} &= (1 + h)^k(1 + h) \geq (1 + kh)(1 + h) \\
&= 1 + kh + h + kh^2 \geq 1 + (k + 1)h,
\end{aligned} \tag{3.23}$$

wobei wir beim ersten $\geq$-Zeichen in (3.23) die Induktionsvoraussetzung (3.22) benutzt haben. Nach dem Prinzip der vollständigen Induktion ist die Abschätzung (3.21) also *für alle $n \in \mathbb{N}$* richtig.          $\heartsuit$

**Beispiel 3.11.** Sei $a \neq 1$ eine festgewählte reelle Zahl. Wir behaupten, dass die Gleichheit

$$\frac{a^n - 1}{a - 1} = \sum_{j=0}^{n-1} a^j = 1 + a + a^2 + \ldots + a^{n-2} + a^{n-1} \tag{3.24}$$

für alle $n \in \mathbb{N}$ richtig ist. Für $n = 1$ ergibt sich auf beiden Seiten von (3.24) eine 1, also ist (IB) richtig. Wir setzen jetzt voraus, dass (3.24) für festes $k \in \mathbb{N}$ gilt, also

$$\frac{a^k - 1}{a - 1} = \sum_{j=0}^{k-1} a^j. \tag{3.25}$$

Einsetzen von $k + 1$ (IS) liefert dann

$$\begin{aligned}
\frac{a^{k+1} - 1}{a - 1} &= \frac{a^{k+1} - a^k}{a - 1} + \frac{a^k - 1}{a - 1} \\
&= a^k \frac{a - 1}{a - 1} + \frac{a^k - 1}{a - 1} = a^k + \sum_{j=0}^{k-1} a^j = \sum_{j=0}^{k} a^j,
\end{aligned} \tag{3.26}$$

wobei wir beim vorletzten Gleichheitszeichen in (3.26) die Induktionsvoraussetzung (3.25) benutzt haben. Nach dem Prinzip der vollständigen Induktion ist die Gleichheit (3.24) also *für alle $n \in \mathbb{N}$* richtig.          $\heartsuit$

Manchmal findet man in der Literatur das Prinzip der vollständigen Induktion in der folgenden Formulierung. Wir nennen eine Menge $N \subseteq \mathbb{N}$ *induktiv*, falls sie die 1 enthält und außerdem

$$k \in N \;\Rightarrow\; k+1 \in N \qquad\qquad (3.27)$$

gilt, d.h., mit jeder Zahl $k$ enthält $N$ auch den Nachfolger $k+1$ von $k$. Dann können wir das Prinzip der vollständigen Induktion auch so formulieren: *Die einzige induktive Teilmenge von* $\mathbb{N}$ *ist* $\mathbb{N}$ *selbst.*

Es ist übrigens nicht immer so, dass ein Induktionsbeweis eine Aussage über *alle* natürlichen Zahlen liefert, sondern manchmal nur über *alle ab einer gewissen Zahl* $n_0$. Dann übernimmt diese Zahl $n_0$ statt der 1 die Rolle des Induktionsbeginns. Wir erläutern dies an einem Beispiel.

**Beispiel 3.12.** Wir wollen das Wachstum der Quadratzahlen $n^2$ mit dem der Zweierpotenzen $2^n$ vergleichen, also wissen, ob „irgendwann einmal" $n^2 < 2^n$ oder $2^n < n^2$ gilt, wenn $n$ „groß genug" ist. Um uns an dieses Problem heranzutasten, legen wir erst einmal eine Tabelle an, in der wir das Wachstum der beiden Zahlenfolgen $(n^2)_n$ und $(2^n)_n$ miteinander vergleichen:

| $n$ | 1 | 2 | 3 | 4 | 5 | 6 | 7 | 8 | 9 | 10 | 11 |
|-----|---|---|---|----|----|----|-----|-----|-----|-------|-------|
| $n^2$ | 1 | 4 | 9 | 16 | 25 | 36 | 49 | 64 | 81 | 100 | 121 |
| $2^n$ | 2 | 4 | 8 | 16 | 32 | 64 | 128 | 256 | 512 | 1.024 | 2.048 |

Die Tabelle zeigt, dass zwar an einer Stelle (nämlich für $n = 3$) die Zahl $n^2$ größer als die Zahl $2^n$ ist, aber ab $n = 5$ die strikte Abschätzung $n^2 < 2^n$ richtig zu sein scheint. Diese Beobachtung ersetzt natürlich keinen Beweis; diesen müssen wir jetzt mittels vollständiger Induktion führen (mit Startwert $n_0 = 5$ statt 1).

Behauptet wird also: *Für alle natürlichen Zahlen* $n \geq 5$ *gilt* $n^2 < 2^n$. Für $n = 5$ ergibt sich die Abschätzung $5^2 = 25 < 32 = 2^5$, und dies ist richtig (IB). Wir setzen jetzt voraus, dass $k^2 < 2^k$ für festes $k \in \mathbb{N}$ gilt. Einsetzen von $k + 1$ (IS) liefert dann

$$(k + 1)^2 = k^2 + 2k + 1 < 2^k + 2k + 1,$$

wobei wir beim $<$-Zeichen die Induktionsvoraussetzung benutzt haben. Um den Induktionsschluss zu beenden, müssen wir also zeigen, dass $2k + 1 \leq 2^k$ ist, denn dann ist

$$2^k + 2k + 1 \leq 2^k + 2^k = 2 \cdot 2^k = 2^{k+1}.$$

Den Beweis der Abschätzung $2k+1 \leq 2^k$ (für $k \geq 5$) kann man nun nochmal durch Induktion führen; dies überlassen wir dem Leser als Übungsaufgabe (Aufgabe 3.22).                                                                $\heartsuit$

Neben dem oben besprochenen Induktionsprinzip findet man in der Literatur auch das folgende *modifizierte Induktionsprinzip*: Man zeigt zunächst wie vorher die Gültigkeit einer Aussage $q$ für $n = 1$, also

$$q(1) \tag{IB}$$

aber der Induktionsschritt hat, etwas anders als vorher, die Form

$$\forall k \in \mathbb{N}: \quad q(1) \wedge q(2) \wedge q(3) \wedge \ldots \wedge q(k) \;\Rightarrow\; q(k+1). \tag{$\overline{\text{IS}}$}$$

Wie vorher kann man hieraus schließen, dass die Aussage $q$ für alle natürlichen Zahlen gilt. Scheinbar ist dies stärker als das erstgenannte Induktionsprinzip (warum?). Es zeigt sich aber, dass beide Induktionsprinzipien in Wirklichkeit *äquivalent* sind. Darüber hinaus sind sie zu einer weiteren Aussage äquivalent, die wir schon kennen, nämlich zur *Wohlordnungseigenschaft* (Satz 3.2) der Menge der natürlichen Zahlen!

Den Beweis der Äquivalenz dieser drei Aussagen nehmen wir zum Anlass, ein weiteres wichtiges Beweisprinzip vorzustellen, nämlich das des *zyklischen Beweises*. Will man etwa die Äquivalenz dreier Aussagen (a), (b) und (c) zeigen, so empfiehlt es sich, einfach zyklisch die drei Implikationen (a) $\Rightarrow$ (b), (b) $\Rightarrow$ (c) und (c) $\Rightarrow$ (a) zu beweisen. Als Beispiel hierzu der angekündigte Satz:

**Satz 3.4.** *Die folgenden drei Aussagen sind äquivalent:*

(a) *Es gilt das Prinzip der vollständigen Induktion;*

(b) *es gilt das modifizierte Prinzip der vollständigen Induktion;*

(c) *jede nichtleere Menge $M \subseteq \mathbb{N}$ hat ein Minimum.*

**Beweis (a) $\Rightarrow$ (b):** Wir setzen (a) voraus und müssen (b) beweisen. Sei $q$ eine Aussage, für die (IB)/($\overline{\text{IS}}$) gilt, also das modifizierte Induktionsprinzip. Unter Benutzung von $q$ definieren wir jetzt eine Aussage $p$ dadurch, dass $p(n)$ wahr sein soll, wenn sämtliche Aussagen $q(1)$, $q(2)$, ..., $q(n)$ wahr sind, d.h.

$$p(n) :\Leftrightarrow q(1) \wedge q(2) \wedge \ldots \wedge q(n).$$

Insbesondere ist also $p(1)$ äquivalent zu $q(1)$. Gilt nun $p(k)$, so gilt nach
Definition von $p$ auch $q(2) \wedge \ldots \wedge q(k)$. Wegen $(\overline{\text{IS}})$ folgt hieraus $q(k+1)$,
also auch $p(k+1)$. Nun können wir mit (a) folgern, dass die Aussage $p$
für alle natürlichen Zahlen gilt und damit auch die Aussage $q$.

**Beweis (b)** $\Rightarrow$ **(c):** Wir setzen (b) voraus und müssen (c) beweisen. Sei
also $M$ eine nichtleere Menge natürlicher Zahlen; wir müssen zeigen, dass
$M$ ein kleinstes Element besitzt. *Angenommen*, die Menge $M$ hat *kein*
kleinstes Element. Wir definieren eine Aussage $q$ durch

$$q(n) \quad :\Leftrightarrow \quad n \notin M.$$

Dann gilt sicher $q(1)$, denn sonst wäre $1 \in M$, also trivialerweise $1 =
\min M$. Gelte nun $q(2) \wedge \ldots \wedge q(k)$, d.h., $1, \ldots, k \notin M$. Dann muss auch
$k+1 \notin M$ gelten, denn sonst wäre $k+1 = \min M$. Damit gilt auch $q(k+1)$.
Wir haben gezeigt, dass die Aussage $q$ den Bedingungen $(\text{IB})/(\overline{\text{IS}})$ des
modifizierten Induktionsprinzips genügt; damit gilt nach (b) die Aussage
$q(n)$ für alle natürlichen Zahlen $n$. Das besagt aber nach Definition von $q$
nichts anderes, als dass $M = \emptyset$ ist, im *Widerspruch* zur Voraussetzung.

**Beweis (c)** $\Rightarrow$ **(a):** Wir setzen (c) voraus und müssen (a) beweisen. Es
sei also $p$ eine Aussage, für die $(\text{IB})/(\text{IS})$, also das gewöhnliche Induktionsprinzip gilt. *Angenommen*, die Aussage $p$ gälte nicht für alle natürlichen
Zahlen, d.h., die Menge

$$M := \{n : n \in \mathbb{N}, \wedge \neg p(n)\}$$

wäre nichtleer. Dann hat sie nach (c) ein kleinstes Element $m = \min M$.
Da $p(1)$ richtig ist, kann nicht $m = 1$ sein. Damit kann man $m$ in der Form
$m = k + 1$ mit einer natürlichen Zahl $k$ (nämlich $k := m - 1$) schreiben.
Gleichzeitig kann $k$ nicht zu $M$ gehören, denn sonst wäre $k + 1$ nicht das
kleinste Element von $M$. Dies bedeutet aber, dass $p(k) \wedge \neg p(k + 1)$ gilt,
im *Widerspruch* zu $(\text{IS})$.

Damit ist Satz 3.4 vollständig bewiesen. ∎

Der etwas technische Beweis von Satz 3.4 wird vielleicht klarer, wenn
wir die Implikation (c) $\Rightarrow$ (a) noch einmal etwas umgangssprachlicher
beweisen, und zwar unter Benutzung des Begriffs der induktiven Menge.
Sei also $N \subseteq \mathbb{N}$ eine induktive Menge, d.h., es gilt $1 \in N$ und (3.27).
Angenommen, $N \subset \mathbb{N}$; dann finden wir eine natürliche Zahl $n$, die nicht
zu $N$ gehört; insbesondere ist $n > 1$. Dann gehört aber auch $n - 1$ nicht
zu $N$, denn andernfalls gälte $n = (n - 1) + 1 \in N$ wegen (3.27), also ist

auch $n - 1 > 1$. Dasselbe Argument zeigt, dass auch $n - 2$ nicht zu $N$ gehören kann, d.h., $n - 2 > 1$ gelten muss, und allgemeiner $n - k > 1$ für jedes $k$. Das ist aber ein Widerspruch zur Wohlordnungseigenschaft von $\mathbb{N}$.

## 3.3  Fakultäten und Binomialkoeffizienten

Für $n \in \mathbb{N}$ bezeichnet man mit

$$n! := \prod_{k=1}^{n} k = 1 \cdot 2 \cdot 3 \cdot \cdots \cdot (n-1) \cdot n \tag{3.28}$$

(gesprochen: „$n$ Fakultät")[9] das Produkt aller natürlichen Zahlen bis einschließlich $n$. Die Folge der Fakultäten

$$1! = 1, \quad 2! = 2, \quad 3! = 6, \quad 4! = 24, \quad 5! = 120, \quad 6! = 720,$$

$$7! = 5.040, \quad 8! = 40.320, \quad 9! = 362.880, \quad 10! = 3.628.800, \ldots$$

wächst außerordentlich schnell, jedenfalls schneller als jede Potenz von $n$, und sogar schneller als $2^n$, wie ein Vergleich mit der Tabelle aus Abschnitt 3.2 zeigt. Man legt noch willkürlich fest, dass $0! := 1$ sein soll. Eng mit Fakultäten hängt der folgende Begriff zusammen:

**Definition 3.3.** Für $n, k \in \mathbb{N}_0$ mit $k \leq n$ nennt man die natürliche Zahl

$$\binom{n}{k} := \frac{n!}{k!(n-k)!} = \frac{n \cdot (n-1) \cdot (n-2) \cdot \cdots \cdot (n-k+1)}{1 \cdot 2 \cdot 3 \cdot \cdots \cdot k} \tag{3.29}$$

*Binomialkoeffizient* (gesprochen: „$n$ über $k$"). $\qquad\qquad\qquad\square$

Der Ausdruck (3.29) gibt die Anzahl der Möglichkeiten an, aus $n$ Objekten $k$ verschiedene Objekte (ohne Berücksichtigung der Reihenfolge) auszuwählen. Zum Beispiel gibt es

$$\binom{49}{6} = \frac{49!}{6!43!} = \frac{49 \cdot 48 \cdot 47 \cdot 46 \cdot 45 \cdot 44}{1 \cdot 2 \cdot 3 \cdot 4 \cdot 5 \cdot 6} = 13.983.816$$

---

[9]Woher dieser merkwürdige Name kommt, ist nicht bekannt. Im Englischen heißt (3.28) übrigens $n$ *factorial*, nicht zu verwechseln mit der Fakultät an einer Universität, die *faculty* heißt. Englische Übersetzungen einiger mathematischer Fachausdrücke findet man im Anhang.

Möglichkeiten, aus $\{1, 2, 3, \ldots, 49\}$ genau 6 Zahlen auszuwählen. Daher ist die Wahrscheinlichkeit, beim Ankreuzen von sechs Zahlen im Lotto „sechs Richtige" zu erzielen, etwa $1/14.000.000$ (und damit ungefähr genauso hoch, als wenn man gar nicht spielt).

Eine ähnliche, aber etwas kompliziertere Fragestellung ist die folgende: Wie hoch ist die Wahrscheinlichkeit, dass man ein Skatblatt bekommt, in dem vier Karten eines vorher festgelegten gleichen Typs (etwa vier Buben oder vier Asse) vorkommen? Um das auszurechnen, halten wir zunächst fest, dass die Anzahl der überhaupt möglichen Skatblätter durch

$$\binom{32}{10} = \frac{32!}{10!\,22!} = \frac{32 \cdot 31 \cdot 30 \cdot 29 \cdot 28 \cdot 27 \cdot 26 \cdot 25 \cdot 24 \cdot 23}{1 \cdot 2 \cdot 3 \cdot 4 \cdot 5 \cdot 6 \cdot 7 \cdot 8 \cdot 9 \cdot 10}$$

$$= \frac{234.102.015.512.000}{362.880} = 64.512.240$$

gegeben ist, weil es 32 Spielkarten gibt und man beim Skat 10 davon bekommt. Sind von den 10 ausgegebenen Karten 4 gleichen Typs, so hat man für die restlichen 6 noch

$$\binom{28}{6} = \frac{28!}{6!\,22!} = \frac{28 \cdot 27 \cdot 26 \cdot 25 \cdot 24 \cdot 23}{1 \cdot 2 \cdot 3 \cdot 4 \cdot 5 \cdot 6} = \frac{271.252.800}{720} = 376.740$$

Möglichkeiten. Die gesuchte Wahrscheinlich ist also

$$\frac{376.740}{64.512.240} \approx 0,00584,$$

d.h. etwas höher als ein halbes Prozent.

Der Name Binomialkoeffizient erklärt sich dadurch, dass der Ausdruck (3.29) bei der Berechnung des „Binoms" $(a+b)^n$ auftritt. Wir alle erinnern uns aus der Schule daran, dass

$$(a + b)^2 = a^2 + 2ab + b^2$$

ist. Manche wissen auch noch, dass

$$(a + b)^3 = a^3 + 3a^2b + 3ab^2 + b^3$$

und

$$(a + b)^4 = a^4 + 4a^3b + 6a^2b^2 + 4ab^3 + b^4$$

gilt. Man erkennt hier folgende Gesetzmäßigkeiten: Im Ausdruck $(a+b)^n$ ergänzen sich die Exponenten in jedem Summand zu $n$, der erste und der letzte Koeffizient ist jeweils 1 und der zweite und vorletzte Koeffizient ist jeweils $n$. Allgemein gilt die wichtige *Binomialformel*

$$(a+b)^n = \sum_{k=0}^{n} \binom{n}{k} a^{n-k} b^k$$

$$= a^n + \binom{n}{1} a^{n-1} b + \binom{n}{2} a^{n-2} b^2 + \ldots \qquad (3.30)$$

$$+ \binom{n}{n-2} a^2 b^{n-2} + \binom{n}{n-1} a b^{n-1} + b^n.$$

Ein wichtiger Spezialfall (nämlich $a = 1$) ist

$$(1+b)^n = \sum_{k=0}^{n} \binom{n}{k} b^k$$

$$= 1 + \binom{n}{1} b + \binom{n}{2} b^2 + \ldots$$

$$+ \binom{n}{n-2} b^{n-2} + \binom{n}{n-1} b^{n-1} + b^n.$$

Für die Binomialkoeffizienten (3.29) gilt eine Reihe wichtiger Rechenregeln, zum Beispiel

$$\binom{n}{k} = \binom{n}{n-k}, \qquad \binom{n}{k} + \binom{n}{k+1} = \binom{n+1}{k+1}, \quad (3.31)$$

$$\binom{n}{0} + \binom{n}{1} + \ldots + \binom{n}{n} = 2^n, \qquad (3.32)$$

$$\binom{n}{0} - \binom{n}{1} + - \ldots + (-1)^n \binom{n}{n} = 0 \qquad (3.33)$$

und

$$\binom{n}{0}^2 + \binom{n}{1}^2 + \binom{n}{2}^2 + \ldots + \binom{n}{n}^2 = \binom{2n}{n}. \qquad (3.34)$$

Alle diese Regeln kann man mittels vollständiger Induktion beweisen (s. Aufgabe 3.40, 3.42 und 3.43).

Die Binomialkoeffizienten in der binomischen Formel (3.30) kann man als so genanntes *Pascal'sches Dreieck*[10]

$$
\begin{array}{ccccccccccccc}
&&&&&& 1 &&&&&& \\
&&&&& 1 && 1 &&&&& \\
&&&& 1 && 2 && 1 &&&& \\
&&& 1 && 3 && 3 && 1 &&& \\
&& 1 && 4 && 6 && 4 && 1 && \\
& 1 && 5 && 10 && 10 && 5 && 1 & \\
1 && 6 && 15 && 20 && 15 && 6 && 1 \\
\end{array}
$$

$$
\begin{array}{c}
1 \quad 7 \quad 21 \quad 35 \quad 35 \quad 21 \quad 7 \quad 1 \\
1 \quad 8 \quad 28 \quad 56 \quad 70 \quad 56 \quad 28 \quad 8 \quad 1 \\
1 \quad 9 \quad 36 \quad 84 \quad 126 \quad 126 \quad 84 \quad 36 \quad 9 \quad 1 \\
1 \quad 10 \quad 45 \quad 120 \quad 210 \quad 252 \quad 210 \quad 120 \quad 45 \quad 10 \quad 1 \\
1 \quad 11 \quad 55 \quad 165 \quad 330 \quad 462 \quad 462 \quad 330 \quad 165 \quad 55 \quad 11 \quad 1
\end{array}
$$

aufschreiben. Wegen der ersten Gleichheit in (3.31) ist jede Zeile dieses Dreiecks ein Palindrom, d.h., beim Lesen von links nach rechts oder umgekehrt ergibt sich dasselbe, und wegen der zweiten Gleichheit in (3.31) kann man jeden Koeffizienten durch Addition seiner Nachbarn in der Zeile darüber berechnen. Außerdem ist die Summe aller Zahlen in der $n$-ten Zeile[11] nach (3.32) stets $2^n$, wie man leicht überprüfen kann. Weitere interessante Eigenschaften Pascal'scher Dreiecke werden wir in Abschnitt 5.2 entdecken.

Wie erwähnt gibt der Binomialkoeffizient (3.29) die Anzahl der Möglichkeiten wieder, aus $n$ Objekten $k \leq n$ Objekte auszuwählen. Das kann man auch als die Anzahl der $k$-elementigen Teilmengen einer Menge aus $n$ Elementen deuten. Für die Anzahl der Elemente der *gesamten* Potenzmenge ergibt sich dann nach (3.32) gerade $2^n$, vgl. Beispiel 1.15 und Aufgabe 3.25.

Es gibt noch weitere „Auswahlkoeffizienten" dieser Art, die wir kurz besprechen wollen.[12] Ist es zum Beispiel wichtig, aus $n$ Objekten $k$ Objekte *unter Beachtung der Reihenfolge* auszuwählen, so erhält man natürlich

---

[10]Nach dem französischen Mathematiker und Philosophen Blaise Pascal (1623–1662)

[11]Hier müssen wir natürlich oben mit Zeile 0 beginnen, denn die allein stehende 1 an der Spitze ergibt sich ja aus $(a + b)^0 = 1$.

[12]Das Teilgebiet der Mathematik, in dem man sich mit solchen Problemen beschäftigt, ist die *Kombinatorik*.

mehr Möglichkeiten als in (3.29). In der Tat, ein einziges Element kann man auf $n$ Arten auswählen, ein weiteres aus den verbleibenden auf $n-1$ Arten und allgemein $k$ Elemente auf

$$k! \begin{pmatrix} n \\ k \end{pmatrix} = \frac{n!}{(n-k)!} = n \cdot (n-1) \cdot (n-2) \cdots (n-k+1) \qquad (3.35)$$

Arten. Ein außermathematisches Anwendungsbeispiel für (3.35) könnte so aussehen:

**Beispiel 3.13.** Ein Kaninchenzüchterverein mit 30 anwesenden Mitgliedern möchte aus seiner Mitte einen fünfköpfigen Vorstand wählen, bestehend aus dem 1. Vorsitzenden, dem 2. Vorsitzenden, dem Kassenwart, dem Schriftwart und dem Kaninchenwart. Wie viele Möglichkeiten gibt es hierfür? Die Antwort lautet nach (3.35): Es gibt genau $30 \cdot 29 \cdot 28 \cdot 27 \cdot 26 = 17.100.720$ Möglichkeiten. Das kann man sich auch direkt klar machen: Zunächst gibt es ja

$$\begin{pmatrix} 30 \\ 5 \end{pmatrix} = \frac{30 \cdot 29 \cdot 28 \cdot 27 \cdot 26}{1 \cdot 2 \cdot 3 \cdot 4 \cdot 5} = 142.506$$

Möglichkeiten, überhaupt 5 Personen aus 30 Personen auszuwählen, und dann gibt es für *jede* solche Auswahl wiederum $5! = 120$ Möglichkeiten, die zu besetzenden Ämter zu verteilen. Die Gesamtzahl aller Besetzungs-Konstellationen ist also $142.506 \cdot 120 = 17.100.720$.                     $\heartsuit$

Die Zahl (3.35) können wir auch als Anzahl der möglichen $k$-*tupel* (vgl. (1.49)) von Elementen einer $n$-elementigen Menge deuten, wobei Wiederholungen verboten sind, d.h., in jedem $k$-tupel darf ein Element der $n$-elementigen Menge nur einmal vorkommen. Bekanntlich kommt es bei $k$-tupeln auf die *Reihenfolge* der Komponenten an, während die Reihenfolge der Elemente einer Menge irrelevant ist. Das erklärt auch noch mal, warum es mehr $k$-tupel als $k$-elementige Teilmengen gibt: Für $n = 3$ und $k = 2$ beispielsweise sind ja die Paare $(1,3)$ und $(3,1)$ verschieden, die Mengen $\{1,3\}$ und $\{3,1\}$ aber gleich. Lassen wir in den $k$-tupeln auch noch Wiederholungen zu, was bei Mengen ja ohnehin ausgeschlossen ist, so erhalten wir $n^k$ Möglichkeiten. Zum Beispiel kann man mit der digitalen Einheit Byte, die ja aus 8 Bits besteht, insgesamt $2^8 = 256$ Zeichen darstellen, was in der bekannten ASCII-Tabelle zum Ausdruck kommt.

## 3.4 Teilbarkeit und Primzahlen

Eine fundamentale Beziehung zwischen natürlichen (allgemeiner: ganzen) Zahlen ist die so genannte *Teilbarkeitsrelation*.

**Definition 3.4.** Für $m, n \in \mathbb{Z}$ definieren wir

$$m|n \quad :\Leftrightarrow \quad \exists k \in \mathbb{Z} : \; n = km. \tag{3.36}$$

In diesem Fall sagen wir, dass die Zahl $m$ die Zahl $n$ teilt oder dass $m$ ein *Teiler von* $n$ und $n$ ein *Vielfaches von* $m$ ist. $\qquad\square$

Die Aussage (3.36) bedeutet also, dass bei der Division von $n$ durch $m$ kein Rest bleibt. Beispielsweise gilt $6|12$ und $7| -28$, aber *nicht* $4|6$.

Die Teilbarkeitsrelation „$|$" hat ganz ähnliche Eigenschaften[13] wie die Kleiner-gleich-Relation „$\leq$", nämlich die zu (1.25) – (1.27) parallelen Eigenschaften

$$\forall m \in \mathbb{Z} : \; m|m, \tag{3.37}$$

$$\forall m, n \in \mathbb{Z} : \; m|n \wedge n|m \Rightarrow |m| = |n|, \tag{3.38}$$

$$\forall k, m, n \in \mathbb{Z} : \; k|m \wedge m|n \Rightarrow k|n. \tag{3.39}$$

Man beachte allerdings, dass aus $m|n$ und $n|m$ in (3.38) *nicht* $m = n$ folgt, denn es könnte ja $m = -n$ sein. Beschränkt man sich auf *natürliche Zahlen*, so gilt allerdings statt (3.38) die schärfere Aussage

$$\forall m, n \in \mathbb{N} : \; m|n \wedge n|m \Rightarrow m = n. \tag{3.40}$$

Wichtige Eigenschaften der Teilbarkeitsrelation sind

$$\forall k, m, n \in \mathbb{Z} : \; k|m \wedge k|n \Rightarrow k|(m + n) \tag{3.41}$$

und

$$\forall k, m, n \in \mathbb{Z} : \; k|m \wedge k|n \Rightarrow k|mn, \tag{3.42}$$

d.h., teilt eine Zahl zwei andere Zahlen, so teilt sie auch deren Summe und Produkt. Man kann die beiden Eigenschaften (3.41) und (3.42) aber *nicht umkehren*. Zum Beispiel gilt zwar $4|(2 + 6)$ sowie $4|(2 \cdot 6)$, aber weder $4|2$ noch $4|6$. Einen wichtigen Fall, in dem man trotzdem von der Teilbarkeit

---

[13]In der Tat werden wir solche Relationen in Abschnitt 5.3 unter dem allgemeineren Aspekt der *Ordnungsrelationen* betrachten.

eines Produkts auf die Teilbarkeit eines Faktors schließen kann, werden wir in Satz 3.11 unten betrachten.

Wir erinnern nun an eine der wichtigsten Definitionen der Mathematik, die auch schon in der Schule eine Rolle spielt.

**Definition 3.5.** Eine natürliche Zahl $p \geq 2$ heißt *Primzahl*, falls sie nur durch 1 und sich selbst teilbar ist. Wie schon vorher bezeichnen wir die Menge aller Primzahlen mit $\mathbb{P}$. $\qquad\qquad\square$

Im restlichen Teil dieses Kapitels werden Primzahlen eine wichtige Rolle spielen. Daher schreiben wir die ersten Primzahlen bis 1000 (es sind 168 Stück) für spätere Betrachtungen als Block

| 2 | 3 | 5 | 7 | 11 | 13 | 17 | 19 | 23 | 29 | 31 | 37 |
|---|---|---|---|---|---|---|---|---|---|---|---|
| 41 | 43 | 47 | 53 | 59 | 61 | 67 | 71 | 73 | 79 | 83 | 89 |
| 97 | 101 | 103 | 107 | 109 | 113 | 127 | 131 | 137 | 139 | 149 | 151 |
| 157 | 163 | 167 | 173 | 179 | 181 | 191 | 193 | 197 | 199 | 211 | 223 |
| 227 | 229 | 233 | 239 | 241 | 251 | 257 | 263 | 269 | 271 | 277 | 281 |
| 283 | 293 | 307 | 311 | 313 | 317 | 331 | 337 | 347 | 349 | 353 | 359 |
| 367 | 373 | 379 | 383 | 389 | 397 | 401 | 409 | 419 | 421 | 431 | 433 |
| 439 | 443 | 449 | 457 | 461 | 463 | 467 | 479 | 487 | 491 | 499 | 503 |
| 509 | 521 | 523 | 541 | 547 | 557 | 563 | 569 | 571 | 577 | 587 | 593 |
| 599 | 601 | 607 | 613 | 617 | 619 | 631 | 641 | 643 | 647 | 653 | 659 |
| 661 | 673 | 677 | 683 | 691 | 701 | 709 | 719 | 727 | 733 | 739 | 743 |
| 751 | 757 | 761 | 769 | 773 | 787 | 797 | 809 | 811 | 821 | 823 | 827 |
| 829 | 839 | 853 | 857 | 859 | 863 | 877 | 881 | 883 | 887 | 907 | 911 |
| 919 | 929 | 937 | 941 | 947 | 953 | 967 | 971 | 977 | 983 | 991 | 997 |

auf. Die Menge $\mathbb{P}$ aller Primzahlen hat viele faszinierende Eigenschaften, die die Mathematiker (und Nichtmathematiker) seit vielen Jahrhunderten herausgefordert haben. Eine sehr einfache Eigenschaft wurde schon von Euklid vor mehr als 2000 Jahren gefunden; vielleicht ist dies der berühmteste elementare Beweis der Mathematik:

**Satz 3.5.** *Die Menge $\mathbb{P}$ ist unendlich.*

**Beweis:** Wir nehmen an, $\mathbb{P}$ sei endlich, also $\mathbb{P} = \{p_1, p_2, p_3, \ldots, p_N\}$, d.h., $N$ ist die Anzahl aller Primzahlen. Wir betrachten die natürliche Zahl

$$n := \prod_{k=1}^{N} p_k + 1 = p_1 p_2 \cdots p_N + 1.$$

Da diese Zahl größer als jedes Element von $\mathbb{P}$ ist, kann sie keine Primzahl sein. Also gibt es eine Primzahl $p_j \in \mathbb{P}$ mit $p_j | n$. Natürlich teilt $p_j$ das Produkt $p_1 p_2 \cdots p_N$. Nach (3.41) muss $p_j$ dann aber auch $n - p_1 p_2 \cdots p_N = 1$ teilen, was der Definition einer Primzahl widerspricht. Dieser Widerspruch zeigt, dass unsere Annahme der Endlichkeit von $\mathbb{P}$ falsch war. ∎

In der Aufzählung der Primzahlen oben bis 1000 kann man keine Gesetzmäßigkeit erkennen. Erst wenn man sehr viele Primzahlen betrachtet (in der Größenordnung mehrerer Millionen), kann man eine Regelmäßigkeit der *Primzahlverteilung* erkennen.[14] Auch ohne diese Regelmäßigkeit genau zu kennen, könnte man sich allerdings vorstellen, dass die „Lücken" zwischen den Primzahlen immer größer werden, d.h. die Anzahl der zusammengesetzten Zahlen zwischen zwei benachbarten Primzahlen. Können diese Lücken vielleicht sogar *beliebig groß* werden? Die (positive) Antwort gibt der folgende

**Satz 3.6.** *Zu jeder vorgegebenen natürlichen Zahl $m$ kann man $m$ aufeinander folgende zusammengesetzte Zahlen finden, d.h. eine „Lücke der Länge $m$" zwischen zwei benachbarten Primzahlen.*

**Beweis:** Der Beweis ist konstruktiv, d.h., wir können zeigen, *wie* man zu jeder vorgegebenen Zahl $m \in \mathbb{N}$ tatsächlich $m$ aufeinander folgende zusammengesetzte Zahlen angeben kann. Dazu betrachten wie die aufeinander folgenden natürlichen Zahlen

$$n! + 2, \; n! + 3, \; n! + 4, \; \ldots, \; n! + (n-1), \; n! + n, \qquad (3.43)$$

wobei $n!$ wie in (3.28) definiert sei. In der Liste (3.43) stehen offensichtlich genau $n - 1$ Zahlen, aber keine der Zahlen in dieser Liste kann eine Primzahl sein! In der Tat, die erste Zahl wird durch 2 geteilt, die zweite durch 3, die dritte durch 4, $\ldots$, die vorletzte durch $n - 1$, und die letzte durch $n$. Wählen wir also $n = m + 1$, so stehen in (3.43) tatsächlich $m$ aufeinander folgende zusammengesetzte Zahlen wie behauptet.[15] ∎

---

[14] Die damit zusammenhängenden Begriffe und Ergebnisse sind sehr kompliziert und werden in der so genannten *analytischen Zahlentheorie* behandelt.

[15] Man beachte, dass wir die Liste in (3.43) *nicht* mit $n! + 1$ beginnen dürfen, denn das könnte eine Primzahl sein! (Beispiel: $n = 3$ ergibt die Primzahl $n! + 1 = 7$.)

Wenn wir zum Beispiel eine Lücke der recht harmlosen Länge 3 erzeugen wollen, liefert unser Verfahren die drei Zahlen $4! + 2 = 26$, $4! + 3 = 27$ und $4! + 4 = 28$. In unserer Aufzählung der ersten Primzahlen bis 1.000 oben finden wir eine Lücke der Länge 3 zwar schon früher (etwa bei 8, 9, 10), aber wir haben ja auch nicht behauptet, dass das Verfahren (3.43) *optimal* ist, d.h. die erste Lücke der gewünschten Länge liefert.

Satz 3.6 beantwortet die Frage nach der Existenz beliebig langer „primzahlfreier Lücken" positiv; er gibt überdies sogar ein einfaches Verfahren zum Auffinden solcher Lücken an. Man könnte übrigens auch die „duale" Frage stellen: Kann man eine Kette aufeinander folgendender Zahlen angeben, in der garantiert eine Primzahl liegt? Auch diese Frage hat eine positive Antwort (s. Aufgabe 3.55): Für beliebiges $n \in \mathbb{N}$ mit $n \geq 3$ liegt zwischen $n$ und $n!$ immer mindestens eine Primzahl. Für $n = 3$ ist dies zum Beispiel die Kette $\{4, 5\}$ mit der Primzahl 5 und für $n = 4$ die Kette $\{5, 6, 7, 8, 9, 10, 11, 12, 13, 14, 15, 16, 17, 18, 19, 20, 21, 22, 23\}$ mit den Primzahlen 5,7,11,13,17,19 und 23.

Wir wollen nun noch Primzahlen betrachten, die eine spezielle Struktur haben, nämlich *Mersenne'sche Primzahlen* und *Fermat'sche Primzahlen*. Eine Zahl der Form

$$M_n = 2^n - 1 \qquad (n = 1, 2, 3, \dots) \tag{3.44}$$

heißt *Mersenne-Zahl*;[16] die ersten 10 Mersenne-Zahlen sind also

$$M_1 = 1, \ M_2 = 3, \ M_3 = 7, \ M_4 = 15, \ M_5 = 31, \ M_6 = 63,$$

$$M_7 = 127, \ M_8 = 255, \ M_9 = 511, \ M_{10} = 1.023.$$

Es fällt auf, dass in dieser Liste die Mersenne-Zahl $M_n$ genau dann eine Primzahl ist (nämlich $M_2$, $M_3$, $M_5$ und $M_7$), wenn auch ihr Index $n$ eine Primzahl ist. Man könnte also vermuten, dass dies immer so ist. Allerdings wird dies schon durch die nächste Mersenne-Zahl widerlegt, denn es ist $M_{11} = 2.047 = 23 \cdot 89$, obwohl $n = 11$ natürlich Primzahl ist. Aus $n \in \mathbb{P}$ folgt also *nicht* $M_n \in \mathbb{P}$. Die Umkehrung stimmt allerdings:

**Satz 3.7.** *Die Mersenne-Zahl $M_n = 2^n - 1$ ist höchstens dann eine Primzahl, wenn ihr Index $n$ selbst eine Primzahl ist.*

---

[16]Mit dieser Bezeichnung wird der französische Franziskanermönch Marin Mersenne (1588–1648) geehrt, der das Problem untersuchte, für welche $n$ die Zahl $M_n$ eine Primzahl ist.

**Beweis:** Zu zeigen ist also, dass aus $M_n \in \mathbb{P}$ stets $n \in \mathbb{P}$ folgt. Sei $n$ zusammengesetzte Zahl, also $n = m \cdot k$ mit $1 < m < n$ und $1 < k < n$. Wenden wir dann die Gleichheit (3.25) aus Beispiel 3.11 auf $a := 2^m$ an, so erhalten wir die Darstellung

$$M_n = (2^m)^k - 1 = (2^m - 1) \sum_{j=0}^{k-1} (2^m)^j$$
$$= (2^m - 1)\left(1 + 2^m + 2^{2m} + \ldots + 2^{(k-1)m}\right),$$

in der beide Faktoren auf der rechten Seite größer als 1 sind. Dies zeigt, dass auch $M_n$ zusammengesetzt ist. $\blacksquare$

Jedes $M_n \in \mathbb{P}$ wird *Mersenne'sche Primzahl* genannt; nach Satz 3.7 ist die Bedingung $n \in \mathbb{P}$ dafür, dass $M_n$ prim ist, notwendig, aber nicht hinreichend. Beispielsweise ist für $p \in \{2, 3, 5, 7, 13, 17, 19, 31, 61, 89, 107, 127\}$ die Zahl $M_p$ eine Mersenne'sche Primzahl, und dies sind alle Werte $p \leq 257$. Für alle anderen Primzahlen $p \leq 257$ ist $M_p$ also zusammengesetzt; beispielsweise gilt $23 | M_{11}$, $47 | M_{23}$, $233 | M_{29}$, $223 | M_{37}$, $431 | M_{43}$ und $167 | M_{83}$.

Inzwischen hat man mithilfe moderner Computer noch weitere „sehr große" Primzahlen $p > 257$ gefunden, für die auch $M_p$ Primzahl ist; zum Beispiel liefert $p = 13.466.917 \in \mathbb{P}$ die Mersenne'sche Primzahl $M_p = 2^{13.466.917} - 1$, die 4.053.946 Stellen besitzt.[17] Allerdings weiß man bis heute nicht, ob es unendlich viele oder nur endlich viele Mersenne'sche Primzahlen gibt.

Mersenne'sche Primzahlen haben eine interessante Verbindung zu einer anderen Klasse spezieller Zahlen, die „vollkommenen" genannt werden. Eine natürliche Zahl heißt *vollkommen*, wenn sie gleich der Summe ihrer Teiler (natürlich ohne sie selbst, aber mit der Eins) ist. Zum Beispiel ist 6 eine vollkommene Zahl,[18] denn es gilt $6 = 1 + 2 + 3$, aber auch 28, denn es gilt $28 = 1 + 2 + 4 + 7 + 14$. Schon die antiken Griechen kannten

---

[17]Der neueste Stand (Mai 2004) ist die Primzahl $p = 24.036.583$, die die Mersenne'sche Primzahl $M_p = 2^{24.036.583} - 1$ mit mehr als 7 Millionen Stellen liefert.

[18]Der jüdisch-hellenistische Religionsphilosoph Philon hat in seinem Werk *Die Erschaffung der Welt* die Überzeugung geäußert, Gott habe die Welt genau deswegen in 6 Tagen erschaffen, weil 6 eine vollkommene Zahl sei. Der große Kirchenlehrer Augustinus (354–430) hat sich in seinem Werk *Die Stadt Gottes* dieser Überzeugung ausdrücklich angeschlossen. In der modernen Physik gibt es eine so genannte *Grand Unifying Theory* (oder *Theory of Everything*), die versucht, die fundamentalen Wechselwirkungen der Natur unter einem einheitlichen Gesichtspunkt zu beschreiben. Die dieser Theorie zugrunde liegende Gruppe hat 496 Elemente (= „Feld-Bosonen"), was bemerkenswerterweise auch eine vollkommene Zahl ist!

die vollkommenen Zahlen 6, 28, 496 und 8.128. Die fünfte vollkommene Zahl 33.550.336 wurde im 15. Jahrhundert (ohne Computer!) gefunden und heute kennt man etwa 40 vollkommene Zahlen.

Der Zusammenhang zwischen Mersenne'schen Primzahlen und vollkommenen Zahlen besteht nun im Folgenden. Ist $M_p = 2^p - 1$ eine Mersenne'sche Primzahl, so ist $v = 2^{p-1} M_p$ eine vollkommene Zahl. In der Tat, aus $M_p \in \mathbb{P}$ folgt nach Satz 3.7 zunächst $p \in \mathbb{P}$; damit kann man alle Teiler von $v$ bestimmen (Aufgabe 3.53).[19] Etwas schwieriger ist zu beweisen, dass auch die Umkehrung gilt, zumindest für gerade Zahlen (Aufgabe 3.54): *Jede gerade vollkommene Zahl $v$ ist von der Form $v = 2^{p-1} M_p$ mit einer geeigneten Mersenne'schen Primzahl $M_p$*.[20]

Es gibt also einen engen Zusammenhang zwischen Mersenne'schen Primzahlen und *geraden* vollkommenen Zahlen. Insbesondere können wir mittels der größten derzeit bekannten Mersenne'schen Primzahl $M_p$ mit $p = 24.036.583$ also die größte derzeit bekannte gerade vollkommene Zahl konstruieren, nämlich

$$v = 2^{24.036.582} \left( 2^{24.036.583} - 1 \right).$$

Da man nicht – wie oben erwähnt – weiß, ob es unendlich viele Mersenne'sche Primzahlen gibt, weiß man ebenso wenig, ob es unendlich viele gerade vollkommene Zahlen gibt.

Ein noch interessanteres (und sehr altes) offenes Problem ist: Gibt es überhaupt *ungerade* vollkommene Zahlen? Bisher hat man noch keine solche Zahl gefunden. Ist die Antwort positiv, so könnte man versuchen, solch eine ungerade vollkommene Zahl durch „stures Probieren" (etwa mithilfe eines modernen Supercomputers) zu finden, aber das ist wie gesagt noch niemandem gelungen. Ist die Antwort dagegen negativ, so wäre durch Euklids und Eulers Ergebnisse eine Charakterisierung aller vollkommenen Zahlen gegeben.

Wir widmen uns nun einer anderen Klasse spezieller Primzahlen, nämlich den so genannten Fermat'schen Primzahlen. Eine Zahl der Form

$$F_n = 2^n + 1 \qquad (n = 1, 2, 3, \ldots) \tag{3.45}$$

---

[19]Dieses Ergebnis hat schon Euklid als „Proposition IX.36" in seinen *Elementen* bewiesen.

[20]Der erste Beweis dieses Ergebnisses stammt von Euler (1737).

heißt *Fermat-Zahl*;[21] die ersten 10 Fermat-Zahlen sind also

$$F_1 = 3, \ F_2 = 5, \ F_3 = 9, \ F_4 = 17, \ F_5 = 33, \ F_6 = 65,$$

$$F_7 = 129, \ F_8 = 257, \ F_9 = 513, \ F_{10} = 1.025.$$

In dieser Liste erhält man Primzahlen $F_n$ für $n = 1$, $n = 2$, $n = 4$ und $n = 8$, während die Fermat-Zahlen $F_3 = 3 \cdot 3$, $F_5 = 3 \cdot 11$, $F_6 = 5 \cdot 13$, $F_7 = 3 \cdot 43$, $F_9 = 3^2 \cdot 57$ und $F_{10} = 5^2 \cdot 41$ zusammengesetzt sind. Dies ist kein Zufall, wie der folgende Satz zeigt:

**Satz 3.8.** *Die Fermat-Zahl $F_n = 2^n + 1$ ist höchstens dann eine Primzahl, wenn ihr Index $n$ eine Zweierpotenz ist.*

**Beweis:** Zu zeigen ist jetzt, dass aus $F_n \in \mathbb{P}$ stets $n = 2^t$ mit einem geeigneten Exponenten $t \in \mathbb{N}_0$ folgt. Wir können $n$ stets in der Form $n = 2^t \cdot u$ schreiben, wobei $u$ ungerade ist; zum Beweis müssen wir also $u = 1$ zeigen. Wenden wir hier die Gleichheit (3.25) aus Beispiel 3.11 auf $a := -2^{2^t}$ an, so erhalten wir wegen $(-1)^u = -1$ die Darstellung

$$F_n = (1 - (-2^{2^t})^u = (1 + 2^{2^t}) \sum_{j=0}^{u-1} (-2^{2^t})^j$$
$$= (1 + 2^{2^t}) \left( 1 - 2^{2^t} + 2^{2 \cdot 2^t} - 2^{3 \cdot 2^t} + - \ldots + 2^{(u-1)2^t} \right).$$

Nehmen wir nun an, es gälte $u > 1$, so wäre $2^t < n$, also $1 < 1 + 2^{2^t} < 1 + 2^n$. Dann sind in der obigen Darstellung aber beide Faktoren auf der rechten Seite wieder größer als 1, sodass $F_n$ zusammengesetzt ist. ∎

Jedes $F_n \in \mathbb{P}$ wird *Fermat'sche Primzahl* genannt; nach Satz 3.8 ist hierfür die Bedingung $n = 2^t$ mit $t \in \mathbb{N}_0$ notwendig. In der Tat bekommt man für $t \in \{0, 1, 2, 3, 4\}$ die ersten fünf Fermat'schen Primzahlen

$$F_1 = 3, \ F_2 = 5, \ F_4 = 17, \ F_8 = 257, \ F_{16} = 65.537. \tag{3.46}$$

Allerdings liefert schon der nächsthöhere Wert $t = 5$ die Fermat-Zahl $F_{32} = 4.294.967.297$, die durch 641 teilbar ist. Erstaunlicherweise kennt man außer den in (3.46) aufgeführten zurzeit tatsächlich keine weiteren Fermat'schen Primzahlen! Erst recht weiß man nicht, ob es unendlich oder nur endlich viele Fermat'sche Primzahlen gibt.

---

[21]Ihr Name ist zu Ehren des großen französischen Zahlentheoretikers Pierre de Fermat (1596–1650) gewählt.

Wir bemerken noch, dass Fermat'sche Primzahlen von großer Bedeutung für die Theorie der Kreisteilung sind, d.h. für das Problem der Konstruierbarkeit eines regelmäßigen $m$-Ecks ($m \geq 3$ ungerade): *Das regelmäßige m-Eck ist genau dann mit Zirkel und Lineal konstruierbar, wenn m ein quadratfreies Produkt Fermat'scher Primzahlen ist.*[22] Hieraus folgt beispielsweise, dass das regelmäßige 15-Eck oder 17-Eck mit Zirkel und Lineal konstruierbar ist, aber weder das regelmäßige 19-Eck noch das regelmäßige 21-Eck.

Da man nur die fünf Fermat'schen Primzahlen in (3.46) kennt, ist die größte bisher bekannte Zahl $m$, für die man das regelmäßige $m$-Eck konstruieren kann, also $m = 3 \cdot 5 \cdot 17 \cdot 257 \cdot 65.537 = 4.294.967.295$. Übrigens kann man dieser Zahl bereits entnehmen, dass mit „Konstruierbarkeit" nicht gemeint ist, dass man eine Konstruktionsvorschrift explizit angeben und die Konstruktion real in angemessener Zeit durchführen kann. Es ist also mehr ein „theoretisches" Ergebnis, wenn auch ein überaus wichtiges.

Interessanterweise kann man mittels Fermat'scher Primzahlen noch einen alternativen Beweis von Satz 3.5 geben:

**Satz 3.9.** *Die Menge $\mathbb{P}$ ist unendlich.*

**Beweis:** Wir betrachten die Folge der Fermat-Zahlen mit Zweierpotenzen als Index, für die wir abkürzend $\tilde{F}_n := F_{2^n}$ schreiben;[23] in (3.46) stehen dann also die Zahlen $\tilde{F}_0, \ldots, \tilde{F}_4$. Wir behaupten, dass für alle $n \in \mathbb{N}$ die Gleichheit

$$\tilde{F}_n - 2 = \prod_{k=0}^{n-1} \tilde{F}_k = \tilde{F}_0 \cdot \tilde{F}_1 \cdots \tilde{F}_{n-1} \tag{3.47}$$

gilt, und beweisen dies durch Induktion nach $n$.

Für $n = 1$ haben wir $\tilde{F}_1 - 2 = 3 = \tilde{F}_0$. Ist (3.47) für festes $n$ bewiesen, so erhalten wir

$$\prod_{k=0}^{n} \tilde{F}_k = \left( \prod_{k=0}^{n-1} \tilde{F}_k \right) \tilde{F}_n = (\tilde{F}_n - 2)\tilde{F}_n$$

$$= (2^{2^n} - 1)(2^{2^n} + 1) = 2^{2^{n+1}} - 1 = \tilde{F}_{n+1} - 2,$$

---

[22]Dies hat schon kein Geringerer als Carl-Friedrich Gauß (1777–1855) bewiesen! Mit „quadratfrei" ist gemeint, dass alle vorkommenden Fermat'schen Primzahlen nur in erster Potenz auftreten.

[23]In der Literatur werden manchmal die Zahlen $\tilde{F}_n$ statt der Zahlen $F_n$ als Fermat-Zahlen bezeichnet.

und damit ist die Behauptung bewiesen. Aus der Beziehung (3.47) folgt aber, dass die Zahlen $\tilde{F}_m$ und $\tilde{F}_n$ für $m \neq n$ stets teilerfremd sind, d.h. keine gemeinsamen Teiler besitzen (s. Definition 3.6). Gälte nämlich für ein $k \in \mathbb{N}$ sowohl $k|\tilde{F}_m$ als auch $k|\tilde{F}_n$ (wobei o.B.d.A. $m < n$ sei), dann müsste wegen (3.47) auch $k|2$ gelten, d.h., es wäre $k = 1$ oder $k = 2$. Der Fall $k = 2$ ist aber ausgeschlossen, da alle Fermat-Zahlen ungerade sind.

Zum Abschluss des Beweises genügt es nun noch zu bemerken, dass aus der paarweisen Teilerfremdheit der unendlich vielen Zahlen $\tilde{F}_n$ natürlich folgt, dass es auch unendlich viele Primzahlen geben muss. ∎

Ein interessantes Problem im Zusammenhang mit Primzahlen ist das ihrer Erzeugbarkeit durch Funktionen: *Gibt es eine einfache Funktion $f : \mathbb{N}_0 \to \mathbb{N}$, die ausschließlich oder wenigstens „möglichst viele" Primzahlen liefert?* Um uns dieser Frage zu nähern, fassen wir zunächst mal ganz einfache Funktionen ins Auge, nämlich *Polynome*. Mit anderen Worten, wir fragen nach der Existenz einer Polynomfunktion

$$f(x) = a_n x^n + a_{n-1} x^{n-1} + \ldots + a_2 x^2 + a_1 x + a_0 \qquad (3.48)$$

mit $a_n, a_{n-1}, \ldots, a_2, a_1, a_0 \in \mathbb{Z}$ derart, dass $f(k) \in \mathbb{P}$ für möglichst viele (im günstigsten Fall sogar alle) $k \in \mathbb{N}_0$ gilt. Hierbei soll der Grad $n$ des Polynoms (3.48) natürlich mindestens 1 sein, denn das konstante Polynom $f(k) \equiv p$ mit $p \in \mathbb{P}$ erfüllt zwar die maximale Forderung $f(\mathbb{N}_0) \subseteq \mathbb{P}$, ist aber höchst uninteressant.

Beginnen wir also mit $n = 1$, d.h. mit dem einfachen Polynom $f(x) = ax + b\ (a, b \in \mathbb{Z})$. Das folgende Beispiel zeigt, dass die Antwort, in Abhängigkeit von $a$ und $b$, sehr unterschiedlich ausfallen kann:

**Beispiel 3.14.** Sei zunächst $a = 6$ und $b = 3$, d.h., wir betrachten den Ausdruck $f(k) = 6k + 3$ für $k \in \mathbb{N}_0$. Natürlich ergibt sich für $k = 0$ die Primzahl $f(0) = 3$, aber für $k \geq 1$ ist natürlich $f(m) = (2k + 1) \cdot 3$ immer zusammengesetzt. Daher enthält der Wertebereich der Funktion $f$, also

$$f(\mathbb{N}_0) = \{6k + 3 : k \in \mathbb{N}_0\} = \{3, 9, 15, 21, 27, 33, 39, \ldots\} \qquad (3.49)$$

nur eine einzige Primzahl, nämlich 3.

Sei nun wieder $a = 6$, aber $b = 5$, d.h., wir betrachten den Ausdruck $f(k) = 6k + 5$ für $k \in \mathbb{N}_0$. Hier bekommen wir als Wertebereich

$$f(\mathbb{N}_0) = \{6k + 5 : k \in \mathbb{N}_0\} = \{5, 11, 17, 23, 29, 35, 41, \ldots\}, \qquad (3.50)$$

und man sieht, dass in (3.50) schon mehrere Zahlen (allerdings nicht alle) Primzahlen sind. Man kann in der Tat beweisen (s. Aufgabe 3.67), dass die Menge (3.50) sogar *unendlich viele* Primzahlen enthält.[24]          ♡

Die Menge (3.50) in Beispiel 3.14 enthält zwar unendlich viele Primzahlen, aber nicht *nur* Primzahlen. Können wir durch noch geschicktere Wahl der Koeffizienten $a$ und $b$ erreichen, dass ein Polynom der Form $f(x) = ax + b$ nur Primzahlen als Werte annimmt? Oder klappt das vielleicht erst, wenn wir höhere Grade zulassen, also ein allgemeine Polynom der Form (3.48) betrachten? Diese Hoffnung macht der nächste Satz leider zunichte:

**Satz 3.10.** *Zu jedem Polynom der Form* (3.48) *mit* $n \geq 1$ *kann man ein* $k_0 \in \mathbb{N}_0$ *finden derart, dass* $f(k_0) \notin \mathbb{P}$, *also eine zusammengesetzte Zahl ist.*

**Beweis:** Ist $f(0) = a_0 \notin \mathbb{P}$, so können wir $k_0 := 0$ wählen und sind fertig. Sei also $a_0 \in \mathbb{P}$. Für beliebiges $m \in \mathbb{N}$ erhalten wir dann

$$f(ma_0) = a_n(ma_0)^n + a_{n-1}(ma_0)^{n-1} + \ldots + a_2(ma_0)^2 + a_1 ma_0 + a_0$$

$$= a_0 \left[ a_n m^n a_0^{n-1} + a_{n-1} m^{n-1} a_0^{n-2} + \ldots + a_2 m^2 a_0 + a_1 m + 1 \right].$$

Nun gibt es aber nur endlich viele $m \in \mathbb{N}$, für die der Ausdruck in eckigen Klammern null ist, denn ein Polynom vom Grad $n \geq 1$ besitzt höchstens $n$ Nullstellen.[25] Das bedeutet aber, dass für mindestens ein $m_0$ der Ausdruck in eckigen Klammern nicht null ist; dann können wir $k_0 := m_0 a_0$ wählen und haben die Behauptung bewiesen.                                             ■

Wir bemerken noch, dass es tatsächlich sehr raffinierte Funktionen $f :$ $\mathbb{N} \to \mathbb{Z}$ gibt, die wirklich *nur Primzahlen* als Werte annehmen, also $f(\mathbb{N}) \subseteq \mathbb{P}$ erfüllen. Nach Satz 3.10 kann $f$ natürlich kein Polynom sein. Beispielsweise existiert eine reelle Zahl $\tau$ derart, dass die durch

$$f(k) := \text{ent}\left( \tau^{3^k} \right) \qquad (k = 1, 2, 3, \ldots)$$

---

[24]Der tiefere Grund dafür, dass die Menge (3.49) so arm und die Menge (3.50) so reich an Primzahlen ist, liegt daran, dass die Zahlen 6 und 5 in (3.50) *teilerfremd* sind (d.h., sie haben außer 1 keine gemeinsamen Teiler, vgl. Definition 3.6 unten), während die Zahlen 6 und 3 in (3.49) den gemeinsamen Teiler 3 haben. Mit gemeinsamen Teilern zweier Zahlen befassen wir uns im nächsten Abschnitt.

[25]Dies kann man sich durch fortgesetztes „Abspalten" von Nullstellen klar machen. Eine bemerkenswerte Verschärfung dieses Ergebnisses (vgl. Satz 4.12 unten) besagt, dass ein solches Polynom sogar *genau* $n$ Nullstellen besitzt; allerdings muss man dabei komplexe Nullstellen zulassen, die wir erst im folgenden Kapitel behandeln werden.

definierte Funktion, in der die Ganzteilfunktion (2.8) auftaucht, diese Eigenschaft hat. Allerdings ist dieses Ergebnis für praktische Zwecke ziemlich unbrauchbar, da man diese Zahl $\tau$ nicht kennt, sondern nur ihre Existenz beweisen kann.

## 3.5 Der Hauptsatz der Arithmetik

Wir kehren nun zum allgemeinen Begriff der Teilbarkeit ganzer Zahlen zurück. Besonders wichtige Teiler einer Zahl $k$ sind ihre *Primteiler*, d.h. Zahlen $p \in \mathbb{P}$ mit $p|k$, oder allgemeiner *Primpotenzteiler*, d.h. Zahlen der Form $p^\alpha$ mit $p \in \mathbb{P}$, $\alpha \in \mathbb{N}$ und $p^\alpha|k$. Man kann sich diese Primzahlpotenzen nämlich als die „Bausteine" vorstellen, aus denen alle natürlichen Zahlen aufgebaut sind.[26] Zum Beispiel gilt

$$194.040 = 2^3 \cdot 3^2 \cdot 5 \cdot 7^2 \cdot 11, \tag{3.51}$$

und daher sind die Primzahlen 2, 3, 5, 7 und 11 Teiler von 194.040, aber auch alle Produkte der Form

$$k = 2^{\alpha_1} \cdot 3^{\alpha_2} \cdot 5^{\alpha_3} \cdot 7^{\alpha_4} \cdot 11^{\alpha_5}$$

mit $\alpha_1 \in \{0,1,2,3\}$, $\alpha_2 \in \{0,1,2\}$, $\alpha_3 \in \{0,1\}$, $\alpha_4 \in \{0,1,2\}$ und $\alpha_5 \in \{0,1\}$. (Hieraus kann man übrigens die Anzahl der Teiler von 194.040 ablesen; wie viele sind es?) Dahinter steckt ein allgemeines Prinzip, welches wir in Satz 3.11 unten formulieren. Vorher benötigen wir ein wichtiges Ergebnis, welches zeigt, dass sehr wohl eine gewisse Umkehrung der Implikation (3.42) gilt, *falls k eine Primzahl ist*.

**Satz 3.11.** *Seien $m, n \in \mathbb{N}$ und $p \in \mathbb{P}$. Gilt dann $p|mn$, so gilt $p|m$ oder $p|n$.*

**Beweis:** Wir benutzen die so genannte *Division mit Rest*, d.h. die Tatsache, dass wir zu jedem Paar $(a,b)$ natürlicher Zahlen genau ein Paar $(q,r)$ finden können derart, dass

$$a = bq + r \qquad (0 \le r < b) \tag{3.52}$$

gilt.[27] Wir nehmen an, die Behauptung des Satzes sei falsch, d.h., $p$ teilt zwar $mn$, aber weder $m$ noch $n$. Wenden wir (3.52) auf die Paare $(m,p)$

---

[26]So ähnlich wie eine chemische Verbindung aus den (zurzeit 112 bekannten) chemischen Elementen aufgebaut ist.

[27]Der Buchstabe $r$ soll an „Rest" erinnern, der Buchstabe $q$ an „Quotient". Ist nämlich $a$ „ohne Rest" (d.h. mit $r = 0$) durch $b$ teilbar, so ist gerade $q = a/b$. Allgemein ist $q = \text{ent}\,(a/b)$ mit $\text{ent}\,x$ wie in (2.8).

und $(n, p)$ an, so finden wir eindeutig bestimmte natürliche Zahlen $q_1$, $q_2$, $r_1$ und $r_2$ mit[28]

$$m = pq_1 + r_1 \qquad (0 < r_1 < p)$$

und

$$n = pq_2 + r_2 \qquad (0 < r_2 < p).$$

Da nach Voraussetzung $mn$ von $p$ geteilt wird, gilt dies auch für die Zahl

$$r_1 r_2 = mn + p(pq_1 q_2 - nq_1 - mq_2),$$

d.h., es existiert $k \in \mathbb{N}$ mit $r_1 r_2 = pk$. Wegen $0 < r_1, r_2 < p$ gilt dabei $0 < k < p$. Ist also $p'$ ein beliebiger Primteiler von $k$, so muss $p' < p$ sein. Aus $p'|r_1 r_2$ folgt weiter entweder $p'|r_1$ oder $p'|r_2$. Dies bedeutet, dass wir jeden Primteiler von $k$ aus der Gleichheit $r_1 r_2 = pk$ herauskürzen können, d.h., es gilt $p = s_1 s_2$ mit $s_1|r_1$ und $s_2|r_2$. Da $p$ Primzahl ist, muss aber $s_1 = 1$ oder $s_1 = p$ sein. Im ersten Fall erhalten wir $p|r_2$, im zweiten Fall $p|r_1$, beide Male ein Widerspruch. $\blacksquare$

In der Grundschule haben Sie wahrscheinlich statt $17 = 3 \cdot 5 + 2$ die Schreib- und Sprechweise $17 : 3 = 5$ Rest 2 benutzt. Weshalb diese Notation von Mathematikern kaum verwendet wird, kann man aus zwei Gründen leicht einsehen: Erstens hat der Ausdruck „5 Rest 2" nur im Zusammenhang mit der Divisionsaufgabe $17 : 3$ einen Sinn, und zweitens ist er nicht eindeutig, denn es gilt auch $27 : 5 = 5$ Rest 2, obwohl $17 : 3 \neq 27 : 5$ ist.[29]

Nun kommen wir zum angekündigten Satz über die eindeutige Darstellbarkeit (bis auf Reihenfolge) jeder natürlichen Zahl als Produkt von Primzahlpotenzen:

**Satz 3.12 (Hauptsatz der Arithmetik).** *Jede natürlich Zahl $n \geq 2$ ist eindeutig als Produkt von Primzahlpotenzen*

$$n = \prod_{j=1}^{k} p_j^{\alpha_j} = p_1^{\alpha_1} p_2^{\alpha_2} \cdots p_k^{\alpha_k} \tag{3.53}$$

*darstellbar, wobei $p_1, \ldots, p_k \in \mathbb{P}$ mit $p_1 < \ldots < p_k$ und $\alpha_1, \ldots, \alpha_k \in \mathbb{N}$ gelte.*

---

[28]Hierbei kann weder $r_1$ noch $r_2$ null sein, da sonst $m$ bzw. $n$ von $p$ geteilt würde.

[29]Abgesehen davon sind Ausdrücke wie $17 : 3$ und $27 : 5$ in der Menge der natürlichen Zahlen gar nicht definiert, denn die Zahl $x = a : b$ wird ja charakterisiert durch die Eigenschaft $b \cdot x = a$, und ein solches $x$ gibt es als natürliche Zahl nur dann, wenn $b$ ein Teiler von $a$ ist. Hierin liegt gerade die Stärke der Division mit Rest (3.52): Man kann jede Divisionsaufgabe mit natürlichen Zahlen „bruchfrei" schreiben.

**Beweis:** Wir bemerken zunächst, dass wir die Zahl 1 nur deswegen ausgenommen haben, weil wir sie in der Form $1 = p^0$ mit einer *beliebigen* Primzahl $p$ darstellen könnten, was einen Widerspruch zur Eindeutigkeitsaussage ergäbe. Die Bedingung $p_1 < p_2 < \ldots < p_k$, mit der wir die in (3.51) vorkommenden Primzahlen „der Reihe nach geordnet haben", ist natürlich ebenfalls für die Eindeutigkeit wichtig; andernfalls könnten wir ja zum Beispiel in (3.51) die alternative Darstellung $194.040 = 3^2 \cdot 7^2 \cdot 2^3 \cdot 11 \cdot 5$ wählen.

Zum Beweis von Satz 3.12 benutzen wir Satz 3.11. Zunächst beweisen wir die *Existenz* der Darstellung (3.53). Dazu sei $p_1$ irgendeine Primzahl, die $n$ teilt, d.h., es gilt

$$n = p_1 n_1 \qquad (0 < n_1 < n).$$

Im Falle $n_1 > 1$ hat $n_1$ selbst einen Primteiler, etwa $p_2$, d.h., es gilt

$$n_1 = p_2 n_2 \qquad (0 < n_2 < n_1).$$

Die Fortsetzung dieses Verfahrens muss wegen des Wohlordnungssatzes (Satz 3.2) irgendwann einmal abbrechen und dann bekommen wir eine Darstellung der Form[30] $n = p_1 p_2 p_3 \cdots p_m$.

Nun beweisen wir die *Eindeutigkeit* der Darstellung (3.53). Angenommen, es gibt eine natürliche Zahl $n$ mit zwei verschiedenen Darstellungen (mit Wiederholungen), also

$$n = p_1 p_2 p_3 \cdots p_l = q_1 q_2 q_3 \cdots q_m, \tag{3.54}$$

wobei $p_1, p_2, \ldots, p_l, q_1, q_2, \ldots, q_m \in \mathbb{P}$ gelte. Hierbei können wir o.B.d.A. zusätzlich voraussetzen, dass $n$ die *kleinste* natürliche Zahl mit dieser Eigenschaft ist. Aus (3.54) folgt

$$q_1 \mid p_1 p_2 p_3 \cdots p_l,$$

nach Satz 3.11 also $q_1 \mid p_r$ (und daher sogar $q_1 = p_r$) für ein $r \in \{1, 2, \ldots, l\}$. Damit bekommen wir

$$\frac{n}{p_r} = p_1 p_2 \cdots p_{r-1} p_{r+1} \cdots p_l = q_2 q_3 \cdots q_m,$$

---

[30] Hier können sich die auftretenden Primzahlen wiederholen; wenn wir die mehrfach vorkommenden Primzahlen als Produkt zusammenfassen, bekommen wir die Darstellung (3.53) mit den Exponenten $\alpha_1, \alpha_2, \ldots, \alpha_k$.

d.h., auch $n/p_r$ hat zwei verschiedene Darstellungen als Produkt von Primzahlen. Dies widerspricht aber der angenommenen Minimalität von $n$, und damit war unsere Annahme falsch.                                  ∎

Offensichtlich haben wir Satz 3.11 wesentlich zum Beweis von Satz 3.12 benutzt. Man kann zeigen (s. Aufgabe 3.65), dass umgekehrt Satz 3.11 aus Satz 3.12 folgt; daher sind diese beiden Sätze in Wirklichkeit *äquivalent*.

Wir erinnern nun an zwei Begriffe, denen Sie sicher auch schon in der Schule begegnet sind.

**Definition 3.6.** Der *größte gemeinsame Teiler* zweier Zahlen $m, n \in \mathbb{N}$ ist definiert durch

$$ggT(m,n) := \max\{k \in \mathbb{N} : k|m \wedge k|n\}, \qquad (3.55)$$

das *kleinste gemeinsame Vielfache* durch

$$kgV(m,n) := \min\{k \in \mathbb{N} : m|k \wedge n|k\}. \qquad (3.56)$$

Mit anderen Worten, es gelten für $k := ggT(m,n)$ die charakteristischen Bedingungen

$$k|m \wedge k|n$$

und

$$\forall l \in \mathbb{N} : \ l|m \wedge l|n \Rightarrow l \leq k,$$

und für $k := kgV(m,n)$ die charakteristischen Bedingungen

$$m|k \wedge n|k$$

und

$$\forall l \in \mathbb{N} : \ m|l \wedge n|l \Rightarrow l \geq k,$$

die die Worte „größter" und „kleinster" erklären. Im Falle $ggT(m,n) = 1$ nennt man die Zahlen $m$ und $n$ *teilerfremd*.                               □

Kennt man die Primzahlpotenzdarstellungen

$$m = \prod_{j=1}^{k} p_j^{\alpha_j} = p_1^{\alpha_1} p_2^{\alpha_2} \cdots p_k^{\alpha_k}$$

und

$$n = \prod_{j=1}^{k} p_j^{\beta_j} = p_1^{\beta_1} p_2^{\beta_2} \cdots p_k^{\beta_k}$$

von $m$ bzw. $n$, wobei nun $\alpha_1, \alpha_2, \ldots \alpha_k, \beta_1, \beta_2, \ldots, \beta_k \in \mathbb{N}_0$ gelte,[31] so kann man sehr einfach die entsprechende Darstellung von $ggT(m, n)$ und $kgV(m, n)$ finden, nämlich

$$ggT(m, n) = \prod_{j=1}^{k} p_j^{\min\{\alpha_j, \beta_j\}} = p_1^{\min\{\alpha_1, \beta_1\}} \cdots p_k^{\min\{\alpha_k, \beta_k\}} \qquad (3.57)$$

bzw.

$$kgV(m, n) = \prod_{j=1}^{k} p_j^{\max\{\alpha_j, \beta_j\}} = p_1^{\max\{\alpha_1, \beta_1\}} \cdots p_k^{\max\{\alpha_k, \beta_k\}}. \qquad (3.58)$$

**Beispiel 3.15.** Sei

$$m := 280 = 2^3 \cdot 5 \cdot 7, \qquad n := 450 = 2 \cdot 3^2 \cdot 5^2.$$

Dann bekommen wir nach (3.57)

$$ggT(280, 450) = 2^{\min\{3,1\}} \cdot 3^{\min\{0,2\}} \cdot 5^{\min\{1,2\}} \cdot 7^{\min\{1,0\}}$$

$$= 2^1 \cdot 3^0 \cdot 5^1 \cdot 7^0 = 10$$

und nach (3.58)

$$kgV(280, 450) = 2^{\max\{3,1\}} \cdot 3^{\max\{0,2\}} \cdot 5^{\max\{1,2\}} \cdot 7^{\max\{1,0\}}$$

$$= 2^3 \cdot 3^2 \cdot 5^2 \cdot 7^1 = 12.500.$$

Hier ist ein weiteres Beispiel. Sei

$$m := 36.667 = 37 \cdot 991, \qquad n := 12.247 = 37 \cdot 331.$$

Dann bekommen wir nach (3.57)

$$ggT(36.667, 12.247) = 37^{\min\{1,1\}} \cdot 331^{\min\{0,1\}} \cdot 991^{\min\{1,0\}}$$

$$= 37^1 \cdot 331^0 \cdot 991^0 = 37$$

---

[31]Hier lassen wir auch die Null für die Exponenten $\alpha_j$ und $\beta_j$ zu, damit wir o.B.d.A. dieselben Primzahlen $p_1, p_2, \ldots, p_k$ verwenden können; eine Primzahl $p_j$, die gar nicht in der Darstellung von $m$ oder $n$ gebraucht wird, „unterdrücken" wir mit dem Exponenten $\alpha_j = 0$ bzw. $\beta_j = 0$.

und nach (3.58)

$$kgV(36.667, 12.247) = 37^{\max\{1,1\}} \cdot 331^{\max\{0,1\}} \cdot 991^{\max\{1,0\}}$$

$$= 37^1 \cdot 331^1 \cdot 991^1 = 12.136.777.$$

Diese Rechnungen sind übrigens auch für mehr als zwei Zahlen möglich (s. Aufgabe 3.63). ♡

Die Rechnungen in Beispiel 3.15 zeigen, dass die Berechnung von $ggT(m, n)$ und $kgV(m, n)$ schon für relativ kleine Zahlen $m$ und $n$ einen recht hohen Aufwand mit sich bringt, wenn man vorher die Primfaktorzerlegung dieser Zahlen ermitteln will. Interessanterweise muss man zur Berechnung von $ggT(m, n)$ aber gar nicht alle Primteiler von $m$ und $n$ kennen, sondern man kann hierfür auch die oben schon benutzte „Division mit Rest" (3.52) verwenden. Dies wollen wir kurz erläutern.

Seien $a$ und $b$ natürliche Zahlen mit (o.B.d.A.) $a > b$. Wir setzen $r_0 := a$ und $r_1 := b$ und führen nacheinander die Division mit Rest aus, also[32]

$$r_0 = q_1 r_1 + r_2 \qquad (0 < r_2 < r_1),$$
$$r_1 = q_2 r_2 + r_3 \qquad (0 < r_3 < r_2),$$
$$r_2 = q_3 r_3 + r_4 \qquad (0 < r_4 < r_3),$$

$$\vdots$$

$$r_{k-1} = q_k r_k + r_{k+1} \qquad (0 < r_{k+1} < r_k),$$
$$r_k = q_{k+1} r_{k+1}.$$

Dieses Verfahren endet also, falls $r_{k+1}$ ein Teiler von $r_k$ ist. Da die Reste immer kleiner werden, tritt dieser Fall nach endlich vielen Schritten ein.

**Satz 3.13.** *Es ist* $ggT(a, b) = r_{k+1}$.

**Beweis:** Wegen $r_{k+1} | r_k$ ist zunächst $ggT(r_k, r_{k+1}) = r_{k+1}$. Aus der Gleichung $r_{k-1} = q_k r_k + r_{k+1}$ folgt weiter, dass die Zahlen $r_k$ und $r_{k-1}$ dieselben gemeinsamen Teiler haben wie die Zahlen $r_{k+1}$ und $r_k$, d.h., es

---

[32]Die folgende „sukzessive Division mit Rest" wird oft auch als *Euklidischer Algorithmus* bezeichnet.

ist $ggT(r_{k-1}, r_k) = ggT(r_k, r_{k+1})$. Setzt man diese Überlegung fort, so kommt man zur Gleichungskette

$$r_{k+1} = ggT(r_k, r_{k+1}) = ggT(r_{k-1}, r_k) = \ldots$$

$$\ldots = ggT(r_1, r_2) = ggT(r_0, r_1) = ggT(a, b),$$

aus der die Behauptung folgt. ∎

Wir illustrieren Satz 3.13 anhand derselben Zahlen, die wir schon im vorhergehenden Beispiel betrachtet haben.

**Beispiel 3.16.** Division von $a = 450$ durch $b = 280$ mit Rest liefert

$$450 = 1 \cdot 280 + 170,$$
$$280 = 1 \cdot 170 + 110,$$
$$170 = 1 \cdot 110 + 60,$$
$$110 = 1 \cdot 60 + 50,$$
$$60 = 1 \cdot 50 + 10,$$
$$50 = 5 \cdot 10.$$

Also ist $ggT(450, 280) = 10$ wie schon berechnet. Nun sei $a = 36.667$ und $b = 12.247$. Dann bekommen wir nacheinander

$$36.667 = 2 \cdot 12.247 + 12.173,$$
$$12.247 = 1 \cdot 12.173 + 74,$$
$$12.173 = 164 \cdot 74 + 37,$$
$$74 = 2 \cdot 37.$$

Also ist $ggT(36.667, 12.247) = 37$ wie schon berechnet. ♡

Dass die Berechnung des größten gemeinsamen Teilers mittels Division mit Rest auch in Alltagsproblemen eine Rolle spielen kann, zeigen wir am folgenden

**Beispiel 3.17.** Beim Oimelversand Bielefeld[33] werden von einem Kunden 112 Oimel, von einem anderen 42 Oimel bestellt. Welches ist die maximale Packungsgröße, wenn beide Kunden nur mit vollständig gefüllten Packungen beliefert werden sollen?

---

[33]Im Ruhrgebiet ist statt „Oimel" auch die Lesart „Eumel" gebräuchlich; allerdings ist damit meist eine Person gemeint.

Wenn man 42 Oimel mit lauter vollständigen Packungen liefern kann, dann auch ganzzahlige Vielfache hiervon, also etwa 84 Oimel oder 126 Oimel. Ob man auch 112 Oimel mit vollständigen Packungen liefern kann, hängt davon ab, ob man $112 - 84 = 28$ Oimel ebenfalls mit lauter vollständigen Packungen liefern kann.

Man muss also überlegen, mit welcher Packungsgröße man sowohl 42 als auch 28 Oimel verschicken kann. Nun gilt

$$112 \; = \; 2 \cdot 42 + 28,$$
$$42 \; = \; 1 \cdot 28 + 14.$$

Mit derselben Argumentation wie vorher stellt man fest, dass man mit der optimalen Packungsgröße sowohl 14 als auch 28 Oimel liefern können muss. Aber da einfach

$$28 = 2 \cdot 14 + 0$$

gilt, ist damit klar, dass eine Packung mit 14 Oimeln optimal ist in dem Sinne, dass sie die größtmögliche Packung ist, die unser Problem löst.

Nach Satz 3.13 wird diese optimale Packungsgröße einfach durch die Zahl $ggT(112, 42)$ gegeben und wegen

$$112 = 2^4 \cdot 7, \qquad 42 = 2 \cdot 3 \cdot 7, \qquad ggT(112, 42) = 2 \cdot 7$$

ist dies natürlich gerade 14. $\qquad\qquad\qquad\qquad\qquad\qquad\qquad\qquad\qquad\qquad$ ♡

Man kann sich zur Illustration von Satz 3.13 auch noch andere *real life problems* ausdenken. Beispielsweise kann man sich die Aufgabe stellen, an den Ecken und Rändern eines rechteckigen Rasens der Länge 112 m und Breite 42 m in gleichmäßigen Abständen Laternen aufzustellen, und dann überlegen, welches der maximale Abstand zwischen zwei Laternen sein kann. Mit derselben Argumentation wie in Beispiel 3.17 erhält man auch hier den maximalen Abstand 14 m; an jeder langen Seite (mit Ecken) stehen dann 9 Laternen, und an jeder kürzeren Seite (ohne Ecken) 2 Laternen. Mit weniger als 24 Laternen kommt man also nicht aus, wenn man die Vorgaben erfüllen will.

Zum Schluss dieses Abschnitts diskutieren wir zwei Anwendungen der Division mit Rest. Die erste Anwendung betrifft die Darstellbarkeit rationaler Zahlen aus dem Intervall $(0, 1)$ als Summe von Stammbrüchen,[34] die wir im folgenden Satz formulieren:

---

[34]Bekanntlich ist ein *Stammbruch* eine (positive) rationale Zahl mit Zähler 1.

**Satz 3.14.** *Sei* $x = \frac{a}{b} \in \mathbb{Q}$ *mit* $0 < a < b$. *Dann kann* $x$ *als Summe verschiedener Stammbrüche geschrieben werden.*

**Beweis:** Division von $b$ durch $a$ mit Rest ergibt $b = qa + r$ mit $0 \le r < a$. Ist $r = 0$, so haben wir bereits die gewünschte Darstellung $x = \frac{1}{q}$. Ist dagegen $r > 0$, so gilt $\frac{1}{q+1} < x < \frac{1}{q}$. Ziehen wir von $x$ den Stammbruch $\frac{1}{q+1}$ ab, so erhalten wir wegen $b = (q+1)a + r - a$ die Differenz

$$
x - \frac{1}{q+1} = \frac{a}{(q+1)a + r - a} - \frac{1}{q+1} = \frac{a-r}{((q+1)a + r - a)(q+1)}. \tag{3.59}
$$

Wegen $0 < a - r < a$ ist der Zähler in dieser Differenz *kleiner* als der von $x$. Setzen wir dieses Verfahren fort, so muss es irgendwann abbrechen und dann haben wir die gewünschte Darstellung erreicht. $\blacksquare$

Wir illustrieren Satz 3.14 anhand eines einfachen Beispiels, in dem schon der erste „Verkleinerungsschritt" zum Erfolg führt:

**Beispiel 3.18.** Sei $x = \frac{5}{6}$, also $a = 5$, $b = 6$, $q = 1$ und $r = 1$. Hier bekommen wir für (3.59) die Gleichheiten

$$
\frac{5}{6} - \frac{1}{2} = \frac{4}{(2 \cdot 5 - 4)2} = \frac{1}{3},
$$

und daher ist

$$
\frac{5}{6} = \frac{1}{2} + \frac{1}{3} \tag{3.60}
$$

schon die gewünschte Darstellung. $\heartsuit$

Übrigens liefert der Beweis von Satz 3.14 nur die *Existenz* einer Darstellung als Summe von Stammbrüchen (und sogar ein Konstruktionsverfahren), aber nicht deren *Eindeutigkeit*. Tatsächlich ist diese Darstellung i.A. nicht eindeutig; statt (3.60) kann man ja zum Beispiel auch die Darstellung

$$
\frac{5}{6} = \frac{1}{2} + \frac{1}{4} + \frac{1}{12}
$$

wählen. Diese Nichteindeutigkeit bekommt man immer dann, wenn ein Stammbruch sich selbst als Summe zweier Stammbrüche schreiben lässt, etwa im Fall

$$
\frac{1}{a} = \frac{1}{b} + \frac{1}{c} \qquad (ab + ac = bc).
$$

Die zweite Anwendung der Division mit Rest hängt unmittelbar mit dem Hauptsatz der Arithmetik zusammen. Zunächst verabreden wir folgende Sprech- und Schreibweise:

**Definition 3.7.** Sei $n \in \mathbb{N}$ und $p \in \mathbb{P}$. Wir sagen, dass $p^\alpha$ ($\alpha \in \mathbb{N}_0$) die Zahl $n$ *exakt teilt*, und schreiben dafür $p^\alpha || n$, falls zwar $p^\alpha | n$ gilt, aber nicht $p^{\alpha+1} | n$. In diesem Fall nennen wir $\alpha$ den *exakten Exponenten von $p$ für $n$*. $\hspace{2em}\Box$

Diese Definition bedeutet, dass der exakte Exponent $\alpha$ derjenige ist, mit dem der Faktor $p^\alpha$ in der Darstellung (3.53) vorkommt. Mit anderen Worten, in (3.53) gilt $p_j^{\alpha_j} || n$ für alle $j \in \{1, 2, \ldots, k\}$. Falls die Primzahl $p_j$ in (3.53) gar nicht auftritt (also $n$ nicht durch $p_j$ teilbar ist), können wir $\alpha_j = 0$ setzen und immer noch die Schreibweise $p_j^0 || n$ benutzen.

Kann man den exakten Exponenten einer Primzahl für eine Zahl berechnen, ohne die Produktdarstellung (3.53) dieser Zahl explizit zu kennen? Anders ausgedrückt: Kann man aus der Kenntnis von $n \in \mathbb{N}$ und $p \in \mathbb{P}$ dasjenige $\alpha \in \mathbb{N}_0$ bestimmen, für das $p^\alpha || n$ gilt? Überraschenderweise ist das für einige Zahlen möglich, nämlich für die Fakultäten (3.28), wie der nächste Satz zeigt:

**Satz 3.15.** *Für $n \in \mathbb{N}$ und $p \in \mathbb{P}$ gilt $p^\alpha || n!$ mit*

$$\alpha := \mathrm{ent}\left(\frac{n}{p}\right) + \mathrm{ent}\left(\frac{n}{p^2}\right) + \ldots + \mathrm{ent}\left(\frac{n}{p^\beta}\right). \tag{3.61}$$

*Hierbei ist $\beta$ die eindeutig bestimmte natürliche Zahl, die durch die Bedingung*

$$p^\beta \leq n < p^{\beta+1} \tag{3.62}$$

*charakterisiert wird, und* $\mathrm{ent}\, x$ *bezeichnet die Ganzteilfunktion* (2.8).

**Beweis:** Für $k \in \mathbb{N}_0$ sind diejenigen Vielfachen von $p^k$, die nicht größer als $n$ sind, genau die Zahlen $p^k, 2p^k, 3p^k, \ldots, qp^k$, wobei gerade $q = \mathrm{ent}\,(n/p^k)$ ist. Dies bedeutet, dass $\mathrm{ent}\,(n/p^k)$ die exakte Anzahl aller Vielfachen von $p^k$ unterhalb von $n$ angibt. Jedes $m$ mit $1 \leq m \leq n$ können wir in der Form $m = qp^k$ mit $ggT(p, q) = 1$ und $0 \leq k \leq \beta$ schreiben ($\beta$ wie in (3.62)), und der Beitrag von $m$ zum Exponenten $\alpha$ in der Bedingung $p^\alpha || n!$ beträgt genau $k$. Darüber hinaus wird $m$ genau $k$-mal in der Summe rechts in (3.61) gezählt, nämlich einmal als Vielfaches von $p$, einmal als Vielfaches von $p^2$, $\ldots$, und einmal als Vielfaches von $p^k$, aber nicht öfter.[35] Hieraus folgt durch Aufsummierung die Behauptung. $\hspace{1em}\blacksquare$

---

[35]Falls $k = 0$ ist, wird $m$ natürlich in der Summe rechts in (3.61) nicht gezählt.

Um Satz 3.15 zu illustrieren, betrachten wir das ganz einfache Beispiel $n = 6$, bei dem wir die Primzahlproduktdarstellung von $n!$ sofort hinschreiben können, nämlich

$$6! = 720 = 2^4 \cdot 3^2 \cdot 5.$$

Es gilt also $2^4 \| 6!$, $3^2 \| 6!$ und $5 \| 6!$, und dies wollen wir jetzt noch einmal unter Benutzung von (3.61) nachweisen. Für $p = 2$ bekommen wir

$$\beta = 2, \qquad \alpha = \mathrm{ent}\left(\frac{6}{2}\right) + \mathrm{ent}\left(\frac{6}{2^2}\right) = 4,$$

für $p = 3$ dagegen

$$\beta = 1, \qquad \alpha = \mathrm{ent}\left(\frac{6}{3}\right) = 2,$$

und für $p = 5$ schließlich

$$\beta = 1, \qquad \alpha = \mathrm{ent}\left(\frac{6}{5}\right) = 1,$$

und das ist dasselbe Ergebnis. Wir bringen noch ein Beispiel, in dem $n$ so groß ist, dass man die Primzahlproduktdarstellung von $n!$ nicht sofort hinschreiben kann.

**Beispiel 3.19.** Sei etwa $n = 28$ und $p = 3$. Da $28!$ eine riesige Zahl ist, kann man den genauen Exponenten $\alpha$ mit $3^\alpha \| 28$ nur ziemlich mühsam direkt berechnen. Mit Satz 3.15 ist es dagegen überhaupt nicht schwierig.

Für $k = 0, 1, 2, 3$ bezeichnen wir mit $P_k$ die Menge aller natürlichen Zahlen $m \in \{1, 2, 3, \dots, 28\}$, die die Form $m = q3^k$ mit $ggT(q, 3) = 1$ haben. Es gilt also

$$P_0 = \{1, 2, 4, 5, 7, 8, 10, 11, 13, 14, 16, 17, 19, 20, 22, 23, 25, 26, 28\},$$

$$P_1 = \{3, 6, 12, 15, 21, 24\}, \qquad P_2 = \{9, 18\}, \qquad P_3 = \{27\}.$$

Wie wir im Beweis von Satz 3.15 gesehen haben, tritt jede Zahl zwischen 1 und 28 genau einmal in $P_0 \cup P_1 \cup P_3 \cup P_4$ auf. Die Elemente von $P_0$ tragen zum maximalen Exponenten $\alpha$ überhaupt nicht bei, die Elemente von $P_1$ einmal, die Elemente von $P_2$ zweimal und die Elemente von $P_3$ dreimal. Daher ist

$$\alpha = 1 \cdot 6 + 2 \cdot 2 + 3 \cdot 1 = 13,$$

d.h., $3^{13}||28!$ ist das gesuchte Ergebnis. Zur Illustration von Satz 3.15 berechnen wir jetzt noch die Summe auf der rechten Seite in (3.61). Nach Aufgabe 2.30 gilt zunächst

$$\operatorname{ent}\left(\frac{n}{p^2}\right) = \operatorname{ent}\left(\frac{\operatorname{ent}(n/p)}{p}\right),\ \operatorname{ent}\left(\frac{n}{p^3}\right) = \operatorname{ent}\left(\frac{\operatorname{ent}(n/p^2)}{p}\right),\dots$$

$$\dots,\operatorname{ent}\left(\frac{n}{p^\beta}\right) = \operatorname{ent}\left(\frac{\operatorname{ent}(n/p^{\beta-1})}{p}\right).$$

Dies zeigt, dass wir den exakten Exponenten von $p = 3$ für 28! durch eine Reihe von Divisionen durch $p$ und anschließende Ganzteilbildung berechnen können, bis wir bei null ankommen.[36] In diesem Beispiel sähe das so aus:

$$\operatorname{ent}\left(\frac{28}{3}\right) = 9,\quad \operatorname{ent}\left(\frac{9}{3}\right) = 3,\quad \operatorname{ent}\left(\frac{3}{3}\right) = 1,\quad \operatorname{ent}\left(\frac{1}{3}\right) = 0.$$

Die Summe dieser Zahlen ergibt $9 + 3 + 1 + 0 = 13$ wie vorher. Wir wissen also jetzt, dass die riesig große Zahl 28! durch $3^{13} = 1.594.323$ teilbar ist, aber nicht durch $3^{14} = 4.782.969$. Theoretisch können wir so auch die exakten Exponenten aller anderen Primteiler von 28! berechnen.    ♡

## 3.6 Pythagoreische Tripel

Schon in der Schule lernt man, dass ein Dreieck mit den Seitenlängen $a = 3$, $b = 4$ und $c = 5$ rechtwinklig ist, denn es gilt ja

$$3^2 + 4^2 = 5^2. \tag{3.63}$$

Etwas weniger bekannt ist vielleicht, dass auch

$$5^2 + 12^2 = 13^2,\qquad 8^2 + 15^2 = 17^2 \tag{3.64}$$

gilt. Allgemein nennt man ein Tripel $(a,b,c) \in \mathbb{N} \times \mathbb{N} \times \mathbb{N}$ ein *pythagoräisches Tripel*, wenn $a^2 + b^2 = c^2$ gilt. Ein oft untersuchtes Problem für natürliche Zahlen besteht darin, alle pythagoreischen Tripel zu finden.

Zunächst ist unmittelbar einsichtig, dass mit $(a,b,c)$ auch $(ka,kb,kc)$ für jedes $k \in \mathbb{N}$ ein pythagoreisches Tripel ist. Beispielsweise bekommen wir

---

[36]Man kann das auch so interpretieren, dass man den Euklidischen Algorithmus (3.52) anwendet, die Reste aber jeweils unterdrückt.

aus (3.63) so die weiteren Tripel $(6, 8, 10)$, $(9, 12, 15)$, $(12, 16, 20)$ usw., die aber nicht wesentlich verschieden von $(3, 4, 5)$ sind. Solche Tripel wie (3.63) und (3.64), die wir nicht in der Form $(ka, kb, kc)$ mit einem anderen Tripel $(a, b, c)$ und $k \geq 2$ schreiben können, wollen wir *elementare pythagoreische Tripel* nennen. Es ist klar, dass ein elementares pythagoreisches Tripel der Bedingung

$$ggT(a, b, c) = 1 \tag{3.65}$$

genügt, denn im Falle $ggT(a, b, c) = k \geq 2$ wäre $(a/k, b/k, c/k)$ ein „kleineres" pythagoreisches Tripel.

Wie kann man erkennen, ob ein gegebenes pythagoreisches Tripel $(a, b, c)$ elementar ist? Eine einfache Bedingung hierfür, die sowohl notwendig als auch hinreichend ist, kann man sich schnell herleiten: Es muss

$$ggT(a, b) = ggT(b, c) = ggT(c, a) = 1 \tag{3.66}$$

gelten, d.h., die Zahlen $a$, $b$ und $c$ müssen nicht nur teilerfremd, sondern sogar *paarweise teilerfremd* sein (was natürlich eine stärkere Bedingung als (3.65) ist). Um das einzusehen, nehmen wir an, es gälte zum Beispiel $ggT(c, a) =: d > 1$. Nach dem Hauptsatz der Arithmetik (Satz 3.12) können wir dann einen Primteiler von $d$ finden, d.h. ein $p \in \mathbb{P}$ mit $p|d$. Aus $d|c$ und $d|a$ folgt dann $p|c$ und $p|a$, also auch $p|c^2$, $p|a^2$ und $p|(c^2 - a^2)$. Aber wegen $c^2 - a^2 = b^2$ bekommen wir dann $p|b^2$, ja sogar $p|b$, da $p$ Primzahl ist. Das widerspricht der Bedingung (3.65), und damit haben wir gezeigt, dass $ggT(c, a) = 1$ ist. Der Beweis von $ggT(a, b) = 1$ und $ggT(b, c) = 1$ geht analog.

Aus (3.66) folgt insbesondere, dass $a$ und $b$ nicht *beide gerade* sein können, denn sonst wäre ja $ggT(a, b) \geq 2$. Andererseits können $a$ und $b$ auch nicht *beide ungerade* sein. Um das zu zeigen, nehmen wir an, es gälte $a = 2m+1$ und $b = 2n + 1$ mit geeigneten Zahlen $m, n \in \mathbb{N}_0$. Dann bekämen wir

$$c^2 = a^2 + b^2 = (2m + 1)^2 + (2n + 1)^2 = 4(m^2 + m + n^2 + n) + 2.$$

Aber das Quadrat einer beliebigen ganzen Zahl $c$ kann niemals von der Form $4k + 2$ sein, sondern nur von der Form $4k$ (falls $c$ gerade ist), oder $4k+1$ (falls $c$ ungerade ist). Dies zeigt, dass eine der beiden Zahlen $a$ und $b$ gerade sein muss, die andere aber ungerade, wie es etwa in den Beispielen (3.63) und (3.64) der Fall ist.

Hieraus kann man eine interessante explizite Darstellung pythagoreischer Tripel erhalten. Sei dazu o.B.d.A. $a$ gerade und $b$ ungerade. Wegen (1.8) und (1.10) ist dann auch $a^2$ gerade und $b^2$ ungerade, $c^2$ also ungerade und damit auch $c$ ungerade. Hieraus folgt, dass $c - b$ und $c + b$ beide gerade sind, mithin $c - b = 2u$ und $c + b = 2v$ ($u, v \in \mathbb{N}$ geeignet) sowie

$$a^2 = c^2 - b^2 = (c - b)(c + b) = 4uv.$$

Hierbei müssen $u$ und $v$ sogar teilerfremd sein, denn im Falle $ggT(u, v) =:$ $k > 1$ gälte $k|b$ und $k|c$, im Widerspruch zu (3.66). Insbesondere können $u$ und $v$ nicht beide gerade sein. Aber $u$ und $v$ können auch nicht beide ungerade sein, sonst wären $b$ und $c$ beide gerade, nochmals im Widerspruch zu (3.66).

Wir haben gezeigt, dass eine der beiden Zahlen $u$ und $v$ gerade sein muss, die andere ungerade. Aber wir können noch viel mehr sagen:

**Satz 3.16.** *Ein beliebiges Zahlentripel* $(a, b, c) \in \mathbb{N} \times \mathbb{N} \times \mathbb{N}$ *mit geradem $a$ ist genau dann ein elementares pythagoreisches Tripel, wenn es teilerfremde natürliche Zahlen $s$ und $t > s$ gibt, von denen eine gerade und die andere ungerade ist, und die die Gleichheiten*

$$a = 2st, \quad b = t^2 - s^2, \quad c = t^2 + s^2 \tag{3.67}$$

*erfüllen.*

**Beweis:** Es ist klar, dass Zahlen $s$ und $t$ mit den angegebenen Bedingungen ein pythagoreisches Tripel $(a, b, c)$ erzeugen, denn aus (3.67) folgt

$$a^2 + b^2 = 4s^2t^2 + t^4 - 2s^2t^2 + s^4 = (t^2 + s^2)^2 = c^2.$$

Um zu zeigen, dass $(a, b, c)$ sogar ein *elementares* pythagoreisches Tripel ist, müssen wir (3.66) nachweisen. An (3.67) kann man ablesen, dass nicht nur $a$ gerade ist (wie vorausgesetzt), sondern $b$ und $c$ beide ungerade sind, da ja von den beiden Zahlen $s$ und $t$ eine als gerade und die andere als ungerade vorausgesetzt wurde. Angenommen, es gälte $ggT(b, c) =: d > 1$. Wir wählen eine Primzahl $p$ mit $p|d$; dann ist $p$ ein Teiler von $b$ und $c$, also auch von $c + b = 2t^2$ und $c - b = 2s^2$. Aber $p$ muss ungerade sein, denn im Fall $p = 2$ wären $b$ und $c$ beide gerade. Damit bekommen wir $p|t^2$ und $p|s^2$, mithin auch $p|t$ und $p|s$. Das widerspricht aber der angenommenen Teilerfremdheit von $s$ und $t$, und damit haben wir $ggT(b, c) = 1$ bewiesen. Der Beweis der anderen beiden Gleichheiten aus (3.66) geht genauso.

Wir haben bewiesen, dass die Existenz von $s$ und $t$ mit den angegebenen Eigenschaften hinreichend dafür ist, dass $(a, b, c)$ gemäß (3.67) ein elementares pythagoreisches Tripel ist. Nun beweisen wir noch die Notwendigkeit dieser Bedingungen.

Sei also $(a, b, c)$ ein beliebiges elementares pythagoreisches Tripel, wobei $a$ gerade sei, also $a = 2d$ für ein $d \in \mathbb{N}$. Wir müssen Zahlen $s$ und $t$ finden, die sämtliche Bedingungen aus Satz 3.16 erfüllen. Da $a$ gerade ist, müssen $b$ und $c$ wegen (3.66) beide ungerade sein. Daher sind die beiden Zahlen

$$u := \frac{c - b}{2}, \qquad v := \frac{c + b}{2}$$

beide ganz und erfüllen überdies die Beziehung

$$d^2 = \left(\frac{a}{2}\right)^2 = \frac{c - b}{2}\frac{c + b}{2} = uv. \tag{3.68}$$

Sei

$$d = \prod_{j=1}^{k} p_j^{\delta_j} = p_1^{\delta_1} p_2^{\delta_2} \cdots p_k^{\delta_k}$$

die kanonische Darstellung von $d$ als Produkt von Primzahlpotenzen (vgl. Satz 3.12). Dann folgt

$$d^2 = \prod_{j=1}^{k} p_j^{2\delta_j} = p_1^{2\delta_1} p_2^{2\delta_2} \cdots p_k^{2\delta_k},$$

also mit (3.68)

$$u = \prod_{j=1}^{k} p_j^{\alpha_j} = p_1^{\alpha_1} p_2^{\alpha_2} \cdots p_k^{\alpha_k}, \qquad v = \prod_{j=1}^{k} p_j^{\beta_j} = p_1^{\beta_1} p_2^{\beta_2} \cdots p_k^{\beta_k}, \tag{3.69}$$

wobei $\alpha_j + \beta_j = 2\delta_j$ für alle $j \in \{1, 2, \ldots, k\}$ gilt.[37] Da aber die Zahlen $u$ und $v$ teilerfremd sind, muss für jeden Index $j \in \{1, 2, \ldots, k\}$ entweder $\alpha_j = 0$ oder $\beta_j = 0$ gelten und wegen $\alpha_j + \beta_j = 2\delta_j$ sind alle Exponenten $\alpha_j$ und $\beta_j$ damit gerade. Schreiben wir $\alpha_j = 2\sigma_j$ und $\beta_j = 2\tau_j$ $(\sigma_j, \tau_j \in \mathbb{N}$ geeignet) und setzen dies in (3.69) ein, so sehen wir, dass $u$ und $v$ *beides Quadratzahlen sind*, d.h., $u = s^2$ und $v = t^2$ mit

$$s := \prod_{j=1}^{k} p_j^{\sigma_j} = p_1^{\sigma_1} p_2^{\sigma_2} \cdots p_k^{\sigma_k}, \qquad t := \prod_{j=1}^{k} p_j^{\tau_j} = p_1^{\tau_1} p_2^{\tau_2} \cdots p_k^{\tau_k}.$$

Wegen $u = \frac{1}{2}(c - b) < \frac{1}{2}(c + b) = v$ ist dabei auch $s = \sqrt{u} < \sqrt{v} = t$. Überdies sind $s$ und $t$ teilerfremd, und eine dieser Zahlen ist ungerade, die andere gerade, weil dasselbe für die Zahlen $u$ und $v$ gilt.

---

[37]Hierbei können wieder einige der Exponenten $\alpha_1, \ldots, \alpha_k, \beta_1, \ldots, \beta_k$ null sein.

Nun folgt aus (3.68) sofort $a = 2\sqrt{uv} = 2st$, also die erste Gleichheit aus (3.67). Außerdem gilt nach Definition von $u$ und $v$

$$t^2 - s^2 = v - u = b, \qquad t^2 + s^2 = v + u = c$$

wie in (3.67) behauptet. Damit ist Satz 3.16 vollständig bewiesen. $\blacksquare$

Mittels Satz 3.16 kann man durch geeignete Wahl von $s$ und $t$ viele elementare pythagoreische Tripel konstruieren. Beispielsweise bekommt man (eventuell nach Vertauschung der Rollen von $a$ und $b$) das Tripel (3.63) für $(s,t) := (1,2)$ und die beiden Tripel (3.64) für $(s,t) := (2,3)$ bzw. $(s,t) := (1,4)$. Für $(s,t) := (2,5)$ erhält man $(a,b,c) = (20,21,29)$, für $(s,t) := (1,6)$ erhält man $(a,b,c) = (12,35,37)$. Man kann auch sehr schnell die Wichtigkeit der Bedingung in Satz 3.16 einsehen, dass von den Zahlen $s$ und $t$ eine gerade und die andere ungerade sein muss. Zum Beispiel ergibt sich aus (3.67) mit $(s,t) := (1,3)$ das Tripel $(a,b,c) = (6,8,10)$ und mit $(s,t) := (2,4)$ das Tripel $(a,b,c) = (16,12,20)$. Dies sind zwar pythagoreische Tripel, aber sie sind offensichtlich nicht elementar, da sie nur Vielfache des Tripels (3.63) sind.

Satz 3.16 hat übrigens auch eine interessante geometrische Interpretation. Da die Zahl $a$ in Satz 3.16 als gerade angenommen werden kann, ist die Fläche $F = \frac{1}{2}ab$ in dem rechtwinkligen Dreieck mit den Seiten $a$, $b$ und $c$ immer eine ganze Zahl. Man kann sogar zeigen (s. Aufgabe 3.70), dass der Radius des maximalen einbeschriebenen Kreises in einem solchen Dreieck eine ganze Zahl sein muss.

## 3.7 $p$-adische Zahlensysteme

Üblicherweise schreiben wir jede natürliche Zahl im so genannten *dekadischen System* (Zehnersystem), also

$$n = \sum_{j=0}^{k} a_j 10^j \qquad (a_j \in \{0,1,2,3,4,5,6,7,8,9\}), \tag{3.70}$$

zum Beispiel die Zahl $n = 13.860$ als

$$13.860 = 1 \cdot 10^5 + 3 \cdot 10^4 + 8 \cdot 10^3 + 6 \cdot 10^2 + 0 \cdot 10^0.$$

Da wir die Basis 10 benutzen, benötigen wir bei dieser Darstellung nur die Ziffern $0, 1, 2, \ldots, 9$, denn eine 10 wird ja durch die Verschiebung einer 1 zur nächsthöheren Position links erreicht.[38]

Dieses Positionssystem kann man benutzen, um die Teilbarkeit einer gegebenen natürlichen Zahl durch eine andere (kleine) Zahl zu testen. Wir erinnern hier an den Begriff der *Quersumme* einer natürlichen Zahl, die folgendermaßen definiert ist. Zunächst ordnet man der Zahl (3.70) die Zahl

$$Q(n) := \sum_{j=0}^{k} a_j = a_k + a_{k-1} + \ldots + a_2 + + a_1 + a_0 \tag{3.71}$$

zu. Ist diese Zahl bereits einstellig, so nennt man sie die Quersumme von $n$. Ist sie nicht einstellig, so setzt man das Verfahren fort, d.h., man bildet $Q(Q(n))$, $Q(Q(Q(n)))$, $Q(Q(Q(Q(n))))$ usw., und zwar so lange, bis eine einstellige Zahl herauskommt, die dann die Quersumme von $n$ ist.

Manchmal ist auch die so genannte *alternierende Quersumme* von $n$ von Interesse, die man durch fortgesetzte Anwendung der Operation

$$Q_{\pm}(n) := \sum_{j=0}^{k} (-1)^j a_j = (-1)^k a_k + (-1)^{k-1} a_{k-1} + \ldots + a_2 - a_1 + a_0 \tag{3.72}$$

bekommt. Wir bringen ein einfaches Beispiel.

**Beispiel 3.20.** Für $n = 13.860$ bekommen wir

$$Q(13.860) = 1 + 3 + 8 + 6 + 0 = 18, \qquad Q(Q(13.860)) = Q(18) = 1 + 8 = 9,$$

also die Quersumme 9, und

$$Q_{\pm}(13.860) = 1 - 3 + 8 - 6 + 0 = 0,$$

also die alternierende Quersumme 0.												$\heartsuit$

Der folgende Satz zeigt, wie die Kenntnis der (alternierenden) Quersumme bei Teilbarkeitsüberlegungen hilfreich sein kann:

---

[38]Dieses so genannte *Positionssystem* zur Darstellung natürlicher Zahlen ist übrigens gar nicht so alt. Wir erinnern daran, dass zum Beispiel die Römer ein solches Positionssystem zur Darstellung natürlicher Zahlen noch nicht kannten. Daher ist es ja auch so kompliziert, zwei „römische Zahlen" zu addieren.

**Satz 3.17.** *Eine natürliche Zahl $n$ in dekadischer Darstellung (3.70) ist genau dann teilbar*

(a) *durch 2, wenn $2|a_0$ gilt,*

(b) *durch 3, wenn $3|Q(n)$ gilt,*

(c) *durch 4, wenn $4|(a_0 + 10a_1)$ gilt,*

(d) *durch 5, wenn $a_0 = 5$ oder $a_0 = 0$ gilt,*

(e) *durch 9, wenn $9|Q(n)$ gilt,*

(f) *durch 10, wenn $a_0 = 0$ gilt,*

(g) *durch 11, wenn $11|Q_{\pm}(n)$ gilt.*

**Beweis:** Die Aussagen (a), (c), (d) und (f) sind trivial. Um (b) und (e) zu beweisen, schreiben wir $n$ in der Form

$$n = a_k 10^k + a_{k-1} 10^{k-1} + \ldots + a_2 10^2 + a_1 10 + a_0$$

$$= [a_k(10^k - 1) + \ldots + a_2(10^2 - 1) + a_1(10 - 1)] + [a_k \ldots + a_2 + a_1 + a_0].$$

Der erste Ausdruck in eckigen Klammern, also $a_k(10^k - 1) + a_{k-1}(10^{k-1} - 1) + \ldots + a_2(10^2 - 1) + a_1(10 - 1)$, ist wegen

$$\frac{10^j - 1}{9} = 10^{j-1} + 10^{j-2} + \ldots + 10^2 + 10 + 1$$

(s. Beispiel 3.11 für $a := 10$) *immer* durch 9 (und damit erst recht durch 3) teilbar. Daher ist $n$ genau dann durch 9 (bzw. 3) teilbar, wenn der zweite Ausdruck in eckigen Klammern, also $a_k + a_{k-1} + \ldots + a_2 + a_1 + a_0$ durch 9 (bzw. 3) teilbar ist; das ist aber gerade $Q(n)$.

Die Aussage (g) wird ähnlich bewiesen und sei als Übungsaufgabe (s. Aufgabe 3.76) überlassen. ∎

**Beispiel 3.21.** Wir benutzen Satz 3.17 zum Aufsuchen aller Primteiler von $n = 13.860$. Wegen $Q(Q(n)) = 9$ und $Q_{\pm}(n) = 0$ (s. Beispiel 3.17) ist $n$ nach Satz 3.17 (e) und (g) sowohl durch 9 als auch durch 11 teilbar. Wir bekommen nach Division durch diese beiden Zahlen

$$\frac{n}{11} = \frac{13.860}{11} = 1.260, \qquad \frac{1.260}{9} = 140.$$

Die letzte Zahl ist aber sehr leicht als Produkt $140 = 2 \cdot 7 \cdot 10 = 2^2 \cdot 5 \cdot 7$ identifizierbar. Daher ist

$$n = 13.860 = 2^2 \cdot 3^2 \cdot 5 \cdot 7 \cdot 11$$

die gesuchte Produktdarstellung von 13.860 in Primzahlpotenzen.    ♡

Wir stellen noch kurz ein etwas „exotisches" Verfahren vor, mit dem man auf Teilbarkeit duch 7 testen kann. Ist $n \in \mathbb{N}$ eine $(k+1)$-stellige natürliche Zahl, also

$$n = \sum_{j=0}^{k} a_j 10^j = a_k a_{k-1} \ldots a_2 a_1 a_0, \tag{3.73}$$

so streichen wir die letzte Ziffer $a_0$ und ziehen von der verbleibenden $k$-stelligen Zahl das Doppelte von $a_0$ ab. Bei der sich ergebenden Zahl streichen wir wieder die letzte Ziffer und ziehen anschließend von der verbleibenden $(k-1)$-stelligen Zahl wiederum das Doppelte der letzten Ziffer ab. Dies machen wir so lange, bis wir eine Zahl erhalten, die kleiner als 70 ist. Ist diese Zahl 0 oder eine Einmaleinszahl von 7, so ist die ursprüngliche Zahl (3.73) durch 7 teilbar.

Zur Illustration betrachten wir etwa die Zahl $n = 13.860$ aus Beispiel 3.20, von der wir ja schon wissen, dass sie durch 7 teilbar ist. Hier bekommen wir bei Anwendung des beschriebenen Verfahrens die Zahlen

$$13.860 \;\rightarrow\; 1.386 \;\rightarrow\; 1.386 \;\rightarrow\; 138 \;\rightarrow\; 126 \;\rightarrow\; 12 \;\rightarrow\; 0,$$

also ist 13.860 durch 7 teilbar.

Die Tatsache, dass wir zur Zahlendarstellung das dekadische System (3.70) benutzen, hat ausschließlich historische, aber keine praktischen Gründe. Die Schweden wollten während des Dreißigjährigen Krieges in Deutschland das Zwölfersystem statt des Zehnersystems einführen. Dies wäre eigentlich nahe liegend, da wir viele Zeiteinheiten (Monate pro Jahr, Stunden pro Tag, Minuten pro Stunde, Sekunden pro Minute) in Vielfachen von 12 messen. Von Vorteil ist auch, dass 12 viele kleine Teiler hat. Außerdem wird die 12 gern als besonders „harmonische" Zahl verwendet, etwa bei den 12 gelben Sternen in der blauen Europaflagge. Leider hat sich das Zwölfersystem nicht durchgesetzt. [39]

Sprachinteressierte werden wissen, dass gewisse Zahlen im Französischen im Positionssystem mit der Basis 20 angegeben werden. So heißen die

---

[39] Sollten irgendwann einmal intelligente außerirdische Lebewesen, die 12 Finger haben, mit uns Kontakt aufnehmen, so werden sie ihre Daten wahrscheinlich im Zwölfersystem übermitteln. Daher ist es nützlich, dass die Kinder in der Schule auch schon das Zwölfersystem kennen lernen.

Zahlen 80, 81, ..., 98, 99 bekanntlich *quatre-vingt, quatre-vingt-un, ...,* *quatre-vingt-dix-huit,quatre-vingt-dix-neuf,* also

$$80 = 4 \cdot 20, \ 81 = 4 \cdot 20 + 1, \ldots, 98 = 4 \cdot 20 + 18, \ 99 = 4 \cdot 20 + 19.$$

Von gewisser Wichtigkeit (zum Beispiel in der Informatik) ist neben dem dekadischen eigentlich nur das *dyadische* oder *binäre* System, also Zweiersystem. Im binären System würde man eine natürliche Zahl in der Form

$$n = \sum_{j=0}^{k} a_j 2^j \qquad (a_j \in \{0, 1\}), \tag{3.74}$$

schreiben, also nur unter Verwendung der Ziffern 0 („Strom aus") und 1 („Strom an"). Welche natürliche Zahl wäre zum Beispiel durch die binäre Schreibweise 10011011101 dargestellt? Nun, eine Aufspaltung in Zweierpotenzen ergibt

$$10011011101 = 2^{10} + 2^7 + 2^6 + 2^4 + 2^3 + 2^2 + 2^0$$
$$= 1.024 + 128 + 64 + 16 + 8 + 4 + 1 = 1.245,$$

d.h., es handelt sich (in üblicher dekadischer Schreibweise) um die Zahl 1.245.

Man kann natürlich auch umgekehrt versuchen, Zahlen vom üblichen dekadischen zum Beispiel in das binäre System umzurechnen. Wir erläutern dies an einem Beispiel.

**Beispiel 3.22.** Wie sähe etwa die Binärdarstellung unserer Lieblingszahl 13.860 aus Beispiel 3.20 aus? Um dies festzustellen, legen wir zunächst eine Tabelle der ersten Zweierpotenzen an:

$$2^0 = 1, \quad 2^1 = 2, \quad 2^2 = 4, \quad 2^3 = 8, \quad 2^4 = 16, \quad 2^5 = 32,$$
$$2^6 = 64, \quad 2^7 = 128, \quad 2^8 = 256, \quad 2^9 = 512, \quad 2^{10} = 1.024,$$
$$2^{11} = 2.048, \quad 2^{12} = 4.096, \quad 2^{13} = 8.192.$$

Bei dieser Zweierpotenz können wir aufhören, denn die nächsthöhere ($2^{14} = 16.384$) ist ja schon größer als die betrachtete Zahl 13.860. Mittels fortgesetzter Subtraktion dieser Zweierpotenzen von 13.860 in absteigender Größe bekommen wir

$$13.860 - \underbrace{8.192}_{=2^{13}} = 5.668, \quad 5.668 - \underbrace{4.096}_{=2^{12}} = 1.572, \quad 1.572 - \underbrace{1.024}_{=2^{10}} = 548,$$

$$548 - \underbrace{512}_{=2^9} = 36, \quad 36 - \underbrace{32}_{=2^5} = 4, \quad 4 - \underbrace{4}_{=2^2} = 0.$$

Wir benötigen also nur die Zweierpotenzen zum Exponenten 13, 12, 10, 9, 5 und 2, und daher ist 11011000100100 die gesuchte binäre Darstellung der natürlichen Zahl 13.860.                                      ♡

Außer in Systemen mit weniger als 10 Ziffern können wir natürlich auch in Systemen mit mehr als 10 Ziffern rechnen. Wollen wir zum Beispiel ein Zwölfersystem (dodekadisches System) benutzen, so brauchen wir außer den Ziffern $0, 1, 2, \ldots, 9$ noch zwei „künstliche" Ziffern, die die Rolle der 10 und 11 spielen und die wir mit $\square$ und $\blacksquare$ bezeichnen wollen.[40] Im Zwölfersystem haben natürliche Zahlen also die Darstellung

$$n = \sum_{j=0}^{k} a_j 12^j \qquad (a_j \in \{0, 1, 2, 3, 4, 5, 6, 7, 8, 9, \square, \blacksquare\}). \tag{3.75}$$

Wir bringen auch hierzu ein Beispiel, in dem wir zeigen, wie man Zahlen aus dem Zehnersystem in das Zwölfersystem „umrechnet" und umgekehrt.

**Beispiel 3.23.** Gegeben sei die Zahl $n = 1\square9\blacksquare$ im Zwölfersystem; welche Zahl ist das im üblichen Zehnersystem? Nun, nach der Darstellung (3.75) ist einfach

$$n = 1 \cdot 12^3 + 10 \cdot 12^2 + 9 \cdot 12^1 + 11 \cdot 12^0 = 1.728 + 1.440 + 108 + 11 = 3.287.$$

Jetzt kehren wir die Fragestellung um: Wie sähe etwa die Darstellung von 13.860 aus Beispiel 3.20 im Zwölfersystem aus? Um dies festzustellen, legen wir wie in Beispiel 3.22 eine Tabelle der ersten Zwölferpotenzen an:

$$12^0 = 1, \quad 12^1 = 12, \quad 12^2 = 144, \quad 12^3 = 1.728.$$

Bei dieser Zwölferpotenz können wir aufhören, denn die nächsthöhere ($12^4 = 20.736$) ist ja schon größer als die betrachtete Zahl 13.860. Mittels fortgesetzter Subtraktion dieser Zwölferpotenzen von 13.860 in absteigender Größe bekommen wir

$$13.860 - \underbrace{13.816}_{=8 \cdot 12^3} = 44, \quad 44 - \underbrace{36}_{=3 \cdot 12^1} = 8, \quad 8 - \underbrace{8}_{=8 \cdot 12^0} = 0.$$

---

[40] Wir dürfen nicht die Symbole 10 und 11 als Ziffern benutzen, da sie mit den schon benutzten Ziffern 0 und 1 verwechselt werden können. Wenn Ihnen das weiße und das schwarze Kästchen nicht gefallen, können Sie auch gerne Buchstaben wie $a$ und $b$ oder $x$ und $y$ benutzen.

Wir benötigen also nur die Zwölferpotenzen zum Exponenten 3, 1 und 0, und daher ist 8038 die gesuchte Darstellung der natürlichen Zahl 13.860 im Zwölfersystem.                                                                          $\heartsuit$

An dieser Stelle kehren wir noch einmal zurück zu Satz 3.15 und Beispiel 3.19. Aufmerksame Leserinnen und Leser werden bemerkt haben, dass das Verfahren, mit dem wir in Beispiel 3.19 den exakten Exponenten von $p = 3$ für die Zahl 28! berechnet haben, eine bemerkenswerte Ähnlichkeit mit der Berechnung der Stellen von 28 im Dreiersystem (ternären System) hat. Dies ist kein Zufall, wie der folgende Satz zeigt:

**Satz 3.18.** *Sei*

$$n = \sum_{j=0}^{k} a_j p^j = a_0 + a_1 p + \ldots + a_k p^k \qquad (3.76)$$

*mit* $a_0, a_1, \ldots, a_k \in \{0, 1, 2, \ldots, p-1\}$ *die Darstellung der natürlichen Zahl* $n$ *im p-adischen System, wobei p eine Primzahl sei. Dann ist der exakte Exponent von p für n! gegeben durch*

$$\alpha = \frac{n - Q(n)}{p - 1} = \frac{n - (a_0 + a_1 + \ldots + a_k)}{p - 1}. \qquad (3.77)$$

**Beweis:** Fortlaufende Division durch Potenzen von $p$ und Unterdrückung des Restes ergibt für die Zahl (3.76)

$$\mathrm{ent}\left(\frac{n}{p}\right) = a_1 + a_2 p + a_3 p^2 + \ldots + a_k p^{k-1},$$

$$\mathrm{ent}\left(\frac{n}{p^2}\right) = a_2 + a_3 p + a_4 p^2 + \ldots + a_k p^{k-2}, \ldots$$

$$\ldots, \mathrm{ent}\left(\frac{n}{p^{k-1}}\right) = a_{k-1} + a_k p, \qquad \mathrm{ent}\left(\frac{n}{p^k}\right) = a_k.$$

Aus diesen Gleichheiten bekommen wir

$$a_0 + p\,\mathrm{ent}\left(\frac{n}{p}\right) = n, \quad a_1 + p\,\mathrm{ent}\left(\frac{n}{p^2}\right) = \mathrm{ent}\left(\frac{n}{p}\right),$$

$$a_2 + p\,\mathrm{ent}\left(\frac{n}{p^3}\right) = \mathrm{ent}\left(\frac{n}{p^2}\right), \ldots\ldots, a_{k-1} + p\,\mathrm{ent}\left(\frac{n}{p^k}\right) = \mathrm{ent}\left(\frac{n}{p^{k-1}}\right).$$

Addieren wir alle diese Gleichheiten, so erhalten wir unter Benutzung von (3.61)

$$(a_0 + a_1 + a_2 + \ldots + a_k) + p\alpha = n + \alpha,$$

und das war gerade die Behauptung. ∎

Betrachten wir kurz noch einmal Beispiel 3.19 im Hinblick auf den soeben bewiesenen Satz 3.18. Stellen wir die Zahl 28 im Dreiersystem dar, so bekommen wir 1001, denn es ist ja

$$28 = 1 \cdot 3^3 + 0 \cdot 3^2 + 0 \cdot 3^1 + 1 \cdot 3^0.$$

Die Quersumme von 28 bzgl. dieser Darstellung ist also $Q(28) = 1 + 0 + 0 + 1 = 2$. Nach (3.77) muss also

$$\alpha = \frac{28 - Q(28)}{3 - 1} = \frac{26}{2} = 13$$

der exakte Exponent von 3 für 28! sein, in Übereinstimmung mit dem, was wir in Beispiel 3.19 schon herausbekommen haben.

# 4 Rationale, reelle und komplexe Zahlen

In Bezug auf das Rechnen und Vergleichen von Zahlen haben die Mengen $\mathbb{Q}$ und $\mathbb{R}$ dieselbe Struktur. Auch mit der Menge $\mathbb{C}$ der komplexen Zahlen haben sie eine „algebraische" Gemeinsamkeit: Alle drei Mengen sind Körper. Andererseits sind sie vom „analytischen" Standpunkt sehr verschieden. Der wichtigste Unterschied ist, dass die Menge der reellen Zahlen „vollständig" ist (in einem noch zu präzisierenden Sinn), die der rationalen dagegen nicht; genau dies ist der Grund, warum man Analysis nicht in $\mathbb{Q}$ treibt, sondern in $\mathbb{R}$. In diesem Kapitel diskutieren wir das Vollständigkeitsproblem und viele andere Eigenschaften rationaler, reeller und komplexer Zahlen. Zum Schluss werfen wir noch einen kurzen Blick auf höhere Zahlbereiche.

## 4.1  Ringe und Körper

Wie wir gesehen haben, ist der Begriff der Gruppe sehr glücklich gefasst: Er ist einerseits eng genug, um viele wichtige Ergebnisse zuzulassen,[1] und andererseits weit genug, um eine Vielzahl interessanter Beispiele abzudecken. Als besonders einfache Gruppe haben wir die ganzen Zahlen mit der üblichen Addition, also $(\mathbb{Z}, +)$ kennen gelernt. Nun gibt es aber auf der Menge $\mathbb{Z}$ (und den meisten anderen Zahlenmengen, die wir kennen) noch eine weitere algebraische Operation, nämlich die Multiplikation $(m, n) \mapsto m \cdot n$. Dies erklärt, warum man sich auch für Mengen mit zwei algebraischen Operationen interessiert, die gewisse Struktureigenschaften haben, nämlich mit so genannten Ringen und Körpern.

**Definition 4.1.** Eine Menge $\mathcal{R}$ mit zwei algebraischen Operationen $(a, b)$ $\mapsto a \oplus b$ (vorstellbar als „Addition") und $(a, b) \mapsto a \otimes b$ (vorstellbar als

---

[1] Dass dies so ist, werden Sie erst in der Algebra lernen; hier begnügen wir uns mit den einfachsten Grundbegriffe und Beispielen.

„Multiplikation") heißt *Ring*, wenn folgende acht Eigenschaften erfüllt sind:

$$\forall a, b, c \in \mathcal{R} : \quad (a \oplus b) \oplus c = a \oplus (b \oplus c); \tag{4.1}$$

$$\exists n \in \mathcal{R} \, \forall a \in \mathcal{R} : \quad a \oplus n = n \oplus a = a; \tag{4.2}$$

$$\forall a \in \mathcal{R} \, \exists b \in \mathcal{R} : \quad a \oplus b = b \oplus a = n; \tag{4.3}$$

$$\forall a, b \in \mathcal{R} : \quad a \oplus b = b \oplus a; \tag{4.4}$$

$$\forall a, b, c \in \mathcal{R} : \quad (a \otimes b) \otimes c = a \otimes (b \otimes c); \tag{4.5}$$

$$\exists e \in \mathcal{R} \, \forall a \in \mathcal{R} : \quad a \otimes e = e \otimes a = a; \tag{4.6}$$

$$\forall a, b, c \in \mathcal{R} : \quad a \otimes (b \oplus c) = (a \otimes b) \oplus (a \otimes c); \tag{4.7}$$

$$\forall a, b, c \in \mathcal{R} : \quad (a \oplus b) \otimes c = (a \otimes c) \oplus (b \otimes c). \tag{4.8}$$

Hierbei bezeichnet man das Element $n$ als *Nullelement* und das Element $e$ als *Einselement* des Rings $\mathcal{R}$. $\qquad\qquad\square$

Wir können die acht Eigenschaften (4.1) – (4.8) folgendermaßen deuten: Die ersten vier Eigenschaften (4.1) – (4.4) bedeuten, dass $(\mathcal{R}, \oplus)$ eine *abelsche Gruppe* mit neutralem Element $n$ ist, die Eigenschaften (4.5) – (4.6) dagegen bedeuten, dass $(\mathcal{R}, \otimes)$ eine (nicht unbedingt abelsche) *Halbgruppe* mit neutralem Element $e$ ist, und die beiden letzten so genannten *Distributivgesetze* bedeuten, dass die beiden Operationen $\oplus$ und $\otimes$ miteinander „verträglich" sind in dem Sinne, dass man $\otimes$ über $\oplus$ „ausklammern" kann. Übrigens fordert man zusätzlich zu (4.1) – (4.8) noch, dass

$$n \neq e \tag{4.9}$$

gelten soll, d.h., das Null- und das Einselement sollen nicht zusammenfallen.

Man sieht sofort, dass die Menge $\mathbb{Z}$ der ganzen Zahlen mit den üblichen Operationen $+$ und $\cdot$ (und $n := 0$ sowie $e := 1$) für die Definition eines Ringes „Modell" gestanden hat. Der spezielle Ring $(\mathbb{Z}, +, \cdot)$ hat außer den Eigenschaften (4.1) – (4.8) noch eine weitere Eigenschaft: Auch die Multiplikation ist kommutativ, d.h.,

$$a \cdot b = b \cdot a. \tag{4.10}$$

für alle $a, b \in \mathbb{Z}$. Gilt das Kommutativitätsgesetz auch für die „Multiplikation" $\otimes$, so spricht man von einem *kommutativen Ring*. Dies fordert man in der allgemeinen Definition eines Ringes aber nicht, da dies viele interessante Beispiele ausschließen würde, wie etwas das folgende:

**Beispiel 4.1.** Sei $\mathcal{M}(\mathbb{Z}, 2)$ die Menge aller $2\times 2$-Matrizen mit ganzzahligen Einträgen, versehen mit der Addition (3.5) und der Multiplikation (3.8). Eine etwas mühsame Rechnung zeigt, dass dann $(\mathcal{M}(\mathbb{Z}, 2), +, \circ)$ ein Ring ist. Die Rolle des Null- und Einselements spielen hier die Nullmatrix (3.6) bzw. die Einheitsmatrix (3.9). Da beispielsweise

$$\begin{pmatrix} 1 & 0 \\ 1 & 0 \end{pmatrix} \circ \begin{pmatrix} 1 & 1 \\ 0 & 0 \end{pmatrix} = \begin{pmatrix} 1 & 1 \\ 1 & 1 \end{pmatrix} \neq \begin{pmatrix} 2 & 0 \\ 0 & 0 \end{pmatrix} = \begin{pmatrix} 1 & 1 \\ 0 & 0 \end{pmatrix} \circ \begin{pmatrix} 1 & 0 \\ 1 & 0 \end{pmatrix}$$

gilt, ist der Ring $(\mathcal{M}(\mathbb{Z}, 2), +, \circ)$ nicht kommutativ. $\heartsuit$

**Beispiel 4.2.** Die Mengen $\mathcal{R} := \mathbb{Q}$ und $\mathcal{R} := \mathbb{R}$, versehen mit der üblichen Addition und Multiplikation, sind kommutative Ringe. Dies sind neben $\mathbb{Z}$ die mit Abstand wichtigsten Ringe der (reellen) Analysis. $\heartsuit$

**Beispiel 4.3.** Wir zeigen, wie man aus einem Ring viele neue Ringe „erzeugen" kann. Mit $\mathbb{Q}(\sqrt{2})$ bezeichnen wir die Menge aller Paare $(a, b) \in \mathbb{Q} \times \mathbb{Q}$, versehen mit der Addition

$$(a, b) \oplus (\alpha, \beta) := (a + \alpha) + (b + \beta) \tag{4.11}$$

und der Multiplikation

$$(a, b) \otimes (\alpha, \beta) := (a\alpha + 2b\beta, a\beta + b\alpha). \tag{4.12}$$

Die Idee hinter den Definitionen (4.11) und (4.12) besteht einfach darin, das Paar $(a, b)$ mit der Zahl $a + b\sqrt{2}$ zu identifizieren und dann die Zahlen $a + b\sqrt{2}$ und $\alpha + \beta\sqrt{2}$ nach den üblichen Regeln zu addieren bzw. zu multiplizieren. Beispielsweise ist ja

$$(2 + 3\sqrt{2}) + (1 - 2\sqrt{2}) = 3 + \sqrt{2}, \quad (2 + 3\sqrt{2}) \cdot (1 - 2\sqrt{2}) = -10 + \sqrt{2},$$

und dies würde man in der Paardarstellung (4.11) bzw. (4.12) als $(2, 3) \oplus (1, -2) = (3, 1)$ bzw. $(2, 3) \otimes (1, -2) = (-10, 1)$ schreiben.

Man zeigt ohne Mühe, dass $(\mathbb{Q}(\sqrt{2}), \oplus, \otimes)$ ein kommutativer Ring ist. Die Paare $(0, 0)$ und $(1, 0)$ spielen die Rolle des Nullelements bzw. Einselements und das Paar $(-a, -b)$ ist wegen $(a, b) \oplus (-a, -b)$ additiv-invers zu $(a, b)$. $\heartsuit$

**Beispiel 4.4.** Sei $Pol(\mathbb{R}, \mathbb{R})$ die Menge der Polynome $f : \mathbb{R} \to \mathbb{R}$, also

$$f(x) = a_n x^n + a_{n-1} x^{n-1} + \ldots + a_2 x^2 + a_1 x + a_0 \qquad (n \in \mathbb{N}),$$

versehen mit der punktweisen Addition (3.10) und Multiplikation (3.11). Wegen[2]

$$
\begin{aligned}
(a_m x^m + &\ldots + a_1 x + a_0) \cdot (b_n x^n + \ldots + b_1 x + b_0) \\
&= a_m b_n x^{m+n} + \ldots + (a_1 b_0 + a_0 b_1) x + a_0 b_0
\end{aligned}
\tag{4.13}
$$

gilt für das Produktpolynom die Gradformel

$$\deg (f \cdot g) = \deg f + \deg g. \tag{4.14}$$

Man kann leicht zeigen, dass $(Pol(\mathbb{R}, \mathbb{R}), +, \cdot)$ ein (kommutativer) Ring ist. $\qquad\qquad\heartsuit$

Im nächsten Beispiel kehren wir zurück zum Begriff der konvergenten Folgen und Cauchyfolgen aus Abschnitt 2.3. Wir erinnern daran, dass wir für $M = \mathbb{Q}$ oder $M = \mathbb{R}$ mit $KF(M)$ die Menge aller konvergenten Folgen in $M$ und mit $CF(M)$ die Menge aller Cauchyfolgen in $M$ bezeichnet haben. Nun zeigen wir, dass beide Mengen zu einem Ring gemacht werden können.

**Beispiel 4.5.** Wir definieren eine Addition und eine Multiplikation auf $CF(M)$ in nahe liegender Weise durch

$$(a_n)_n \oplus (b_n)_n := (a_n + b_n)_n \tag{4.15}$$

und

$$(a_n)_n \otimes (b_n)_n := (a_n b_n)_n, \tag{4.16}$$

d.h. „komponentenweise". Wir müssen zeigen, dass die Summe (4.15) und das Produkt (4.16) wieder Cauchyfolgen sind.

Sei also $\varepsilon > 0$. Da $(a_n)_n$ Cauchyfolge ist, finden wir ein $\tilde{N} \in \mathbb{N}$ derart, dass $|a_m - a_n| < \varepsilon/2$ für alle $m, n \geq \tilde{N}$ gilt. Da auch $(b_n)_n$ Cauchyfolge ist, finden wir außerdem ein $\hat{N} \in \mathbb{N}$ derart, dass $|b_m - b_n| < \varepsilon/2$ für alle $m, n \geq \hat{N}$ gilt. Nun bezeichnen wir mit $N$ die größere der beiden Zahlen $\tilde{N}$

---

[2]Können Sie in (4.13) eine Gesetzmäßigkeit im Aufbau der Koeffizienten des Produktpolynoms erkennen?

und $\hat{N}$, also $N := \max\{\tilde{N}, \hat{N}\}$. Für $m, n \geq N$ gilt dann sowohl $m, n \geq \tilde{N}$ als auch $m, n \geq \hat{N}$ und damit bekommen wir

$$|(a_m + b_m) - (a_n + b_n)| = |(a_m - a_n) + (b_m - b_n)|$$

$$\leq |a_m - a_n| + |b_m - b_n| < \frac{\varepsilon}{2} + \frac{\varepsilon}{2} = \varepsilon.$$

Dies bedeutet aber genau, dass die Summenfolge (4.15) eine Cauchyfolge ist, also $(a_n)_n \oplus (b_n)_n \in CF(M)$.

Der entsprechende Beweis für die Produktfolge (4.16) ist etwas komplizierter. Hier benutzen wir die Tatsache, dass jede Cauchyfolge *beschränkt* ist (s. Aufgabe 4.18). Wir finden also positive Zahlen $A$ und $B$ derart, dass $|a_n| \leq A$ und $|b_n| \leq B$ für alle $n \in \mathbb{N}$ gilt.

Sei nun wieder $\varepsilon > 0$. Da $(a_n)_n$ Cauchyfolge ist, finden wir ein $\tilde{N} \in \mathbb{N}$ derart, dass $|a_m - a_n| < \varepsilon/2B$ für alle $m, n \geq \tilde{N}$ gilt. Da auch $(b_n)_n$ Cauchyfolge ist, finden wir außerdem ein $\hat{N} \in \mathbb{N}$ derart, dass $|b_m - b_n| < \varepsilon/2A$ für alle $m, n \geq \hat{N}$ gilt.[3] Nun setzen wir wieder $N := \max\{\tilde{N}, \hat{N}\}$. Für $m, n \geq N$ gilt dann sowohl $m, n \geq \tilde{N}$ als auch $m, n \geq \hat{N}$ und damit bekommen wir

$$|(a_m b_m) - (a_n b_n)| = |a_m(b_m - b_n) + (a_m - a_n)b_n|$$

$$\leq |a_m|\,|b_m - b_n| + |a_m - a_n|\,|b_n| < A\frac{\varepsilon}{2A} + \frac{\varepsilon}{2B}B = \varepsilon.$$

Dies bedeutet aber genau, dass die Produktfolge (4.16) eine Cauchyfolge ist, also $(a_n)_n \otimes (b_n)_n \in CF(M)$.

Nun könnten wir alle Axiome (4.1) – (4.8) überprüfen, um zu zeigen, dass $(CF(M), \oplus, \otimes)$ tatsächlich ein kommutativer Ring ist. Wir beschränken uns darauf zu bemerken, dass das Nullelement in diesem Ring die konstante Nullfolge $(0, 0, 0, 0, \ldots)$ ist und das Einselement natürlich die konstante Einsfolge $(1, 1, 1, 1, \ldots)$. Additiv-invers zur Cauchyfolge $(a_n)_n$ ist die Folge $(-a_n)_n$, was sofort aus der Definition (4.15) der Addition folgt.

Genauso kann man zeigen, dass auch $(KF(M), \oplus, \otimes)$ mit der Addition (4.15) und der Multiplikation (4.16) (und demselben Null- und Einselement) ein kommutativer Ring ist. Die technischen Details überlassen wir den Lesern (s. Aufgabe 4.19).										$\heartsuit$

---

[3]Hierbei seien $A$ und $B$ die beiden oben eingeführten Schränkungskonstanten für die Folgen $(a_n)_n$ und $(b_n)_n$, d.h. Zahlen, für die $|a_n| \leq A$ und $|b_n| \leq B$ für alle $n$ gilt.

Ein Ring trägt immer zwei algebraische Verknüpfungen, die wir als „Addition" und „Multiplikation" deuten können (was ja auch in der Schreibweise $\oplus$ und $\otimes$ zum Ausdruck kommt). Da in einem Ring $(\mathcal{R}, \oplus, \otimes)$ speziell $(\mathcal{R}, \oplus)$ stets eine (kommutative) Gruppe ist, können wir jedes Element aus $\mathcal{R}$ bzgl. der „Addition" invertieren. Besonders „schön" sind nun solche Ringe, bei denen man auch jedes Element aus $\mathcal{R}$ (außer dem Nullelement natürlich)[4] bzgl. der „Multiplikation" invertieren kann. Eine *notwendige* Bedingung hierfür ist offenbar, dass es keine so genannten „Nullteiler" gibt:

**Definition 4.2.** Sei $(\mathcal{R}, \oplus, \otimes)$ ein Ring mit Nullelement $n$. Dann heißt ein Element $x \in \mathcal{R} \setminus \{n\}$ ein *Nullteiler* in $\mathcal{R}$, falls es ein $y \in \mathcal{R} \setminus \{n\}$ gibt mit $x \otimes y = n$. $\qquad\qquad\qquad\qquad\qquad\qquad\qquad\qquad\qquad\qquad\qquad$ □

Wenn also das Produkt zweier Elemente, die *beide* nicht das Nullelement sind, gleich dem Nullelement ist, dann sind diese beiden Elemente Nullteiler. Beim alltäglichen Rechnen in den uns gewohnten Zahlenringen kommt das nicht vor:

**Beispiel 4.6.** In den Ringen $(\mathbb{Z}, +, \cdot)$, $(\mathbb{Q}, +, \cdot)$ und $(\mathbb{R}, +, \cdot)$ gibt es keine Nullteiler, denn wenn das Produkt zweier ganzer, rationaler oder reeller Zahlen null ist, dann muss mindestens einer der Faktoren null sein. $\quad$ ♡

Da wir Nullteilern beim alltäglichen Rechnen also nicht begegnen, wollen wir zunächst ein Beispiel für einen Ring mit Nullteilern bringen.

**Beispiel 4.7.** Sei $(\mathcal{M}(\mathbb{Z}, 2), +, \circ)$ der Matrizenring aus Beispiel 4.1. Dann gilt z.B.

$$\begin{pmatrix} 1 & 0 \\ 0 & 0 \end{pmatrix} \circ \begin{pmatrix} 0 & 0 \\ 1 & 0 \end{pmatrix} = \begin{pmatrix} 0 & 0 \\ 0 & 0 \end{pmatrix}, \qquad (4.17)$$

d.h., das Produkt der beiden Matrizen in (4.17) ist die Nullmatrix, obwohl keine dieser beiden Matrizen die Nullmatrix ist. $\qquad\qquad\qquad\qquad\qquad$ ♡

Noch einfacher als bei Matrizenringen sieht man übrigens, dass es in den Folgenringen $CF(M)$ und $KF(M)$ aus Beispiel 4.5 viele Nullteiler gibt. Zum Beispiel ist ja keine der beiden Folgen $(a_n)_n = (1, 0, 0, 0, \ldots) \in$

---

[4]Man sieht ja schon an dem ganz einfachen Ring der rationalen Zahlen (mit der üblichen Addition und Multiplikation), dass es sinnlos ist, die Existenz eines Elements $x$ mit $x \cdot 0 = 1$ anzunehmen, da dies auf die Gleichheit $0 = 1$ führen würde, die wir in (4.9) ausgeschlossen haben.

$KF(\mathbb{Q})$ und $(b_n)_n = (0, 1, 0, 0, \ldots) \in KF(\mathbb{Q})$ die konstante Nullfolge, aber ihr Produkt $(a_n)_n \otimes (b_n)_n$ ist es.

Gibt es im Ring $(\mathbb{Q}(\sqrt{2}), \oplus, \otimes)$ aus Beispiel 4.3 Nullteiler? Die Antwort ist negativ, aber um das einzusehen, muss man schon etwas rechnen:

**Beispiel 4.8.** Sei $(\mathbb{Q}(\sqrt{2}), \oplus, \otimes)$ der Ring mit der Addition (4.11) und der Multiplikation (4.12). Angenommen, das Produkt zweier Elemente $(a, b), (\alpha, \beta) \in \mathbb{Q}(\sqrt{2})$ ist null, also

$$(a, b) \otimes (\alpha, \beta) = (a\alpha + 2b\beta, a\beta + b\alpha) = (0, 0). \qquad (4.18)$$

Hierbei nehmen wir an, dass $(\alpha, \beta) \neq (0, 0)$ ist; wir müssen dann zeigen, dass $(a, b) = (0, 0)$ ist. Wir können (4.18) als Gleichungssystem umschreiben in

$$\left\{ \begin{array}{l} a\alpha + 2b\beta = 0, \\ a\beta + b\alpha = 0. \end{array} \right. \qquad (4.19)$$

Multiplizieren wir die erste Gleichung in (4.19) mit $\beta$ und die zweite Gleichung mit $\alpha$ und ziehen wir die beiden Gleichungen dann voneinander ab, so erhalten wir $b(\alpha^2 - 2\beta^2) = 0$, also entweder $b = 0$ oder $\alpha^2 - 2\beta^2 = 0$. Es gibt aber keine rationalen Zahlen $\alpha$ und $\beta$ mit $\alpha^2 = 2\beta^2$, denn sonst wäre $\sqrt{2}$ rational. Daher muss $b = 0$ sein.

Multiplizieren wir analog die erste Gleichung in (4.19) mit $\alpha$ und die zweite Gleichung mit $2\beta$ und ziehen wir die beiden Gleichungen wieder voneinander ab, so erhalten wir $a(\alpha^2 - 2\beta^2) = 0$, also mit derselben Begründung wie vorher $a = 0$. Insgesamt haben wir gezeigt, dass

$$(a, b) \otimes (\alpha, \beta) = (0, 0) \ \wedge \ (\alpha, \beta) \neq (0, 0) \ \Rightarrow \ (a, b) = (0, 0)$$

gilt; das ist gerade die Nullteilerfreiheit von $(\mathbb{Q}(\sqrt{2}), \oplus, \otimes)$. $\qquad \heartsuit$

Die Ringe aus den vorigen Beispielen 4.7 und 4.8 unterscheiden sich also drastisch hinsichtlich der Reichhaltigkeit der multiplikativ-invertierbaren Elemente: Im Zahlenring $(\mathbb{Q}(\sqrt{2}), \oplus, \otimes)$ sind alle Elemente außer dem Nullelement invertierbar, im Matrizenring $(\mathcal{M}(\mathbb{Z}, 2), \oplus, \otimes)$ dagegen nur „sehr wenige" (für eine präzise Formulierung s. Aufgabe 3.9). Diejenigen Ringe, in denen man jedes Element außer dem Nullelement bzgl. der Multiplikation invertieren kann, sind so wichtig, dass man ihnen einen eigenen Namen gibt:

**Definition 4.3.** Ein Ring $(\mathcal{R}, \oplus, \otimes)$ heißt *Integritätsring*, falls es in ihm keine Nullteiler gibt. Ein kommutativer Ring $(\mathcal{R}, \oplus, \otimes)$ heißt *Körper*, falls zusätzlich zu den Axiomen (4.1) – (4.9) die Bedingung

$$\forall a \in \mathcal{R} \setminus \{n\} \;\; \exists b \in \mathcal{R} : \;\; a \otimes b = b \otimes a = e \tag{4.20}$$

erfüllt ist, d.h., *jedes Element in* $\mathcal{R}$ (außer dem Nullelement) *hat auch ein multiplikatives Inverses*. Dieses multiplikative Inverse von $a$ wird i.A. mit $a^{-1}$ bezeichnet und darf nicht mit dem additiven Inversen $-a$ verwechselt werden. $\qquad\qquad\qquad\qquad\qquad\qquad\qquad\qquad\qquad\qquad\qquad\qquad\quad\square$

Die Ringe etwa aus Beispiel 4.2 und 4.3 sind also Integritätsringe, der Ring aus Beispiel 4.1 dagegen nicht. Ein Körper ist immer automatisch ein Integritätsring, d.h. nullteilerfrei, denn aus $a \otimes b = n$ und (o.B.d.A.) $a \neq n$ folgt durch Multiplikation mit $a^{-1}$ sofort

$$b = e \otimes b = (a^{-1} \otimes a) \otimes b = a^{-1} \otimes (a \otimes b) = a^{-1} \otimes n = n.$$

Für spätere Untersuchungen halten wir fest:

**Satz 4.1.** *Sowohl* $(\mathbb{Q}, +, \cdot)$ *als auch* $(\mathbb{R}, +, \cdot)$ *sind Körper.*

Satz 4.1 erklärt die Beliebtheit der Zahlenmengen $\mathbb{Q}$ und $\mathbb{R}$ in der Algebra und Analysis. Dagegen ist $(\mathbb{Z}, +, \cdot)$ – wie schon in Beispiel 4.6 bemerkt – zwar ein Integritätsring, aber kein Körper, denn die einzigen Elemente in $(\mathbb{Z}, +, \cdot)$ mit einer multiplikativen Inversen sind 1 und $-1$.

Wir betrachten noch die anderen vorangegangenen Beispiele im Hinblick darauf, ob sie Integritätsringe oder sogar Körper sind. Der Ring $\mathbb{Q}(\sqrt{2})$ aus Beispiel 4.3 ist tatsächlich auch ein Körper: Jedes Element $(a, b) \in \mathbb{Q}(\sqrt{2})$ mit $(a, b) \neq (0, 0)$ ist nämlich multiplikativ-invertierbar mit[5]

$$(a, b)^{-1} = \left( \frac{a}{a^2 - 2b^2}, \frac{-b}{a^2 - 2b^2} \right).$$

Ist der Polynomring $(Pol(\mathbb{R}, \mathbb{R}), +, \cdot)$ ein Integritätsring oder sogar Körper? Um dies festzustellen, nehmen wir an, es gäbe ein Polynom $f : \mathbb{R} \to \mathbb{R}$ vom Grad $m$ und ein Polynom $g : \mathbb{R} \to \mathbb{R}$ vom Grad $n$ derart, dass das Produkt $f \cdot g$ das Nullpolynom ist. Nach der Gradformel (4.14) hätte das Polynom

---

[5]Man beachte wieder, dass der Nenner $a^2 - 2b^2$ nicht null werden kann, weil $a$ und $b$ beide rationale Zahlen sind.

$f \cdot g$ dann den Grad $m + n$. Aus einem bekannten Satz der Algebra[6] folgt, dass das Polynom $f \cdot g$ dann höchstens $m + n$ reelle Nullstellen hat. Das Nullpolynom hat aber unendlich viele Nullstellen und damit kann nicht $f(x) \cdot g(x) = 0$ für alle $x \in \mathbb{R}$ gelten. Damit haben wir bewiesen, dass $(Pol(\mathbb{R}, \mathbb{R}), +, \cdot)$ ein Integritätsring ist.

Allerdings ist $(Pol(\mathbb{R}, \mathbb{R}), +, \cdot)$ kein Körper. Dies sieht man schon an dem sehr einfachen Polynom $f(x) = x$: Hätte dieses Polynom ein multiplikatives Inverses, so müsste dies die Funktion $g(x) = 1/x$ sein; diese ist aber gar kein Polynom mehr (und übrigens auch in 0 gar nicht definiert).

Wir haben die Begriffe Ring, Integritätsring und Körper in fortlaufender Spezialisierung eingeführt. In der folgenden Tabelle stellen wir typische Beipiele noch einmal übersichtlich zusammen. In der dritten Spalte sind hierbei natürlich die Elemente gemeint, die *bzgl. der Multiplikation* invertierbar sind.

| Ring $(\mathcal{R}, \oplus, \otimes)$ | Integritätsring | invertierbare Elemente |
|---|---|---|
| $(\mathbb{Z}, +, \cdot)$ | ja | $\{1, -1\}$ |
| $(\mathbb{Q}, +, \cdot)$ | ja | $\mathbb{Q} \setminus \{0\}$ |
| $(\mathbb{R}, +, \cdot)$ | ja | $\mathbb{R} \setminus \{0\}$ |
| $(\mathcal{M}(\mathbb{Q}, 2), +, \circ)$ | nein | alle $A \in \mathcal{M}(\mathbb{Q}, 2)$ mit $\det A \neq 0$ |
| $(\mathbb{Q}(\sqrt{2}), \oplus, \otimes)$ | ja | $\mathbb{Q}(\sqrt{2}) \setminus \{(0, 0)\}$ |
| $(Pol(\mathbb{R}, \mathbb{R}), +, \cdot)$ | ja | alle konstanten Polynome $\neq 0$ |
| $(CF(\mathbb{Q}), \oplus, \otimes)$ | nein | alle $(a_n)_n$ mit $|a_n| \geq c > 0$ |
| $(KF(\mathbb{Q}), \oplus, \otimes)$ | nein | alle $(a_n)_n$ mit $|a_n| \geq c > 0$ |

Aus der Tabelle kann man auch ablesen, welche der aufgeführten Ringe Körper sind. Bei einem Körper (wie in der zweiten, dritten und fünften Zeile) ist ja jedes Element außer dem Nullelement multiplikativ invertierbar. Im Ring $(\mathbb{Z}, +, \cdot)$ sind natürlich nur die Zahlen 1 und $-1$ multiplikativ invertierbar (und übrigens jeweils zu sich selbst invers). Dass man die invertierbaren Matrizen im Ring $(\mathcal{M}(\mathbb{Q}, 2), +, \circ)$ durch die Determinante charakterisieren kann, zeigt Aufgabe 3.9. Ein Polynom $f$ kann

---

[6] Genauer gilt sogar, dass das Polynom $f \cdot g$ *genau* $m + n$ Nullstellen besitzt, wobei man dann allerdings auch komplexe Nullstellen zulassen muss, s. Satz 4.12 und die daran anschließenden Bemerkungen. Dieser Satz trägt aus historischen Gründen den etwas schwülstigen Namen *Fundamentalsatz der Algebra*. Heutzutage erscheint er uns nicht mehr so fundamental, sondern eher als eine einfache Übungsaufgabe aus der Komplexen Analysis.

nur dann (bzgl. der punktweisen Multiplikation (3.11)) invertierbar sein, wenn $f(x) \equiv c$ mit $c \neq 0$ gilt; das inverse Polynom ist dann $g(x) \equiv 1/c$. Am kompliziertesten ist die Situation in den Folgenringen $(CF(\mathbb{Q}), \oplus, \otimes)$ und $(KF(\mathbb{Q}), \oplus, \otimes)$: Dort ist $(a_n)_n$ genau dann (bzgl. der Multiplikation (4.16)) invertierbar, wenn die Elemente $a_n$ der null nicht „zu nahe kommen"[7] in dem Sinne, dass es ein $c > 0$ gibt mit

$$|a_n| \geq c \qquad (n = 1, 2, 3, \ldots).$$

Dann ist das inverse Element nämlich die Folge $(b_n)_n$ mit $b_n := 1/a_n$, deren Beschränktheit wegen

$$|b_n| \leq \frac{1}{c} \qquad (n = 1, 2, 3, \ldots)$$

gerade durch die Bedingung oben gesichert wird.[8]


## 4.2 Homomorphismen und Isomorphismen

Bisher haben wir drei wichtige algebraische Strukturen kennen gelernt, nämlich Gruppen, Ringe und Körper. Nun betrachten wir Abbildungen zwischen jeweils zwei solcher Strukturen, aber nicht beliebige Abbildungen, sondern solche, die in gewisser Weise diese Strukturen „erhalten" oder „respektieren". Zunächst erklären wir, warum solche Abbildungen interessant und nützlich sein können.

Dazu betrachten wir etwa zwei dreielementige Gruppen $\mathcal{G} := \{1, 2, 3\}$ und $\hat{\mathcal{G}} := \{\clubsuit, \spadesuit, \heartsuit\}$, auf denen wir Verknüpfungen $*$ und $\hat{*}$ durch

$$1 * 1 = 1, \; 2 * 2 = 3, \; 3 * 3 = 2, \; 1 * 2 = 2 * 1 = 2,$$

$$1 * 3 = 3 * 1 = 3, \; 2 * 3 = 3 * 2 = 1$$

und

$$\clubsuit \,\hat{*}\, \clubsuit = \clubsuit, \; \spadesuit \,\hat{*}\, \spadesuit = \heartsuit, \; \heartsuit \,\hat{*}\, \heartsuit = \spadesuit, \; \clubsuit \,\hat{*}\, \spadesuit = \spadesuit \,\hat{*}\, \clubsuit = \spadesuit,$$

$$\clubsuit \,\hat{*}\, \heartsuit = \heartsuit \,\hat{*}\, \clubsuit = \heartsuit, \; \spadesuit \,\hat{*}\, \heartsuit = \heartsuit \,\hat{*}\, \spadesuit = \clubsuit$$

---

[7]Man benutzt auch die hässliche Sprechweise, die Folge $(a_n)_n$ sei „wegbeschränkt von null", engl. *bounded away from zero*.

[8]Unter dieser Bedingung muss man natürlich noch zeigen, dass $(b_n)_n$ dann wieder konvergent ist, falls $(a_n)_n$ es ist, bzw. dass $(b_n)_n$ wieder eine Cauchyfolge ist, falls $(a_n)_n$ es ist. Das ist eine Übungsaufgabe, die Sie wahrscheinlich in der Analysis bekommen.

definieren. Etwas übersichtlicher können wir diese Verknüpfungsvorschriften mit Gruppentafeln schreiben:

| $*$ | 1 | 2 | 3 |
|---|---|---|---|
| 1 | 1 | 2 | 3 |
| 2 | 2 | 3 | 1 |
| 3 | 3 | 1 | 2 |

| $\hat{*}$ | ♣ | ♠ | ♡ |
|---|---|---|---|
| ♣ | ♣ | ♠ | ♡ |
| ♠ | ♠ | ♡ | ♣ |
| ♡ | ♡ | ♣ | ♠ |

Nun betrachten wir zwei vierelementige Gruppen $\mathcal{G} := \{1, 2, 3, 4\}$ und $\hat{\mathcal{G}} := \{♣, ♠, ♡, ◇\}$, auf denen wir wieder Verknüpfungen $*$ und $\hat{*}$ durch

$$1*1 = 1,\ 2*2 = 3,\ 3*3 = 1,\ 4*4 = 3,$$

$$1*2 = 2*1 = 2,\ 1*3 = 3*1 = 3,\ 1*4 = 4*1 = 4,$$

$$2*3 = 3*2 = 4,\ 2*4 = 4*2 = 1,\ 3*4 = 4*3 = 2$$

und

$$♣\,\hat{*}\,♣ = ♣,\ ♠\,\hat{*}\,♠ = ♣,\ ♡\,\hat{*}\,♡ = ♣,\ ◇\,\hat{*}\,◇ = ♣,$$

$$♣\,\hat{*}\,♠ = ♠\,\hat{*}\,♣ = ♠,\ ♣\,\hat{*}\,♡ = ♡\,\hat{*}\,♣ = ♡,\ ♣\,\hat{*}\,◇ = ◇\,\hat{*}\,♣ = ◇,$$

$$♠\,\hat{*}\,♡ = ♡\,\hat{*}\,♠ = ◇,\ ♠\,\hat{*}\,◇ = ◇\,\hat{*}\,♠ = ♡,\ ♡\,\hat{*}\,◇ = ◇\,\hat{*}\,♡ = ♠$$

definieren oder wieder mit Gruppentafeln

| $*$ | 1 | 2 | 3 | 4 |
|---|---|---|---|---|
| 1 | 1 | 2 | 3 | 4 |
| 2 | 2 | 3 | 4 | 1 |
| 3 | 3 | 4 | 1 | 2 |
| 4 | 4 | 1 | 2 | 3 |

| $\hat{*}$ | ♣ | ♠ | ♡ | ◇ |
|---|---|---|---|---|
| ♣ | ♣ | ♠ | ♡ | ◇ |
| ♠ | ♠ | ♣ | ◇ | ♡ |
| ♡ | ♡ | ◇ | ♣ | ♠ |
| ◇ | ◇ | ♡ | ♠ | ♣ |

Bei der Betrachtung dieser Gruppentafeln stellt sich die folgende Frage: *Sind die beiden durch nebeneinander stehende Tafeln repräsentierte Gruppen wirklich verschieden oder ist es eigentlich dieselbe Gruppe?* Hierbei soll es keine Rolle spielen, wie wir die Gruppenelemente bezeichnen oder welcher Natur sie sind (Zahlen, Buchstaben, Spielkartensymbole, Farben usw.). Wir wollen vielmehr zwei Gruppen als „im Wesentlichen gleich" ansehen, wenn wir die Elemente der eine Gruppe bijektiv auf die Elemente der anderen Gruppe abbilden können[9], und wenn bei dieser Abbildung *außerdem die Gruppentafeln ineinander übergehen.*

---

[9]Hieraus folgt natürlich schon, dass zwei Gruppen mit verschieden vielen Elementen niemals „im Wesentlichen gleich" sein können.

Betrachten wir unter diesem Aspekt die beiden Tafeln der dreielementigen Gruppen oben, so sehen wir sofort, dass die Zuordnung $1 \mapsto \clubsuit$, $2 \mapsto \spadesuit$ und $3 \mapsto \heartsuit$ das Gewünschte leistet. In der Tat können wir die beiden Gruppentafeln „übereinander legen" und sehen, dass dann über jeder 1 ein $\clubsuit$, über jeder 2 ein $\spadesuit$ und über jeder 3 ein $\heartsuit$ liegt. Wir können (oder müssen) also zwischen diesen beiden Gruppen im Grunde genommen gar nicht mehr „unterscheiden": Es ist in Wirklichkeit „ein und dieselbe Gruppe", nur mit anderen Elementbezeichnungen.

Können wir Ähnliches mit den beiden vierelementigen Gruppen oben machen? Zunächst liegt die Zuordnung $1 \mapsto \clubsuit$, $2 \mapsto \spadesuit$, $3 \mapsto \heartsuit$ und $4 \mapsto \diamondsuit$ nahe, aber dann klappt es mit „Übereinanderlegen" der Gruppentafeln nicht: Beispielsweise liegt in der Diagonalen dann das $\clubsuit$ zweimal über der 1 und zweimal über der 3, daher gehen unter dieser Zuordnung die beiden Gruppentafeln nicht ineinander über. Das bedeutet allerdings noch nicht, dass sie „im Wesentlichen verschieden" sind, sondern nur, dass es mit dieser naiven Zuordnung nicht funktioniert. Es könnte ja eine andere, trickreichere Zuordnung geben, unter der die beiden Gruppentafeln tatsächlich ineinander übergehen.

Diese Frage durch Probieren beantworten zu wollen, ist ebenso mühsam wie ungeschickt. Wir werden in Kürze ein sehr elegantes und einfaches Verfahren zur Hand haben, um diese Frage zu entscheiden. Zunächst müssen wir dazu präzisieren, was wir eigentlich mit „im Wesentlichen gleich" und „im Wesentlichen verschieden" meinen.

**Definition 4.4.** Seien $(\mathcal{G}, *)$ und $(\hat{\mathcal{G}}, \hat{*})$ zwei Gruppen,[10] und sei $f : \mathcal{G} \to \hat{\mathcal{G}}$ eine Abbildung. Dann heißt $f$ ein *Homomorphismus* (genauer: *Gruppenhomomorphismus*), wenn für alle $x, y \in \mathcal{G}$ die Beziehung

$$f(x * y) = f(x) \,\hat{*}\, f(y) \tag{4.21}$$

gilt, d.h., *das Bild der Verknüpfung zweier Elemente ist die Verknüpfung der Bilder dieser Elemente.* Man könnte (4.21) auch so deuten, dass es egal ist, ob man erst zwei Elemente verknüpft und dann die Abbildung $f$ „draufsetzt" oder umgekehrt – das Ergebnis ist dasselbe. Im Gegensatz zu einer beliebigen Abbildung zwischen den Mengen $\mathcal{G}$ und $\hat{\mathcal{G}}$ „respektiert" ein Homomorphismus also zusätzlich die algebraische Struktur auf diesen Mengen. Daher schreibt man für Homomorphismen oft auch eindrucksvoller $f : (\mathcal{G}, *) \to (\hat{\mathcal{G}}, \hat{*})$ statt nur $f : \mathcal{G} \to \hat{\mathcal{G}}$.

---

[10] Wir benutzen hier willkürlich die beiden Symbole $*$ und $\hat{*}$ für die Verknüpfungen auf diesen Gruppen; dies kann eine Addition, eine Multiplikation, eine Komposition von Abbildungen oder noch etwas anderes sein.

Ist ein Homomorphismus $f : (\mathcal{G}, *) \to (\hat{\mathcal{G}}, \hat{*})$ zusätzlich bijektiv, so nennt man ihn einen *Isomorphismus* (genauer: *Gruppenisomorphismus*).[11] Wir nennen zwei Gruppen $(\mathcal{G}, *)$ und $(\hat{\mathcal{G}}, \hat{*})$ *isomorph*, wenn es einen Isomorphismus zwischen ihnen gibt. $\qquad\qquad\qquad\qquad\qquad\qquad\qquad\qquad\square$

Grob gesprochen bedeutet die Isomorphie zweier Gruppen $(\mathcal{G}, *)$ und $(\hat{\mathcal{G}}, \hat{*})$ also, dass man nicht zwischen ihnen unterscheiden kann (oder muss). In diesem Fall kann man die Gruppentafeln dann tatsächlich „übereinander legen", so dass über jedem Element $x \in \mathcal{G}$ das entsprechende Element $f(x) \in \hat{\mathcal{G}}$ liegt, wobei $f : (\mathcal{G}, *) \to (\hat{\mathcal{G}}, \hat{*})$ einen Isomorphismus bezeichne.

Gruppenhomomorphismen und -isomorphismen haben viele schöne Eigenschaften, die man einfach aus der Verträglichkeitsbedingung (4.21) herleiten kann. Zum Beispiel bildet ein Homomorphismus $f : (\mathcal{G}, *) \to (\hat{\mathcal{G}}, \hat{*})$ immer das neutrale Element von $\mathcal{G}$, nennen wir es $e$, auf das neutrale Element von $\hat{\mathcal{G}}$, nennen wir es $\hat{e}$, ab. Für beliebiges $x \in \mathcal{G}$ gilt nämlich wegen (4.21)

$$f(x)\hat{*}\hat{e} = f(x) = f(x * e) = f(x)\hat{*}f(e),$$

also $\hat{e} = f(e)$ nach Verknüpfung beider Seiten mit $f(x)^{-1}$.

Damit können wir nun das Problem der Isomorphie oder Nicht-Isomorphie der oben betrachteten Gruppen lösen. Zunächst ist durch die nahe liegende Zuordnung $f(1) = \clubsuit$, $f(2) = \spadesuit$ und $f(3) = \heartsuit$ tatsächlich ein Isomorphismus zwischen den beiden dreielementigen Gruppen $(\{1, 2, 3\}, *)$ und $(\{\clubsuit, \spadesuit, \heartsuit\}, \hat{*})$ gegeben und das ist nach unseren Vorüberlegungen nicht überraschend.

Andererseits können die beiden vierelementigen Gruppen $(\{1, 2, 3, 4\}, *)$ und $(\{\clubsuit, \spadesuit, \heartsuit, \diamondsuit\}, \hat{*})$ *nicht* isomorph sein. Gäbe es nämlich einen Isomorphismus

$$f : (\{1, 2, 3, 4\}, *) \to (\{\clubsuit, \spadesuit, \heartsuit, \diamondsuit\}, \hat{*}),$$

so müsste er das neutrale Element 1 der ersten Gruppe auf das neutrale Element $\clubsuit$ der zweiten Gruppe abbilden. Egal, wie $f$ dann die anderen Elemente „verteilt", in der zweiten Gruppe gilt stets

$$f(1)\hat{*}f(1) = f(2)\hat{*}f(2) = f(3)\hat{*}f(3) = f(4)\hat{*}f(4) = \clubsuit,$$

weil in der Diagonalen der entsprechenden Gruppentafel immer das neutrale Element steht. Dies bedeutet nichts anderes, als dass jedes Element

---

[11]Die Algebraiker haben noch einige weitere Bezeichnungen auf Lager. So wird ein Homomorphismus einer Gruppe *in sich* (d.h., $\hat{\mathcal{G}} = \mathcal{G}$) manchmal *Endomorphismus* genannt und ein bijektiver Endomorphismus einer Gruppe *Automorphismus*.

der zweiten Gruppe „zu sich selbst invers" ist, d.h., es gilt $f(1)^{-1} = f(1)$, $f(2)^{-1} = f(2)$, $f(3)^{-1} = f(3)$ und $f(4)^{-1} = f(4)$. Das müsste dann aber auch für alle vier Elemente der ersten Gruppe gelten, weil $f$ ein Homomorphismus ist. Aber ein Blick auf die Gruppentafel zeigt, dass $2^{-1} = 4 \neq 2$ und $4^{-1} = 2 \neq 4$ ist. Damit haben wir jetzt mathematisch exakt begründet, warum es im Falle der beiden vierelementigen Gruppen mit dem „Aufeinanderlegen" der Gruppentafeln nicht geklappt hat (und nicht klappen konnte).

Wir bringen nun eine Liste von Beispielen isomorpher Gruppen, bei denen man eine Isomorphie ziemlich schnell „sehen" kann.

**Beispiel 4.9.** Für jedes $a \in \mathbb{R}$ ist die durch

$$f(x) := ax$$

gegebene Abbildung $f : (\mathbb{R}, +) \to (\mathbb{R}, +)$ wegen

$$f(x + y) = a(x + y) = ax + ay = f(x) + f(y)$$

ein Homomorphismus (Endomorphismus), im Falle $a \neq 0$ sogar ein Isomorphismus (Automorphismus). Interessanter ist die durch

$$f(x) := \exp x \ (= e^x) \tag{4.22}$$

gegebene Abbildung $f : (\mathbb{R}, +) \to (\mathbb{R}^+, \cdot)$, die wegen

$$\begin{aligned}
f(x + y) &= \exp(x + y) = e^{x+y} \\
&= e^x e^y = (\exp x) \cdot (\exp y) = f(x) \cdot f(y)
\end{aligned} \tag{4.23}$$

ebenfalls ein Isomorphismus ist. Die fundamentale Beziehung (4.23) erklärt (u.a.), warum die Exponentialfunktion (4.22) so wichtig in der Analysis ist. Dieses Beispiel zeigt auch, dass die additive Gruppe $(\mathbb{R}, +)$ und die multiplikative Gruppe $(\mathbb{R}^+, \cdot)$ isomorph sind. $\qquad \heartsuit$

**Beispiel 4.10.** Wie in Beispiel 3.7 sei $f_a : \mathbb{R} \to \mathbb{R}$ für jedes $a \in \mathbb{R}$ definiert durch $f_a(x) := e^{ax}$. Die Funktionenmenge $\mathcal{G} := \{f_a : a \in \mathbb{R}\}$ versehen wir mit der punktweisen Multiplikation (3.11). Dann zeigt (3.14), dass die Gruppe $(\mathcal{G}, \cdot)$ isomorph zur additiven Gruppe $(\mathbb{R}, +)$ ist, wobei der Isomorphismus einfach durch die Abbildung $a \mapsto f_a$ gegeben ist. $\qquad \heartsuit$

**Beispiel 4.11.** Wir behaupten, dass die beiden Gruppen aus Aufgabe 3.3 und 3.4 isomorph sind. Wir bezeichnen mit $\mathcal{T}$ die Menge aller linearen Transformationen $T_{a,b}$ aus Aufgabe 3.3, versehen mit der üblichen

Komposition $\circ$ von Abbildungen. Mit der Abkürzung $\mathbb{R}^* := \mathbb{R} \setminus \{0\}$ bezeichne weiter $\mathcal{G}$ die Menge aller Paare $(a, b) \in \mathbb{R}^* \times \mathbb{R}$, versehen mit der Verknüpfung $*$ aus Aufgabe 3.4. Wir behaupten, dass dann durch

$$f((a, b)) := T_{a,b} \qquad ((a, b) \in \mathbb{R}^* \times \mathbb{R})$$

ein Gruppenisomorphismus $f : (\mathcal{G}, *) \to (\mathcal{T}, \circ)$ gegeben ist. Die Bijektivität von $f$ ist leicht nachzuweisen. Um die Homomorphie-Eigenschaft (4.21) zu beweisen, beachten wir, dass für alle $x \in \mathbb{R}$

$$(T_{a,b} \circ T_{c,d})(x) = T_{a,b}(cx + d) = a(cx + d) + b$$
$$= acx + (ad + b) = T_{ac,ad+b}(x)$$

ist, d.h., es gilt

$$f((a, b)) \circ f((c, d)) = T_{a,b} \circ T_{c,d} = T_{ac,ad+b}$$
$$= f((ac, ad + b)) = f((a, b) * (c, d)),$$

denn genauso hatten wir in Aufgabe 3.4 ja die Verknüpfung $(a, b) * (c, d)$ auf $\mathbb{R}^* \times \mathbb{R}$ erklärt. $\qquad\qquad\heartsuit$

Die Beispiele 4.9 – 4.11 zeigen sehr schön, dass zwei isomorphe Gruppen $(\mathcal{G}, *)$ und $(\hat{\mathcal{G}}, \hat{*})$ „dieselbe Struktur" haben; nur die Bezeichnungen für die Elemente und die Art der Verknüpfung können sich unterscheiden. Wenn es aber keinen Isomorphismus, sondern nur einen Homomorphismus zwischen zwei Gruppen gibt, so können diese Gruppen deutlich unterschiedliche Strukturen haben. Auch hierzu bringen wir einige Beispiele:

**Beispiel 4.12.** Die beiden Zahlenmengen $\mathcal{G} = \mathbb{Q}^* := \mathbb{Q} \setminus \{0\}$ und $\hat{\mathcal{G}} := \{-1, 1\}$ seien beide mit der üblichen Multiplikation versehen. Wir definieren eine Abbildung $\operatorname{sgn} : \mathcal{G} \to \hat{\mathcal{G}}$ durch[12]

$$\operatorname{sgn} x := \begin{cases} 1 & \text{falls} \quad x > 0, \\ -1 & \text{falls} \quad x < 0. \end{cases}$$

Dann ist $\operatorname{sgn} : (\mathcal{G}, \cdot) \to (\hat{\mathcal{G}}, \cdot)$ ein Homomorphismus, denn für alle $x, y \in \mathbb{Q}^*$ gilt ja bekanntlich[13]

$$\operatorname{sgn}(xy) = (\operatorname{sgn} x)(\operatorname{sgn} y). \qquad\qquad (4.24)$$

---

[12]Diese Abbildung heißt üblicherweise *Signumfunktion*, weil sie jeder rationalen Zahl $x \neq 0$ ihr „Signum" (= Vorzeichen) zuordnet; vgl. auch Aufgabe 2.34.

[13]Diese Eigenschaft der Signumfunktion wird manchmal als Faustregel „minus mal plus ist minus", „minus mal minus ist plus" usw. formuliert.

Natürlich ist die Signumfunktion kein Isomorphismus zwischen $(\mathbb{Q}^*, \cdot)$ und $(\{-1, 1\}, \cdot)$, da sie nicht injektiv ist.                                        $\heartsuit$

Natürlich hätten wir in Beispiel 4.12 die Signumfunktion auch auf $\mathbb{R}^* = \mathbb{R} \setminus \{0\}$ statt $\mathbb{Q}^*$ betrachten können. Eine gewisse Verallgemeinerung von Beispiel 4.12 von Zahlen auf Matrizen ist im folgenden Beispiel gegeben.

**Beispiel 4.13.** Mit $\mathcal{GL}(\mathbb{Q}, 2)$ bezeichnen wir die Menge aller Matrizen

$$A = \begin{pmatrix} a & b \\ c & d \end{pmatrix} \in \mathcal{M}(\mathbb{Q}, 2)$$

(s. Beispiel 3.2) mit rationalen Einträgen, deren *Determinante*

$$\det A := ad - bc \tag{4.25}$$

verschieden von null ist. Aus Aufgabe 3.9 wissen wir, dass $(\mathcal{GL}(\mathbb{Q}, 2), \circ)$ eine *Gruppe* ist, wobei $\circ$ natürlich das übliche Matrizenprodukt (3.8) bezeichne. Wir behaupten, dass die Determinantenabbildung

$$\det : (\mathcal{GL}(\mathbb{Q}, 2), \circ) \to (\mathbb{Q}^*, \cdot)$$

ein Gruppenhomomorphismus ist. Es gilt nämlich

$$\det \left( \begin{pmatrix} a & b \\ c & d \end{pmatrix} \circ \begin{pmatrix} \alpha & \beta \\ \gamma & \delta \end{pmatrix} \right) = \det \begin{pmatrix} a\alpha + b\gamma & a\beta + b\delta \\ c\alpha + d\gamma & c\beta + d\delta \end{pmatrix}$$

$$= (a\alpha + b\gamma)(c\beta + d\delta) - (a\beta + b\delta)(c\alpha + d\gamma) = ada\delta - bca\delta - ad\beta\gamma + bc\beta\gamma$$

$$= (ad - bc)(\alpha\delta - \beta\gamma) = \det \begin{pmatrix} a & b \\ c & d \end{pmatrix} \cdot \det \begin{pmatrix} \alpha & \beta \\ \gamma & \delta \end{pmatrix}.$$

Für $A, B \in \mathcal{GL}(\mathbb{Q}, 2)$ gilt also $\det(A \circ B) = \det A \cdot \det B$ und dies ist gerade die Behauptung.                                        $\heartsuit$

Wir weisen darauf hin, dass die Determinantenabbildung (4.25) zwar ein Homomorphismus zwischen den Gruppen $(\mathcal{GL}(\mathbb{Q}, 2), \circ)$ und $(\mathbb{Q}^*, \cdot)$ ist, aber *kein Isomorphismus*. In der Tat, die Abbildung (4.25) ist nicht injektiv, denn es gilt ja z.B.

$$\det \begin{pmatrix} 1 & 0 \\ 0 & 1 \end{pmatrix} = \det \begin{pmatrix} -1 & 0 \\ 0 & -1 \end{pmatrix} = 1.$$

Allerdings ist die Abbildung (4.25) surjektiv, denn zu gegebenem $x \in \mathbb{Q}^*$ kann man die Matrix mit den Einträgen $a = x$, $b = c = 0$ und $d = 1$ wählen und erhält $\det A = x$.

Außer Gruppen haben wir in diesem Kapitel noch Ringe und Körper betrachtet, d.h. Mengen, die sogar zwei algebraische Verknüpfungen tragen. Entsprechend sind Abbildungen zwischen Ringen oder Körpern von Interesse, die alle beiden Verknüpfungen respektieren. Die führt in natürlicher Weise auf die folgenden Definitionen.

**Definition 4.5.** Seien $(\mathcal{R}, \oplus, \otimes)$ und $(\hat{\mathcal{R}}, \hat{\oplus}, \hat{\otimes})$ zwei Ringe und sei $f : \mathcal{R} \to \hat{\mathcal{R}}$ eine Abbildung. Dann heißt $f$ ein *Homomorphismus* (genauer: *Ringhomomorphismus*), wenn für alle $x, y \in \mathcal{R}$ die Beziehungen

$$f(x \oplus y) = f(x)\hat{\oplus}f(y) \qquad (4.26)$$

und

$$f(x \otimes y) = f(x)\hat{\otimes}f(y) \qquad (4.27)$$

gelten, d.h., $f$ „respektiert" *beide* algebraischen Operationen auf diesen Mengen. Wie vorher schreiben wir dann $f : (\mathcal{R}, \oplus, \otimes) \to (\hat{\mathcal{R}}, \hat{\oplus}, \hat{\otimes})$. Analog zu Gruppenisomorphismen nennen wir einen bijektiven Ringhomomorphismus auch *Isomorphismus* (genauer: *Ringisomorphismus*). Die Begriffe *Körperhomomorphismus* und *Körperisomorphismus* werden analog für Abbildungen $f$ zwischen zwei Körpern $\mathcal{K}$ und $\hat{\mathcal{K}}$ definiert. $\square$

**Beispiel 4.14.** Sei $(Pol(\mathbb{R}, \mathbb{R}), +, \cdot)$ der Polynomring aus Beispiel 4.4. Ordnen wir jedem Polynom $f(x) = a_n x^n + a_{n-1} x^{n-1} + \ldots + a_2 x^2 + a_1 x + a_0$ seinen Wert $f(0)$ in 0 zu (oder, was dasselbe ist, seinen letzten Koeffizienten $a_0$), so erhalten wir einen Ringhomomorphismus von $(Pol(\mathbb{R}, \mathbb{R}), +, \cdot)$ in $(\mathbb{R}, +, \cdot)$. Dies folgt direkt aus der Definition der Addition (3.10) und der Multiplikation (3.11) (oder (4.13)). Natürlich ist die Zuordnung $f \mapsto f(0)$ nicht injektiv und daher kein Isomorphismus. $\heartsuit$

**Beispiel 4.15.** Sei $(KF(\mathbb{Q}), \oplus, \otimes)$ der Ring der konvergenten rationalen Folgen aus Beispiel 4.5. Ordnen wir jeder konvergenten Folge $(a_n)_n$ ihren Grenzwert gemäß (2.23) zu, so können wir wie in Beispiel 4.5 zeigen, dass für zwei Folgen $(a_n)_n, (b_n)_n \in KF(\mathbb{Q})$ die bemerkenswerten Formeln

$$\lim_{n \to \infty} (a_n + b_n) = \lim_{n \to \infty} a_n + \lim_{n \to \infty} b_n$$

und

$$\lim_{n \to \infty} a_n b_n = (\lim_{n \to \infty} a_n)(\lim_{n \to \infty} b_n)$$

gelten. Diese Formeln besagen aber nicht anderes, als dass die Abbildung, die jeder konvergenten Folge ihren Grenzwert zuordnet, ein Ringhomomorphismus von $(KF(\mathbb{Q}), \oplus, \otimes)$ in $(\mathbb{Q}, +, \cdot)$ ist. Ein entsprechendes Ergebnis gilt natürlich für reelle konvergente Folgen, also für die Ringe $(KF(\mathbb{R}), \oplus, \otimes)$ und $(\mathbb{R}, +, \cdot)$. Die Zuordnung des Grenzwerts ist wieder kein Isomorphismus, da sie offensichtlich nicht injektiv ist.      $\heartsuit$

**Beispiel 4.16.** Sei $(\mathbb{Q}(\sqrt{2}), \oplus, \otimes)$ der Ring aus Beispiel 4.3, den wir schon als Körper erkannt haben. Wir behaupten, dass $(\mathbb{Q}(\sqrt{2}), \oplus, \otimes)$ zum Körper aller Matrizen der Form

$$A = \begin{pmatrix} a & b \\ 2b & a \end{pmatrix} \in \mathcal{M}(\mathbb{Q}, 2) \tag{4.28}$$

mit der üblichen Matrizenaddition (3.5) und -multiplikation (3.8) isomorph ist. In der Tat, bezeichnen wir mit $f$ die Abbildung, die jedem Paar $(a, b) \in \mathbb{Q}(\sqrt{2})$ die Matrix (4.28) zuordnet, so gilt für zwei solcher Paare

$$f((a,b) \oplus (\alpha, \beta)) = f((a + \alpha, b + \beta)) = \begin{pmatrix} a + \alpha & b + \beta \\ 2b + 2\beta & a + \alpha \end{pmatrix}$$

$$= \begin{pmatrix} a & b \\ 2b & a \end{pmatrix} + \begin{pmatrix} \alpha & \beta \\ 2\beta & \alpha \end{pmatrix} = f((a,b)) + f((\alpha, \beta))$$

sowie

$$f((a,b) \otimes (\alpha, \beta)) = f((a\alpha + 2b\beta, a\beta + b\alpha)) = \begin{pmatrix} a\alpha + 2b\beta & a\beta + b\alpha \\ 2a\beta + 2b\alpha & a\alpha + 2b\beta \end{pmatrix}$$

$$= \begin{pmatrix} a & b \\ 2b & a \end{pmatrix} \circ \begin{pmatrix} \alpha & \beta \\ 2\beta & \alpha \end{pmatrix} = f((a,b)) \circ f((\alpha, \beta)).$$

Diese beiden Gleichheiten zeigen, dass $f$ ein Köperhomomorphismus ist; die Bijektivität von $f$ ist klar.      $\heartsuit$

## 4.3 Rationale und reelle Zahlen

In diesem Abschnitt behandeln wir zwei Zahlbereiche, die noch wichtiger als die Menge $\mathbb{N}$ der natürlichen und die Menge $\mathbb{Z}$ der ganzen Zahlen sind.

Wie vorher bezeichnen wir mit $\mathbb{Q}$ die Menge aller rationalen und mit $\mathbb{Q}^+$ die Menge aller positiven rationalen Zahlen. Der folgende wichtige Satz sagt etwas über die „Größe" dieser Mengen aus:

**Satz 4.2.** *Die Mengen $\mathbb{Q}^+$ und $\mathbb{Q}$ sind abzählbar unendlich, d.h. gleichmächtig mit $\mathbb{N}$.*

**Beweis:** Wir benutzen ein „Strickmusterverfahren", welches es uns erlaubt, direkt eine Abzählung von $\mathbb{Q}^+$ und $\mathbb{Q}$ aufzuschreiben:

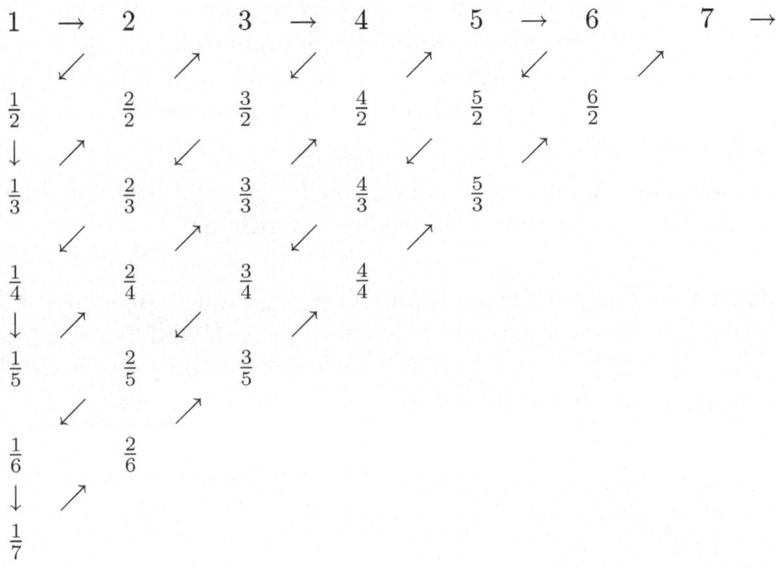

Durchläuft man dieses Schema entlang der Pfeile,[14] so erhält man eine surjektive Abbildung von $\mathbb{N}$ auf $\mathbb{Q}^+$. Fügt man (wie bei $\mathbb{Z}$) am Anfang die Null und hinter jedem Bruch sofort seinen negativen Gegenpart ein, so erhält man sogar eine surjektive Abbildung von $\mathbb{N}$ auf $\mathbb{Q}$. ∎

Wir betrachten nun weitere Eigenschaften von $\mathbb{Q}$. Aus Satz 4.1 wissen wir, dass $\mathbb{Q}$ mit der üblichen Addition und Multiplikation ein Körper ist. Schon in Abschnitt 1.3 haben wir gesehen, dass $\mathbb{Q}$ außer der algebraischen noch eine Ordnungsstruktur trägt, nämlich die Kleiner-gleich-Beziehung

---

[14]Wie man sieht, kommen im Schema viele Wiederholungen vor, z.B. schon in der zweiten Zeile die ganzen Zahlen $\frac{2}{2} = 1$, $\frac{4}{2} = 2$, $\frac{6}{2} = 3$ usw.; diese überflüssigen Zahlen kann man bei der Aufzählung weglassen, denn es kommt ja nur auf die Surjektivität dieser Zuordnung an, nicht auf ihre Injektivität.

mit den Eigenschaften (1.25) – (1.28). Diese Ordnung $\leq$ ist aber nicht unabhängig von den algebraischen Operationen $+$ und $\cdot$, sondern mit diesen über die *Verträglichkeitsrelationen* (1.29) – (1.32) verbunden. Man nennt deswegen $(\mathbb{Q}, +, \cdot, \leq)$ einen *geordneten Körper*.

Allgemein ist also ein geordneter Körper[15] $(\mathcal{K}, +, \cdot, \leq)$ nicht einfach ein Körper $(\mathcal{K}, +, \cdot)$ mit einer Ordnung $\leq$: Es müssen vielmehr die Addition und Multiplikation einerseits und die Ordnung andererseits über Beziehungen wie (1.29) – (1.32) verbunden sein. In einem geordneten Körper gelten viele Eigenschaften, die uns vom „täglichen Rechnen" vertraut sind, z.B. die Tatsache, dass *Quadrate immer nichtnegativ sind*. In der Tat, ist $a$ ein beliebiges Element eines geordneten Körpers $(\mathcal{K}, +, \cdot, \leq)$ mit Nullelement $n$, so gilt nach (1.32) $a^2 = a \cdot a > n^2 = n$ im Falle $a > n$, $a^2 = (-a) \cdot (-a) > n^2 = n$ im Falle $a < n$ und $a^2 = n^2 = n$ im Falle $a = n$.

Es gibt noch eine weitere Eigenschaft von $(\mathbb{Q}, +, \cdot, \leq)$, die von Interesse ist, nämlich die so genannte „archimedische Ordnung".

**Definition 4.6.** Ein geordneter Ring $(\mathcal{R}, +, \cdot, \leq)$ mit Nullelement $0$ heißt *archimedisch geordnet*, wenn es zu jedem $x, y \in \mathcal{R}$ mit $0 < x \leq y$ ein $m \in \mathbb{N}$ gibt derart, dass $mx > y$ ist.[16] Hierbei ist mit $mx$ die „$m$-fache Summe von $x$ mit sich selbst" gemeint, also $mx := \underbrace{x + x + \ldots + x}_{m \ mal}$. $\quad\square$

Das einfachste Beispiel einer solchen Ordnung ist natürlich die Kleinergleich-Ordnung auf $\mathbb{Q}$ (die bei der allgemeinen Definition 4.6 „Pate gestanden" hat):

**Satz 4.3.** $(\mathbb{Q}, +, \cdot, \leq)$ *ist ein archimedisch geordneter Körper.*

**Beweis:** Es ist nur noch zu beweisen, dass die übliche Ordnung $\leq$ auf $\mathbb{Q}$ archimedisch ist. Seien also $x = p/q$ und $y = r/s$ mit $p, q, r, s \in \mathbb{N}$. Wählen wir dann $m \in \mathbb{N}$ so groß, dass $mps > qr$ ist, so gilt

$$mx = m\frac{p}{q} = \frac{mps}{qs} > \frac{qr}{qs} = \frac{r}{s} = y$$

wie verlangt. $\quad\blacksquare$

---

[15]Wir schreiben hier der Einfachheit halber $+$ für die Addition, $\cdot$ für die Multiplikation und $\leq$ für die Ordnung in $\mathcal{K}$, obwohl dies nicht die gewohnten Operationen wie bei den rationalen oder reellen Zahlen sein müssen; vgl. etwa Beispiel 4.16 weiter unten.

[16]Wie im Falle der rationalen oder reellen Zahlen soll die Schreibweise $a < b$ bedeuten, dass $a \leq b$ und $a \neq b$ gilt.

Es gibt durchaus geordnete Ringe, die *nicht* archimedisch geordnet sind.[17]
Wir bringen hierzu ein Beispiel:

**Beispiel 4.17.** Wir definieren auf $\mathcal{R} := \mathbb{Q} \times \mathbb{Q}$ eine Addition $\oplus$ durch

$$(a,b) \oplus (c,d) := (a+c, b+d),$$

eine Multiplikation $\otimes$ durch

$$(a,b) \otimes (c,d) := (ac, ad+bc)$$

sowie eine Ordnung $\preceq$ durch[18]

$$(a,b) \preceq (c,d) \quad :\Leftrightarrow \quad a < c \text{ oder } a = c \text{ und } b \leq d. \tag{4.29}$$

Man kann unschwer zeigen, dass $(\mathcal{R}, \oplus, \otimes, \preceq)$ tatsächlich ein Ring mit
Nullelement $(0,0)$ und Einselement $(1,0)$ ist. Wir beschränken uns darauf
zu erwähnen, dass ein Element $(a,b) \in \mathcal{R}$ das additive Inverse $(-a, -b)$
und im Fall $a \neq 0$ das multiplikative Inverse $(\frac{1}{a}, -\frac{b}{a^2})$ besitzt. Die Ordnung (4.29) auf $\mathcal{R}$ hat dieselben Eigenschaften wie die übliche Ordnung $\leq$
auf $\mathbb{Q}$. Allerdings ist $\mathcal{R}$ *nicht* archimedisch geordnet! Um dies einzusehen,
betrachten wir die Elemente $x := (0,1)$ und $y := (1,0)$, die offenbar der
Bedingung $(0,0) \prec (0,1) \preceq (1,0)$ genügen. Wäre $(\mathcal{R}, \oplus, \otimes, \preceq)$ archimedisch geordnet, so könnten wir ein $m \in \mathbb{N}$ finden mit $y \prec mx$, also

$$(1,0) \prec \underbrace{(0,1) + (0,1) + \ldots + (0,1)}_{m \ mal} = (0,m).$$

Dies ist aber nach unserer Definition (4.29) der Ordnung $\preceq$ nicht möglich,
denn es gilt weder $1 < 0$ noch $1 = 0$. $\qquad\qquad\heartsuit$

Wir wollen uns nun der Menge $\mathbb{R}$ zuwenden und insbesondere *Unterschiede*
zwischen $\mathbb{Q}$ und $\mathbb{R}$ herausstellen. Ein wichtiger Unterschied besteht darin,
dass es „erheblich mehr" reelle Zahlen als rationale Zahlen gibt:

---

[17]Grob gesprochen sichert die archimedische Eigenschaft der Ordnung, dass in den
rationalen oder reellen Zahlen die Folge $\frac{1}{m}$ für $m \to \infty$ gegen null konvergiert. In der so
genannten *Nichtstandard-Analysis* konstruiert man Erweiterungen der reellen Zahlen,
in denen es „unendlich kleine" Zahlen gibt, d.h. solche, die zwar kleiner als $\frac{1}{m}$ für jede
(!) natürliche Zahl $m$ sind, aber trotzdem nicht null. Beispiel 4.17 beschreibt eine solche
Erweiterung.

[18]Machen Sie sich die geometrische Bedeutung dieser Ordnung in der Ebene durch
eine Skizze klar!

**Satz 4.4.** *Die Menge $\mathbb{R}$ ist überabzählbar unendlich, also nicht gleichmächtig mit $\mathbb{N}$.*

**Beweis:** Wir zeigen ein noch stärkeres Ergebnis: *Schon das reelle Intervall* $[0, 1] \subset \mathbb{R}$ *ist überabzählbar unendlich*. Um dies zu beweisen, nehmen wir an, $[0, 1]$ wäre abzählbar unendlich.[19] Dann können wir *alle* Zahlen $x \in [0, 1]$ als Folge in dekadischer Darstellung untereinander auflisten, also[20]

$$\begin{cases} x_1 = 0, a_{1,1} a_{1,2} a_{1,3} a_{1,4} \cdots, \\ x_2 = 0, a_{2,1} a_{2,2} a_{2,3} a_{2,4} \cdots, \\ x_3 = 0, a_{3,1} a_{3,2} a_{3,3} a_{3,4} \cdots, \\ x_4 = 0, a_{4,1} a_{4,2} a_{4,3} a_{4,4} \cdots, \\ x_5 = 0, a_{5,1} a_{5,2} a_{5,3} a_{5,4} \cdots, \\ \qquad \vdots \end{cases} \tag{4.30}$$

Hierbei gilt $a_{i,j} \in \{0, 1, 2, 3, \ldots, 9\}$ für alle $i, j \in \mathbb{N}$. Wir definieren nun eine Zahl $\hat{x} := \hat{a}_1 \hat{a}_2 \hat{a}_3 \hat{a}_4 \ldots$ dadurch, dass wir $\hat{a}_k := a_{k,k} + 1$ setzen. (Ist $a_{k,k} = 9$, so setzen wir $\hat{a}_k := 0$.) Dann ist $\hat{x}$ eine reelle Zahl zwischen 0 und 1, liegt also im Intervall $[0, 1]$. Andererseits kann $\hat{x}$ *nicht* in der Liste (4.30) vorkommen, weil $\hat{x}$ jeweils an der $k$-ten Position von $x_k$ abweicht, also mit *keiner* der Zahlen $x_k$ übereinstimmen kann. Dieser Widerspruch zeigt, dass wir die Zahlen aus $[0, 1]$ eben nicht als abzählbares Schema (4.30) aufschreiben können, d.h., $[0, 1]$ ist nicht abzählbar unendlich. ∎

Aus Satz 4.4 folgt, dass der absolute „Löwenanteil" der reellen Zahlen aus irrationalen Zahlen besteht! Etwas mathematischer ausgedrückt kann man sich das so klar machen: *Wenn man aus der Menge aller reellen Zahlen eine Zahl zufällig auswählt, ist die Wahrscheinlichkeit, dabei eine rationale Zahl zu „erwischen", gleich null.*[21]

Es gibt allerdings einen noch wichtigeren Unterschied zwischen den Mengen $\mathbb{Q}$ und $\mathbb{R}$ als ihre Größe. Wir erinnern dazu an die Begriffe „konvergente Folge" und „Cauchyfolge", die wir in Abschnitt 2.3 eingeführt haben.

---

[19] Dass $[0, 1]$ nicht endlich sein kann, sieht man schon daran, dass die unendliche Folge $(1, \frac{1}{2}, \frac{1}{3}, \frac{1}{4}, \ldots)$ zu $[0, 1]$ gehört.

[20] Wir müssen jede Zahl in (4.30) hinter dem Komma mit doppelten Indizes $i, j$ versehen: Der erste Index $i$ gibt die Position der Zahl $x_i$ im Schema (4.30) an, der zweite Index $j$ die Stelle hinter dem Komma.

[21] Man darf nicht dem Missverständnis aufsitzen, dass „Wahrscheinlichkeit null" ein unmögliches Ereignis bedeutet. Vielmehr bedeutet es in diesem Fall, dass die „typischen" reellen Zahlen irrational sind, während die rationalen Zahlen die „absolute Ausnahme" sind.

Dort haben wir auch gezeigt, dass eine konvergente Folge in $\mathbb{Q}$ oder $\mathbb{R}$ immer Cauchyfolge ist, d.h., es gelten die Inklusionen

$$KF(\mathbb{Q}) \subseteq CF(\mathbb{Q}), \qquad KF(\mathbb{R}) \subseteq CF(\mathbb{R}). \tag{4.31}$$

Der folgende fundamentale Satz 4.5 zeigt, dass die zweite Inklusion in (4.31) sogar eine *Gleichheit* ist.

**Satz 4.5.** *In $\mathbb{R}$ ist jede Cauchyfolge konvergent, d.h., Cauchyfolgen und konvergente Folgen stimmen überein.*

Wir können Satz 4.5 mit den uns zur Verfügung stehenden Mitteln hier nicht beweisen.[22] Wir beschränken uns nur darauf zu bemerken, dass Satz 4.5 in $\mathbb{Q}$ *nicht gilt*, d.h., es gibt in $\mathbb{Q}$ Cauchyfolgen, die (in $\mathbb{Q}$) nicht konvergieren![23] Das liegt einfach daran, dass zwar alle Elemente solcher Folgen rational sind, ihr Grenzwert aber irrational.

Beispielsweise besteht die in Beispiel 2.14 definierte Cauchyfolge (2.21) offensichtlich nur aus rationalen Zahlen, ihr Grenzwert ist aber die irrationale Zahl $\sqrt{2}$. Auch die in Beispiel 2.15 definierte Cauchyfolge (2.22) besteht nur aus rationalen Zahlen, ihr Grenzwert ist aber die irrationale (sogar transzendente, s. Satz 4.14 unten) Euler'sche Zahl $e$. Diese Zahl kann übrigens auch als Grenzwert einer ganz anderen rationalen Cauchyfolge dargestellt werden:

**Beispiel 4.18.** Wir definieren eine rationale Zahlenfolge $(b_n)_n$ durch

$$b_1 := 1 + \frac{1}{1!}, \quad b_2 := 1 + \frac{1}{1!} + \frac{1}{2!}, \ldots,$$
$$b_n := 1 + \frac{1}{1!} + \frac{1}{2!} + \ldots + \frac{1}{n!}.$$

Offensichtlich ist diese Folge monoton steigend, da beim Übergang von $b_n$ zu $b_{n+1}$ jeweils der positive Term $1/(n+1)!$ addiert wird. Außerdem ist die Folge $(b_n)_n$ beschränkt, denn es gilt (vgl. Aufgabe 3.21)

$$0 \leq b_n = 1 + \frac{1}{1!} + \frac{1}{2!} + \ldots + \frac{1}{n!}$$
$$\leq 1 + 1 + \frac{1}{2} + \frac{1}{2^2} + \frac{1}{2^3} + \ldots + \frac{1}{2^{n-1}} \leq 3.$$

---

[22]Das wird einer der ersten Beweise sein, dem Sie in der Analysis begegnen werden.
[23]Mit anderen Worten besagt dies, dass die erste Inklusion in (4.31) strikt ist.

Später (s. Satz 4.7) werden wir sehen, dass hieraus die Konvergenz der Folge $(b_n)_n$ (in $\mathbb{R}$!) folgt. Schon jetzt können wir aber zeigen, dass ihr Grenzwert derselbe wie der Folge $(a_n)_n$ aus (2.22) ist,[24] also die Euler'sche Zahl $e$. In der Tat, bezeichnen wir den Grenzwert der Folge $(b_n)_n$ für den Moment mit $\tilde{e}$, so erhalten wir nach der binomischen Formel (3.30)

$$a_n = \left(1 + \frac{1}{n}\right)^n = \sum_{k=0}^{n} \binom{n}{k} \frac{1}{n^k} = \sum_{k=0}^{n} \frac{n!}{k!(n-k)!} \frac{1}{n^k}$$

$$= 1 + 1 + \frac{1}{2!}\left(1 - \frac{1}{n}\right) + \frac{1}{3!}\left(1 - \frac{1}{n}\right)\left(1 - \frac{2}{n}\right) + \dots$$

$$\dots + \frac{1}{n!}\left(1 - \frac{1}{n}\right)\left(1 - \frac{2}{n}\right)\cdots\left(1 - \frac{n-1}{n}\right) \le b_n,$$

also auch $e \le \tilde{e}$. Andererseits haben wir für $m \le n$

$$a_n \ge 1 + 1 + \frac{1}{2!}\left(1 - \frac{1}{n}\right) + \dots + \frac{1}{m!}\left(1 - \frac{1}{n}\right)\cdots\left(1 - \frac{m-1}{n}\right).$$

Gehen wir in dieser Abschätzung zum Grenzübergang $n \to \infty$ über, so erhalten wir

$$e = \lim_{n \to \infty} a_n \ge 1 + \frac{1}{1!} + \frac{1}{2!} + \dots + \frac{1}{m!} = b_m,$$

woraus auch $e \le \tilde{e}$ folgt. Somit haben wir bewiesen, dass $\tilde{e} = e$ ist.      $\heartsuit$

Wir bringen noch ein Beispiel einer rationalen Folge mit irrationalem Grenzwert, bei der wir die Cauchyfolgen-Eigenschaft ziemlich leicht beweisen können.

**Beispiel 4.19.** Wir definieren eine Folge $(a_n)_n$ durch

$$a_1 := 1, \ a_2 := 1 - \tfrac{1}{2}, \ a_3 := 1 - \tfrac{1}{2} + \tfrac{1}{3},$$

$$a_4 := 1 - \tfrac{1}{2} + \tfrac{1}{3} - \tfrac{1}{4}, \ a_5 := 1 - \tfrac{1}{2} + \tfrac{1}{3} - \tfrac{1}{4} + \tfrac{1}{5}, \dots, \qquad (4.32)$$

$$a_n := 1 - \tfrac{1}{2} + \tfrac{1}{3} - \tfrac{1}{4} + - \dots + (-1)^{n-1}\tfrac{1}{n}.$$

Es ist klar, dass alle Folgenelemente $a_n$ rationale Zahlen sind. Um zu beweisen, dass $(a_n)_n$ eine Cauchyfolge ist, sei $\varepsilon > 0$ gegeben. Zu diesem $\varepsilon$

---

[24]„Experimentell" können Sie das mit Aufgabe 2.54 erledigen.

wählen wir $N \in \mathbb{N}$ so groß, dass $N \geq 1/\varepsilon$ ist. Seien $m, n \in \mathbb{N}$ mit $m, n \geq N$ und (o.B.d.A.) $m > n$, also $k := m - n > 0$. Dann bekommen wir

$$a_m - a_n = a_{n+k} - a_n$$

$$= (-1)^n \left[ \frac{1}{n+1} - \frac{1}{n+2} + \frac{1}{n+3} - \ldots + (-1)^{k-1} \frac{1}{n+k} \right].$$

Den Ausdruck in der eckigen Klammer kann man für gerades $k$ in der Form

$$\frac{1}{n+1} - \frac{1}{n+2} + \frac{1}{n+3} - \ldots + (-1)^{k-1} \frac{1}{n+k}$$

$$= \left( \frac{1}{n+1} - \frac{1}{n+2} \right) + \ldots + \left( \frac{1}{n+k-1} - \frac{1}{n+k} \right)$$

und für ungerades $k$ in der Form

$$\frac{1}{n+1} - \frac{1}{n+2} + \frac{1}{n+3} - \ldots + (-1)^{k-1} \frac{1}{n+k}$$

$$= \left( \frac{1}{n+1} - \frac{1}{n+2} \right) + \ldots + \left( \frac{1}{n+k-2} - \frac{1}{n+k-1} \right) + \frac{1}{n+k}$$

schreiben; in jedem Fall ist er positiv. Also kann man hieraus die Abschätzung

$$|a_m - a_n| = |a_{n+k} - a_n|$$

$$= \frac{1}{n+1} - \frac{1}{n+2} + \frac{1}{n+3} - + \ldots + (-1)^{k-1} \frac{1}{n+k}$$

$$= \frac{1}{n+1} - \left( \frac{1}{n+2} - \frac{1}{n+3} \right) - \left( \frac{1}{n+4} - \frac{1}{n+5} \right) - \ldots$$

$$< \frac{1}{n+1} \leq \frac{1}{N+1} < \varepsilon$$

ableiten und dies bedeutet gerade, dass $(a_n)_n$ Cauchyfolge ist.

Wir bemerken noch, dass auch die Folge (4.32) *nicht* in $\mathbb{Q}$ konvergiert, sondern nur in $\mathbb{R}$.[25] $\qquad \heartsuit$

Die folgende Definition ist fundamental in der Analysis (und sonstwo); wir werden auf diesen Begriff in Kapitel 6 zurückkommen.

---

[25]Der Grenzwert dieser Folge ist $\log 2 \approx 0{,}69$, wie Sie auch noch in der Analysis lernen werden.

**Definition 4.7.** Eine Zahlenmenge, in der jede Cauchyfolge konvergiert, wird als *vollständig* (genauer: *metrisch vollständig*) bezeichnet.     □

Unsere Diskussion zeigt also, dass $\mathbb{R}$ metrisch vollständig ist, $\mathbb{Q}$ dagegen nicht. Es gibt noch einen anderen Vollständigkeitsbegriff, der überraschenderweise zu dem der metrischen Vollständigkeit äquivalent ist, obwohl er völlig anders formuliert wird. Um diesen zu erklären, bedarf es einiger weiterer Definitionen.

Wir nennen eine Menge $M \subseteq \mathbb{R}$ *von oben beschränkt*, falls es eine Zahl $C \in \mathbb{R}$ gibt derart, dass alle $x \in M$ die Abschätzung $x \leq C$ erfüllen, und *von unten beschränkt*, falls es eine Zahl $c \in \mathbb{R}$ gibt derart, dass alle $x \in M$ die Abschätzung $x \geq c$ erfüllen. Ist $M$ sowohl von oben als auch von unten beschränkt, so nennen wir $M$ einfach *beschränkt*.[26] Beispielsweise ist das Intervall $[0, \infty)$ von unten beschränkt, aber nicht von oben, das Intervall $(-\infty, 5)$ von oben, aber nicht von unten und das Intervall $[-3, 11]$ ist schlechthin beschränkt. Eine Zahl $\hat{C} \in \mathbb{R}$ heißt *Supremum* von $M$ (Schreibweise: $\hat{C} = \sup M$), falls sie die *kleinste obere Schranke* von $M$ ist, d.h. das kleinstmögliche $C$ mit $x \leq C$ für alle $x \in M$. Analog heißt eine Zahl $\hat{c} \in \mathbb{R}$ *Infimum* von $M$ (Schreibweise: $\hat{c} = \inf M$), falls sie die *größte untere Schranke* von $M$ ist, d.h. das größtmögliche $c$ mit $x \geq c$ für alle $x \in M$.[27]

**Warnung:** Das Supremum und Infimum einer Menge $M$ (falls es existiert!) darf keinesfalls mit dem schon eingeführten Maximum bzw. Minimum von $M$ verwechselt werden. Der Unterschied besteht darin, dass $\max M$ und $\min M$ *immer zur Menge $M$ selbst dazugehören müssen*, während $\sup M$ und $\inf M$ nicht in $M$ liegen müssen. Besitzt eine Menge $M$ ein Maximum [bzw. Minimum], so ist dies immer auch das Supremum [bzw. Infimum] von $M$. Umgekehrt kann aber eine Menge $M$ ein Supremum [bzw. Infimum] besitzen, ohne dass dies ein Maximum [bzw. Minimum] ist; in diesem Fall ist das Supremum [bzw. Infimum] sozusagen ein „Ersatz" für das nicht vorhandene Maximum [bzw. Minimum]. Vielleicht wird dies klarer an der folgenden Tabelle:

---

[26]Diese Definitionen sind kompatibel mit dem schon eingeführten Beschränktheitsbegriff für Folgen (s. Abschnitt 2.3) und für Funktionen (s. Aufgabe 2.40). In der Tat, eine reelle Zahlenfolge $(a_n)_n$ ist genau dann beschränkt, wenn die zugehörige Wertemenge $\{a_1, a_2, a_3, \ldots\}$ beschränkt ist, und eine reelle Funktion $f$ ist genau dann beschränkt, wenn ihr Wertebereich beschränkt ist.

[27]In der englischen Literatur findet man auch oft die Abkürzungen lub $M$ (*least upper bound*) statt $\sup M$ sowie glb $M$ (*greatest lower bound*) statt $\inf M$.

| Menge $M$ | inf $M$ | sup $M$ | min $M$ | max $M$ |
|---|---|---|---|---|
| $[0,1]$ | 0 | 1 | 0 | 1 |
| $[0,1)$ | 0 | 1 | 0 | ex. nicht |
| $(0,1]$ | 0 | 1 | ex. nicht | 1 |
| $(0,1)$ | 0 | 1 | ex. nicht | ex. nicht |
| $[0,\infty)$ | 0 | ex. nicht | 0 | ex. nicht |
| $(0,\infty)$ | 0 | ex. nicht | ex. nicht | ex. nicht |
| $(-\infty,1]$ | ex. nicht | 1 | ex. nicht | 1 |
| $(-\infty,1)$ | ex. nicht | 1 | ex. nicht | ex. nicht |

Man sieht an der Tabelle, dass die Randpunkte eines beschränkten Intervalls die Rolle des Maximums [bzw. Minimums] übernehmen, falls sie dazugehören, aber nur die Rolle des Supremums [bzw. Infimums], falls sie nicht dazugehören. An der Tabelle sieht man auch, dass die Existenz des Supremums [bzw. Infimums] bei einem Intervall nur daran scheitert, dass dieses Intervall nicht von oben [bzw. von unten] beschränkt ist. Dies legt die folgende Frage nahe: *Besitzt vielleicht jede beschränkte Teilmenge von* $\mathbb{R}$ *ein Supremum und Infimum?* Die (positive) Antwort wird durch den folgenden Satz gegeben, für dessen Beweis wir Sie wieder auf die Analysis vertrösten müssen:

**Satz 4.6.** *Jede von oben beschränkte nichtleere Menge $M \subset \mathbb{R}$ besitzt ein Supremum und jede von unten beschränkte nichtleere Menge $M \subset \mathbb{R}$ besitzt ein Infimum.*

Als wichtige Folgerung aus Satz 4.6 zeigen wir nun, dass monotone beschränkte Folgen in $\mathbb{R}$ immer konvergent sind und dass man ihren Grenzwert sogar angeben kann:

**Satz 4.7.** *Jede monoton steigende von oben beschränkte Folge $(a_n)_n$ konvergiert in $\mathbb{R}$ gegen die Zahl $a := \sup\{a_1, a_2, a_3, \ldots\}$ und jede monoton fallende von unten beschränkte Folge $(a_n)_n$ konvergiert in $\mathbb{R}$ gegen die Zahl $a := \inf\{a_1, a_2, a_3, \ldots\}$.*

**Beweis:** Gelte $a_1 \leq a_2 \leq \ldots \leq a_n \ldots$ sowie $a_n \leq C$ für alle $n \in \mathbb{N}$ und sei $\varepsilon > 0$. Nach Definition von $a$ als Supremum der beschränkten Menge[28] $\{a_1, a_2, a_3, \ldots\}$ finden wir ein $N \in \mathbb{N}$ derart, dass $a - \varepsilon < a_N \leq a$ gilt, denn andernfalls wäre schon $a - \varepsilon$ obere Schranke dieser Menge. Wegen

---

[28]Genau an dieser Stelle benutzen wir Satz 4.6, denn als reelle Zahl existiert das Supremum immer!

der Monotonie der Folge $(a_n)_n$ gilt dann aber auch $a - \varepsilon < a_n \leq a$ für alle $n \geq N$ und dies bedeutet gerade $a_n \to a$ für $n \to \infty$ wie behauptet.

Der Beweis des zweiten Teils ist vollständig analog. ∎

Wichtige Beispiele von Folgen, auf die Satz 4.7 anwendbar ist, sind die beiden Folgen aus Beispiel 2.15 und Beispiel 4.18, die beide gegen die Euler'sche Zahl $e$ konvergieren.

**Definition 4.8.** Eine geordnete Zahlenmenge wird *vollständig* (genauer: *ordnungsvollständig*) genannt, wenn sie gerade die in Satz 4.6 angesprochene Eigenschaft hat, d.h., wenn beschränkte Teilmengen dieser Zahlenmenge stets ein Supremum und Infimum haben. □

Satz 4.6 besagt also, dass der geordnete Körper $(\mathbb{R}, +, \cdot, \leq)$ ordnungsvollständig ist. Erstaunlicherweise ist dies für den geordneten Körper $(\mathbb{Q}, +, \cdot, \leq)$ falsch!

**Beispiel 4.20.** Wir definieren eine Teilmenge $M$ von $\mathbb{Q}$ durch

$$M := \{x \in \mathbb{Q} : x^2 < 2\}. \tag{4.33}$$

Man sieht leicht, dass $M$ von oben beschränkt ist (etwa durch $C := 5$). Wir zeigen, dass $M$ *kein Supremum in $\mathbb{Q}$ besitzt.*[29]

Dazu nehmen wir an, $y := \sup M$ mit $y \in \mathbb{Q}$ existiert. Nach Definition des Supremums gilt dann $x \leq y$ für jedes $x \in M$ (d.h., $y$ ist obere Schranke für $M$) und jede andere obere Schranke $C$ von $M$ erfüllt $C \geq y$ (d.h., $y$ ist *kleinste* obere Schranke von $M$). Wir unterscheiden nun drei Fälle.

1. Fall: $y^2 < 2$. Dies bedeutet, dass $y \in M$ gilt, also sogar $y = \max M$. Wir fixieren eine reelle Zahl $h \in (0, 1)$ mit

$$h < \frac{2 - y^2}{2y + 1}; \tag{4.34}$$

---

[29]Natürlich besitzt (wegen Satz 4.6) die Menge (4.33) ein *reelles* Supremum (nämlich $\sqrt{2}$). Der Trick ist, dass dieses Supremum eben nicht rational ist. Wir haben hier dasselbe Phänomen vor uns wie bei rationalen Cauchyfolgen, die einen irrationalen Grenzwert besitzen; vgl. die Bemerkungen nach Satz 4.5. Der tiefere Grund hierfür liegt darin, dass metrische und Ordnungsvollständigkeit *äquivalente* Eigenschaften sind, obwohl sie doch mit völlig unterschiedlichen Begriffen definiert werden! Nur deswegen dürfen wir in den Definitionen 4.7 und 4.8 denselben Namen benutzen.

dann folgt aus $y < 1$ und (4.34) die Abschätzung

$$(y + h)^2 = y^2 + (2y + h)h < y^2 + (2y + 1)h$$

$$< y^2 + (2y + 1)\frac{2 - y^2}{2y + 1} = y^2 + (2 - y^2) = 2.$$

Dies besagt aber, dass $x \in M$ gilt, obwohl $x$ größer als $y = \max M$ ist, ein Widerspruch.

2. Fall: $y^2 = 2$. Das ist unmöglich wegen $y \in \mathbb{Q}$ (s. Satz 1.1).

3. Fall: $y^2 > 2$. In diesem Fall definieren wir

$$C := y - \frac{y^2 - 2}{2y} \tag{4.35}$$

und beachten, dass $C < y$ gilt, weil der Bruch in (4.35) positiv ist. Für das Quadrat von $C$ erhalten wir dann

$$C^2 = y^2 - 2y\frac{y^2 - 2}{2y} + \left(\frac{y^2 - 2}{2y}\right)^2 > y^2 - (y^2 - 2) = 2.$$

Dies besagt aber nichts anderes, als dass $C$ eine obere Schranke für $M$ ist, obwohl $C$ kleiner als die *kleinste* obere Schranke $y = \sup M$ ist, nochmals ein Widerspruch.

Damit war unsere Annahme der Existenz von $y$ falsch und wir haben alles gezeigt. $\heartsuit$

Satz 4.6 erlaubt es uns, den folgenden Satz zu beweisen, der parallel zu Satz 4.3 ist:

**Satz 4.8.** $(\mathbb{R}, +, \cdot, \leq)$ *ist ein archimedisch geordneter Körper.*

**Beweis:** Wir müssen nur noch beweisen, dass die übliche Ordnung $\leq$ auf $\mathbb{R}$ archimedisch ist. Seien also $x$ und $y$ reelle Zahlen mit $0 < x \leq y$; wir müssen zeigen, dass es ein $m \in \mathbb{N}$ mit $mx > y$ gibt. Angenommen, dies ist falsch, dann gilt $mx \leq y$ für *alle* $m \in \mathbb{N}$. Die Menge

$$M := \{mx : m \in \mathbb{N}\} \subset \mathbb{R}$$

ist dann also von oben beschränkt (durch $y$). Nach Satz 4.6 existiert also $s := \sup M$. Nach Definition der oberen Schranke gilt dann $mx \leq s$ für alle $m \in \mathbb{N}$. Dann ist aber auch $(m + 1)x \leq s$, also $mx \leq s - x$ für alle

$m \in \mathbb{N}$, im Widerspruch dazu, dass $s$ die *kleinste* obere Schranke von $M$ ist. $\blacksquare$

Man kann ohne Übertreibung sagen, dass die in Satz 4.6 formulierte Vollständigkeit der Menge $\mathbb{R}$ das „Herzstück" der Reellen Analysis ist.[30] Zum Beispiel folgt aus diesem Satz auch, dass man in $\mathbb{R}$ aus positiven Zahlen beliebig „Wurzeln ziehen darf":

**Satz 4.9.** *Zu jedem $n \in \mathbb{N}$ und jeder positiven Zahl $x \in \mathbb{R}$ gibt es eine eindeutig bestimmte positive Zahl $y \in \mathbb{R}$ mit $y^n = x$.*

**Beweis:** Die Eindeutigkeit der Zahl $y$ folgt einfach aus der strengen Monotonie der Funktion $y \mapsto y^n$ auf $\mathbb{R}^+$ (s. Aufgabe 3.36).

Um die Existenz der Zahl $y$ zu beweisen, betrachten wir die Menge

$$M := \{t \in \mathbb{R} : t > 0,\ t^n < x\}.$$

Diese Menge ist nichtleer, denn die Zahl $t := x/(1+x)$ ist positiv und erfüllt $t^n \leq t < x$, gehört also zu $M$. Weiter ist $M$ von oben beschränkt durch $C := 1+x$, denn aus $t > C$ folgt stets $t^n \geq t > x$, d.h., $t \notin M$. Satz 4.6 garantiert also die Existenz der Zahl

$$y := \sup M;$$

wir behaupten, dass dies gerade die gesuchte Lösung der Gleichung $y^n = x$ ist. Um dies zu beweisen, führen wir die Annahmen $y^n < x$ und $y^n > x$ beide zum Widerspruch, indem wir so ähnlich wie in Beispiel 4.20 argumentieren.

Angenommen, es gilt $y^n < x$. Wir wählen $h \in (0,1)$ so klein, dass die Ungleichung

$$h < \frac{x - y^n}{(1+y)^n - y^n}$$

erfüllt ist. Anwendung der allgemeinen binomischen Formel (3.30) mit

---

[30]Es ist übrigens auch wieder der Grund dafür, warum man Analysis in der Menge der reellen Zahlen betreibt und nicht in der (doch viel leichter handhabbaren) Menge der rationalen Zahlen.

$a := y$ und $b := h$ ergibt dann

$$(y + h)^n = \sum_{k=0}^{n} \binom{n}{k} y^{n-k} h^k$$

$$= y^n + \binom{n}{1} y^{n-1} h + \ldots + \binom{n}{n-1} y h^{n-1} + h^n$$

$$\leq y^n + h \left[ \binom{n}{1} y^{n-1} + \ldots + \binom{n}{n-1} y + 1 \right]$$

$$= y^n + h\left[(1+y)^n - y^n\right] < y^n + (x - y^n) = x.$$

Dies zeigt, dass $y + h \in M$ gilt, im Widerspruch dazu, dass $y$ obere Schranke für $M$ sein sollte.

Nun nehmen wir $y^n > x$ an und wählen $h \in (0,1)$ mit (o.B.d.A.) $h < y$ so klein, dass die Ungleichung

$$h < \frac{y^n - x}{(1+y)^n - y^n}$$

erfüllt ist. Wiederum liefert die allgemeine binomische Formel (3.30) mit $a := y$ und $b := -h$ dann

$$(y - h)^n = \sum_{k=0}^{n} \binom{n}{k} y^{n-k} (-h)^k$$

$$= y^n - \binom{n}{1} y^{n-1} h + \ldots + (-1)^{n-1} \binom{n}{n-1} y h^{n-1} + (-1)^n h^n$$

$$= y^n - h \left[ \binom{n}{1} y^{n-1} + \ldots - (-1)^{n-1} \binom{n}{n-1} y h^{n-2} + h^{n-1} \right]$$

$$\geq y^n - h \left[ \binom{n}{1} y^{n-1} - \ldots + \binom{n}{n-1} y + 1 \right]$$

$$= y^n - h\left[(1+y)^n - y^n\right] > y^n - (y^n - x) = x.$$

Dies zeigt, dass $y - h$ obere Schranke für $M$ ist, im Widerspruch dazu, dass $y$ die kleinste obere Schranke sein sollte. Damit ist alles gezeigt.  ∎

Die positive reelle Zahl $y$, deren Existenz und Eindeutigkeit durch Satz 4.9 garantiert wird, wird bekanntlich mit $\sqrt[n]{x}$ oder $x^{1/n}$ bezeichnet und „$n$-te Wurzel aus $x$" genannt.

**Warnung:** An dieser Stelle ist eine Bemerkung zur Positivität von $x$ und $y$ in Satz 4.9 angebracht. Für $n \in \mathbb{N}$ und $a \in \mathbb{R}^+$ wird der Ausdruck $\sqrt[n]{a}$ gewöhnlich als *positive* reelle Lösung der Gleichung

$$y^n = a \tag{4.36}$$

definiert und so haben wir es ja auch in Satz 4.9 gemacht. Ist $n$ eine gerade Zahl, so ist aber außer $\sqrt[n]{a}$ auch $-\sqrt[n]{a}$ Lösung der Gleichung (4.36). Für die Definition des Ausdrucks $\sqrt[n]{a}$ braucht man die Einschränkung auf positive Lösungen, damit die Zahl, die durch diesen Ausdruck gegeben ist, eindeutig bestimmt ist. Beispielsweise darf ja $\sqrt{9}$ nicht 3 und gleichzeitg $-3$ bezeichnen!

Warum aber ist es üblich, nur nichtnegative Zahlen unter der Wurzel zuzulassen? Wenn man für $a$ eine negative reelle Zahl und $n$ eine ungerade natürliche Zahl annimmt, dann gibt es nur eine reelle Lösung der Gleichung (4.36), *und diese ist negativ*. Dieser Fall ist also auf den ersten Blick sogar unproblematischer als der oben genannte: Die Schreibweise $\sqrt[3]{-8} = -2$ erscheint ja durchaus sinnvoll zu sein. Aus negativen reellen Zahlen kann man aber allenfalls „ungerade Wurzeln" ziehen. Beispielsweise kann der Ausdruck $\sqrt[4]{-8}$ keine reelle Zahl bezeichnen, ist also in $\mathbb{R}$ sinnlos, denn die vierte Potenz einer reellen Zahl ist immer nichtnegativ. Indem man nur nichtnegative reelle Zahlen $a$ als Argumente unter der Wurzel zulässt, stellt man also sicher, dass der Ausdruck $\sqrt[n]{a}$ in jedem Fall eine (eindeutig bestimmte) reelle Zahl bezeichnet.

Ist $a$ eine negative reelle Zahl und $n$ ungerade, so verwendet man den Ausdruck $-\sqrt[n]{|a|}$ für die reelle Lösung der Gleichung (4.36). Dies haben wir übrigens schon in (2.14) bei der Betrachtung der Inversen zur Potenzfunktion $x \mapsto x^3$ so gemacht.

Es gibt aber noch einen anderen Grund für die Einschränkung auf nichtnegative Argumente unter dem Wurzelzeichen. Solange man bei Potenzen $a^n$ nur natürliche Zahlen $n$ als Exponenten zulässt, ist es kein Problem, auch negative reelle Zahlen $a$ als Basis zu benutzen. Das Vorzeichen von $a^n$ ergibt sich einfach aus den Vorzeichenregeln für die Multiplikation: Ist $a$ negativ, kommt es darauf an, ob $n$ gerade oder ungerade ist.

Mit Einführung von Wurzeln lässt man nun auch Bruchzahlen als Exponenten zu, denn $\sqrt[n]{a}$ ist ja nur eine andere Schreibweise für $a^{1/n}$. Bei Bruchzahlen verlieren aber die Begriffe „gerade" und „ungerade" ihren Sinn. Da auch für Potenzen mit Bruchzahlen im Exponenten die Rechenregeln für Potenzen gelten sollen, ergeben sich Probleme mit negativen

Basen. Beispielsweise bekäme man dann das absurde Ergebnis

$$-2 = (-8)^{1/3} = (-8)^{2/6} = 64^{1/6} = 2.$$

Die Beschränkung auf nichtnegative Zahlen als Basis von Potenzen ist also der Preis dafür, dass man den Zahlbereich für Exponenten auf Bruchzahlen ausdehnt. Eine wirklich befriedigende Theorie der Gleichung (4.36) kann man allerdings nur im Rahmen der *komplexen Zahlen* bekommen; mit diesen werden wir uns im anschließenden Abschnitt ausführlich befassen.

## 4.4 Komplexe Zahlen

Wir erweitern nun die Menge $\mathbb{R}$ der reellen Zahlen noch einmal zur Menge $\mathbb{C}$ der komplexen Zahlen. Während die Erweiterung von $\mathbb{Q}$ zu $\mathbb{R}$ hauptsächlich deswegen geschieht, um (metrische oder Ordnungs-) Vollständigkeit (d.h. die Konvergenz jeder Cauchyfolge bzw. die Existenz von Suprema und Infima) zu erreichen, hat die nochmalige Erweiterung von $\mathbb{R}$ zu $\mathbb{C}$ rein algebraische Gründe: Man will einfach mehr Gleichungen lösen können.

Die einfachste Gleichung, die wir in $\mathbb{R}$ nicht lösen können, ist $x^2 + 1 = 0$. Dies folgt aus Satz 4.8 und der schon erwähnten Tatsache, dass in einem geordneten Körper Quadrate stets nichtnegativ sind, es also keine reelle Zahl $x$ mit $x^2 = -1$ geben kann. Die komplexen Zahlen konstruiert man nun aus den reellen gerade dadurch, dass man zu $\mathbb{R}$ eine neue (nichtreelle!) Zahl $i$ „adjungiert".[31] Diese Zahl $i$ ist definiert als eine Lösung der Gleichung $x^2 = -1$, die ja in $\mathbb{R}$ keine Lösung besitzt; man schreibt dafür auch $i = \sqrt{-1}$.

Formal geschieht die Adjunktion folgendermaßen. Wir betrachten die Menge $\mathbb{R}^2 = \mathbb{R} \times \mathbb{R}$ aller reellen Zahlenpaare $(x, y)$, versehen mit der Addition

$$(x, y) + (u, v) := (x + u, y + v) \tag{4.37}$$

und der Multiplikation[32]

$$(x, y) \cdot (u, v) := (xu - yv, xv + yu). \tag{4.38}$$

---

[31] Das ist Algebraiker-Slang und bedeutet, dass man formal Summen der Form $a + bi$ betrachtet. Ein ähnliches Verfahren haben wir in Beispiel 4.3 angewandt, wo wir zur Menge der rationalen Zahlen die irrationale Zahl $\sqrt{2}$ adjungiert haben. Ein gegebener Zahlbereich wird durch eine solche Adjunktion natürlich nur dann echt erweitert, wenn die zu adjungierende Zahl nicht schon zum ursprünglichen Zahlbereich gehört.

[32] Diese Multiplikation haben wir schon in Aufgabe 3.6 eingeführt.

Mit diesen beiden Verknüpfungen versehen nennen wir $\mathbb{R}^2$ ab jetzt *Menge der komplexen Zahlen* und schreiben dafür $\mathbb{C}$ statt $\mathbb{R}^2$.

**Satz 4.10.** $(\mathbb{C}, +, \cdot)$ *ist ein Körper.*

**Beweis:** Man bestätigt leicht, dass $(\mathbb{C}, +)$ mit der Addition (4.37) eine abelsche Gruppe mit Nullelement $(0,0)$ ist und dass $(-x, -y)$ additiv-invers zu $(x,y)$ ist. Neutrales Element bzgl. der Multiplikation (4.38) ist $(1,0)$, multiplikativ-invers zum Element $(x,y) \neq (0,0)$ ist das Element

$$(x,y)^{-1} := \left( \frac{x}{x^2 + y^2}, -\frac{y}{x^2 + y^2} \right).$$

In der Tat gilt

$$(x,y)\cdot(x,y)^{-1} = \left( x\frac{x}{x^2 + y^2} + y\frac{y}{x^2 + y^2}, -x\frac{y}{x^2 + y^2} + y\frac{x}{x^2 + y^2} \right) = (1,0),$$

falls $(x,y) \neq (0,0)$, also $x^2 + y^2 \neq 0$ ist. Die Körperaxiome für $(\mathbb{C}, +, \cdot)$ sind leicht nachzuprüfen. $\blacksquare$

Betrachten wir einmal ein einfaches Beispiel. Für die Paare $(1,2)$ und $(3,-4)$ etwa bekommen wir nach (4.37) und (4.38)

$$(1,2) + (3,-4) = (4,-2), \qquad (1,2) \cdot (3,-4) = (11,2),$$

und zum Paar $(3,-4)$ ist das Paar

$$(3,-4)^{-1} = \left( \frac{3}{25}, \frac{4}{25} \right)$$

multiplikativ-invers. Wenn wir also $(1,2)$ durch $(3,-4)$ „dividieren" wollen, müssen wir nur das Produkt $(1,2)\cdot(3,-4)^{-1}$ ausrechnen und erhalten nach (4.38)

$$(1,2) \cdot (3,-4)^{-1} = (1,2) \cdot \left( \frac{3}{25}, \frac{4}{25} \right) = \left( -\frac{1}{5}, \frac{2}{5} \right).$$

Wir bemerken, dass man die Menge $\mathbb{R}$ in die Menge $\mathbb{C}$ „einbetten" kann, indem man jede Zahl $x \in \mathbb{R}$ mit dem Paar $(x,0) \in \mathbb{C}$ „identifiziert". Diese Einbettung ist auch verträglich mit den algebraischen Operationen auf $\mathbb{R}$ und $\mathbb{C}$, denn es gilt

$$(x,0) + (y,0) = (x+y,0), \qquad (x,0) \cdot (y,0) = (xy,0),$$

wie man leicht mit (4.37) und (4.38) bestätigt.

Was haben wir mit dieser Erweiterung gewonnen? Nun, *in der Menge* $\mathbb{C}$ *können wir jetzt die Gleichung* $x^2 + 1 = 0$ *lösen*. Die Lösung ist einfach $(0, 1)$ denn Einsetzen liefert unter Beachtung von (4.38)

$$(0, 1) \cdot (0, 1) = (0 \cdot 0 - 1 \cdot 1, 0 \cdot 1 + 1 \cdot 0) = (-1, 0),$$

und das Paar $(-1, 0)$ wollten wir ja mit der reellen Zahl $-1$ identifizieren. Wegen seiner Wichtigkeit bekommt das Paar $(0, 1)$ ein eigenes Symbol, nämlich $i$ und wird als *imaginäre Einheit* bezeichnet. Statt $(x, y)$ schreiben wir im Folgenden stets $x + yi$ wie üblich. Unter Beachtung der Tatsache, dass $i^2 = -1$ ist, können wir die Operationen (4.37) und (4.38) dann in der gewohnten Form

$$(x + yi) + (u + vi) = (x + u) + (y + v)i \tag{4.39}$$

und

$$(x + yi) \cdot (u + vi) = (xu - yv) + (xv + yu)i \tag{4.40}$$

schreiben. Komplexe Zahlen haben also stets die Form $z = x + yi$; hierbei wird $x = \operatorname{Re} z$ als der *Realteil* von $z$ und $y = \operatorname{Im} z$ als der *Imaginärteil* von $z$ bezeichnet.[33] Insbesondere heißen Zahlen der Form $z = x$ *rein reell* und Zahlen der Form $z = yi$ *rein imaginär*.

Ist $z = x + yi$ eine komplexe Zahl, so nennt man die Zahl

$$\overline{z} := x - yi \tag{4.41}$$

die zu $z$ *konjugiert komplexe Zahl*. Es gilt also $\operatorname{Re} \overline{z} = \operatorname{Re} z$ und $\operatorname{Im} \overline{z} = -\operatorname{Im} z$. Weiter können wir durch

$$|z| := \sqrt{x^2 + y^2} \tag{4.42}$$

den *Absolutbetrag* (oder nur *Betrag*) einer komplexen Zahl $z = x + yi$ definieren. Dieser Betrag hat dieselben Eigenschaften (1.33) – (1.37) wie der Betrag einer reellen Zahl.[34] Außerdem führen wir ein (reelles)[35] *Skalarprodukt* auf $\mathbb{C}$ durch

$$\langle z, w \rangle := \operatorname{Re}(z\overline{w}) \tag{4.43}$$

---

[33]Real- und Imaginärteil einer komplexen Zahl sind also stets *reelle* Zahlen!

[34]Wir können die Operationen (4.41) und (4.42) auch sehr schön geometrisch deuten: Stellen wir nämlich die komplexe Zahl $z = x + yi$ als Paar $(x, y)$ in der Ebene dar, so entspricht der Übergang zur konjugiert komplexen Zahl (4.41) einer Spiegelung an der $x$-Achse, während der Betrag (4.42) nichts anderes als der Abstand des Punktes $(x, y)$ vom Ursprung $(0, 0)$ ist.

[35]Neben dem reellen Skalarprodukt (4.43) betrachtet man auch das komplexe Skalarprodukt $\langle z, w \rangle := z\overline{w} = (xu + yv) + (yu - xv)i$.

ein. Für $z = x + yi$ und $w = u + vi$ erhält man dann

$$\langle z, w \rangle := \operatorname{Re}\left((x + yi)(u - vi)\right) = xu + yv,$$

d.h., (4.43) ist genau das übliche Skalarprodukt auf dem Euklidischen Raum $\mathbb{R}^2$. Die Operationen (4.41) – (4.43) haben einige nützliche Eigenschaften, deren Nachweis wir wieder der Leserin und dem Leser als Übungsaufgabe überlassen (s. Aufgabe 4.34 und 4.45).

Betrachten wir noch einmal das Beispiel, bei dem wir oben „in Paaren" gerechnet haben. In normaler Schreibweise sind dies die Zahlen $z = 1 + 2i$ und $w = 3 - 4i$; wir bekommen dann

$$\overline{z} = 1 - 2i, \ \overline{w} = 3 + 4i, \ z + w = 4 - 2i, \ z \cdot w = 11 + 2i,$$

$$\frac{z}{w} = -\frac{1}{5} + \frac{2}{5}i, \ |z| = \sqrt{5}, \ |w| = 5, \ \langle z, w \rangle = -5.$$

Etwas anspruchsvollere Rechnungen mit komplexen Zahlen kann man in Aufgabe 4.27 finden oder (besser) sich selbst ausdenken.

Die Gleichungen (4.39) und (4.40) zeigen, dass die Addition in *kartesischen Koordinaten* einfach, die Multiplikation dagegen kompliziert ist. Betrachtet man dagegen *Polarkoordinaten*, so wird die Addition kompliziert, die Multiplikation aber einfach. Wir können nämlich jede komplexe Zahl $z \in \mathbb{C} \setminus \{0\}$ *eindeutig* in der Form

$$z = re^{i\alpha} = r(\cos \alpha + i \sin \alpha) \qquad (r > 0, \ 0 \leq \alpha < 2\pi) \qquad (4.44)$$

darstellen. Hierbei ist $r = |z|$ nichts anderes als der Betrag von $z$, während die Zahl $\alpha =: \arg z \in [0, 2\pi)$ das *Argument*[36] von $z$ heißt. Insbesondere ist für $z = -1$ offenbar $\arg z = \pi$, d.h., es gilt die höchst bemerkenswerte Formel[37]

$$\boxed{e^{\pi i} + 1 = 0}$$

die eine geradezu „mystische" (vor allem für Nichtmathematiker) Verbindung zwischen den wichtigen Zahlen 0, 1, $e$, $\pi$ und $i$ herstellt.

---

[36] Auch das Argument hat eine einfache geometrische Bedeutung: Es ist der Winkel, den der $z$ repräsentierende Vektor mit der positiven reellen Achse bildet. Es gilt also $\arg z = 0$ oder $\arg z = \pi$ genau für rein reelle und $\arg z = \pi/2$ oder $\arg z = 3\pi/2$ genau für rein imaginäre Zahlen $z$.

[37] Diese Formel wurde in einer Umfrage unter Mathematikern vor einigen Jahren als die „schönste Formel der Mathematik" gewählt.

Der Zusammenhang zwischen kartesischen und Polarkoordinaten ist gegeben durch die Transformation

$$\begin{cases} x = r\cos\alpha, \\ y = r\sin\alpha \end{cases}$$

und ihre Umkehrtransformation[38]

$$\begin{cases} r = |z| = \sqrt{x^2 + y^2}, \\ \alpha = \arg z = \begin{cases} \arctan\frac{y}{x} & \text{für} \quad x > 0, \\ \pi + \arctan\frac{y}{x} & \text{für} \quad x < 0, \\ \frac{\pi}{2} & \text{für} \quad x = 0 \text{ und } y > 0, \\ -\frac{\pi}{2} & \text{für} \quad x = 0 \text{ und } y < 0. \end{cases} \end{cases}$$

Die Multiplikation zweier komplexer Zahlen $z = re^{i\alpha}$ und $w = se^{i\beta}$ in Polarkoordinaten hat dann die besonders einfache Form

$$zw = re^{i\alpha}se^{i\beta} = rse^{i(\alpha+\beta)}. \tag{4.45}$$

Mit anderen Worten, es gilt die suggestive Formel

$$|zw| = |z|\,|w|, \qquad \arg(zw) = \arg z + \arg w, \tag{4.46}$$

d.h., *die Beträge werden multipliziert und die Argumente addiert.*

Das können wir auch geometrisch deuten. Eine komplexe Zahl $z = x+yi \neq 0$ kann man sich als einen „Ortsvektor" in der Ebene vorstellen, dessen Beginn im Ursprung $(0,0)$ und dessen Spitze im Punkt $(x,y)$ liegt (Zeichnung!). Der Addition (4.39) komplexer Zahlen entspricht dann einfach die „Aneinanderlegung" von Vektoren, wie Sie sie vielleicht im Physikunterricht in der Schule unter dem Schlagwort „Kräfteparallelogramm" kennen gelernt haben. Die Formel für die Multiplikation können wir dann, sofern wir sie mit Polarkoordinaten wie in (4.45) schreiben, auch geometrisch deuten: Die Längen der Ortsvektoren werden *multipliziert*, während die Winkel, die sie mit der positiven reellen Achse bilden, *addiert* werden.

**Warnung.** Streng genommen muss die „logarithmische Argumentformel" in (4.46) durch die korrekte Formel

$$\arg(zw) \equiv \arg z + \arg w \;(\mathrm{mod}\,2\pi)$$

---

[38] Hierbei bezeichnet $\arctan t$ diejenige eindeutig bestimmte reelle Zahl $\alpha \in (-\frac{\pi}{2}, \frac{\pi}{2})$, für die $\sin\alpha = t\cos\alpha$ ist.

ersetzt werden, d.h., man muss „modulo $2\pi$ reduzieren", falls $\arg z + \arg w$ außerhalb des Intervalls $[0, 2\pi)$ liegt. Solche Kongruenzen werden wir (für natürliche Zahlen $m$ statt $2\pi$) ausführlich in Abschnitt 5.2 behandeln.

Beispielsweise gilt für $z = 2 + 2\sqrt{3}i$ und $w = 1 + i$ in kartesischen Koordinaten

$$zw = (2 + 2\sqrt{3}i)(1+i) = (2 - 2\sqrt{3}) + (2 + 2\sqrt{3})i = 2(1 - \sqrt{3}) + 2(1 + \sqrt{3})i.$$

Wegen $|z|^2 = 4 + 4 \cdot 3 = 16$, $\arg z = \pi/3$, $|w|^2 = 2$ und $\arg w = \pi/4$ gilt dagegen in Polarkoordinaten

$$zw = 4e^{\pi i/3} \cdot \sqrt{2}e^{\pi i/4} = 4\sqrt{2}e^{7\pi i/12},$$

und das ist genau dieselbe komplexe Zahl. Das Skalarprodukt (4.43) zweier komplexer Zahlen $z = re^{i\alpha}$ und $w = se^{i\beta}$ wird in Polarkoordinaten zu

$$\langle z, w \rangle = \operatorname{Re}\left(re^{i\alpha}se^{-i\beta}\right) = rs\cos(\alpha - \beta),$$

und hieraus folgt wieder sehr einfach, dass wir in der Cauchy-Schwarz-Ungleichung (s. Aufgabe 4.48) Gleichheit genau für $|\cos(\alpha - \beta)| = 1$ bekommen, d.h., wenn $z$ und $w$ *kollinear* sind.[39]

Übrigens erklärt die Beziehung (4.44) auch, wie wir in Beispiel 3.8 auf die „exotische" Verknüpfung (3.16) gekommen sind. Deuten wir nämlich $c_\alpha(x) = \cos \alpha x$ als Realteil und $s_\alpha(x) = \sin \alpha x$ als Imaginärteil der komplexen Zahl $z = e^{i\alpha x}$ und entsprechend $c_\beta(x) = \cos \beta x$ als Realteil und $s_\beta(x) = \sin \beta x$ als Imaginärteil der komplexen Zahl $w = e^{i\beta x}$, so widerspiegelt (3.16) einfach die übliche Multiplikationsregel (4.38).

Wegen der Einfachheit der Formel (4.45) ist es nicht verwunderlich, dass auch die Division und sogar das „Wurzelziehen" besonders einfach werden, wenn man Polarkoordinaten benutzt. Man vergleiche insbesondere den folgenden Satz mit seinem „reellen Analogon" Satz 4.9:

**Satz 4.11.** *Zu jedem $n \in \mathbb{N}$ und jeder komplexen Zahl $z \neq 0$ gibt es genau $n$ verschiedene komplexe Zahlen $w_1, w_2, \ldots, w_n \neq 0$ mit $w_k^n = z$ $(k = 1, 2, \ldots, n)$.*

**Beweis:** Wegen $z \neq 0$ können wir die Zahl $z$ in Polarkoordinaten $z = re^{i\alpha}$ mit $r > 0$ und $0 \leq \alpha < 2\pi$ schreiben. Setzen wir dann

$$w_0 := \sqrt[n]{r}e^{i\frac{\alpha}{n}}, w_1 := \sqrt[n]{r}e^{i\frac{\alpha+2\pi}{n}}, \ldots,$$

$$\ldots, w_{n-2} := \sqrt[n]{r}e^{i\frac{\alpha+(n-2)2\pi}{n}}, w_{n-1} := \sqrt[n]{r}e^{i\frac{\alpha+(n-1)2\pi}{n}},$$

(4.47)

---

[39]Wenn wir uns die komplexen Zahlen $z$ und $w$ hier wieder als Ortsvektoren in der Ebene vorstellen, so bedeutet die Kollinearität von $z$ und $w$, dass die entsprechenden Ortsvektoren dieselbe Richtung haben.

so sind dies genau $n$ paarweise verschiedene Zahlen, die alle die Gleichung

$$w_k^n = r\left(e^{i\frac{\alpha+2k\pi}{n}}\right)^n = re^{i(\alpha+2k\pi)} = re^{i\alpha} = z \qquad (k = 0,1,2,\ldots,n-1)$$

erfüllen. $\blacksquare$

Offenbar ist Satz 4.9 ein Spezialfall von Satz 4.11: Ist nämlich $z = x$ eine positive reelle Zahl, so ist $r = x$ und $\arg z = 0$, d.h., unter den Lösungen in (4.47) ist die eindeutige positiv-reelle Lösung $w_0 = y = \sqrt[n]{r} = \sqrt[n]{x}$. Die anderen $n-1$ Lösungen $w_1, \ldots, w_{n-1}$ der Gleichung $w^n = x$ sind dann komplex (oder eventuell reell und negativ). Eine erheblich präzisere und allgemeinere Form von Satz 4.11 werden wir unten in Satz 4.12 (und der anschließenden Bemerkung) diskutieren.

Besonders einfach wird Satz 4.11, wenn $z$ eine komplexe Zahl vom Betrag 1 ist. Die Menge dieser komplexen Zahlen, also

$$\mathbb{S}^1 := \{z \in \mathbb{C} : |z| = 1\} = \{e^{i\alpha} : 0 \le \alpha < 2\pi\}, \qquad (4.48)$$

wird als *komplexer Einheitskreis* bezeichnet. Für $z \in \mathbb{S}^1$ liegen auch sämtliche Lösungen $w$ der Gleichung $w^n = z$ in $\mathbb{S}^1$, da $|w|^n = |w^n|$ gilt. Damit erhalten wir die $n$ verschiedenen Lösungen

$$w_0 := e^{i\frac{\alpha}{n}}, w_1 := e^{i\frac{\alpha+2\pi}{n}}, \ldots, w_{n-2} := e^{i\frac{\alpha+(n-2)2\pi}{n}}, w_{n-1} := e^{i\frac{\alpha+(n-1)2\pi}{n}}.$$

Ein noch spezielleres Beispiel ist $z = 1$, also $\alpha = \arg z = 0$; in diesem Fall nennt man die $n$ verschiedenen Lösungen

$$\epsilon_0 := 1, \epsilon_1 := e^{i\frac{2\pi}{n}}, \ldots, \epsilon_{n-2} := e^{i\frac{(n-2)2\pi}{n}}, \epsilon_{n-1} := e^{i\frac{(n-1)2\pi}{n}}$$

der Gleichung $\epsilon^n = 1$ die *$n$-ten Einheitswurzeln*. Da der Abstand

$$|\epsilon_k - \epsilon_{k-1}|^2 = \left|e^{i\frac{2(k-1)\pi}{n}}\right|^2 \left|1 - e^{\frac{2\pi i}{n}}\right|^2$$

$$= \left(1 - e^{\frac{2\pi i}{n}}\right)\left(1 - e^{-\frac{2\pi i}{n}}\right) = 2 - 2\cos\frac{2\pi}{n}$$

nur von $n$, aber nicht von $k$ abhängt, bilden die Einheitswurzeln $\epsilon_0$, $\epsilon_1$, $\ldots, \epsilon_{n-1}$ die $n$ Ecken eines *gleichseitigen Polygons* auf $\mathbb{S}^1$. Beispielsweise ist dies für $n = 3$ das Dreieck mit den Eckpunkten $\epsilon_0 = 1$, $\epsilon_1 = e^{2\pi i/3} = -\frac{1}{2} + \frac{1}{2}\sqrt{3}i$ und $\epsilon_2 = e^{4\pi i/3} = -\frac{1}{2} - \frac{1}{2}\sqrt{3}i$, während wir für $n = 4$ das Quadrat mit den Eckpunkten $\epsilon_0 = 1$, $\epsilon_1 = e^{\pi i/2} = i$, $\epsilon_2 = e^{\pi i} = -1$ und $\epsilon_3 = e^{3\pi i/2} = -i$ bekommen.

Wir können übrigens auch die komplexen Zahlen wieder als Matrizen dar-stellen. Mit $\mathcal{C}$ bezeichnen wir die Menge aller Matrizen $A \in \mathcal{M}(\mathbb{R}, 2)$ der Form

$$A = \begin{pmatrix} x & -y \\ y & x \end{pmatrix} \qquad (x, y \in \mathbb{R}), \tag{4.49}$$

versehen mit der üblichen Matrizenaddition (3.5) und -multiplikation (3.8). Dann gilt für zwei solcher Matrizen

$$\begin{pmatrix} x & -y \\ y & x \end{pmatrix} + \begin{pmatrix} u & -v \\ v & u \end{pmatrix} = \begin{pmatrix} x+u & -(y+v) \\ y+v & x+u \end{pmatrix} \tag{4.50}$$

sowie

$$\begin{pmatrix} x & -y \\ y & x \end{pmatrix} \circ \begin{pmatrix} u & -v \\ v & u \end{pmatrix} = \begin{pmatrix} xu-yv & -(xv+yu) \\ xv+yu & xu-yv \end{pmatrix}. \tag{4.51}$$

Dies zeigt, dass der Matrizenaddition und -multiplikation hier genau die Addition (4.37) und Multiplikation (4.38) komplexer Zahlen entsprechen. Wir können das auch so ausdrücken, dass die Abbildung $f$, die jeder kom-plexen Zahl $x + yi$ die Matrix (4.49) zuordnet, ein *Körperisomorphismus* von $(\mathbb{C}, +, \cdot)$ auf $(\mathcal{C}, +, \circ)$ ist.

Was entspricht unter diesem Isomorphismus der Konjugation (4.41) und dem Absolutbetrag (4.42) auf der Ebene der Matrizen? Ordnen wir der Zahl $z = x+yi$ die Matrix $A$ in (4.49) zu, so entspricht der Zahl $\overline{z} = x-yi$ natürlich die Matrix

$$A^T := \begin{pmatrix} x & y \\ -y & x \end{pmatrix}, \tag{4.52}$$

die aus $A$ dadurch entsteht, dass man die Zeilen und Spalten von $A$ „an der Diagonalen spiegelt".[40] Bilden wir die Determinante (4.25) der Matrix (4.49), so bekommen wir

$$\det A = \det \begin{pmatrix} x & -y \\ y & x \end{pmatrix} = x^2 + y^2, \tag{4.53}$$

und das ist nichts anderes als das Quadrat des Betrages (4.42) von $z = x + yi$. Auch das Skalarprodukt (4.43) zweier komplexer Zahlen können wir in der Sprache der Matrizen wiedergewinnen. Hierzu definieren wir

---

[40]In der Linearen Algebra nennt man die Matrix $A^T$ die *Transponierte* zu $A$, daher das $T$ oben am $A$ in (4.52).

die *Spur* einer Matrix als Summe der Elemente in ihrer Hauptdiagonalen, also

$$\text{Spur} \begin{pmatrix} a & b \\ c & d \end{pmatrix} := a + d. \tag{4.54}$$

Ordnen wir nun den komplexen Zahlen $z = x+yi$ und $w = u+vi$ die beiden Matrizen $A$ und $B$ wie auf der linken Seite von (4.50) zu, so erhalten wir

$$\frac{1}{2}\text{Spur}\,(A \circ B^T) = \frac{1}{2}\text{Spur}\left(\begin{pmatrix} x & -y \\ y & x \end{pmatrix} \circ \begin{pmatrix} u & v \\ -v & u \end{pmatrix}\right)$$

$$= \frac{1}{2}\text{Spur}\begin{pmatrix} xu + yv & xv - yu \\ yu - xv & yv + xu \end{pmatrix} = xu + yv = \langle z, w\rangle,$$

und damit haben wir tatsächlich das Skalarprodukt mithilfe der Spur eines Matrixprodukts ausgedrückt. Übrigens erhalten wir im Spezialfall $w = z$ die interessante Beziehung

$$\frac{1}{2}\text{Spur}\,(A \circ A^T) = \frac{1}{2}\text{Spur}\left(\begin{pmatrix} x & -y \\ y & x \end{pmatrix} \circ \begin{pmatrix} x & y \\ -y & x \end{pmatrix}\right)$$

$$= \frac{1}{2}\text{Spur}\begin{pmatrix} x^2 + y^2 & 0 \\ 0 & x^2 + y^2 \end{pmatrix} = x^2 + y^2 = \langle z, z\rangle = |z|^2,$$

d.h., die halbe Spur von $A \circ A^T$ reproduziert das Quadrat des Absolutbetrags der zu $A$ gehörigen komplexen Zahl $z$ (und stimmt daher nach (4.53) mit der Determinante von $A$ überein).

Wir haben gesehen, dass wir in $\mathbb{C}$ eine Gleichung lösen können, die wir in $\mathbb{R}$ nicht lösen konnten, nämlich die Gleichung $z^2 + 1 = 0$. Tatsächlich können wir in $\mathbb{C}$ sogar noch viel mehr Gleichungen lösen, nämlich alle *Polynomgleichungen* der Form

$$a_n z^n + a_{n-1} z^{n-1} + \ldots + a_2 z^2 + a_1 z + a_0 = 0 \tag{4.55}$$

mit beliebigen Koeffizienten $a_n, a_{n-1}, \ldots, a_2, a_1, a_0 \in \mathbb{C}$. Es gilt nämlich der folgende bemerkenswerte Satz:[41]

---

[41]Dieser Satz wird manchmal etwas übertrieben als *Fundamentalsatz der Algebra* bezeichnet; wir haben dies schon in Abschnitt 4.1 erwähnt. Der Beweis dieses Satzes erfordert Hilfsmittel aus der Komplexen Analysis, die uns hier nicht zur Verfügung stehen.

**Satz 4.12.** *Eine Polynomgleichung der Form* (4.55) *hat stets eine komplexe Lösung.*


Ein Körper $(\mathcal{K}, +, \cdot)$ heißt *algebraisch abgeschlossen*, wenn jede Gleichung der Form (4.55) mit beliebigen Koeffizienten $a_n, a_{n-1}, \ldots, a_1, a_0 \in \mathcal{K}$ mindestens eine Lösung in $z \in \mathcal{K}$ besitzt. Der Körper $(\mathbb{C}, +, \cdot)$ ist also algebraisch abgeschlossen, die Körper $(\mathbb{Q}, +, \cdot)$ und $(\mathbb{R}, +, \cdot)$ dagegen nicht.


Wir bemerken, dass man Satz 4.12 sogar dahingehend verschärfen kann, dass eine Gleichung der Form (4.55) (im Falle $a_n \neq 0$) sogar immer *genau n komplexe Lösungen* besitzt. Hat man nämlich erst einmal eine Lösung $z_1 \in \mathbb{C}$ gefunden, so kann man den Faktor $z - z_1$ aus dem Polynom $n$-ten Grades (4.55) „abspalten" und erhält ein Polynom vom Grad $n - 1$, auf das man wiederum Satz 4.12 anwenden kann. Beispielsweise hat das die schon erwähnte Polynomgleichung $z^2 + 1 = 0$ die beiden komplexen Lösungen $z_1 = i$ und $z_2 = -i$.

Es ist nun an der Zeit, unsere Diskussionen über die Zahlenmengen $\mathbb{Q}$, $\mathbb{R}$ und $\mathbb{C}$ einmal unter dem Gesichtspunkt zusammenzufassen: Was haben wir durch die sukzessiven Erweiterungen $\mathbb{Q} \hookrightarrow \mathbb{R} \hookrightarrow \mathbb{C}$ gewonnen, was verloren? Alle drei Zahlenmengen $(\mathbb{Q}, +, \cdot)$, $(\mathbb{R}, +, \cdot)$ und $(\mathbb{C}, +, \cdot)$ sind Körper, aber nur $(\mathbb{C}, +, \cdot)$ ist algebraisch abgeschlossen. Dafür müssen wir einen Preis zahlen: Weil es in $\mathbb{C}$ Elemente mit *negativem Quadrat* gibt (nämlich z.B. $i$), kann es *keine* Ordnung $\leq$ auf $\mathbb{C}$ geben derart, dass $(\mathbb{C}, +, \cdot, \leq)$ ein *geordneter Körper* wird.[42]

Der größte Vorteil der Erweiterung $\mathbb{Q} \hookrightarrow \mathbb{R}$ besteht ohne Zweifel darin, dass wir metrische Vollständigkeit und Ordnungsvollständigkeit erhalten. Wie schon erwähnt ist dies ja der Grund dafür, warum man Analysis in $\mathbb{R}$ betreibt und nicht in $\mathbb{Q}$!

In der folgenden Tabelle fassen wir die Vor- und Nachteile der einzelnen Zahlenmengen übersichtlich zusammen:

---

[42] Hier gilt es, einem Missverständnis vorzubeugen: Man kann durchaus auf der Menge der komplexen Zahlen eine Ordnung definieren, die zu (1.25) − (1.27) analoge Eigenschaften hat; hierbei kann aber *nicht* erreicht werden, dass auch die Eigenschaften (1.29) − (1.32) erfüllt sind, weil diese gerade einen geordneten Körper auszeichnen. Ironischerweise hat also der Vorteil, den wir durch die Existenz komplexer Zahlen mit negativem Quadrat bekommen haben (nämlich die Lösbarkeit der Gleichung $z^2 = -1$) auch gleichzeitig den Nachteil zur Folge, dass wir keinen geordneten Körper erwarten können.

|     | Körper | geordneter Körper | metrisch vollständig | ordnungs- vollständig | algebraisch abgeschlossen |
| --- | --- | --- | --- | --- | --- |
| $\mathbb{Q}$ | ja | ja | nein | nein | nein |
| $\mathbb{R}$ | ja | ja | ja | ja | nein |
| $\mathbb{C}$ | ja | nein | ja | —— | ja |

Zum Schluss dieses Abschnitts betrachten wir noch einige interessante Teilmengen von $\mathbb{C}$. Bezeichnen wir mit $\mathbb{C}^*$ die „punktierte" (oder „gelochte") komplexe Ebene $\mathbb{C} \setminus \{0\}$, so sieht man leicht, dass $(\mathbb{C}^*, \cdot)$ mit der Multiplikation (4.40) eine Gruppe mit neutralem Element 1 ist. Das Inverse einer komplexen Zahl $z \neq 0$ kann man übrigens sehr elegant mithilfe des Betrags (4.42) berechnen: Da $z\overline{z} = |z|^2$ ist, bekommen wir

$$\frac{1}{z} = \frac{\overline{z}}{|z|^2}, \tag{4.56}$$

d.h., wir müssen einfach die konjugiert komplexe Zahl (4.41) durch das Quadrat des Betrages (4.42), also $|z|^2 = x^2 + y^2$ teilen, um $1/z$ zu erhalten. Beispielsweise ist

$$\frac{1}{4+i} = \frac{4-i}{4^2+1^2} = \frac{4}{17} - \frac{1}{17}i.$$

Eine weitere interessante Untergruppe von $(\mathbb{C}^*, \cdot)$ ist $(\mathbb{S}^1, \cdot)$ mit $\mathbb{S}^1$ wie in (4.48). Dass dies eine multiplikative Gruppe ist, sieht man sofort daran, dass aus $|z| = 1$ und $|w| = 1$ auch $|zw| = 1$ folgt, s. (4.46). In der Gruppe $(\mathbb{S}^1, \cdot)$ ist das Inverse zur Zahl $z$ einfach die Zahl $\overline{z}$, wie man sofort an (4.56) abliest. Ebenso einfach sieht man dies in Polarkoordinaten, denn für $z = e^{i\alpha}$ gilt ja

$$\frac{1}{z} = \frac{1}{e^{i\alpha}} = e^{-i\alpha} = \overline{e^{i\alpha}} = \overline{z}.$$

Es ist also egal, ob man eine Zahl $e^{i\alpha} \in \mathbb{S}^1$ *invertiert* oder *konjugiert*; der Effekt ist jedesmal derselbe, nämlich ein Vorzeichenwechsel im Exponenten.

Da wir uns beim Rechnen mit komplexen Zahlen in der Ebene $\mathbb{R}^2$ bewegen, ist es nicht überraschend, dass es dabei Verbindungen mit geometrischen Abbildungen in der Ebene gibt. Sind diese Abbildungen linear, so kann man sie mithilfe von Matrizen darstellen. Für $\alpha \in [0, 2\pi)$ bezeichnen wir mit $D_\alpha$ die Matrix

$$D_\alpha := \begin{pmatrix} \cos\alpha & -\sin\alpha \\ \sin\alpha & \cos\alpha \end{pmatrix}, \tag{4.57}$$

und mit $S_\alpha$ die Matrix

$$S_\alpha := \begin{pmatrix} \cos\alpha & \sin\alpha \\ \sin\alpha & -\cos\alpha \end{pmatrix}. \tag{4.58}$$

In der Analytischen Geometrie zeigt man, dass die Matrix (4.57) einer *Drehung* aller Punkte der Ebene um den Winkel $\alpha$ (mit Drehzentrum im Ursprung $(0,0)$) entspricht, während die Matrix (4.58) einer *Spiegelung* an einer festen Achse entspricht. Die Tatsache, dass hierbei

$$\det D_\alpha = \cos^2\alpha + \sin^2\alpha = 1, \qquad \det S_\alpha = -\cos^2\alpha - \sin^2\alpha = -1$$

gilt, bedeutet geometrisch, dass Drehungen die Orientierung *erhalten*, Spiegelungen aber die Orientierung *umkehren*.

Für spezielle Werte von $\alpha$ erhält man hierbei besonders einfache Drehungen in (4.57) bzw. Spiegelungen in (4.58). Für $\alpha = 0$ ist $D_0$ die Einheitsmatrix, die entsprechende „Drehung" also die identische Abbildung, die gar nichts verändert. Die Matrix $S_0$ ist aber nicht die identische Abbildung, sondern bildet jeden Punkt $(x,y) \in \mathbb{R}^2$ auf den Punkt $(x,-y)$ ab, entspricht also einer Spiegelung an der $x$-Achse (d.h. nach (4.41) der komplexen Konjugation). Für $\alpha = \pi$ erhalten wir die Matrizen

$$D_\pi = \begin{pmatrix} -1 & 0 \\ 0 & -1 \end{pmatrix}, \qquad S_\pi = \begin{pmatrix} -1 & 0 \\ 0 & 1 \end{pmatrix}. \tag{4.59}$$

Der ersten dieser Matrizen entspricht die Abbildung $(x,y) \mapsto (-x,-y)$, die wir als Drehung um 180 Grad deuten können, der zweiten die Abbildung $(x,y) \mapsto (-x,y)$, die eine Spiegelung an der $y$-Achse darstellt. Schließlich erhalten wir für $\alpha = \frac{\pi}{2}$ die Matrizen

$$D_{\pi/2} = \begin{pmatrix} 0 & -1 \\ 1 & 0 \end{pmatrix}, \qquad S_{\pi/2} = \begin{pmatrix} 0 & 1 \\ 1 & 0 \end{pmatrix}. \tag{4.60}$$

Hier entspricht der linken Matrix die Abbildung $(x,y) \mapsto (-y,x)$, die wir als Drehung um 90 Grad (gegen den Uhrzeigersinn) deuten können, der zweiten die Abbildung $(x,y) \mapsto (y,x)$, die eine Spiegelung an der Hauptdiagonalen darstellt, also an der Geraden mit der Funktionsgleichung $y = x$.

Es ist nicht schwer zu zeigen, dass die Menge

$$\mathcal{O}(2) := \{D_\alpha : 0 \le \alpha < 2\pi\} \cup \{S_\alpha : 0 \le \alpha < 2\pi\} \tag{4.61}$$

zusammen mit der üblichen Matrizenmultiplikation (3.8) eine *Gruppe* ist. Betrachtet man hierbei *nur* die Drehungen, so erhält man die wichtige Untergruppe[43]

$$\mathcal{SO}(2) := \{D_\alpha : 0 \le \alpha < 2\pi\}. \tag{4.62}$$

Der Bezug zu komplexen Zahlen besteht nun darin, dass die Gruppe $(\mathcal{SO}(2), \circ)$ *isomorph* zur Gruppe $(\mathbb{S}^1, \cdot)$ aller komplexen Zahlen vom Betrag 1 mit der üblichen Multiplikation ist. Der Isomorphismus ist durch die Abbildung $f : (\mathcal{SO}(2), \circ) \to (\mathbb{S}^1, \cdot)$ gegeben, die jeder Matrix $D_\alpha$ die komplexe Zahl $e^{i\alpha} = \cos\alpha + i\sin\alpha$ zuordnet, vgl. (4.44). Dies ist genau derselbe Gruppenisomorphismus, den wir schon bei der Identifizierung der Matrix (4.49) mit der komplexen Zahl $z = x + iy$ benutzt haben.

Wir stellen die verschiedenen Operationen zwischen komplexen Zahlen in kartesischer, Polar- und Matrixdarstellung einander in einer Tabelle gegenüber:

| | *kart. Koordinaten* | *Polarkoordinaten* | *Matrixdarstellung* |
|---|---|---|---|
| *komplexe Zahl* | $z = x + yi$ | $z = re^{i\alpha}$ | $A = \begin{pmatrix} x & -y \\ y & x \end{pmatrix}$ |
| *Summe* | (4.39) | | (4.50) |
| *Produkt* | (4.40) | (4.45) | (4.51) |
| *Konjugation* | $\overline{z} = x - yi$ | $\overline{z} = re^{-i\alpha}$ | $A^T$ |
| *Betrag* | $|z| = \sqrt{x^2 + y^2}$ | $|z| = r$ | $\sqrt{\det A}$ |
| *Skalarprodukt* | $\langle z, w \rangle = \operatorname{Re}(z\overline{w})$ | $rs\cos(\alpha - \beta)$ | $\frac{1}{2}\operatorname{Spur}(A \circ B^T)$ |

Hierbei haben wir die Stelle für die Addition in Polarkoordinaten freigelassen, weil es hierfür keinen einfachen Ausdruck gibt.

## 4.5  Wichtige transzendente Zahlen

In diesem Abschnitt wollen wir noch einmal zu reellen Zahlen zurückkehren, genauer zu irrationalen und insbesondere transzendenten Zahlen. Wir erinnern daran, dass eine Zahl $x$ *transzendent* heißt, wenn sie *nicht*

---

[43]Der Buchstabe $\mathcal{O}$ in (4.61) kommt daher, dass man Matrizen der Form $D_\alpha$ und $S_\alpha$ *orthogonal* nennt; die Buchstaben $\mathcal{SO}$ in (4.62) weisen auf die Bezeichnung *speziell orthogonal* hin.

Nullstelle eines Polynoms mit ganzzahligen Koeffizienten ist; im gegenteiligen Fall heißt sie *algebraisch*. Eine transzendente Zahl ist also stets irrational, denn jede rationale Zahl $x = a/b$ ist Nullstelle des Polynoms $p(x) = bx - a$. Die Umkehrung gilt offensichtlich nicht, denn $x = \sqrt{2}$ ist zwar irrational (Satz 1.1), aber auch Nullstelle des Polynoms $p(x) = x^2 - 2$, mithin algebraisch.

Die Geschichte der Entdeckung (spezieller) irrationaler oder sogar transzendenter Zahlen ist spannend und zum Teil geheimnisvoll und wir wollen einige Gedanken an diese Geschichte verschwenden. Pythagoras' fundamentale Entdeckung der Zusammenhänge von Musik, Natur und Mathematik wurde von seinen Anhängern als äußerst befriedigend angesehen: Die harmonischen Proportionen (Intervalle) entsprachen physikalischen Proportionen (Saitenteilungen) und diese wiederum zahlenmäßigen Proportionen (Brüchen). Dies führte sie zu ihrem Credo, dass „alles rational" sei.[44] Die Entdeckung der Irrationalität der Länge der Diagonale eines Quadrats der Seitenlänge 1 (nämlich $\sqrt{2}$) hat dieses Credo ebenso nachhaltig erschüttert wie die spätere Entdeckung, dass auch in der Musik das Verhältnis von Oktave und Quinte (nämlich $\log_2 3 - 1$) irrational ist.

Während die Existenz irrationaler Zahlen also schon sehr lange bekannt war, wurde die Existenz transzendenter Zahlen erst 1844 vom französischen Mathematiker Liouville bewiesen. Sein Beweis basierte auf einer interessanten Beobachtung: Eine *algebraische* irrationale Zahl kann nämlich nur „sehr schlecht" durch rationale Zahlen „approximiert", d.h. angenähert werden. Genauer zeigte Liouville, dass „fast alle" rationalen Zahlen mit Nenner $q$, die eine Nullstelle eines Polynoms $n$-ten Grades mit ganzzahligen Koeffizienten approximieren, dies immer mit einem Fehler *mindestens* der Größenordnung $1/q^n$ tun.[45] Beispielsweise wäre eine Approximation der algebraischen Zahl[46] $\sqrt[3]{2}$ durch eine rationale Zahl $p/q$ mit einem Fehler der Größenordnung $1/q^3$ verbunden. Um eine transzendente Zahl explizit zu konstruieren, müsste man also eine irrationale (d.h. insbesondere nichtperiodische) Zahl angeben, die gut durch rationale Zahlen approxi-

---

[44]Das lateinische Wort *ratio* bedeutet ja nichts anderes als Verhältnis oder Proportion.

[45]Dieses Ergebnis ist insofern überraschend, als man geneigt wäre, die algebraischen Zahlen als die „harmloseren" oder „den rationalen näher stehenden" Zahlen anzusehen; in Wirklichkeit sind sie vom Standpunkt der Approximierbarkeit viel „widerspenstiger" als die transzendenten!

[46]Auch diese Zahl hat eine berühmte Geschichte, nämlich im Zusammenhang mit dem *Delischen Problem*, aus einem gegebenen Würfel einen Würfel mit dem doppelten Volumen zu konstruieren.

mierbar ist. Ein einfaches Beispiel wäre

$$x = 0,10100100000010000000000000000000000001000\ldots, \qquad (4.63)$$

wobei hinter der ersten Eins 1 Null steht, hinter der zweiten Eins 2 Nullen, hinter der dritten Eins $3! = 6$ Nullen, hinter der vierten Eins $4! = 24$ Nullen und so weiter. Indem man hinter jeder Eins „abschneidet", erhält man die rationale Zahlenfolge

$$x_1 = 0,1, \quad x_2 = 0,101, \quad x_3 = 0,101001, \quad x_4 = 0,1010010000001,\ldots,$$

die offensichtlich die irrationale Zahl (4.63) sehr gut approximiert, welche somit nicht algebraisch sein kann.

Zahlen wie (4.63) wirken natürlich ziemlich „künstlich" und sind eher von theoretischem Interesse. Die prominentesten transzendenten Zahlen, die dagegen von großem praktischen Nutzen sind, sind ohne Zweifel die Euler'sche Zahl $e$ und die Kreiszahl $\pi$. Wegen ihrer Wichtigkeit wollen wir diese beiden Zahlen nun noch etwas näher beleuchten. Zunächst können wir mittels der Überlegungen aus Beispiel 4.18 sehr leicht zeigen, dass $e$ *irrational* ist:

**Satz 4.13.** *Die Euler'sche Zahl $e$ ist irrational.*

**Beweis:** Wir benutzen die Darstellung von $e$ aus Beispiel 4.18 als Grenzwert

$$e = \lim_{n \to \infty} \left( 1 + \frac{1}{1!} + \frac{1}{2!} + \ldots + \frac{1}{n!} \right).$$

Angenommen, $e$ wäre rational, also $e = a/b$ mit $a, b \in \mathbb{N}$. Dann ist

$$N := n! \left( e - 1 - \frac{1}{1!} - \frac{1}{2!} - \ldots - \frac{1}{n!} \right) = n! \left( \frac{a}{b} - 1 - \frac{1}{1!} - \frac{1}{2!} - \ldots - \frac{1}{n!} \right)$$

für alle $n \geq b$ eine ganze Zahl, weil dann sowohl $n!/b$ als auch $n!/k!$ für $k = 0, 1, \ldots, n$ ganze Zahlen sind. Diese ganze Zahl kann aber auch als

$$N = \frac{n!}{(n+1)!} + \frac{n!}{(n+2)!} + \frac{n!}{(n+3)!} + \ldots$$

$$= \frac{1}{n+1} + \frac{1}{(n+1)(n+2)} + \frac{1}{(n+1)(n+2)(n+3)} + \ldots$$

geschrieben werden. Damit können wir $N$ abschätzen durch

$$0 < N < \frac{1}{n+1} + \frac{1}{(n+1)^2} + \frac{1}{(n+1)^3} + \ldots = \frac{1}{n} \leq 1.$$

Das führt aber auf einen Widerspruch, denn es gibt natürlich keine ganze
Zahl zwischen 0 und 1. ∎

Mit Satz 4.13 haben wir nur die Irrationalität von $e$ bewiesen; der Beweis der Transzendenz von $e$ ist weitaus schwieriger und wurde 1873 von
Charles Hermite entdeckt. Noch wichtiger ist allerdings der auf Carl Louis
Ferdinand von Lindemann zurückgehende Beweis (1882) der Transzendenz von $\pi$. Lindemann scheint damals selbst davon überrascht gewesen
zu sein, denn damit hatte er ein „Jahrtausendproblem" gelöst! Er selbst
schreibt in seiner Arbeit hierzu:

„Man wird sonach die Unmöglichkeit der Quadratur des Kreises darthun,
wenn man nachweist, dasz die Zahl $\pi$ überhaupt nicht Wurzel irgend einer
algebraischen Gleichung irgendwelchen Grades mit rationalen Coeffizienten
sein kann. Den dafür nöthigen Beweis zu erbringen, ist hier im folgenden
versucht worden."

Tatsächlich könnte man nur dann einen Kreis vom Radius 1 (also Flächen-
inhalt $\pi$) mit Zirkel und Lineal in ein flächengleiches Quadrat umwandeln,
wenn $\pi$ Nullstelle eines quadratischen Polynoms mit ganzzahligen Koeffizienten wäre und das hat Lindemann eben widerlegt.[47]

Inzwischen weiß man über Zahlen wie $e$ und $\pi$ (und davon abgeleitete
Zahlen) schon viel mehr. In Analogie zum reellen Fall nennen wir eine
komplexe Zahl $z = x+yi$ *algebraisch*, wenn ihr Realteil $x$ und Imaginärteil
$y$ algebraisch sind und *transzendent* im gegenteiligen Fall. Zum Beispiel
ist $\sqrt{2} + i$ algebraisch, $1 + \pi i$ aber nicht.

Aus der Transzendenz von $e$ folgt auch die von $e^2$, $\sqrt{e} = e^{1/2}$ und, allgemeiner, $e^x$ für jeden rationalen Exponenten $x \neq 0$. Lindemanns Beweis
von 1882 dehnte dieses Ergebnis zunächst auf beliebige algebraische Exponenten $x \neq 0$ aus; hieraus konnte er schon zahlreiche weit reichende
Folgerungen ableiten. Beispielsweise folgt hieraus die Transzendenz von
$\log x$ für beliebige algebraische Zahlen $x$ ($x \neq 0$ und $x \neq 1$), denn es gilt
ja $e^{\log x} = x$. Aus der fundamentalen Beziehung (s. (4.44))

$$e^{ix} = \cos x + i \sin x$$

und der Tatsache, dass $i$ algebraisch ist, folgt weiter, dass auch $\cos x$ und
$\sin x$ für algebraisches $x$ transzendent sein müssen.

---

[47]Das hindert leider viele Hobbymathematiker nicht daran, immer noch „Lösungen"
zur Quadratur des Kreises aufzuschreiben und an Mathematische Institute auf der
ganzen Welt zu schicken. Diese Autoren verstehen eben nicht den Unterschied zwischen
einer noch nicht bewiesenen und einer längst widerlegten Vermutung.

Schließlich kann man dann sogar zeigen, dass *die komplexe Zahl $e^z$ für jede algebraische Zahl $z \in \mathbb{C}$ transzendent ist*. Dieses Ergebnis ist nicht leicht zu beweisen, aber wenn wir es akzeptieren, bekommen wir sofort die uns hier interessierende wichtige Folgerung als „Geschenk":

**Satz 4.14.** *Die Zahlen $e$ und $\pi$ sind transzendent.*

**Beweis:** Setzen wir in dem oben erwähnten Ergebnis $z := 1$, so erhalten wir die Transzendenz von $e$. Setzen wir dagegen $z := \pi i$, so erhalten wir nach (4.44) $e^z = -1$ und das ist als ganze Zahl natürlich nicht transzendent. Aus dem Ergebnis oben können wir also schließen, dass $\pi i$ nicht algebraisch sein kann. Da $i$ aber algebraisch ist, muss $\pi$ transzendent sein, fertig! ∎

Man weiß inzwischen übrigens auch, dass $e^\pi$ transzendent ist,[48] aber über $\pi^e$ weiß man nichts. Außerdem kann man sich überlegen, dass nicht beide Zahlen $e + \pi$ und $e\pi$ algebraisch sein können; es ist jedoch ein offenes Problem, ob $e + \pi$ oder $e\pi$ überhaupt irrational (!) ist. Die Theorie transzendenter Zahlen ist voll von solchen Problemen, die man erstaunlich einfach formulieren kann, deren Beweise aber den oft lebenslangen Bemühungen der genialsten Mathematiker hartnäckig widerstehen.

## 4.6 Höhere Zahlbereiche

Zum Schluss dieses Kapitels wollen wir noch auf einen weiteren Zahlbereich zu sprechen kommen, der allerdings weit weniger wichtig als die bisher besprochenen ist. Wir haben die komplexen Zahlen durch „Paarbildung" aus den reellen Zahlen gewonnen und sie in (4.37) mit einer Addition und in (4.38) mit einer Multiplikation versehen. Durch eine weitere „Paarbildung", diesmal aus komplexen Zahlen, kommt man zur Menge $\mathbb{H} = \mathbb{R}^4$ der so genannten *Hamilton-Quaternionen* mit der Addition

$$(a, b, c, d) + (\alpha, \beta, \gamma, \delta) := (a + \alpha, b + \beta, c + \gamma, d + \delta) \tag{4.64}$$

---

[48]Dies wurde 1929 von dem russischen Mathematiker Aleksandr Gel'fand bewiesen. Mit Gel'fands Methode konnte ein anderer großer Zahlentheoretiker, Carl Ludwig Siegel (1896–1981), zeigen, dass $2^{\sqrt{2}}$ transzendent ist.

und der Multiplikation[49]

$$(a, b, c, d) \cdot (\alpha, \beta, \gamma, \delta) :=$$

$$(a\alpha - b\beta - c\gamma - d\delta, a\beta + b\alpha + c\delta - d\gamma, \tag{4.65}$$

$$a\gamma - b\delta + c\alpha + d\beta, a\delta + b\gamma - c\beta + d\alpha).$$

Beispielsweise gilt

$$(1, 2, 3, 4) + (-1, 0, 0, 2) = (0, 2, 3, 6),$$

$$(1, 2, 3, 4) \cdot (-1, 0, 0, 2) = (-9, 4, -7, -2). \tag{4.66}$$

Auch $(\mathbb{H}, +, \cdot)$ ist ein Ring (sogar Integritätsring), wobei $(0, 0, 0, 0)$ das Nullelement und $(1, 0, 0, 0)$ das Einselement ist. Dieser Ring ist allerdings wegen

$$(0, 1, 0, 0) \cdot (0, 0, 1, 0) = (0, 0, 0, 1)$$

$$\neq (0, 0, 0, -1) = (0, 0, 1, 0) \cdot (0, 1, 0, 0) \tag{4.67}$$

nicht kommutativ. Die Nichtkommutativität von $(\mathbb{H}, +, \cdot)$ hat einige unangenehme und ungewohnte Konsequenzen. So können Polynome in $\mathbb{H}$ mehr Nullstellen haben als ihr Grad angibt.[50] Beispielsweise hat das Polynom $f(X) = X^2 + (1, 0, 0, 0)$ $(X \in \mathbb{H})$ alle Quaternionen der Form $X = (0, b, c, d)$ mit $b^2 + c^2 + d^2 = 1$ als Nullstellen (zeigen Sie dies!) und dies sind unendlich viele.

Es gibt aber auch Erfreuliches zu berichten: In $\mathbb{H}$ kann man – wie in einem Körper – zu jedem Element $(a, b, c, d) \neq (0, 0, 0, 0)$ ein multiplikatives Inverses finden. Bezeichnen wir analog zu (4.42) mit

$$|X| := \sqrt{a^2 + b^2 + c^2 + d^2} \qquad (X = (a, b, c, d)) \tag{4.68}$$

den *Betrag* von $X \in \mathbb{H}$, so ist das Element

$$(a, b, c, d)^{-1} = \left( \frac{a}{|X|^2}, -\frac{b}{|X|^2}, -\frac{c}{|X|^2}, -\frac{d}{|X|^2} \right) \tag{4.69}$$

multiplikativ-invers zu $X = (a, b, c, d) \neq (0, 0, 0, 0)$, wie man durch Rechnung bestätigt. Beispielsweise hat die erste Quaternione aus (4.66) die Inverse

$$(1, 2, 3, 4)^{-1} = \left( \frac{1}{39}, -\frac{2}{39}, -\frac{3}{39}, -\frac{4}{39} \right).$$

---

[49]Diese Multiplikation hatten wir schon in Aufgabe 3.7 eingeführt.

[50]Man vergleiche dies mit Satz 4.12 und den daran anschließenden Bemerkungen!

Bis auf die fehlende Kommutativität der Multiplikation hat der Integritätsring $(\mathbb{H}, +, \cdot)$ also alle Eigenschaften eines Körpers; man nennt den Ring $(\mathbb{H}, +, \cdot)$ auch einen *Schiefkörper*.

Komplexe Zahlen hatten wir zunächst als Paar $(x, y)$ reeller Zahlen eingeführt, dann aber (nach Einführung der „imaginären Einheit" $i$) in der Form $x + yi$ geschrieben. Ähnliches können wir mit Quaternionen machen. Dazu identifizieren wir zunächst wieder die reelle Zahl $x$ mit dem Element $(x, 0, 0, 0) \in \mathbb{H}$ und führen anschließend für die verbliebenen Komponenten drei „imaginäre Einheiten" ein, nämlich

$$i := (0, 1, 0, 0), \quad j := (0, 0, 1, 0), \quad k := (0, 0, 0, 1).$$

Nach (4.65) gelten dann die leicht zu merkenden Rechenregeln

$$\begin{aligned}
i^2 = j^2 = k^2 = -1, \qquad ij = -ji = k, \\
jk = -kj = i, \quad ki = -ik = j.
\end{aligned} \qquad (4.70)$$

Aus (4.70) kann man übrigens eine interessante Eigenschaft der „Quaternionen-Bausteine" $1$, $i$, $j$ und $k$ (und ihrer Negativen) ablesen: Sie bilden eine multiplikative Gruppe! Die entsprechende Gruppentafel sieht nach (4.70) so aus:

| $\cdot$ | $1$ | $i$ | $j$ | $k$ | $-1$ | $-i$ | $-j$ | $-k$ |
|---|---|---|---|---|---|---|---|---|
| $1$ | $1$ | $i$ | $j$ | $k$ | $-1$ | $-i$ | $-j$ | $-k$ |
| $i$ | $i$ | $-1$ | $k$ | $-j$ | $-i$ | $1$ | $-k$ | $j$ |
| $j$ | $j$ | $-k$ | $-1$ | $i$ | $-j$ | $k$ | $1$ | $-i$ |
| $k$ | $k$ | $j$ | $-i$ | $-1$ | $-k$ | $-j$ | $i$ | $1$ |
| $-1$ | $-1$ | $-i$ | $-j$ | $-k$ | $1$ | $i$ | $j$ | $k$ |
| $-i$ | $-i$ | $1$ | $-k$ | $j$ | $i$ | $-1$ | $k$ | $-j$ |
| $-j$ | $-j$ | $k$ | $1$ | $-i$ | $j$ | $-k$ | $-1$ | $i$ |
| $-k$ | $-k$ | $-j$ | $i$ | $1$ | $k$ | $j$ | $-i$ | $-1$ |

Unter Beachtung der Rechenregeln (4.70) können wir dann $a + bi + cj + dk$ statt $(a, b, c, d)$ schreiben und mit solchen Summen rechnen wie auch sonst. Für das Produkt $(a + bi + cj + dk)(\alpha + \beta i + \gamma j + \delta k)$ ergibt sich dann gerade das Element mit den Komponenten wie in (4.65). Beispielsweise können wir (4.67) umschreiben in $ij = k \neq -k = ji$.

Auch Quaternionen können wir (wie wir es in (4.49) für komplexe Zahlen gemacht haben) in Matrixform schreiben, indem wir $(a, b, c, d) \in \mathbb{H}$ mit der komplexen Matrix

$$A = \begin{pmatrix} a + bi & -c - di \\ c - di & a - bi \end{pmatrix} \qquad (a, b, c, d \in \mathbb{R}) \tag{4.71}$$

identifizieren. Beispielsweise entsprechen den vier „Bausteinen" $1$, $i$, $j$ und $k$, aus denen Quaternionen zusammengesetzt sind, die Einheitsmatrix (3.9) und die drei Matrizen

$$I := \begin{pmatrix} i & 0 \\ 0 & -i \end{pmatrix}, \qquad J := \begin{pmatrix} 0 & -1 \\ 1 & 0 \end{pmatrix}, \qquad K := \begin{pmatrix} 0 & -i \\ -i & 0 \end{pmatrix};$$

insbesondere erzeugt das Basiselement $j$ die Drehmatrix $J = D_{\pi/2}$ (vgl. (4.60)).

Schreiben wir $\mathcal{H}$ für die Menge aller Matrizen der Form (4.71), so ist durch $f((a, b, c, d)) = A$ ein Isomorphismus von $(\mathbb{H}, +, \cdot)$ in $(\mathcal{H}, +, \circ)$ gegeben. Fassen wir in (4.71) die reellen Zahlen $a$ und $b$ zu einer komplexen Zahl $z = a+bi$ und die reellen Zahlen $c$ und $d$ zu einer komplexen Zahl $w = c+di$ zusammen, so können wir (4.71) kompakter in der Form

$$A = \begin{pmatrix} z & -w \\ \overline{w} & \overline{z} \end{pmatrix} \qquad (z, w \in \mathbb{C}) \tag{4.72}$$

schreiben; in dieser Schreibweise wird dann die Analogie zu (4.49) noch deutlicher.

Diese Analogie können wir noch weitertreiben. So wie wir in $\mathbb{C}$ die Menge (4.48) aller komplexen Zahlen vom Betrag 1 betrachtet haben, können wir auch hier die Menge

$$\mathbb{S}^3 := \{X \in \mathbb{H} : |X|^2 = 1\} \tag{4.73}$$

aller Quaternionen vom Betrag 1 untersuchen. Schreiben wir $X = a + bi + cj + dk$ wieder als Matrix (4.71), so entspricht $|X|^2$ wieder genau der Determinante dieser Matrix, denn es gilt ja

$$\det A = \det \begin{pmatrix} a + bi & -c - di \\ c - di & a - bi \end{pmatrix}$$

$$= (a + bi)(a - bi) - (c + di)(c - di) = a^2 + b^2 + c^2 + d^2.$$

Der Matrix (4.71) können wir ihre so genannte *konjugiert-Transponierte*

$$\overline{A}^{T} := \left( \begin{array}{cc} a - bi & c + di \\ -c + di & a + bi \end{array} \right) \tag{4.74}$$

zuordnen, die dadurch entsteht, dass wir alle vier komplexen Einträge in (4.71) konjugieren und anschließend die Matrix noch wie in (4.52) transponieren. Die Matrix (4.74) entspricht dann dem Element $a - bi - cj - dk \in \mathbb{H}$, welches wir als eine Art „konjugiertes Element" zu $a + bi + cj + dk$ ansehen können.

Am Schluss unserer Betrachtungen über komplexe Zahlen haben wir gesehen, dass wir insbesondere die Menge (4.48) aller komplexen Zahlen vom Betrag 1 bis auf Isomorphie als Matrizenkörper (4.62) ansehen können. Analog können wir die Menge (4.73) aller Quaternionen vom Betrag 1 isomorph auf einen geeigneten Matrizenkörper abbilden. Insbesondere hatten wir gesehen (Aufgabe 4.41), dass jede reelle Matrix $A \in \mathcal{O}(2)$ der Bedingung $A^T = A^{-1}$ genügt, wobei $A^T$ die Transponierte (4.52) von $A$ bezeichnet. Da wir Quaternionen mit *komplexen* Matrizen identifizieren können, liegt hier die Definition

$$\mathcal{U}(2) := \{ A \in \mathcal{M}(\mathbb{C}, 2) : \overline{A}^{T} = A^{-1} \} \tag{4.75}$$

nahe, wobei $\overline{A}^{T}$ die konjugiert-Transponierte (4.74) von $A$ sei. Mit der Matrizenmultiplikation (3.8) ist dies wieder eine Gruppe. Weiter definieren wir in Analogie zu (4.62) die Untergruppe[51]

$$\mathcal{SU}(2) := \{ A \in \mathcal{U}(2) : \det A = 1 \}. \tag{4.76}$$

Man kann nun zeigen, dass jede Matrix $A \in \mathcal{SU}(2)$ automatisch in $\mathcal{H}$ liegt, d.h. die Form (4.72) hat. In der Tat, sei

$$A = \left( \begin{array}{cc} z & w \\ \zeta & \omega \end{array} \right) \qquad (z, w, \zeta, \omega \in \mathbb{C})$$

eine beliebige Matrix aus $\mathcal{M}(\mathbb{C}, 2)$. Die Bedingung $\det A = 1$ führt dann auf die Bedingung $z\omega = \zeta w$ und die Bedingung $A \in \mathcal{U}(2)$ auf die Bedingung

$$\left( \begin{array}{cc} \omega & -w \\ -\zeta & z \end{array} \right) = A^{-1} = \overline{A}^{T} = \left( \begin{array}{cc} \overline{z} & \overline{\zeta} \\ \overline{w} & \overline{\omega} \end{array} \right).$$

---

[51]Der Buchstabe $\mathcal{U}$ in (4.75) kommt daher, dass man komplexe Matrizen $A$ mit der Eigenschaft $\overline{A}^{T} = A^{-1}$ *unitär* nennt; die Buchstaben $\mathcal{SU}$ in (4.76) weisen auf die Bezeichnung *speziell unitär* hin. Die Gruppen (4.76) und ihre „höherdimensionalen Analoga" sind von großer Wichtigkeit in der modernen Elementarteilchenphysik.

Hieraus folgt notwendigerweise $\zeta = -\overline{w}$ und $\omega = \overline{z}$, d.h., $A$ hat genau die Form (4.72).

Der Bezug zu Quaternionen besteht nun darin, dass die Gruppe $(\mathcal{SU}(2), \circ)$ *isomorph* zur Gruppe $(\mathbb{S}^3, \cdot)$ aller Quaternionen vom Betrag 1 mit der Multiplikation (4.65) ist. Der Isomorphismus ist durch die Abbildung $f : (\mathcal{SU}(2), \circ) \to (\mathbb{S}^3, \cdot)$ gegeben, die jeder Matrix $A \in \mathcal{SU}(2)$, also jeder Matrix (4.71) mit $a^2 + b^2 + c^2 + d^2 = 1$, das Element $a + bi + cj + dk \in \mathbb{H}$ zuordnet, welches natürlich dann sogar in der Einheitssphäre (4.73) liegt. Dieser Gruppenisomorphismus ist genau parallel zu dem entsprechenden Isomorphismus $f : (\mathcal{SO}(2), \circ) \to (\mathbb{S}^1, \cdot)$ in den komplexen Zahlen.

Es könnte der Eindruck entstehen, dass man diesen „Verdopplungstrick" beliebig oft wiederholen und damit unendlich viele Schiefkörper (oder sogar Körper) erzeugen kann. In der Tat kann man wieder durch „Paarbildung" von Quaternionen einen weiteren Zahlbereich bilden, nämlich die Menge $\mathbb{O} = \mathbb{R}^8$ der so genannten *Cayley-Oktaven*. Wir wollen hier nur bemerken, dass man damit „fast" einen Schiefkörper gewinnt, bei dem allerdings nicht nur die Kommutativität der Multiplikation verloren geht, sondern auch die Assoziativität. Immerhin kann man auch in $\mathbb{O}$ jedes Element (außer dem Nullelement natürlich) multiplikativ invertieren.

Kann man nun die Cayley-Oktaven wiederum verdoppeln und damit $\mathbb{R}^{16}$ zu einer Art Schiefkörper machen? Es ist einer der tiefliegendsten Sätze über reelle Zahlbereiche, dass das *nicht* geht! Anders gesagt, bei den Oktaven ist definitiv Schluss mit dem „Verdopplungstrick". Etwas mathematischer wollen wir dies als einen Satz formulieren, der sozusagen die Krönung dieses Kapitels (und sogar des ganzen Buches) darstellt:

**Satz 4.15.** *Der Raum $\mathbb{R}^n$ aller reellen $n$-Tupel sei mit der üblichen Addition und irgendeiner Multiplikation versehen derart, dass jedes Element (außer dem Nullelement) bzgl. dieser Multiplikation invertierbar ist. Dann muss $n \in \{1, 2, 4, 8\}$ sein.*

Der Beweis dieses Satzes erfordert Hilfsmittel aus der so genannten *Algebraischen Topologie*, die weit über den Rahmen dieses Buches hinausgehen. Das Ergebnis an sich ist allerdings sehr einsichtig (und überraschend): Nur in den Zahlenmengen $\mathbb{R}$, $\mathbb{C}$, $\mathbb{H}$ und $\mathbb{O}$ kann man (nach Einführung einer geeigneten Multiplikation) „dividieren". Insbesondere folgt hieraus, dass man etwa im dreidimensionalen Anschauungsraum $\mathbb{R}^3$ keine Multiplikation definieren kann, bzgl. derer jedes $(x, y, z) \neq (0, 0, 0)$ invertierbar ist.

Die letzte Bemerkung überrascht Sie vielleicht etwas, denn vermutlich haben Sie in der Schule (insbesondere im Physikunterricht) zwei Multiplikationen auf dem dreidimensionalen Anschauungsraum $\mathbb{R}^3$ betrachtet, nämlich das so genannte *Skalarprodukt* (oder *Punktprodukt*)

$$(x, y, z) \cdot (u, v, w) := xu + yv + zw \tag{4.77}$$

und das so genannte *Vektorprodukt* (oder *Kreuzprodukt*)

$$(x, y, z) \times (u, v, w) := (yw - zv, zu - xw, xv - yu). \tag{4.78}$$

Dies widerspricht aber nicht Satz 4.15, denn das Skalarprodukt (4.77) ist keine *innere Verknüpfung* (weil es keinen Vektor liefert, sondern eine reelle Zahl) und bzgl. des Vektorprodukts (4.78) gibt es viele Nullteiler (z.B. gilt stets $(x, y, z) \times (x, y, z) = (0, 0, 0)$).

# 5 Äquivalenzrelationen und Ordnungsrelationen

Äquivalenzrelationen und Ordnungsrelationen treten in vielen Gebieten der Mathematik auf, etwa als Inzidenzrelationen zwischen Punkten und Geraden in der Geometrie, als Vergleichsrelationen zwischen reellen Zahlen oder als Teilbarkeitsrelationen zwischen ganzen Zahlen. Im Zusammenhang mit dem uns interessierenden Thema werden vor allem Äquivalenzrelationen gebraucht, um die ganzen aus den natürlichen, die rationalen aus den ganzen, und die reellen aus den rationalen Zahlen zu konstruieren. Dies werden wir im anschließenden Kapitel 6 tun. Im letzten Abschnitt dieses Kapitels betrachten wir noch den Begriff des (Boole'schen) Verbandes, der seinen Ursprung in der Logik hat.

## 5.1 Äquivalenzrelationen und -klassen

Seien $P$ und $Q$ zwei (nichtleere) Mengen. Eine *Relation* $\rho$ zwischen $P$ und $Q$ kann man sich als Beziehung zwischen gewissen Elementen $x \in P$ und gewissen Elementen $y \in Q$ vorstellen. Man schreibt hierfür $x\rho y$ und sagt „$x$ steht in Relation zu $y$".

Ist $\rho$ eine Relation zwischen zwei Mengen $P$ und $Q$, so ist die *Umkehrrelation* $\rho^{-1}$ definiert durch

$$y\rho^{-1}x \ :\Leftrightarrow\ x\rho y \quad (x \in P,\ y \in Q). \tag{5.1}$$

Zwischen $y$ und $x$ besteht die Relation $\rho^{-1}$ genau dann, wenn zwischen $x$ und $y$ die Relation $\rho$ besteht. Umgangssprachliche Beispiele hierfür lassen sich leicht finden.

Es ist klar, dass es sehr viele Relationen zwischen den Elementen zweier Mengen geben kann. Man kann ja eine beliebige Teilmenge $M \subseteq P \times Q$ des kartesischen Produkts von $P$ und $Q$ auswählen und dazu dann eine Relation $\rho$ definieren durch

$$x\rho y \ :\Leftrightarrow\ (x,y) \in M. \tag{5.2}$$

Umgekehrt kann man jeder Relation $\rho$ zwischen den Elementen von $P$ und $Q$ eine Teilmenge des kartesischen Produkts $P \times Q$ zuordnen, nämlich die Menge

$$\Gamma(\rho) := \{(x, y) \in P \times Q : x\rho y\}, \tag{5.3}$$

die wir in Analogie zu (2.1) als den *Graphen* von $\rho$ bezeichnen wollen. Die beiden beschriebenen Zuordnungen sind offensichtlich „invers" zueinander, d.h., *es gibt genauso viele Relationen zwischen Elementen von $P$ und $Q$ wie Teilmengen von $P \times Q$.*[1]

Übrigens können wir auch jede Abbildung $f : P \to Q$ als spezielle Relation betrachten, die jedes $x \in P$ lediglich zu einem Element in $y \in Q$ in Beziehung setzt, nämlich zu $y = f(x)$. Diese Relation, die wir mit $\rho_f$ bezeichnen, ist also durch

$$x\rho_f y \;:\Leftrightarrow\; y = f(x) \tag{5.4}$$

definiert. Der Graph $\Gamma(\rho_f)$ der Relation (5.4) ist dann natürlich nichts anderes als der schon in Kapitel 2 eingeführte Graph (2.1) der Abbildung $f$.

**Warnung.** Man darf mit Relationen nicht rechnen wie mit Funktionen, da sie erheblich allgemeiner definiert sind. Zwischen einer Funktion $f :$ $P \to Q$ und einer Relation $\rho$ zwischen $P$ und $Q$ gibt es ja zwei wesentliche Unterschiede: eine Funktion $f$ ist für *jedes* $x \in P$ erklärt und ordnet diesem nur *ein einziges Element* $y = f(x) \in Q$ zu, während bei einer Relation $\rho$ nur einige Elemente $x \in P$ in Relation zu Elementen $y \in Q$ stehen müssen, aber das können dann für ein und dasselbe $x$ mehrere $y$ sein. Im Fall $P = Q = \mathbb{R}$ kann man sich das anschaulich so vorstellen, dass der Graph (5.3) einer Relation $\rho$ in $\mathbb{R}$ sowohl „Löcher" als auch mehrere Schnittpunkte mit Parallelen zur $y$-Achse enthalten kann.

Wegen der Fülle theoretisch möglicher Relationen betrachtet man i.A. nur Relationen mit speziellen Zusatzeigenschaften. Wir erwähnen die vier wichtigsten Eigenschaften. Eine Relation $\rho$ heißt *reflexiv*, wenn gilt

$$\forall x \in P : \; x\rho x, \tag{5.5}$$

*symmetrisch*, wenn gilt

$$\forall x, y \in P : \; x\rho y \;\Rightarrow\; y\rho x, \tag{5.6}$$

---

[1] Aus diesem Grund definieren manche Autoren eine Relation auch einfach als eine Teilmenge $\rho \subseteq P \times Q$ des kartesischen Produkts von $P$ und $Q$, d.h., sie unterscheiden gar nicht zwischen der Relation $\rho$ und ihrem Graphen (5.3).

*transitiv*, wenn gilt

$$\forall x, y, z \in P: \ x\rho y \wedge y\rho z \ \Rightarrow \ x\rho z, \tag{5.7}$$

und *antisymmetrisch*, wenn gilt[2]

$$\forall x, y \in P: \ x\rho y \wedge y\rho x \ \Rightarrow \ x = y. \tag{5.8}$$

Der folgende Begriff ist fundamental und wird in vielen Gebieten der Mathematik immer wieder verwendet:

**Definition 5.1.** Eine reflexive, symmetrische und transitive Relation heißt *Äquivalenzrelation*. Bei einer Äquivalenzrelation schreibt man statt $x\rho y$ oft $x \sim y$, und das wollen wir auch so machen.

Für jedes feste $x \in P$ wird die Menge aller zu $x$ äquivalenten Elemente $y \in P$ als *Äquivalenzklasse* (oder einfach nur Klasse) $[x]$ von $x$ bezeichnet, also

$$[x] := \{y \in P: \ y \sim x\}. \tag{5.9}$$

Alle in derselben Äquivalenzklasse liegenden Elemente kann man also vom Standpunkt der Relation $\sim$ her „nicht mehr unterscheiden".[3] Die Menge

$$P/\sim \ := \{[x] : x \in P\} \tag{5.10}$$

aller Äquivalenzklassen wird auch *Quotientenmenge* von $P$ bzgl. $\sim$ genannt. $\qquad\square$

Beispiele für die in Definition 5.1 gegebenen recht abstrakten Begriffe werden wir in diesem Kapitel noch zahlreich bieten. Zunächst stellen wir im folgenden Satz einige einfache Eigenschaften der Äquivalenzklassen (5.9) und der Quotientenmenge (5.10) zusammen.

**Satz 5.1.** *Zwei Äquivalenzklassen sind entweder disjunkt oder gleich. Die Quotientenmenge* (5.10) *bildet eine Zerlegung von $P$, d.h.,*

$$P = \bigcup_{x \in P} [x]. \tag{5.11}$$

---

[2]Der Begriff „antisymmetrisch" ist ziemlich unglücklich gewählt, denn er hat nichts mit dem Gegenteil von Symmetrie zu tun (was auch immer das sei); der Name hat sich aber so eingebürgert.

[3]Salopp formuliert: Die Elemente einer Klasse sind nicht gleich, werden aber „identifiziert".

**Beweis:** Seien $[x]$ und $[y]$ zwei Klassen, die nicht disjunkt sind, d.h., $[x] \cap [y] \neq \emptyset$. Dann können wir ein Element $z \in [x] \cap [y]$ auswählen, d.h., es gilt sowohl $z \sim x$ als auch $z \sim y$. Nach (5.6) und (5.7) folgt hieraus aber $x \sim y$, d.h. $[x] = [y]$.

Die Gleichheit (5.11) besagt lediglich, dass jedes Element aus $P$ in mindestens einer Klasse liegt; das soeben Bewiesene besagt dagegen, dass jedes Element aus $P$ in höchstens einer Klasse liegt. Daher können wir $P$ als Vereinigung von Äquivalenzklassen darstellen; wählen wir dabei nur paarweise nichtäquivalente Elemente von $P$, so ist die Vereinigung auf der rechten Seite von (5.11) sogar disjunkt. ∎

Wir können etwas suggestiver den Inhalt von Satz 5.1 folgendermaßen zusammenfassen:[4]

- Jedes Element gehört zu einer Äquivalenzklasse.

- Kein Element gehört zu zwei verschiedenen Äquivalenzklassen.

- Keine Äquivalenzklasse ist leer.

Wählt man aus jeder Äquivalenzklasse in $P/\sim$ bzgl. einer Äquivalenzrelation $\sim$ *genau ein* Element aus und fasst die so ausgewählten Elemente zu einer Menge zusammen, so nennt man diese Menge ein *vollständiges Repräsentantensystem* von $\sim$. Die Funktion $\nu : P \to P/\sim$, die jedem Element $x \in P$ seine Äquivalenzklasse $[x]$ bzgl. $\sim$ zuordnet, heißt *Quotientenabbildung* (oder kanonische Abbildung) bzgl. $\sim$. Eine Quotientenabbildung ist immer surjektiv, aber i.A. nicht injektiv.

Wegen der Wichtigkeit von Äquivalenzrelationen bringen wir nun mehrere Beispiele.

**Beispiel 5.1.** Sei $P = Q$ und

$$x \sim y \quad :\Leftrightarrow \quad x = y,$$

d.h., als Äquivalenzrelation nehmen wir einfach die übliche Gleichheit. Es ist völlig klar, dass dies tatsächlich eine Äquivalenzrelation ist. Die Äquivalenzklassen sind hier einpunktig, nämlich $[x] = \{x\}$ und das einzige vollständige Repräsentantensystem ist die ganze Menge $P$. Hier ist die Quotientenabbildung $\nu : P \to P/\sim$ also sogar bijektiv. ♡

---

[4]Wenn wir hier „Element" durch „Schüler" und „Äquivalenzklasse" durch „Schulklasse" ersetzen, kommt auch etwas sehr Vernünftiges heraus.

**Beispiel 5.2.** Sei $P = \mathbb{Z}$ und $\sim$ erklärt auf $\mathbb{Z}$ durch

$$x \sim y \quad :\Leftrightarrow \quad x - y \text{ ist gerade.}$$

Wir haben dann genau zwei Äquivalenzklassen, nämlich die Klasse

$$[0] = \{2k : k \in \mathbb{Z}\} = \{\dots, -6, -4, -2, 0, 2, 4, 6, \dots\}$$

der geraden und die Klasse

$$[1] = \{2k + 1 : k \in \mathbb{Z}\} = \{\dots - 5, -3, -1, 1, 3, 5, \dots\}$$

der ungeraden Zahlen. Während die Grundmenge $\mathbb{Z}$ unendlich ist, besteht die Quotientenmenge $\mathbb{N}/\sim$ hier also nur aus zwei Elementen. Vollständige Repräsentantensysteme sind zum Beispiel $\{1, 2\}$, $\{9, 1244\}$, $\{-1, 6\}$ oder jede andere Menge, die genau eine gerade und eine ungerade Zahl enthält. Die Quotientenabbildung ordnet hier jeder geraden Zahl die Klasse $[0]$ und jeder ungeraden Zahl die Klasse $[1]$ zu. $\qquad\qquad\qquad\qquad\qquad\heartsuit$

**Beispiel 5.3.** Sei $P = \mathbb{R}$ und $\sim$ auf $\mathbb{R}$ definiert durch

$$x \sim y \quad :\Leftrightarrow \quad \text{ent}\, x = \text{ent}\, y,$$

wobei ent die in (2.8) definierte Ganzteilfunktion bezeichne. Zu festem $x \in \mathbb{R}$ besteht die Äquivalenzklasse $[x]$ dann genau aus allen $y \in \mathbb{R}$ mit $\text{ent}\, x \le y < \text{ent}\, x + 1$, ist also ein (halboffenes) Intervall. Als vollständiges Repräsentantensystem kann man zum Beispiel die Menge $\mathbb{Z}$ wählen. $\quad\heartsuit$

Das Beispiel 5.3 liefert also abzählbar unendlich viele verschiedene Äquivalenzklassen, von denen jede überabzählbar unendlich viele Elemente enthält. Ein hierzu „duales" Beispiel findet man in Beispiel 5.8 unten.

**Beispiel 5.4.** Sei $P = \mathcal{P}(M)$ die Potenzmenge einer festen Menge $M$ und $\sim$ auf $\mathcal{P}(M)$ definiert durch[5]

$$A \sim B \quad :\Leftrightarrow \quad A \text{ und } B \text{ sind gleichmächtig.} \qquad (5.12)$$

Wir zeigen, dass dies eine Äquivalenzrelation auf $\mathcal{P}(M)$ ist. Offensichtlich gilt $A \sim A$, weil die Identität eine bijektive Abbildung von $A$ auf sich ist. Gilt $A \sim B$ und ist $f : A \to B$ bijektiv, so ist auch $f^{-1} : B \to A$ bijektiv,

---

[5]Wir erinnern daran, dass zwei Mengen gleichmächtig heißen, wenn es zwischen ihnen eine bijektive Abbildung gibt.

also $B \sim A$. Gelte schließlich $A \sim B$ und $B \sim C$, d.h., es gibt bijektive Abbildungen $f : A \to B$ und $g : B \to C$. Dann ist auch $g \circ f : A \to C$ bijektiv und daher $A \sim C$.

Wir haben bzgl. (5.12) genausoviele Äquivalenzklassen, wie es Teilmengen von $M$ mit „unterschiedlich vielen Elementen" gibt. Ist beispielsweise $M = \{1, 2, 3, 4\}$, so gibt es nur die fünf Klassen

$$[\emptyset], \ [\{1\}], \ [\{1,2\}], \ [\{1,2,3\}], \ [\{1,2,3,4\}].$$

Alle diese Klassen enthalten natürlich nur endliche Mengen. Ist dagegen etwa $M = \mathbb{R}$, so gibt es die unendlich vielen Klassen[6]

$$[\emptyset], \ [\{1\}], \ [\{1,2\}], \ [\{1,2,3\}], \ \ldots, \ [\mathbb{N}], \ [\mathbb{R}].$$

Hier enthält die Klasse $[\mathbb{N}]$ alle abzählbar unendlichen Teilmengen von $\mathbb{R}$ (wie zum Beispiel die Menge $\mathbb{Q}$ der rationalen Zahlen) und die Klasse $[\mathbb{R}]$ alle überabzählbar unendlichen Teilmengen von $\mathbb{R}$ (wie zum Beispiel die Menge $\mathbb{R} \setminus \mathbb{Q}$ aller irrationalen Zahlen).                                    ♡

Ähnlich wie in Beispiel 5.4 kann man zeigen, dass auch die Isomorphie zwischen Gruppen, Ringen oder Körpern eine Äquivalenzrelation ist. Dies ist etwa dann von Bedeutung, wenn wir wissen wollen, wie viele verschiedene Gruppen mit einer vorgegebenen Anzahl von Elementen es gibt. Die Antwort auf diese Frage wäre wenig nützlich, wenn wir alle isomorphen Gruppen extra mitzählen würden, denn vom gruppentheoretischen Standpunkt aus unterscheiden sie sich ja nicht. Man will vielmehr wissen, wie viele *nichtisomorphe* Gruppen mit einer vorgegebenen Anzahl von Elementen existieren, d.h. wie viele Äquivalenzklassen bzgl. der Äquivalenzrelation (5.12).

Beispielsweise ist klar, dass es „bis auf Isomorphie" nur eine einelementige Gruppe gibt, nämlich $(\{1\}, \cdot)$. Es gibt bis auf Isomorphie auch nur eine einzige zweielementige Gruppe, die wir uns als $(\{1, -1\}, \cdot)$ vorstellen können. Dass es bis auf Isomorphie auch nur eine Gruppe mit drei Elementen gibt, ist schon nicht ganz trivial (Aufgabe 5.17). Wenn wir dann vier Elemente zulassen, gibt es schon zwei nichtisomorphe Gruppen, nämlich die beiden Gruppen, die wir in Abschnitt 4.2 betrachtet haben.

---

[6]Hier machen wir eine im höchsten Maße nichttriviale Annahme, nämlich dass es „zwischen" der Menge der natürlichen und der Menge der reellen Zahlen keine Menge gibt, die weder abzählbar noch überabzählbar unendlich ist, sondern eine „Mächtigkeit dazwischen" hat. Diese Annahme wird in der Grundlagenmathematik als *Kontinuumshypothese* bezeichnet.

Man kann übrigens zeigen, dass diese beiden Gruppen (natürlich wieder bis auf Isomorphie) die einzigen beiden vierelementigen Gruppen sind (s. Aufgabe 4.12).

Wir bringen noch ein wichtiges Beispiel einer Äquivalenzklassenbildung in der Geometrie und danach ein außermathematisches Beispiel.

**Beispiel 5.5.** Für $n \geq 2$ definieren wir auf der Menge $\mathbb{R}^n \setminus \{(0,0,\ldots,0)\}$ aller reellen $n$-tupel (ohne den Ursprung) eine Äquivalenzrelation $\sim$ durch

$$(x_1, x_2, \ldots, x_n) \sim (y_1, y_2, \ldots, y_n) :\Leftrightarrow$$

$$\exists \lambda \in \mathbb{R} : x_1 = \lambda y_1, x_2 = \lambda y_2, \ldots, x_n = \lambda y_n.$$

Aus dieser Bedingung folgt übrigens notwendigerweise, dass $\lambda \neq 0$ ist. Geometrisch interpretiert ist die Äquivalenzklasse $[(x_1, x_2, \ldots, x_n)]$ die Gerade $g$ durch $(0,0,\ldots,0)$ und $(x_1, x_2, \ldots, x_n)$ *ohne den Ursprung* (die so genannte „punktierte Gerade"). Die Quotientenmenge

$$\mathbb{P}^{n-1} := (\mathbb{R}^n \setminus \{(0,0,\ldots,0)\})/\sim$$

heißt der $((n-1)$-dimensionale) *projektive Raum*. Speziell $\mathbb{P}^2 = (\mathbb{R}^3 \setminus \{(0,0,0)\})/\sim$ wird auch die *projektive Ebene* genannt.[7] Als vollständiges Repräsentantensystem kann man die Menge

$$\mathbb{S}^{n-1} := \{(x_1, x_2, \ldots, x_n) \in \mathbb{R}^n : x_1^2 + x_2^2 + \ldots x_n^2 = 1\} \qquad (5.13)$$

nehmen. Diese Menge heißt $(n-1)$-dimensionale *Sphäre*, weil man sie als die Oberfläche der $n$-dimensionalen Vollkugel

$$\mathbb{V}^n := \{(x_1, x_2, \ldots, x_n) \in \mathbb{R}^n : x_1^2 + x_2^2 + \ldots x_n^2 \leq 1\}$$

ansehen kann. Im Fall $n = 2$ ist (5.13) der komplexe Einheitskreisrand (4.48), im Fall $n = 4$ die dreidimensionale Sphäre (4.73), und im Fall $n = 3$ die übliche zweidimensionale Sphäre

$$\mathbb{S}^2 = \{(x_1, x_2, x_3) \in \mathbb{R}^3 : x_1^2 + x_2^2 + x_3^2 = 1\},$$

d.h. die Oberfläche der Vollkugel $\mathbb{V}^3$ im Anschauungsraum $\mathbb{R}^3$. ♡

---

[7]Geometrisch kann man sich die projektive Ebene als normale Ebene $E$ vorstellen, die noch um eine „unendlich ferne Gerade" erweitert wird, die man sich als Menge aller punktierten Geraden $g$ vorstellen kann, welche parallel zu $E$ verlaufen und daher $E$ im Endlichen gar nicht treffen.

**Beispiel 5.6.** Sei $P$ die Menge aller Töne der temperierten Notenskala und $\sim$ auf $P$ definiert durch

$$x \sim y \quad :\Leftrightarrow \quad x \text{ hat denselben Notennamen wie } y.$$

Die Quotientenmenge $P/\sim$ besteht dann aus den 12 Äquivalenzklassen

$$[c], [cis], [d], [dis], [e], [f], [fis], [g], [gis], [a], [b], [h].$$

Alle Elemente in einer Klasse unterscheiden sich nur durch ein Vielfaches einer Oktave. Ein vollständiges Repräsentantensystem ist z.B. gegeben durch alle 12 Töne einer (chromatischen) Oktave. $\quad\heartsuit$

## 5.2  Restklassenringe

Wir betrachten nun eine wichtige Verallgemeinerung von Beispiel 5.2. Für festes $m \in \mathbb{N}$ definieren wir auf der Menge $\mathbb{Z}$ der ganzen Zahlen die so genannte *Kongruenz modulo $m$* durch

$$a \equiv b \,(\mathrm{mod}\,m) \quad :\Leftrightarrow \quad m|(a-b) \tag{5.14}$$

(gesprochen: „$a$ kongruent $b$ modulo $m$"). Beispielsweise gilt

$$1 \equiv 5 \,(\mathrm{mod}\,2), \ \ 4 \equiv 0 \,(\mathrm{mod}\,2), \ \ 1 \equiv -5 \,(\mathrm{mod}\,3), \ \ -20 \equiv -2 \,(\mathrm{mod}\,6).$$

Es ist leicht zu sehen, dass die Kongruenz modulo einer festen natürlichen Zahl tatsächlich eine Äquivalenzrelation auf $\mathbb{Z}$ ist (Aufgabe 5.15). Offensichtlich gibt es zur Kongruenz modulo $m$ genau $m$ Äquivalenzklassen, nämlich

$$[0] = \{km : k \in \mathbb{Z}\}, \quad [1] = \{km + 1 : k \in \mathbb{Z}\},$$
$$[2] = \{km + 2 : k \in \mathbb{Z}\}, \quad \ldots, \quad [m-1] = \{km - 1 : k \in \mathbb{Z}\}, \tag{5.15}$$

denn die Klasse $[m]$ ist ja wieder gleich der Klasse $[0]$. Die Klassen (5.15) werden oft als *Restklassen* (modulo $m$) bezeichnet.[8] Im Falle $m = 2$ bekommen wir natürlich genau die beiden Klassen aus Beispiel 5.2. Die Quotientenmenge bzgl. der Äquivalenzrelation (5.14) wird mit

$$\{[0], [1], [2], \ldots, [m-2], [m-1]\} =: \mathbb{Z}_m \tag{5.16}$$

---

[8]Der Name lässt sich dadurch erklären, dass alle Zahlen in einer der Klassen (5.15) bei der Division durch $m$ denselben Rest lassen.

bezeichnet; sie spielt eine wichtige Rolle in der Zahlentheorie und Algebra. Als vollständige Repräsentantensysteme etwa bzgl. der Kongruenz modulo 3 könnten wir beispielsweise $\{0, 1, 2\}$, $\{-1, 1, 6\}$ oder $\{-15, 7, 302\}$ wählen, wobei die erste Wahl natürlich die einfachste ist.

Wir definieren auf $\mathbb{Z}_m$ eine Addition $\oplus$ durch

$$[x] \oplus [y] := [x + y] \tag{5.17}$$

und eine Multiplikation $\otimes$ durch

$$[x] \otimes [y] := [xy]. \tag{5.18}$$

Hierbei muss man darauf achten, dass man im Falle $x + y \geq m$ bzw. $xy \geq m$ wieder das zu $x + y$ bzw. $xy$ äquivalente Element aus $\{0, 1, 2, \ldots, m - 1\}$ auswählt. Wir müssen auch zeigen, dass die Definitionen (5.17) und (5.18) *nicht von der Wahl des Elements aus der Klasse abhängen*, denn sonst wären diese Verknüpfungen nicht wohldefiniert. Mit anderen Worten müssen wir nachweisen, dass

$$x \equiv x' \,(\mathrm{mod}\, m) \;\wedge\; y \equiv y' \,(\mathrm{mod}\, m) \;\Rightarrow\; x + y \equiv x' + y' \,(\mathrm{mod}\, m) \tag{5.19}$$

sowie

$$x \equiv x' \,(\mathrm{mod}\, m) \;\wedge\; y \equiv y' \,(\mathrm{mod}\, m) \;\Rightarrow\; xy \equiv x'y' \,(\mathrm{mod}\, m) \tag{5.20}$$

gilt. Um dies zu beweisen, nehmen wir an, es gelte $x - x' = km$ und $y - y' = lm$ für geeignete Zahlen $k, l \in \mathbb{Z}$. Dann folgt $(x + y) - (x' + y') = (x - x') + (y - y') = (k + l)m$ und $xy - x'y' = x(y - y') + (x - x')y' = (xl + ky')m$, und daher sind (5.19) und (5.20) tatsächlich richtig.

Wir wollen einmal demonstrieren, wie das Addieren und Multiplizieren von Restklassen in den Fällen $m = 2$ und $m = 3$ aussieht. Im Falle $m = 2$ erhalten wir alle möglichen Summen

$$[0] \oplus [0] = [0], \quad [0] \oplus [1] = [1], \quad [1] \oplus [0] = [1], \quad [1] \oplus [1] = [0]$$

sowie alle möglichen Produkte

$$[0] \otimes [0] = [0], \quad [0] \otimes [1] = [0], \quad [1] \otimes [0] = [0], \quad [1] \otimes [1] = [1].$$

Übrigens gilt in $\mathbb{Z}_2$ die „binomische Formel", von der viele Schüler träumen, nämlich[9]

$$(a + b)^2 = a^2 + b^2. \tag{5.21}$$

---

[9]Diese Formel müssen wir natürlich geeignet interpretieren: Als Elemente $a$ und $b$ können wir nur die Klassen [0] oder [1] nehmen, das Pluszeichen ist die Addition (5.17), und das Quadrat in (5.21) ist so zu verstehen, dass wir das jeweilige Element mit sich selbst gemäß (5.18) multiplizieren. Man überzeuge sich davon, dass (5.21) dann tatsächlich für alle Kombinationen von $a$ und $b$ stimmt!

Im Falle $m = 3$ erhalten wir alle möglichen Summen

$$[0] \oplus [0] = [0], \quad [0] \oplus [1] = [1], \quad [0] \oplus [2] = [2],$$

$$[1] \oplus [0] = [1], \quad [1] \oplus [1] = [2], \quad [1] \oplus [2] = [0],$$

$$[2] \oplus [0] = [2], \quad [2] \oplus [1] = [0], \quad [2] \oplus [2] = [1]$$

sowie alle möglichen Produkte

$$[0] \otimes [0] = [0], \quad [0] \otimes [1] = [0], \quad [0] \otimes [2] = [0],$$

$$[1] \otimes [0] = [0], \quad [1] \otimes [1] = [1], \quad [1] \otimes [2] = [2],$$

$$[2] \otimes [0] = [0], \quad [2] \otimes [1] = [2], \quad [2] \otimes [2] = [1].$$

Man kann diese Beziehungen auch übersichtlicher mit Additions- und Multiplikationstafeln veranschaulichen. Zum Beispiel bekommen wir für $m = 2$ die Tafeln

| $\oplus$ | [0] | [1] |
|---|---|---|
| [0] | [0] | [1] |
| [1] | [1] | [0] |

| $\otimes$ | [0] | [1] |
|---|---|---|
| [0] | [0] | [0] |
| [1] | [0] | [1] |

und für $m = 3$ die Tafeln

| $\oplus$ | [0] | [1] | [2] |
|---|---|---|---|
| [0] | [0] | [1] | [2] |
| [1] | [1] | [2] | [0] |
| [2] | [2] | [0] | [1] |

| $\otimes$ | [0] | [1] | [2] |
|---|---|---|---|
| [0] | [0] | [0] | [0] |
| [1] | [0] | [1] | [2] |
| [2] | [0] | [2] | [1] |

Da die beiden Verknüpfungen (5.17) und (5.18) kommutativ sind, sind diese Tafeln symmetrisch zur Hauptdiagonalen. Es gilt sogar der folgende wichtige Satz:

**Satz 5.2.** $(\mathbb{Z}_m, \oplus, \otimes)$ *ist ein kommutativer Ring.*

**Beweis:** Der Nachweis der Gruppeneigenschaften für $(\mathbb{Z}_m, \oplus)$ ist nicht schwer. Neutrales Element bzgl. der Addition (5.17) ist natürlich die Äquivalenzklasse [0], additiv-invers zur Klasse $[k]$ $(0 < k < m)$ ist die Klasse

$[m - k]$. Die Ringaxiome (4.1) – (4.9) sind ebenfalls leicht nachzuweisen, wobei die Klasse [1] das neutrale Element bzgl. der Multiplikation (5.18) ist.  ∎

Die Frage liegt nahe, ob $(\mathbb{Z}_m, \oplus, \otimes)$ nicht vielleicht sogar ein Körper ist. Man sieht beispielsweise schnell, dass sowohl $(\mathbb{Z}_2, \oplus, \otimes)$ als auch $(\mathbb{Z}_3, \oplus, \otimes)$ Körper sind. Dass dies nicht immer der Fall ist, sieht man an folgendem Beispiel:

**Beispiel 5.7.** Sei $m = 4$. Dann erhalten wir für die Addition (5.17) und Multiplikation (5.18) die Tafeln

| $\oplus$ | [0] | [1] | [2] | [3] |
|---|---|---|---|---|
| [0] | [0] | [1] | [2] | [3] |
| [1] | [1] | [2] | [3] | [0] |
| [2] | [2] | [3] | [0] | [1] |
| [3] | [3] | [0] | [1] | [2] |

| $\otimes$ | [0] | [1] | [2] | [3] |
|---|---|---|---|---|
| [0] | [0] | [0] | [0] | [0] |
| [1] | [0] | [1] | [2] | [3] |
| [2] | [0] | [2] | [0] | [2] |
| [3] | [0] | [3] | [2] | [1] |

Man sieht an der Multiplikationstafel, dass $[2] \otimes [2] = [0]$ ist, *d.h., es gibt in $\mathbb{Z}_4$ Nullteiler.* Damit ist $(\mathbb{Z}_4, \oplus, \otimes)$ kein Integritätsring und daher erst recht kein Körper.  ♡

Kann man einer natürlichen Zahl $m$ „ansehen", ob der entsprechende Restklassenring $(\mathbb{Z}_m, \oplus, \otimes)$ ein Körper ist? Die Antwort auf diese Frage ist überraschend einfach und auch sehr befriedigend:

**Satz 5.3.** *Die folgenden drei Aussagen sind äquivalent:*

(a) *$m$ ist Primzahl;*

(b) *$(\mathbb{Z}_m, \oplus, \otimes)$ ist ein Körper;*

(c) *$(\mathbb{Z}_m, \oplus, \otimes)$ ist ein Integritätsring.*

**Beweis (a)** $\Rightarrow$ **(b):** Sei $p \in \mathbb{P}$ und $[a] \in \mathbb{Z}_p$ mit $[a] \neq [0]$, d.h., $a \not\equiv 0 \,(\mathrm{mod}\, p)$; wir müssen zeigen, dass $[a]$ invertierbar bzgl. $\otimes$ ist, d.h., dass es ein $[b] \in \mathbb{Z}_p$ gibt mit $[a] \otimes [b] = [1]$. Wir können dabei o.B.d.A. $0 < a < p$ annehmen.

Wir behaupten, dass die Menge $\{a, 2a, 3a, \ldots, (p-1)a, pa\}$ ein vollständiges Repräsentantensystem ist, d.h., keine zwei verschiedene Zahlen aus dieser Menge sind kongruent modulo $p$. In der Tat, nehmen wir an, dass

$ka \equiv la \,(\mathrm{mod}\,p)$ ist mit $0 \leq k, l < p$, so bedeutet dies $p|(k-l)a$. Nach Satz 3.11 können wir daraus folgern, dass entweder $p|(k-l)$ oder $p|a$ gilt. Die zweite Alternative kann wegen $a < p$ nicht eintreten, und daher muss $p|(k-l)$ gelten, wegen $k-l < p$ also $k = l$.

Wir haben gezeigt, dass $\{a, 2a, 3a, \ldots, (p-1)a, pa\}$ ein vollständiges Repräsentantensystem ist. Hieraus folgt insbesondere, dass die Klasse $[1]$ mit einer der Klassen $[a]$, $[2a]$, $[3a]$, $\ldots$, $[(p-1)a]$, $[pa]$ übereinstimmen muss, d.h., es existiert $b \in \{1, 2, 3, \ldots, p-1, p\}$ mit $[ba] = [1]$. Das war aber gerade die Behauptung.

**Beweis (b) $\Rightarrow$ (c):** Trivial.

**Beweis (c) $\Rightarrow$ (a):** Ist $m$ keine Primzahl, so gibt es natürliche Zahlen $k$ und $l$ mit $1 < k, l < m$ und $kl = m$. Dann gilt aber für die zugehörigen Klassen $[k] \otimes [l] = [m] = [0]$, d.h., es gibt in $\mathbb{Z}_m$ Nullteiler und damit kann $(\mathbb{Z}_m, \oplus, \otimes)$ kein Integritätsring sein. ∎

Bevor wir den Restklassenring $(\mathbb{Z}_m, \oplus, \otimes)$ weiter untersuchen, wollen wir etwas mit Kongruenzen „herumspielen" und sie auf das Pascal'sche Dreieck aus Abschnitt 3.3 anwenden. Statt wie dort in jeder Reihe die neuen Binomialkoeffizienten durch Addition der beiden unmittelbaren Nachbarn in der Zeile darüber zu ermitteln, rechnen wir nun „modulo $m$". Wir beginnen mit $m = 5$, d.h., wir schreiben bei Zahlen größer als 4 nur die Reste nach Division durch 5 hin. Das sieht dann so aus:

$$
\begin{array}{ccccccccccccccccccccccccccc}
  &   &   &   &   &   &   &   &   &   &   &   &   & 1 &   &   &   &   &   &   &   &   &   &   &   &   & \\
  &   &   &   &   &   &   &   &   &   &   &   & 1 &   & 1 &   &   &   &   &   &   &   &   &   &   &   & \\
  &   &   &   &   &   &   &   &   &   &   & 1 &   & 2 &   & 1 &   &   &   &   &   &   &   &   &   &   & \\
  &   &   &   &   &   &   &   &   &   & 1 &   & 3 &   & 3 &   & 1 &   &   &   &   &   &   &   &   &   & \\
  &   &   &   &   &   &   &   &   & 1 &   & 4 &   & 1 &   & 4 &   & 1 &   &   &   &   &   &   &   &   & \\
  &   &   &   &   &   &   &   & 1 &   & 0 &   & 0 &   & 0 &   & 0 &   & 1 &   &   &   &   &   &   &   & \\
  &   &   &   &   &   &   & 1 &   & 1 &   & 0 &   & 0 &   & 0 &   & 1 &   & 1 &   &   &   &   &   &   & \\
  &   &   &   &   &   & 1 &   & 2 &   & 1 &   & 0 &   & 0 &   & 1 &   & 2 &   & 1 &   &   &   &   &   & \\
  &   &   &   &   & 1 &   & 3 &   & 3 &   & 1 &   & 0 &   & 1 &   & 3 &   & 3 &   & 1 &   &   &   &   & \\
  &   &   &   & 1 &   & 4 &   & 1 &   & 4 &   & 1 &   & 1 &   & 4 &   & 1 &   & 4 &   & 1 &   &   &   & \\
  &   &   & 1 &   & 0 &   & 0 &   & 0 &   & 0 &   & 2 &   & 0 &   & 0 &   & 0 &   & 0 &   & 1 &   &   & \\
  &   & 1 &   & 1 &   & 0 &   & 0 &   & 0 &   & 2 &   & 2 &   & 0 &   & 0 &   & 0 &   & 1 &   & 1 &   & \\
  & 1 &   & 2 &   & 1 &   & 0 &   & 0 &   & 2 &   & 4 &   & 2 &   & 0 &   & 0 &   & 1 &   & 2 &   & 1 & \\
1 &   & 3 &   & 3 &   & 1 &   & 0 &   & 2 &   & 1 &   & 1 &   & 2 &   & 0 &   & 1 &   & 3 &   & 3 &   & 1 \\
\end{array}
$$

$$1 \quad 4 \quad 1 \quad 4 \quad 1 \quad 2 \quad 3 \quad 2 \quad 3 \quad 2 \quad 1 \quad 4 \quad 1 \quad 4 \quad 1$$

Wie man sieht, ergibt sich ein wunderschön regelmäßiges Bild: Das große Pascal'sche Dreieck zerfällt in neun[10] kleinere, wobei die Nullen (die wir zur besseren Sichtbarkeit fett gedruckt haben) jeweils die vier kopfstehenden kleinen Dreiecke innen bilden, während die anderen Zahlen $1, 2, 3, 4$ jeweils symmetrisch auftreten und die anderen fünf kleinen Dreiecke bilden. Alle Zeilen sind Palindrome, d.h., ergeben von links nach rechts gelesen dasselbe wie von rechts nach links gelesen, weil alle Zeilen des eigentlichen Pascal'schen Dreiecks aus Abschnitt 3.3 auch Palindrome sind.

Machen wir dasselbe Spielchen für $m = 7$, d.h., schreiben wir bei Zahlen größer als 6 nur die Reste nach Division durch 7 hin, so ergibt sich folgendes Bild, in dem wir die Nullen wieder fett darstellen:

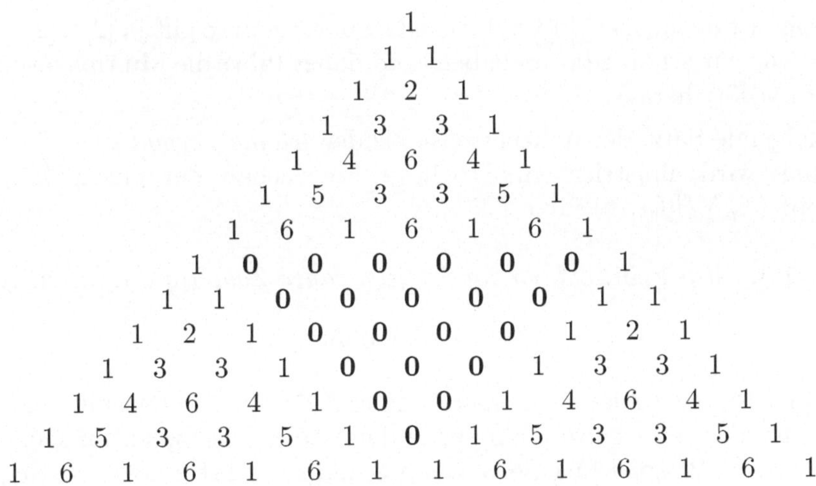

Hier zerfällt das Pascal'sche Dreieck in ein kleines Dreieck in der Mitte, welches nur Nullen enthält, sowie drei kleine Dreiecke außen, die die anderen Zahlen $1, 2, 3, 4, 5, 6$ enthalten. Schreibt man das Pascal'sche Dreieck in dieser Weise weiter, so erhält man immer komplexere, aber absolut symmetrisch aufgebaute Bilder.[11] In Farbe können Sie solche Bilder in H. M. Enzensbergers sehr empfehlenswertem Buch „Der Zahlenteufel" finden.

---

[10]Die hier und im Folgenden angegebenen Anzahlen kleinerer Dreiecke sind natürlich insofern „willkürlich", als wir nur die obere Spitze des Pascal'schen Dreiecks zeigen. In Wirklichkeit ist ein solches Pascal'sches Dreieck nach unten natürlich „unendlich ausgedehnt".

[11]Solche immer komplexer werdende Dreiecke heißen nach dem polnischen Mathematiker Wacław Sierpiński (1882–1969) auch *Sierpiński-Dreiecke*. Sie sind einfache Beispiele so genannter „selbstähnlicher fraktaler Strukturen".

Wir kehren nun zurück zu Satz 5.3. Der Beweis dieses Satzes zeigt auch, dass $(\mathbb{Z}_p \setminus \{[0]\}, \otimes)$ für $p \in \mathbb{P}$ eine *multiplikative Gruppe* mit $p-1$ Elementen ist. Die entsprechenden Gruppentafeln für $p = 2, 3, 5$ sehen folgendermaßen aus:

| $\otimes$ | $[1]$ |
|---|---|
| $[1]$ | $[1]$ |

| $\otimes$ | $[1]$ | $[2]$ |
|---|---|---|
| $[1]$ | $[1]$ | $[2]$ |
| $[2]$ | $[2]$ | $[1]$ |

| $\otimes$ | $[1]$ | $[2]$ | $[3]$ | $[4]$ |
|---|---|---|---|---|
| $[1]$ | $[1]$ | $[2]$ | $[3]$ | $[4]$ |
| $[2]$ | $[2]$ | $[4]$ | $[1]$ | $[3]$ |
| $[3]$ | $[3]$ | $[1]$ | $[4]$ | $[2]$ |
| $[4]$ | $[4]$ | $[3]$ | $[2]$ | $[1]$ |

Dagegen ist etwa $(\mathbb{Z}_4 \setminus \{[0]\}, \otimes)$ keine Gruppe, denn es gilt ja $[2] \otimes [2] = [0]$ in $\mathbb{Z}_4$, wie wir schon gesehen haben, und daher führt die Multiplikation $\otimes$ aus $\mathbb{Z}_4 \setminus \{[0]\}$ heraus.

Der folgende Satz, der üblicherweise als der *Kleine Fermat'sche Satz* bezeichnet wird, illustriert eine wichtige Eigenschaft der multiplikativen Gruppe $(\mathbb{Z}_p \setminus \{[0]\}, \otimes)$ für $p \in \mathbb{P}$:

**Satz 5.4.** *Ist $p$ Primzahl, so gilt für jede ganze Zahl $a$ die Kongruenz*

$$a^p \equiv a \,(\mathrm{mod}\, p).$$

**Beweis:** Für $p = 2$ ist die Behauptung einfach eine Umformulierung der Tatsache, dass eine ganze Zahl genau dann gerade ist, wenn ihr Quadrat gerade ist (s. Beispiel 1.6). Sei also $p \geq 3$ und zunächst $a \in \mathbb{N}_0$, also $a \geq 0$. Wir beweisen die Behauptung durch Induktion über $a$.

Für $a = 0$ ist die Behauptung trivialerweise richtig. Angenommen, wir haben die Behauptung für festes $a \in \mathbb{N}$ bewiesen. Dann folgt aus $(a+1)^p \equiv a^p + 1 \,(\mathrm{mod}\, p)$ (s. Aufgabe 5.19)

$$(a + 1)^p \equiv a^p + 1 \equiv a + 1 \,(\mathrm{mod}\, p),$$

wobei wir in der zweiten Kongruenz die Induktionsvoraussetzung benutzt haben. Damit ist unsere Behauptung für $a \geq 0$ bewiesen. Ist dagegen $a < 0$, so folgt aus der Tatsache, dass $p$ ungerade ist

$$-a^p = (-a)^p \equiv -a \,(\mathrm{mod}\, p)$$

und damit ist alles gezeigt. ∎

Interessanterweise können wir Satz 5.4 benutzen, um noch einmal einen weiteren alternativen Beweis von Satz 3.5 über die Unendlichkeit der Menge aller Primzahlen zu geben:

**Satz 5.5.** *Die Menge $\mathbb{P}$ ist unendlich.*

**Beweis:** Angenommen, die Menge $\mathbb{P}$ wäre endlich; dann gäbe es eine größte Primzahl $p := \max \mathbb{P}$. Sei $M_p$ die zugehörige Mersenne-Zahl, also $M_p = 2^p - 1$ (vgl. (3.44)), und sei $q \in \mathbb{P}$ irgendein Primteiler von $M_p$. Es gilt dann $q|(2^p - 1)$ oder, anders geschrieben,

$$2^p \equiv 1 \,(\mathrm{mod}\,q).$$

Dies bedeutet, dass die Klasse $[2^p]$ in der Gruppe $(\mathbb{Z}_q \setminus \{[0]\}, \otimes)$ mit der „Einsklasse" $[1]$ übereinstimmt. Damit muss $p$ die Anzahl der Elemente dieser Gruppe teilen (s. Aufgabe 5.31), also $p|(q-1)$, und daher gilt erst recht $p < q$. Das widerspricht aber der Annahme, dass $p$ die größte aller Primzahlen war, und damit ist die Behauptung bewiesen. ∎

Man kann die additive Gruppe $(\mathbb{Z}_m, \oplus)$, die mithilfe der Kongruenz modulo $m$ definiert wird, als Spezialfall der folgenden Konstruktion ansehen. Sei $(\mathcal{G}, *)$ eine beliebige Gruppe mit neutralem Element $e$ und $\mathcal{U} \subseteq \mathcal{G}$ eine Untergruppe von $\mathcal{G}$. Wir behaupten, dass dann durch

$$x \sim y \;:\Leftrightarrow\; x * y^{-1} \in \mathcal{U} \qquad (x, y \in \mathcal{G}) \tag{5.22}$$

eine Äquivalenzrelation auf $\mathcal{G}$ definiert ist. Die Relation (5.22) ist nämlich reflexiv, weil $e = x*x^{-1} \in \mathcal{U}$ gilt. Sie ist symmetrisch, denn aus $x*y^{-1} \in \mathcal{U}$ folgt $y * x^{-1} = (x * y^{-1})^{-1} \in \mathcal{U}$. Schließlich ist sie auch transitiv, denn aus $x * y^{-1} \in \mathcal{U}$ und $y * z^{-1} \in \mathcal{U}$ folgt $x * z^{-1} = (x * y^{-1}) * (y * z^{-1}) \in \mathcal{U}$. Die Quotientenmenge bzgl. der Äquivalenzrelation (5.22) bezeichnet man in diesem Fall mit $\mathcal{G}/\mathcal{U}$.

Wendet man dies auf die additive Gruppe $(\mathbb{Z}, +)$ der ganzen Zahlen und die Untergruppe $\mathcal{U} = m\mathbb{Z} := \{km : k \in \mathbb{Z}\}$ aller Vielfachen einer festen Zahl $m \in \mathbb{N}$ an, so erhält man für (5.22) hier

$$a \sim b \;\Leftrightarrow\; a - b \text{ ist ein Vielfaches von } m \qquad (a, b \in \mathbb{Z}),$$

und das ist natürlich nichts anderes als die Kongruenz (5.14) auf $\mathbb{Z}$. Daher ist in diesem Fall tatsächlich $\mathbb{Z}/m\mathbb{Z} = \mathbb{Z}_m$.

Wir bringen noch einige weitere Beispiele einer solchen Äquivalenzklassenbildung mittels Untergruppen, welche zum Teil in der Geometrie eine wichtige Rolle spielen.

**Beispiel 5.8.** Sei $(\mathbb{R}, +)$ die additive Gruppe aller reellen Zahlen, und sei $(\mathbb{Z}, +)$ die Untergruppe der ganzen Zahlen. In diesem Fall bedeutet die Äquivalenzrelation (5.22) einfach

$$x \sim y \ :\Leftrightarrow\ x - y \in \mathbb{Z},$$

d.h., zwei reelle Zahlen sind äquivalent, wenn sie sich nur durch eine ganze Zahl unterscheiden. Wir bekommen damit für jedes $x \in \mathbb{R}$ die Äquivalenzklasse

$$[x] = \{x + k : k \in \mathbb{Z}\} = \{\ldots, x - 2, x - 1, x, x + 1, x + 2, \ldots\}.$$

Ein vollständiges Repräsentantensystem wäre etwa das halboffene Intervall $[0, 1)$. Dieses Beispiel liefert also überabzählbar unendlich viele verschiedene Äquivalenzklassen, von denen jede abzählbar unendlich viele Elemente enthält, und ist in gewissem Sinne „dual" zu Beispiel 5.3.

Wir betrachten jetzt ein „zweidimensionales Analogon" des soeben konstruierten Beispiels. Sei dazu $(\mathbb{R}^2, +)$ die additive Gruppe aller reellen Zahlenpaare (mit der üblichen komponentenweisen Addition), die wir ja als Punkte der Ebene deuten können, und sei $(\mathbb{Z}^2, +)$ die Untergruppe der „ganzzahligen Gitterpunkte", d.h. die Menge aller Punkte in der Ebene mit ganzzahligen Koordinaten. In diesem Fall bedeutet die Äquivalenzrelation (5.22) einfach

$$(x, y) \sim (u, v) \ :\Leftrightarrow\ x - u \in \mathbb{Z}, \ y - v \in \mathbb{Z}.$$

Auch hier gibt es die überabzählbar unendlich vielen Äquivalenzklassen

$$[(x, y)] = \{(x + k, y + l) : k, l \in \mathbb{Z}\} \qquad ((x, y) \in \mathbb{R}^2),$$

von denen jede abzählbar unendlich ist. Ein vollständiges Repräsentantensystem wäre etwa die überabzählbare Menge $[0, 1) \times [0, 1)$, die wir uns als Quadrat ohne rechte und obere Seite vorstellen können.   $\heartsuit$

Diese beiden Beispiele haben einen interessanten geometrischen Aspekt, den wir nicht unerwähnt lassen wollen. Das halboffene Intervall $[0, 1)$, welches wir im „eindimensionalen" Beispiel $\mathbb{R}/\mathbb{Z}$ als vollständiges Repräsentantensystem gewonnen haben, können wir uns auch als Einheitskreisrand $\mathbb{S}^1$ vorstellen. Dazu müssen wir die Enden des Intervalls „hochbiegen" und anschließend „miteinander verkleben", d.h., wir identifizieren die Rand-

punkte 0 und 1 des Intervalls, die wir ja nicht doppelt zählen dürfen.[12]
Können wir dasselbe im „zweidimensionalen" Beispiel $\mathbb{R}^2/\mathbb{Z}^2$ machen?
Ja, wenn wir es geschickt anstellen! Dort haben wir als vollständiges Repräsentantensystem ja das Quadrat $[0,1) \times [0,1)$ gewonnen, bei dem sozusagen der linke und untere Rand dazugehören, der rechte und obere
dagegen nicht. Wenn wir jetzt den oberen Rand des Quadrats „herunter-
biegen" und „mit dem unteren Rand verkleben" (d.h., wir identifizieren
die Ränder $[0,1) \times \{0\}$ und $[0,1) \times \{1\}$) des Quadrats, die wir ja nicht
doppelt zählen dürfen), so bekommen wir einen *Zylinder* der Länge 1.
Bei diesem Zylinder gehört der linke Kreisrand dazu, der rechte dagegen
nicht. Wir müssen also anschließend noch genauso den rechten Kreisrand
des Zylinders „herumbiegen" und „mit dem linken Kreisrand verkleben".
Auf diese Weise erhalten wir schließlich einen so genannten *Torus*,[13] den
wir uns als Produkt $\mathbb{T} = \mathbb{S}^1 \times \mathbb{S}^1$ des Einheitskreisrandes mit sich selbst
vorstellen können.

**Beispiel 5.9.** Sei $(\mathcal{O}(2), \circ)$ die in (4.61) definierte (multiplikative) Gruppe
aller Drehmatrizen (4.57) und Spiegelungsmatrizen (4.58). Wir wissen,
dass die in (4.62) definierte Menge $\mathcal{SO}(2)$ eine Untergruppe dieser Gruppe
bildet. Wie sieht die Äquivalenzrelation (5.22) in diesem Fall aus? Nach
Definition gilt

$$A \sim B \; :\Leftrightarrow \; A \circ B^{-1} \in \mathcal{SO}(2) \qquad (A, B \in \mathcal{O}(2)),$$

d.h., zwei Matrizen aus $\mathcal{O}(2)$ gehören zu derselben Äquivalenzklasse, wenn
man die eine in die andere durch Multiplikation mit einer Drehmatrix
(4.57) überführen kann. Wegen der Multiplikativität der Determinantenabbildung (s. Beispiel 4.10) folgt hieraus, dass es nur zwei Äquivalenzklassen gibt, nämlich die Klasse $\{D_\alpha : 0 \le \alpha < 2\pi\}$ aller Drehmatrizen
(4.57) und die Klasse $\{S_\alpha : 0 \le \alpha < 2\pi\}$ aller Spiegelungsmatrizen (4.58).
Daher ist die Quotientenmenge $\mathcal{O}(2)/\mathcal{SO}(2)$ lediglich zweielementig. Als
vollständiges Repräsentantensystem kann die Menge $\{E, J\}$ der beiden

---

[12]Solche „Verklebungen" sind in der so genannten *Topologie*, einem Teilgebiet der
Geometrie, ein beliebtes Verfahren, um aus bekannten Objekten neue herzustellen.
Etwas versteckt haben wir eine solche „Randverklebung" schon mit der Abbildung
(4.44) vorgenommen, denn durch die Abbildung, die jedem $\alpha$ aus dem Intervall $[0, 2\pi]$
den Punkt $e^{i\alpha}$ auf dem komplexen Einheitskreisrand zuordnet, „identifizieren" wir ja
die Randpunkte 0 und $2\pi$ dieses Intervalls.

[13]Im täglichen Leben ist Ihnen ein Torus sicher schon einmal als Schwimmreifen
begegnet. Ein anderes Beispiel sind die bei Amerikanern so beliebten *doughnuts*, das
sind die Zuckerkringel, die Homer Simpson im Atomkraftwerk in Springfield dauernd
isst.

Matrizen

$$E = \begin{pmatrix} 1 & 0 \\ 0 & 1 \end{pmatrix}, \qquad J = \begin{pmatrix} -1 & 0 \\ 0 & 1 \end{pmatrix}$$

dienen. Die erste dieser Matrizen ist die Drehmatrix $D_0$ aus (4.57), die zweite die Spiegelungsmatrix $S_\pi$ aus (4.59). $\qquad\qquad\heartsuit$

## 5.3 Ordnungsrelationen

Wir kommen nun zu einem zweiten wichtigen Relationstyp, der fast so wichtig ist wie der der Äquivalenzrelation.

**Definition 5.2.** Eine *Ordnungsrelation* (auf einer Menge $P$) ist eine reflexive, antisymmetrische und transitive Relation $\rho$ (s. (5.5), (5.7) und (5.8)). $\qquad\qquad\square$

Statt $x\rho y$ schreibt man bei einer Ordnungsrelation $\rho$ oft $x \preceq y$, um an die Kleiner-gleich-Relation $\leq$ zu erinnern. Die Schreibweise $x \succeq y$ soll bedeuten, dass $y \preceq x$ gilt. Schließlich schreiben wir für $x \preceq y$ und $x \neq y$ kurz $x \prec y$ und ähnlich für $x \succeq y$ und $x \neq y$ kurz $x \succ y$.

Der Begriff der Ordnungsrelation ist ähnlich allgemein wie der der Äquivalenzrelation, wie wir jetzt anhand einiger typischer Beispiele zeigen.

**Beispiel 5.10.** Sei $P = \mathbb{R}$ und $\preceq$ auf $\mathbb{R}$ definiert durch

$$x \preceq y \; :\Leftrightarrow \; x \leq y, \qquad\qquad (5.23)$$

d.h., $\preceq$ ist die übliche „Kleiner-gleich-Relation". Dies ist die bei weitem wichtigste Ordnungsrelation in der Analysis. $\qquad\qquad\heartsuit$

**Warnung:** Neben der „Kleiner-gleich-Relation" (5.23) spielt ja die „Kleiner-Relation" $x < y$ zwischen Zahlen eine wichtige Rolle. Dies ist allerdings *keine Ordnungsrelation* im Sinne unserer Definition 5.2, denn sie ist nicht reflexiv. In der Tat, die Beziehung $x < x$ gilt ja für *keine einzige* Zahl $x \in \mathbb{R}$. Manche Autoren nennen solche Relationen $\rho$, bei denen $x\rho x$ für kein einziges Element der betrachteten Menge erfüllt ist, *irreflexiv*. Relationen, die irreflexiv, antisymmetrisch und transitiv sind, werden bisweilen *strikte Ordnungsrelationen* genannt; dieser Name orientiert sich natürlich am Beispiel der Relation $<$.

**Beispiel 5.11.** Sei $P = \mathbb{N}$ und $\preceq$ auf $\mathbb{N}$ definiert durch

$$m \preceq n \; :\Leftrightarrow \; m|n, \tag{5.24}$$

d.h., $\preceq$ ist die „Teilerrelation" (3.36). Dies ist neben $\leq$ eine weitere nützliche Relation auf $\mathbb{N}$. Sie hat allerdings eine wichtige Eigenschaft *nicht*, die die Relation (5.23) hat: während für je zwei reelle Zahlen $x$ und $y$ stets entweder $x \leq y$ oder $x \geq y$ ist (s. (1.28)), kann für zwei natürliche Zahlen durchaus weder $m|n$ noch $n|m$ gelten. Daher ist die Ordnung (5.24) auf $\mathbb{N}$ nicht total. $\qquad\qquad\heartsuit$

**Beispiel 5.12.** Sei $M$ eine beliebige (nichtleere) Menge und $\mathcal{P}(M)$ die Potenzmenge (1.50) von $M$, also $\mathcal{P}(M) = \{N : N \subseteq M\}$. Auf $\mathcal{P}(M)$ sei $\preceq$ definiert durch

$$A \preceq B \; :\Leftrightarrow \; A \subseteq B, \tag{5.25}$$

d.h., $\preceq$ ist die übliche Mengeninklusion. Es ist klar, dass dadurch eine Ordnung auf $\mathcal{P}(M)$ definiert ist; diese ist wieder nicht total. $\qquad\heartsuit$

**Beispiel 5.13.** Sei $P = Abb(\mathbb{R}, \mathbb{R})$ die Menge aller Funktionen $f : \mathbb{R} \to \mathbb{R}$. Auf $P$ sei $\preceq$ definiert durch[14]

$$f \preceq g \; :\Leftrightarrow \; \forall x \in \mathbb{R} : \; f(x) \leq g(x). \tag{5.26}$$

Es ist klar, dass auch die Ordnung (5.26) nicht total ist, denn die Graphen zweier Funktionen können sich ja „überkreuzen". $\qquad\qquad\heartsuit$

Im Falle der reellen Zahlen mit der üblichen Kleiner-gleich-Ordnung (Beispiel 5.10) haben wir die Begriffe Maximum, Minimum, Supremum und Infimum definiert. Diese Begriffe wollen wir jetzt auf eine allgemeine Grundlage stellen.

**Definition 5.3.** Sei $(P, \preceq)$ eine geordnete Menge und $Q \subseteq P$. Wir nennen $Q$ *von oben beschränkt*, falls es ein Element $y \in P$ gibt derart, dass alle $x \in Q$ die Beziehung $x \preceq y$ erfüllen, und *von unten beschränkt*, falls es ein Element $z \in P$ gibt derart, dass alle $x \in Q$ die Beziehung $x \succeq z$ erfüllen. Ist $Q$ sowohl von oben als auch von unten beschränkt, so nennen wir $Q$ einfach *beschränkt* (bzgl. der Ordnung $\preceq$). Ein Element $\underline{y} \in P$ heißt *Supremum* von $Q$ (Schreibweise: $\underline{y} = \sup Q$), falls sie die *kleinste*

---

[14]Anschaulich gesprochen gilt $f \preceq g$ genau dann, wenn der Graph von $f$ überall „unter" dem Graphen von $g$ liegt, wobei Berührungen erlaubt sind, aber keine Überschneidungen.

*obere Schranke* von $Q$ ist, d.h., jede andere obere Schranke $y$ von $Q$ erfüllt $y \preceq y$. Analog heißt ein Element $\bar{\bar{z}} \in P$ *Infimum* von $Q$ (Schreibweise: $\bar{\bar{z}} = \inf Q$), falls sie die *größte untere Schranke* von $Q$ ist, d.h., jede andere untere Schranke $z$ von $Q$ erfüllt $z \preceq \bar{\bar{z}}$. Gehört das Element $\sup Q$ sogar zur Menge $Q$ selbst, so nennt man es das *Maximum* von $Q$ (Schreibweise: $\max Q$); gehört das Element $\inf Q$ sogar zur Menge $Q$ selbst, so nennt man es das *Mimimum* von $Q$ (Schreibweise: $\min Q$).                              $\square$

Im Falle der geordneten Menge $(\mathbb{R}, \leq)$ stimmen alle diese Begriffe mit den vorher eingeführten gleichnamigen Begriffen überein (s. Abschnitt 4.3). Es ist erhellend zu untersuchen, was sich – wenigstens in Spezialfällen – bei den anderen Ordnungsrelationen aus Beispiel 5.11 – 5.13 ergibt.

Sei etwa $(\mathbb{N}, |)$ die geordnete Menge aus Beispiel 5.11 und sei $\{a, b\} \subset \mathbb{N}$ eine zweielementige Menge. Jede Zahl $c \in \mathbb{N}$ mit $a|c$ und $b|c$ ist eine obere Schranke für $\{a, b\}$ und jede Zahl $d \in \mathbb{N}$ mit $d|a$ und $d|b$ ist eine untere Schranke für $\{a, b\}$.[15] Daher ist einfach

$$\sup \{a, b\} = kgV(a, b), \qquad \inf \{a, b\} = ggT(a, b), \qquad (5.27)$$

denn genau so hatten wir das kleinste gemeinsame Vielfache und den größten gemeinsamen Teiler zweier natürlicher Zahlen ja in (3.55) und (3.56) definiert. Offenbar ist das Supremum in (5.27) genau dann ein Maximum (und das Infimum ein Minimum), wenn eine der beiden Zahlen $a$ oder $b$ Teiler der anderen ist.

**Warnung.** An der Formel (5.27) sieht man sehr schön, dass man immer angeben muss, *bzgl. welcher Ordnungsrelation* man Suprema und Infima betrachtet. So gilt bzgl. der Kleiner-gleich-Relation $\leq$ etwa $\sup \{4, 5\} = 5$ und $\inf \{4, 5\} = 4$, während bzgl. der Teilbarkeitsrelation $|$ natürlich $\sup \{4, 5\} = 20$ und $\inf \{4, 5\} = 1$ ist.

Sei nun $(\mathcal{P}(M), \subseteq)$ die geordnete Menge aus Beispiel 5.12, und sei $\{A, B\} \subset \mathcal{P}(M)$ wieder eine zweielementige Menge (d.h. eine Menge, die aus zwei Teilmengen $A, B \subseteq M$ besteht). Hier gilt

$$\sup \{A, B\} = A \cup B, \qquad \inf \{A, B\} = A \cap B, \qquad (5.28)$$

denn $A \cup B$ ist die kleinste Obermenge und $A \cap B$ die größte Teilmenge von $A$ und $B$. Das Supremum in (5.28) ist genau dann ein Maximum

---

[15]Da wir zum Beispiel $c := ab$ und $d := 1$ wählen können, ist eine solche zweielementige Menge $\{a, b\}$ (und allgemein jede endliche Menge) also immer beschränkt.

(und das Infimum ein Minimum), wenn eine der beiden Mengen $A$ oder $B$ Teilmenge der anderen ist.

Sei schließlich $(Abb(\mathbb{R}, \mathbb{R}), \preceq)$ die geordnete Menge aus Beispiel 5.13 und sei $\{f, g\} \subset Abb(\mathbb{R}, \mathbb{R})$ wieder eine zweielementige Menge. Hier sind die Funktionen $\sup\{f, g\}$ und $\inf\{f, g\}$ punktweise gegeben durch

$$\begin{aligned}
\sup\{f, g\}(x) &= \max\{f(x), g(x)\}, \\
\inf\{f, g\}(x) &= \min\{f(x), g(x)\}.
\end{aligned} \tag{5.29}$$

Der Graph der Funktion $\sup\{f, g\}$ besteht also aus dem jeweils „oben liegenden" Teil des Graphen von $f$ oder $g$, entsprechend für den Graphen der Funktion $\inf\{f, g\}$. Auch hier ist also das Supremum in (5.29) genau dann ein Maximum (und das Infimum ein Minimum), wenn $f \preceq g$ oder $g \preceq f$ gilt.

## 5.4  Boole'sche Verbände

Die im Anschluss an Definition 5.2 eingeführten Schreibweisen $x \preceq y$, $x \succeq y$, $x \prec y$ und $x \succ y$ sind natürlich von den Relationen $x \leq y$, $x \geq y$, $x < y$ und $x > y$ zwischen Zahlen oder $M \subseteq N$, $M \supseteq N$, $M \subset N$ und $M \supset N$ zwischen Mengen inspiriert worden. Auch die Durchschnittsbildung $M \cap N$ und Vereinigung $M \cup N$ zwischen Mengen kann man in einem allgemeineren Rahmen imitieren; die führt auf die folgende

**Definition 5.4.** Ein *Boole'scher Verband* (oder einfach nur *Verband*) ist eine nichtleere Menge $V$, auf der zwei Verknüpfungen $\sqcap$ und $\sqcup$ definiert sind, die den Bedingungen

$$\forall a, b \in V : a \sqcap b = b \sqcap a, \qquad \forall a, b \in V : a \sqcup b = b \sqcup a, \tag{5.30}$$

$$\begin{cases}
\forall a, b, c \in V : (a \sqcap b) \sqcap c = a \sqcap (b \sqcap c), \\[2mm]
\forall a, b, c \in V : (a \sqcup b) \sqcup c = a \sqcup (b \sqcup c)
\end{cases} \tag{5.31}$$

und

$$\forall a, b \in V : a \sqcap (a \sqcup b) = a, \qquad \forall a, b \in V : a \sqcup (a \sqcap b) = a \tag{5.32}$$

genügen. Hierbei heißt (5.30) das *Kommutativgesetz*, (5.31) das *Assoziativgesetz* und (5.32) das *Verschmelzungsgesetz* für die Verknüpfungen $\sqcap$

und $\sqcup$. Gilt zusätzlich zu (5.30) – (5.32) noch das *Distributivgesetz*

$$\begin{cases} \forall a, b, c \in V : (a \sqcap b) \sqcup c = (a \sqcup c) \sqcap (b \sqcup c), \\[2mm] \forall a, b, c \in V : (a \sqcup b) \sqcap c = (a \sqcap c) \sqcup (b \sqcap c), \end{cases} \tag{5.33}$$

so nennt man $(V, \sqcap, \sqcup)$ einen *distributiven Verband*.      $\square$

Aus den Bedingungen (5.30) – (5.33) kann man weitere wichtige Eigenschaften herleiten, beispielsweise

$$\forall a \in V : a \sqcap a = a \sqcup a = a \tag{5.34}$$

und

$$\forall a, b \in V : a \sqcap b = a \sqcup b \;\Leftrightarrow\; a = b. \tag{5.35}$$

Hierbei kann man folgende „Faustregel" aufstellen: Wann immer man eine Eigenschaft für die Verknüpfungen eines Verbandes gefunden hat, erhält man eine analoge Eigenschaft durch Vertauschung von $\sqcap$ und $\sqcup$.[16]

Es ist klar (und hieran sollen auch die Symbole $\sqcap$ und $\sqcup$ erinnern), dass die Potenzmenge $\mathcal{P}(M)$ einer festen Menge $M$ zusammen mit der Durchschnittsbildung $\cap$ und Vereinigungsbildung $\cup$ für die Definition eines Verbandes Pate gestanden hat. Als weiteres wichtiges Beispiel kann die Konjunktion $p \wedge q$ und die Disjunktion $p \vee q$ zwischen zwei Aussagen $p$ und $q$ dienen. Hier ist noch ein weiteres nahe liegendes Beispiel:

**Beispiel 5.14.** Wir betrachten die Menge $V = \mathbb{N}$, zunächst versehen mit den Verknüpfungen

$$m \sqcap n := \min\{m, n\}, \qquad m \sqcup n := \max\{m, n\}.$$

Die Eigenschaften (5.30) – (5.32) weist man leicht nach; damit ist klar, dass $(\mathbb{N}, \min, \max)$ ein Verband ist. Man kann die Menge $\mathbb{N}$ aber auch mit den Verknüpfungen

$$m \sqcap n := ggT(m, n), \qquad m \sqcup n := kgV(m, n)$$

betrachten und erhält ebenfalls einen Verband $(\mathbb{N}, ggT, kgV)$. Aufgabe 3.62 zeigt überdies, dass sowohl $(\mathbb{N}, \min, \max)$ als auch $(\mathbb{N}, ggT, kgV)$ distributive Verbände sind.      $\heartsuit$

---

[16]Manchen Autoren bezeichnen dies als das so genannte *Dualitätsprinzip der Verbandstheorie*.

Im folgenden Beispiel stellen wir einen Verband vor, der nicht distributiv ist.

**Beispiel 5.15.** Wir definieren sechs Funktionen $f_k : \mathbb{R} \setminus \{0, 1\} \to \mathbb{R} \setminus \{0, 1\}$ ($k = 1, 2, 3, 4, 5, 6$) durch

$$f_1(x) = x, \quad f_2(x) = \tfrac{1}{x}, \quad f_3(x) = 1 - x,$$

$$f_4(x) = \frac{x}{x - 1}, \quad f_5(x) = \frac{1}{1 - x}, \quad f_6(x) = 1 - \frac{1}{x}.$$

Man kann zeigen, dass die Menge $\mathcal{G} = \{f_1, f_2, f_3, f_4, f_5, f_6\}$ mit der üblichen Komposition von Funktionen eine Gruppe (mit dem neutralen Element $f_1$) bildet. Die Gruppentafel für $\mathcal{G}$ sieht dann folgendermaßen aus:

| $\circ$ | $f_1$ | $f_2$ | $f_3$ | $f_4$ | $f_5$ | $f_6$ |
|---|---|---|---|---|---|---|
| $f_1$ | $f_1$ | $f_2$ | $f_3$ | $f_4$ | $f_5$ | $f_6$ |
| $f_2$ | $f_2$ | $f_1$ | $f_5$ | $f_6$ | $f_3$ | $f_4$ |
| $f_3$ | $f_3$ | $f_6$ | $f_1$ | $f_5$ | $f_4$ | $f_2$ |
| $f_4$ | $f_4$ | $f_5$ | $f_6$ | $f_1$ | $f_2$ | $f_3$ |
| $f_5$ | $f_5$ | $f_4$ | $f_2$ | $f_3$ | $f_6$ | $f_1$ |
| $f_6$ | $f_6$ | $f_3$ | $f_4$ | $f_2$ | $f_1$ | $f_5$ |

Da die Gruppentafel nicht symmetrisch bzgl. der Hauptdiagonalen ist, kann $(\mathcal{G}, \circ)$ nicht abelsch sein. Man sieht unschwer, dass $\mathcal{G}$ genau die sechs Untergruppen $\mathcal{U}_1 = \{f_1\}$, $\mathcal{U}_2 = \{f_1, f_2\}$, $\mathcal{U}_3 = \{f_1, f_3\}$, $\mathcal{U}_4 = \{f_1, f_4\}$, $\mathcal{U}_5 = \{f_1, f_5, f_6\}$ und $\mathcal{U}_6 = \mathcal{G}$ hat. Wir können die Menge $V := \{\mathcal{U}_1, \mathcal{U}_2, \mathcal{U}_3, \mathcal{U}_4, \mathcal{U}_5, \mathcal{U}_6\}$ aller dieser Untergruppen zu einem Verband machen, indem wir $\mathcal{U}_i \sqcap \mathcal{U}_j$ als die größte Untergruppe von $\mathcal{G}$ definieren, die sowohl Untergruppe von $\mathcal{U}_i$ als auch Untergruppe von $\mathcal{U}_j$ ist, und $\mathcal{U}_i \sqcup \mathcal{U}_j$ als die kleinste Untergruppe von $\mathcal{G}$ definieren, die sowohl $\mathcal{U}_i$ als auch $\mathcal{U}_j$ als Untergruppen enthält. Beispielsweise gilt dann $\mathcal{U}_i \sqcap \mathcal{U}_j = \mathcal{U}_1$ und $\mathcal{U}_i \sqcup \mathcal{U}_j = \mathcal{U}_6$ für $i, j \in \{2, 3, 4, 5\}$ mit $i \neq j$.

Etwas mühsam kann man dann die Axiome (5.30) – (5.32) für den Verband $(V, \sqcap, \sqcup)$ nachweisen. Allerdings ist dieser Verband nicht distributiv, denn es gilt zum Beispiel einerseits

$$\mathcal{U}_2 \sqcup (\mathcal{U}_3 \sqcap \mathcal{U}_4) = \mathcal{U}_2 \sqcup \mathcal{U}_1 = \mathcal{U}_2,$$

aber andererseits

$$(\mathcal{U}_2 \sqcup \mathcal{U}_3) \sqcap (\mathcal{U}_2 \sqcup \mathcal{U}_4) = \mathcal{U}_6 \sqcap \mathcal{U}_6 = \mathcal{G}.$$

Daher ist das erste Axiom in (5.33) nicht erfüllt.                                      ♡

Aufmerksame Leser werden festgestellt haben, dass in den obenstehenden Beispielen die beiden Verknüpfungen $\sqcap$ und $\sqcup$ stets durch eine Art „Infimumsbildung" bzw. „Supremumsbildung" eingeführt wurden. In der Tat besteht eine enge Verwandtschaft zwischen Verbänden und geordneten Mengen, wie wir jetzt zeigen werden.

Sei einerseits $(P, \preceq)$ eine geordnete Menge mit der zusätzlichen Eigenschaft, dass wir (wie oben beschrieben) jeder endlichen nichtleeren Menge $Q \subseteq P$ ein Infimum und Supremum zuordnen können. Dann sind für jedes $a, b \in P$ die beiden Verknüpfungen

$$a \sqcap b := \inf\{a, b\}, \qquad a \sqcup b := \sup\{a, b\} \tag{5.36}$$

wohldefiniert und sinnvoll. Man kann zeigen, dass $(P, \sqcap, \sqcup)$ dann tatsächlich ein Verband ist (s. Aufgabe 5.46).

Sei umgekehrt $(V, \sqcap, \sqcup)$ ein Verband. Dann können wir auf $V$ eine Ordnung $\preceq$ definieren, indem wir

$$a \preceq b \; :\Leftrightarrow \; a \sqcap b = a \tag{5.37}$$

setzen.[17] Wir zeigen, dass $(V, \preceq)$ dann tatsächlich eine geordnete Menge ist.

Aus (5.34) folgt $a \sqcap a = a$, d.h., $a \preceq a$. Gilt sowohl $a \preceq b$ als auch $b \preceq a$, d.h., $a \sqcap b = a$ und $b \sqcap a = b$, so können wir mit (5.30) schließen, dass $a = b$ sein muss. Ist schließlich $a \preceq b$ und $b \preceq c$, also $a \sqcap b = a$ und $b \sqcap c = b$, so erhalten wir aus (5.31)

$$a \sqcap c = (a \sqcap b) \sqcap c = a \sqcap (b \sqcap c) = a \sqcap b = a,$$

d.h., $a \preceq c$. Damit haben wir gezeigt, dass die Relation $\preceq$ reflexiv, antisymmetrisch und transitiv ist, also eine Ordnungsrelation.

Wir können sogar noch mehr zeigen: Definieren wir in einem Verband $V$ eine Ordnung $\preceq$ durch (5.37), so hat jede endliche nichtleere Menge in $(V, \preceq)$ ein Infimum und Supremum. Um das einzusehen, beschränken wir uns auf eine zweielementige Menge $\{a, b\}$; der Nachweis für beliebige

---

[17]Wen die Bevorzugung von $\sqcap$ in der Definition (5.37) stört, den können wir damit trösten, dass man auf der rechten Seite von (5.37) ebenso die äquivalente Bedingung $a \sqcup b = b$ angeben könnte.

endliche Mengen kann dann mit vollständiger Induktion geführt werden. Wir behaupten, dass $a \sqcap b = \inf\{a, b\}$ ist. Zunächst folgt aus

$$(a \sqcap b) \sqcap a = a \sqcap (b \sqcap a) = a \sqcap (a \sqcap b) = (a \sqcap a) \sqcap b = a \sqcap b,$$

dass nach Definition (5.37) $(a \sqcap b) \preceq a$ gilt. Entsprechend zeigt man $(a \sqcap b) \preceq b$, d.h., $a \sqcap b$ ist untere Schranke von $\{a, b\}$. Sei nun $c \in V$ eine weitere untere Schranke von $\{a, b\}$, d.h., es gilt $c \sqcap a = c$ und $c \sqcap b = c$. Dann folgt

$$c \sqcap (a \sqcap b) = (c \sqcap c) \sqcap (a \sqcap b) = (c \sqcap a) \sqcap (c \sqcap b) = c \sqcap c = c,$$

also $c \preceq (a \sqcap b)$. Daher ist $a \sqcap b$ tatsächlich die größte untere Schranke von $\{a, b\}$. Genauso weist man nach, dass $a \sqcup b = \sup\{a, b\}$ ist.

# 6 Aufbau des Zahlensystems

In diesem Kapitel beschreiben wir den Aufbau des Zahlensystems. Wir beginnen mit einer Charakterisierung der Menge der natürlichen Zahlen, die unter dem Namen „Peano-Axiome" bekannt ist. Danach erweitern wir schrittweise die natürlichen zu den ganzen, die ganzen zu den rationalen, und die rationalen zu den reellen Zahlen. Der letzte Schritt wird der schwierigste sein, weil alle drei üblichen Methoden (Dedekind'sche Schnitte, Cauchyfolgen Intervallschachtelungen) einigen technischen Aufwand erfordern. Jede dieser Methoden führt jedoch zu demselben Ziel, d.h., man konstruiert jedes Mal dieselbe Menge $\mathbb{R}$.

## 6.1 Die Peano-Axiome

In den vergangenen Kapiteln haben wir verschiedene Klassen von Zahlen (nämlich $\mathbb{N}$, $\mathbb{Z}$, $\mathbb{Q}$, $\mathbb{R}$, $\mathbb{C}$) als gegeben angesehen und „naiv" damit gerechnet. In diesem letzten Kapitel wollen wir uns nunmehr der sukzessiven Konstruktion jedes dieser Zahlbereiche aus dem jeweils vorhergehenden zuwenden. Dabei stoßen wir schon zu Beginn auf Schwierigkeiten: Da wir mit den natürlichen Zahlen anfangen, müssen wir diese sozusagen „aus dem Nichts" konstruieren, wenn wir sie nicht einfach als „naturgegeben" ansehen wollen.[1] Wenn ein Mathematiker von „naturgegeben" spricht, nennt er dies meist „axiomatisch", d.h., er *definiert* einfach ein Objekt dadurch, dass er angibt, welche Eigenschaften es besitzen soll. Ob ein solches Objekt dann tatsächlich „existiert", ist eine Frage, die eigentlich gar nicht beantwortet werden kann.[2]

Für die Menge $\mathbb{N}$ der natürlichen Zahlen hat der italienische Mathematiker Giuseppe Peano 1889 ein solches Axiomensystem erstmals formuliert; es

---

[1] Vom deutschen Mathematiker Leopold Kronecker (1823–1891) stammt der schöne Spruch: „Die natürlichen Zahlen hat der liebe Gott geschaffen, alles andere ist Menschenwerk."

[2] Man kann die Frage natürlich lapidar dadurch beantworten, dass man sagt, durch die Definition sei das Objekt geschaffen und „existiere" mithin auch. Hierbei setzt man stillschweigend voraus, dass das zugrunde liegende Axiomensystem *widerspruchsfrei* ist.

trägt daher auch seinen Namen. Vor der sauberen Formulierung dieses Axiomensystems wollen wir zunächst umgangssprachlich formulieren, was man als charakterisierende Eigenschaften der Menge $\mathbb{N}$ ansehen könnte:

1. es gibt eine kleinste Zahl in $\mathbb{N}$, genannt „Eins";

2. mit $n$ gehört stets auch $n + 1$ zu $\mathbb{N}$;

3. ist $m \neq n$, so ist auch $m + 1 \neq n + 1$;

4. mit $n$ gehört auch $n - 1$ zu $\mathbb{N}$, falls $n \neq 1$ ist;

5. es gilt das Prinzip der vollständigen Induktion in $\mathbb{N}$.

Um dies formal auf eine saubere Grundlage zu stellen, fordert Peano die Existenz einer Menge, genannt $\mathbb{N}$, sowie einer Abbildung $\nu$ auf $\mathbb{N}$, genannt „Nachfolgerabbildung", mit den folgenden fünf Eigenschaften:

1. es existiert ein Element $1 \in \mathbb{N}$;

2. es gilt $\nu(\mathbb{N}) \subseteq \mathbb{N}$;

3. die Abbildung $\nu$ ist injektiv;

4. der Wertebereich der Abbildung $\nu$ ist $\mathbb{N} \setminus \{1\}$;

5. aus $N \subseteq \mathbb{N}$, $1 \in N$ und $\nu(N) \subseteq N$ folgt $N = \mathbb{N}$.

Diese fünf Eigenschaften sind genau die vorher umgangssprachlich formulierten, nur eben sauber mithilfe mathematischer Begriffe wie „Abbildung", „injektiv", „surjektiv" usw. formuliert. Besonders wichtig ist hierbei das uns aus dem 3. Kapitel wohl bekannte *Axiom der vollständigen Induktion* an letzter Stelle, nach dem die einzige induktive Teilmenge von $\mathbb{N}$ die ganze Menge $\mathbb{N}$ selbst ist (vgl. (3.27)).

Es stellt sich die Frage, ob die Menge der natürlichen Zahlen durch die Peano-Axiome vollständig charakterisiert wird, oder ob es außer der Menge $\mathbb{N}$ andere Mengen gibt, die diese Axiome erfüllen. Um diese Frage zu beantworten, benötigen wir einen Satz, der oft als *Rekursionssatz* bezeichnet wird und 1888 vom deutschen Mathematiker Richard Dedekind bewiesen wurde:

**Satz 6.1.** *Sei $A$ eine beliebige nichtleere Menge, $a \in A$ fest und $f : A \to A$ eine Abbildung. Dann gibt es genau eine Abbildung $\varphi : \mathbb{N} \to A$ mit $\varphi(1) = a$ und $\varphi \circ \nu = f \circ \varphi$, wobei $\nu : \mathbb{N} \to \mathbb{N}$ die Nachfolgerabbildung aus den Peano-Axiomen sei.*

**Beweis:** Wir zeigen, dass eine solche Abbildung $\varphi$ existiert (indem wir sie explizit konstruieren) und danach, dass sie eindeutig ist. Um die Existenz von $\varphi$ zu beweisen, betrachten wir alle Teilmengen $H \subseteq \mathbb{N} \times A$ mit $(1, a) \in H$ und der Eigenschaft

$$(n, x) \in H \;\Rightarrow\; (\nu(n), f(x)) \in H, \tag{6.1}$$

d.h., zusammen mit einem Paar $(n, x)$ enthält $H$ auch stets das „Nachfolgerpaar" $(n + 1, y)$ mit $y = f(x)$. Solche Mengen $H$ wollen wir für den Moment „zulässige Mengen" nennen. Zum Beispiel ist ganz $\mathbb{N} \times A$ trivialerweise eine zulässige Menge. Wir betrachten nun den Durchschnitt aller zulässigen Mengen $H \subseteq \mathbb{N} \times A$ und nennen ihn $G$; auch $G$ ist dann eine zulässige Menge, d.h. enthält $(1, a)$ und erfüllt (6.1).

Wir behaupten, dass $G$ der Graph einer Abbildung $\varphi : \mathbb{N} \to A$ ist, also

$$G = \Gamma(\varphi) = \{(n, \varphi(n)) : n \in \mathbb{N}\}, \tag{6.2}$$

d.h., wir müssen zeigen, dass es zu jedem $n \in \mathbb{N}$ *genau ein* $x \in A$ mit $(n, x) \in G$ gibt. Dieses eindeutige $x$ können wir dann nämlich mit $\varphi(n)$ bezeichnen und haben auf diese Weise korrekt eine Abbildung $\varphi : \mathbb{N} \to A$ definiert.

Wir beweisen die Behauptung durch vollständige Induktion. Nach Konstruktion gilt $(1, a) \in G$. Gäbe es noch ein weiteres $a' \in A$ mit $(1, a') \in G$, aber $a' \neq a$, so könnten wir das Paar $(1, a')$ aus $G$ entfernen und die Restmenge $G \setminus \{(1, a')\}$ wäre dann immer noch zulässig im Widerspruch dazu, dass $G$ die *kleinste* zulässige Menge war. Damit ist die Behauptung für $n = 1$ bewiesen.

Wir nehmen nun an, dass es zu festem $n \in \mathbb{N}$ genau ein $x \in A$ mit $(n, x) \in G$ gibt (Induktionsvoraussetzung) und müssen dasselbe für $n + 1$ zeigen (Induktionsschluss). Wegen der Eindeutigkeit von $x$ können wir $x =: \varphi(n)$ schreiben, also $(n, \varphi(n)) \in G$. Nach (6.1) haben wir dann $(n + 1, f(x)) \in G$. Angenommen, es gäbe ein weiteres Element $y \in A$, $y \neq f(x)$, mit $(n + 1, y) \in G$. Dann könnten wir wieder das Paar $(n + 1, y)$ aus $G$ entfernen und bekämen wie beim Induktionsbeginn einen Widerspruch zur Minimalität von $G$. Damit haben wir die Behauptung (6.2) bewiesen, also $G = \Gamma(\varphi)$. Nach Konstruktion gilt dann tatsächlich $(1, a) \in \Gamma(\varphi)$, d.h., $\varphi(1) = a$, sowie $(n + 1, f(\varphi(n))) = (\nu(n), f(\varphi(n))) \in \Gamma(\varphi)$, d.h., $\varphi(\nu(n)) = f(\varphi(n))$ wie behauptet.

Nun zeigen wir die Eindeutigkeit der Abbildung $\varphi$. Angenommen, es gäbe eine weitere Abbildung $\psi : \mathbb{N} \to A$ mit $\psi(1) = a$ und $\psi \circ \nu = f \circ \psi$. Wir zeigen dann wieder durch Induktion, dass $\varphi(n) = \psi(n)$ für alle $n \in \mathbb{N}$ gilt, d.h. $\varphi = \psi$.

Für $n = 1$ ergibt sich einfach $\varphi(1) = a = \psi(1)$. Aus der Induktionsvoraussetzung $\varphi(n) = \psi(n)$ folgt dann aber

$$\varphi(n+1) = (\varphi \circ \nu)(n) = (f \circ \varphi)(n) = f(\varphi(n))$$
$$= f(\psi(n)) = (f \circ \psi)(n) = (\psi \circ \nu)(n) = \psi(n+1),$$

und das war gerade zu zeigen. ∎

Man kann die Aussage des soeben bewiesenen Rekursionssatzes etwas suggestiver so beschreiben: Interpretieren wir die Bilder $\varphi(1) = a_1, \varphi(2) =:$ $a_2, \varphi(3) =: a_3, \ldots$ als *Folge* $(a_n)_n$ in der Menge $A$, so können wir zu jeder Abbildung $f : A \to A$ und jedem Startwert $a \in A$ die „Iterationsfolge"

$$a_1 = a, \quad a_2 = f(a_1) = f(a), \quad a_3 = f(a_2) = f(f(a)), \ldots$$

betrachten. Dies ist deswegen nützlich, weil neue Begriffe im Bereich der natürlichen Zahlen sehr oft „iterativ" (oder „rekursiv") eingeführt werden. Hierzu zunächst ein Beipiel:

**Beispiel 6.1.** Wie kann man die $n$-te Potenz $a^n$ einer reellen Zahl $a$ definieren? In der Schule haben Sie vielleicht gelernt, dies einfach als „$n$-faches Produkt von $a$ mit sich selbst" festzulegen, also

$$a^n := \underbrace{a \cdot a \cdots a}_{n\ mal},$$

aber eigentlich ist dies zu schlampig. Vielmehr muss man es so definieren, dass man zunächst $a^1 := a$ setzt und anschließend die $(n+1)$-te Potenz rekursiv aus der $n$-ten durch $a^{n+1} := a \cdot a^n$. Man wendet hier also Satz 6.1 für $A = \mathbb{R}$ und $f(x) := ax$ an. ♡

Eine besonders wichtige Anwendung des Dedekind'schen Rekursionssatzes ist der folgende *Eindeutigkeitssatz für die Menge der natürlichen Zahlen*:

**Satz 6.2.** *Sei $\tilde{\mathbb{N}}$ eine Menge mit einem ausgezeichneten Element $\tilde{1}$ und einer Nachfolgerabbildung $\tilde{\nu}$, die den fünf Peano-Axiomen genügt. Dann sind $\mathbb{N}$ und $\tilde{\mathbb{N}}$ isomorph, d.h., es gibt eine bijektive Abbildung $\varphi : \mathbb{N} \to \tilde{\mathbb{N}}$ mit $\varphi(1) = \tilde{1}$ und $\tilde{\nu} \circ \varphi = \varphi \circ \nu$.*

**Beweis:** Wir wenden Satz 6.1 auf $A = \tilde{\mathbb{N}}$, $a = \tilde{1}$ und $f = \tilde{\nu}$ an. Danach gibt es genau eine Abbildung $\varphi : \mathbb{N} \to \tilde{\mathbb{N}}$ mit $\varphi(1) = \tilde{1}$ und $\tilde{\nu} \circ \varphi = \varphi \circ \nu$. Indem man die Rollen von $\mathbb{N}$ und $\tilde{\mathbb{N}}$ vertauscht, erhält man entsprechend genau eine Abbildung $\psi : \tilde{\mathbb{N}} \to \mathbb{N}$ mit $\psi(\tilde{1}) = 1$ und $\nu \circ \psi = \psi \circ \tilde{\nu}$. Zum Beweis der Bijektivität von $\varphi$ zeigen wir, dass die Abbildungen $\varphi$ und $\psi$ jeweils invers zueinander sind, also $\varphi^{-1} = \psi$ und $\psi^{-1} = \varphi$. Zum Nachweis der Gleichheiten $\psi \circ \varphi = id_{\mathbb{N}}$ und $\varphi \circ \psi = id_{\tilde{\mathbb{N}}}$ benutzen wir die in Satz 6.1 enthaltene Eindeutigkeitsaussage für $A = \mathbb{N}$, $a = 1$ und $f = \nu$. In der Tat, sowohl $\psi \circ \varphi : \mathbb{N} \to \mathbb{N}$ als auch $id : \mathbb{N} \to \mathbb{N}$ sind Abbildungen, die den Voraussetzungen des Rekursionssatzes genügen und daher müssen sie übereinstimmen. Entsprechend zeigt man, dass die Abbildungen $\varphi \circ \psi : \tilde{\mathbb{N}} \to \tilde{\mathbb{N}}$ und $id : \tilde{\mathbb{N}} \to \tilde{\mathbb{N}}$ übereinstimmen und damit ist alles bewiesen. ∎

Wir bringen zwei Beispiele, die die vorangegangene Diskussion illustrieren sollen. Das erste Beispiel zeigt insbesondere, dass der soeben bewiesene Eindeutigkeitssatz falsch wird, falls man auf eins der Peano-Axiome 1–5 verzichtet.

**Beispiel 6.2.** Als Menge $\tilde{\mathbb{N}}$ nehmen wir die Restklassenmenge modulo $m \in \mathbb{N}$ aus (5.16), also $\tilde{\mathbb{N}} := \mathbb{Z}_m$. Wir setzen $1 := [0]$ und definieren die Nachfolgerabbildung $\nu$ aus den Peano-Axiomen durch $\nu([k]) := [k + 1]$, wobei natürlich $\nu([m - 1]) = [m] = [0]$ sei.

Selbstverständlich ist $\tilde{\mathbb{N}}$ als endliche Menge nicht isomorph zur üblichen Menge $\mathbb{N}$ der natürlichen Zahlen. In der Tat, man sieht leicht, dass zwar die Peano-Axiome 1–3 und 5 erfüllt sind, aber nicht das vierte, denn $1 = [0] = \nu([m - 1])$ hat einen Vorgänger. $\heartsuit$

**Beispiel 6.3.** Sei nun $\tilde{\mathbb{N}} := \{1, 3, 5, 7, \ldots\}$ die Menge der ungeraden natürlichen Zahlen, versehen mit der Nachfolgerabbildung $\tilde{\nu}(k) := k + 2$. Es ist nicht schwer zu sehen, dass für diese Menge tatsächlich alle fünf Peano-Axiome erfüllt sind. Obwohl die Menge $\tilde{\mathbb{N}}$ also verschieden von der Menge $\mathbb{N}$ ist, ist sie doch nicht „sehr verschieden", denn durch $\varphi(k) := 2k - 1$ ist ein Isomorphismus von $\mathbb{N}$ auf $\tilde{\mathbb{N}}$ gegeben. Bezeichnet $\nu$ die übliche Nachfolgerabbildung $\nu(k) = k + 1$ auf $\mathbb{N}$, so erfüllt dieser Isomorphismus $\varphi$ wegen

$$\tilde{\nu}(\varphi(k)) = \varphi(k) + 2 = 2k - 1 + 2$$
$$= 2(k + 1) - 1 = \varphi(k + 1) = \varphi(\nu(k))$$

für alle $k \in \mathbb{N}$ tatsächlich die letzte Bedingung aus Satz 6.2. $\heartsuit$

## 6.2  Konstruktion der ganzen Zahlen

Nehmen wir die Menge $\mathbb{N}$ einmal als gegeben an, so können wir aus den natürlichen die ganzen Zahlen durch eine einfache Äquivalenzklassenbildung konstruieren. Dazu führen wir auf der Produktmenge $\mathbb{N}^2 = \mathbb{N} \times \mathbb{N}$ eine Äquivalenzrelation $\sim$ ein, indem wir für $(a, b), (a', b') \in \mathbb{N}^2$

$$(a, b) \sim (a', b') \quad :\Leftrightarrow \quad a + b' = a' + b \tag{6.3}$$

definieren. Man sieht leicht, welche Idee dahintersteht: Zwei Paare $(a, b)$ und $(a', b')$ werden als äquivalent angesehen, wenn die Differenz der jeweiligen Komponenten dieselbe ist, also $a - b = a' - b'$. Der Schönheitsfehler besteht nur darin, dass wir mit dieser Differenz die Menge der natürlichen Zahlen verlassen, falls $a \leq b$ ist; gerade deswegen müssen wir ja den Umweg über die umständlich anmutende Darstellung als *Paar* natürlicher Zahlen machen.

Man kann sich die Äquivalenzrelation (6.3) auch mit Pfeilen am Zahlenstrahl veranschaulichen. Dazu stellen wir uns statt des Paares $(a, b) \in \mathbb{N}^2$ eine Pfeil vor, dessen Fußpunkt in $b$ und dessen Spitze in $a$ liegt (Zeichnung!). Im Falle $a > b$ zeigt dieser Pfeil also nach rechts, im Falle $a < b$ zeigt er nach links und im Falle $a = b$ entartet er zu einem Punkt ohne Richtung. In einer Äquivalenzklasse bzgl. (6.3) liegen dann alle Pfeile, die gleich lang sind und in dieselbe Richtung zeigen.

**Definition 6.1.** Wir schreiben

$$\mathbb{N}^2 / \sim \, =: \mathbb{Z} \tag{6.4}$$

und nennen $\mathbb{Z}$ die *Menge der ganzen Zahlen*. $\qquad\qquad\qquad\qquad\square$

Um den Zusammenhang mit der uns vertrauten Schreibweise (3) herzustellen, müssen wir nun einfach die Äquivalenzklasse $[(a, b)]$ *identifizieren* mit

- der natürlichen Zahl $a - b$, falls $a > b$ ist,

- der Null, falls $a = b$ ist und

- der negativen ganzen Zahl $a - b \; (= -(b - a))$, falls $a < b$ ist.

Zum Beispiel entspricht die Äquivalenzklasse

$$[(3, 1)] = \{(3, 1), (4, 2), (5, 3), (6, 4), \dots\}$$

der ganzen Zahl 2 und die Äquivalenzklasse

$$[(2,5)] = \{(1,4),(2,5),(3,6),(4,7),\ldots\}$$

der ganzen Zahl $-3$. So einfach geht das! Im Sinne der oben erwähnten Veranschaulichung mit Pfeilen entspricht der ersten Klasse ein Pfeil der Länge 2, der nach rechts zeigt und der zweiten Klasse ein Pfeil der Länge 3, der nach links zeigt.

Wir müssen jetzt noch die übliche Addition und Multiplikation auf der Menge (6.4) definieren. Das machen wir, indem wir einfach

$$[(a,b)] + [(c,d)] := [(a+c,b+d)] \tag{6.5}$$

und

$$[(a,b)] \cdot [(c,d)] := [(ac+bd,ad+bc)] \tag{6.6}$$

festlegen.[3] Diese Definition bedarf natürlich einer Rechtfertigung: Da wir Äquivalenzklassen miteinander verknüpfen, müssen wir noch zeigen, dass das Ergebnis nicht von der Auswahl der Repräsentanten abhängt.

Um dies einzusehen, gelte etwa $(a,b) \sim (a',b')$ und $(c,d) \sim (c',d')$, d.h., $a + b' = a' + b$ sowie $c + d' = c' + d$. Durch Addition beider Seiten dieser Gleichungen erhält man

$$a + c + b' + d' = a' + c' + b + d,$$

also

$$(a+c,b+d) \sim (a'+c',b'+d').$$

Damit gehört $(a'+c',b'+d')$ zu derselben Klasse wie $(a+c,b+d)$, falls $(a',b')$ zu derselben Klasse wie $(a,b)$ und $(c',d')$ zu derselben Klasse wie $(c,d)$ gehört, d.h., die Addition (6.5) ist wohldefiniert.

Bzgl. der Multiplikation (6.6) ist die Argumentation ähnlich. Es gelte wieder $(a,b) \sim (a',b')$ und $(c,d) \sim (c',d')$, d.h., $a + b' = a' + b$ sowie $c + d' = c' + d$. Durch Multiplikation beider Seiten dieser Gleichungen erhält man

$$ac + b'c + ad' + b'd' = a'c' + a'd + bc' + bd,$$

also

$$(ac+bd,ad+bc) \sim (a'c'+b'd',a'd'+b'c').$$

---

[3]Die Idee, die zu den Definitionen (6.5) und (6.6) führt, besteht natürlich darin, einfach die Summe $(a-b)+(c-d)$ und das Produkt $(a-b)\cdot(c-d)$ wie gewohnt auszurechnen.

Damit gehört $(a'c'+b'd', a'd'+b'c')$ zu derselben Klasse wie $(ac+bd, ad+bc)$, falls $(a', b')$ zu derselben Klasse wie $(a, b)$ und $(c', d')$ zu derselben Klasse wie $(c, d)$ gehört; auch die Multiplikation (6.6) ist also wohldefiniert.

Testen wir einmal (6.5) und (6.6) anhand unseres Beispiels von oben. Es ist einerseits nach (6.5)

$$[(3,1)] + [(2,5)] = [(3+2, 1+5)] = [(5,6)],$$

was in der üblichen Schreibweise ganzer Zahlen der Gleichheit $2 + (-3) = -1$ entspricht und andererseits nach (6.6)

$$[(3,1)] \cdot [(2,5)] = [(3 \cdot 2 + 1 \cdot 5, 3 \cdot 5 + 1 \cdot 2)] = [(11,17)],$$

was in der üblichen Schreibweise ganzer Zahlen der Gleichheit $2 \cdot (-3) = -6$ entspricht.

Wie kann man jetzt noch die übliche Kleiner-gleich-Ordnung auf $\mathbb{Z}$ in der Schreibweise der Äquivalenzklassen von Zahlenpaaren definieren? Ganz einfach: Wenn wir uns vor Augen halten, dass das Paar $(a, b) \in \mathbb{N}^2$ der Zahl $a - b \in \mathbb{Z}$ entspricht, so müssen wir nur prüfen, wann $a - b \leq c - d$ gilt. Dies legt die Definition

$$[(a,b)] \leq [(c,d)] \quad :\Leftrightarrow \quad a + d \leq b + c \tag{6.7}$$

nahe. Beispielsweise gilt $[(2,5)] \leq [(3,1)]$, weil $2 + 1 \leq 5 + 3$ ist. Auch hier müssen wir wieder zeigen, dass die Definition (6.7) nicht von der Auswahl der Repräsentanten abhängt, aber das lassen wir als Übungsaufgabe.

Wir bemerken noch, dass man die Menge $\mathbb{N}$ in die Menge $\mathbb{Z}$ „einbetten" kann, indem man die Zahl $n \in \mathbb{N}$ mit der Klasse $[(n + 1, 1)] \in \mathbb{Z}$ identifiziert. In diesem Sinne ist $\mathbb{Z}$ eine *Erweiterung* von $\mathbb{N}$.


## 6.3 Konstruktion der rationalen Zahlen

Nun konstruieren wir aus den natürlichen Zahlen durch einen ganz analogen Prozess die positiven rationalen Zahlen. Wir führen wieder auf der Produktmenge $\mathbb{N}^2 = \mathbb{N} \times \mathbb{N}$ eine Äquivalenzrelation $\sim$ ein, indem wir für $(a, b), (a', b') \in \mathbb{N}^2$

$$(a,b) \sim (a',b') \quad :\Leftrightarrow \quad ab' = a'b \tag{6.8}$$

definieren. Man sieht wieder leicht, welche Idee dahintersteht: Zwei Paare $(a, b)$ und $(a', b')$ werden als äquivalent angesehen, wenn der Quotient der jeweiligen Komponenten derselbe ist, also $a/b = a'/b'$. Wie oben können wir dies nicht direkt so definieren, weil wir mit diesem Quotienten die Menge der natürlichen Zahlen verlassen, falls $b$ kein Teiler von $a$ ist.

**Definition 6.2.** Wir schreiben

$$\mathbb{N}^2 / \sim \ =: \mathbb{Q}^+ \tag{6.9}$$

und nennen $\mathbb{Q}^+$ die *Menge der positiven rationalen Zahlen.*  $\square$

Um den Zusammenhang mit der uns vertrauten Schreibweise (4) herzustellen, müssen wir nun einfach die Äquivalenzklasse $[(a, b)]$ mit dem Bruch $a/b$ *identifizieren*; falls $b$ ein Teiler von $a$ ist, entspricht die Klasse $[(a, b)]$ also insbesondere einer ganzen Zahl. Zum Beispiel entspricht die Äquivalenzklasse

$$[(3, 1)] = \{(3, 1), (6, 2), (9, 3), (12, 4), \ldots\}$$

der ganzen Zahl 3, die Äquivalenzklasse

$$[(2, 5)] = \{(2, 5), (4, 10), (6, 15), (8, 20), \ldots\}$$

dagegen dem Bruch $\frac{2}{5}$.

Wir müssen jetzt noch die übliche Addition und Multiplikation auf der Menge (6.9) definieren. Das machen wir, indem wir einfach

$$[(a, b)] + [(c, d)] := [(ad + bc, bd)] \tag{6.10}$$

und

$$[(a, b)] \cdot [(c, d)] := [(ac, bd)] \tag{6.11}$$

festlegen.[4] Auch hier müssen wir noch zeigen, dass das Ergebnis nicht von der Auswahl der Repräsentanten abhängt; das sparen wir uns aber, weil es genauso wie oben geht. Stattdessen „rechnen" wir wieder unser Beispiel von oben durch. Einerseits ist nach (6.10)

$$[(3, 1)] + [(2, 5)] = [(3 \cdot 5 + 1 \cdot 2, 1 \cdot 5)] = [(17, 5)],$$

was in der üblichen Schreibweise rationaler Zahlen der Gleichheit $3 + \frac{2}{5} = \frac{17}{5}$ entspricht und andererseits nach (6.11)

$$[(3, 1)] \cdot [(2, 5)] = [(3 \cdot 2, 1 \cdot 5)] = [(6, 5)],$$

---

[4]Die Idee, die zu den Definitionen (6.10) und (6.11) führt, besteht wieder darin, einfach die Summe $\frac{a}{b} + \frac{c}{d}$ und das Produkt $\frac{a}{b} \cdot \frac{c}{d}$ wie gewohnt auszurechnen.

was in der üblichen Schreibweise rationaler Zahlen der Gleichheit $3 \cdot \frac{2}{5} = \frac{6}{5}$ entspricht.

Jetzt dürfte sich eigentlich niemand mehr darüber wundern, dass wir die übliche Kleiner-gleich-Ordnung auf $\mathbb{Q}^+$ in der Schreibweise der Äquivalenzklassen von Zahlenpaaren definieren als

$$[(a,b)] \leq [(c,d)] \quad :\Leftrightarrow \quad ad \leq bc. \tag{6.12}$$

Beispielsweise gilt $[(2,5)] \leq [(3,1)]$, weil $2 \cdot 1 \leq 5 \cdot 3$ ist. Wir bemerken noch, dass man natürlich auch hier die Menge $\mathbb{N}$ in die Menge $\mathbb{Q}^+$ „einbetten" kann, indem man die Zahl $n \in \mathbb{N}$ mit der Klasse $[(n,1)] \in \mathbb{Q}^+$ identifiziert. In diesem Sinne ist $\mathbb{Q}^+$ eine *Erweiterung* von $\mathbb{N}$.

Durch Kombination der beiden Erweiterungsprozesse können wir schließlich die Menge $\mathbb{Q}$ aller rationaler Zahlen konstruieren. Damit haben wir schon viele Zahlen zur Verfügung, nämlich alle positiven und negativen Brüche. Allerdings liegt – wie wir im nächsten Abschnitt sehen werden – die Hauptarbeit noch vor uns!

## 6.4  Konstruktion der reellen Zahlen

Während die Konstruktion der ganzen aus den natürlichen Zahlen und die der rationalen aus den ganzen Zahlen nicht besonders schwierig war, wartet jetzt ein wirklich „harter Brocken" auf uns: Wir sehen nunmehr die Menge $\mathbb{Q}$ der rationalen Zahlen als gegeben an und stellen drei verschiedene Möglichkeiten vor, aus diesen die reellen Zahlen zu konstruieren, nämlich durch

- Dedekind'sche Schnitte,

- Cauchyfolgen und

- Intervallschachtelungen.

Ein *Dedekind'scher Schnitt* über $\mathbb{Q}$ ist eine nichtleere Teilmenge $\alpha \subset \mathbb{Q}$ derart, dass $\mathbb{Q} \setminus \alpha$ *kein* Minimum besitzt und jedes Paar $(r,s) \in \alpha \times (\mathbb{Q} \setminus \alpha)$ die Beziehung $r < s$ erfüllt. Anschaulich kann man sich das so vorstellen, dass durch einen solchen Schnitt die rationale (!) Achse in einen linken Teil $\alpha$ und einen rechten Teil $\mathbb{Q} \setminus \alpha$ „zerschnitten" wird. Wir schreiben $DS(\mathbb{Q})$ für die Menge aller Dedekind'schen Schnitte. Ein

„typisches" Beispiel bekommen wir dadurch, dass wir einer Zahl $q \in \mathbb{Q}$ den Dedekind'schen Schnitt

$$\alpha_q := \{r \in \mathbb{Q} : r \leq q\} \tag{6.13}$$

zuordnen, den man den (von $q$ erzeugten) *rationalen Schnitt* nennt. Die Beziehungen $\alpha_q \neq \emptyset$ und $\alpha_q \neq \mathbb{Q}$ sind klar. Das Komplement von $\alpha$ ist

$$\mathbb{Q} \setminus \alpha_q = \{r \in \mathbb{Q} : r > q\},$$

und diese Menge kann kein Minimum haben, denn für jedes $r \in \mathbb{Q} \setminus \alpha_q$ gilt $\frac{1}{2}(r + q) \in \mathbb{Q} \setminus \alpha_q$ und $\frac{1}{2}(r + q) < r$. Ist schließlich $r \in \alpha_q$ und $s \in \mathbb{Q} \setminus \alpha_q$, so ist $r \leq q < s$, also $r < s$. Daher hat $\alpha_q$ alle Eigenschaften eines Dedekind'schen Schnitts.

Man beachte, dass dagegen die Menge $\alpha := \{r \in \mathbb{Q} : r < q\}$ im Gegensatz zu (6.13) *kein* Dedekind'scher Schnitt ist, denn das Komplement $\mathbb{Q} \setminus \alpha = \{r \in \mathbb{Q} : r \geq q\}$ hat ein Minimum (nämlich $q$).

Man könnte sich fragen, ob alle Dedekind'schen Schnitte rational sind, also darstellbar in der Form (6.13) mit einem geeigneten $q \in \mathbb{Q}$. Das nächste Beispiel zeigt, dass dem nicht so ist.

**Beispiel 6.4.** Wir betrachten die Menge rationaler Zahlen

$$\alpha := \{r \in \mathbb{Q} : r^2 < 2\} \cup \{r \in \mathbb{Q} : r \leq 0\}. \tag{6.14}$$

Zunächst zeigen wir, dass $\alpha \in DS(\mathbb{Q})$ gilt. Wegen $1 \in \alpha$ und $2 \notin \alpha$ ist $\alpha \neq \emptyset$ und auch $\alpha \neq \mathbb{Q}$. Angenommen, es existiert $\rho := \min(\mathbb{Q} \setminus \alpha)$; dann wäre gleichzeitig $\rho \in \mathbb{Q}$ und $\rho = \sup M$, wobei $M$ die Menge (4.33) aus Beispiel 4.20 ist. Dort haben wir aber schon gesehen, dass $M$ kein rationales Supremum hat.

Wir haben damit gezeigt, dass durch (6.14) ein Dedekind'scher Schnitt gegeben ist. Nun zeigen wir, dass $\alpha$ nicht rational ist, also *nicht* in der Form (6.13) mit einem $q \in \mathbb{Q}$ geschrieben werden kann. Angenommen, es gibt ein $q \in \mathbb{Q}$ mit $\alpha = \alpha_q$. Dann muss (wegen der Monotonie der Funktion $x \mapsto x^2$ auf $[0, \infty)$, vgl. Aufgabe 3.36) nach Definition von $\alpha$ gerade $q^2 = 2$ sein. Aber wir wissen schon seit dem 1. Kapitel, dass es keine rationale Zahl $q$ mit $q^2 = 2$ gibt! $\qquad \heartsuit$

Ein Schnitt $\alpha$ wie (6.14), den wir nicht in der Form (6.13) schreiben können, heißt *irrational*.

**Definition 6.3.** Ab jetzt nennen wir die Menge aller Dedekind'schen Schnitte, also

$$\mathbb{R}_D := DS(\mathbb{Q}) \tag{6.15}$$

die *Menge der reellen Zahlen* (im Sinne Dedekinds, daher der Index $D$ unten am $\mathbb{R}$). $\qquad\square$

Um in der Menge $\mathbb{R}_D$ „rechnen" zu können, definieren wir eine Ordnung, eine Addition und eine Multiplikation auf dieser Menge. Die Definition der üblichen Kleiner-gleich-Ordnung auf $\mathbb{R}_D$ ist sehr leicht: Für $\alpha, \beta \in \mathbb{R}_D$ schreiben wir

$$\alpha \leq \beta \;:\Leftrightarrow\; \alpha \subseteq \beta, \tag{6.16}$$

d.h., die Kleiner-gleich-Relation zwischen Schnitten ist einfach als Inklusion zwischen Mengen erklärt. Die strikte Ungleichheit $\alpha < \beta$ entspricht dann natürlich der strikten Inklusion $\alpha \subset \beta$.

Die Einführung der üblichen algebraischen Operationen auf (6.15) ist komplizierter. Zunächst definieren wir die *Summe* zweier Elemente $\alpha, \beta \in \mathbb{R}_D$ in nahe liegender Weise durch

$$\alpha + \beta := \{r + s : r \in \alpha,\, s \in \beta\} \tag{6.17}$$

also elementweise. Es ist nicht schwer zu sehen, dass durch (6.17) tatsächlich ein Schnitt erklärt ist. Das *Produkt* zweier Elemente $\alpha, \beta \in \mathbb{R}_D$ ist dagegen leider erheblich komplizierter zu definieren. Man wäre ja zunächst versucht, das Produkt von $\alpha, \beta \in \mathbb{R}_D$ in Analogie zu (6.17) als

$$\alpha \cdot \beta := \{rs : r \in \alpha,\, s \in \beta\} \tag{6.18}$$

zu erklären. Damit erleidet man aber schon bei rationalen Schnitten Schiffbruch, denn dann wäre ja beispielsweise

$$\alpha_1 \cdot \alpha_1 := \{rs : r, s \in \alpha_1\} = \{rs : r, s \leq 1\} = \mathbb{Q},$$

d.h., $\alpha_1 \cdot \alpha_1$ wäre überhaupt kein Schnitt. Die korrekte Definition des Produkts zweier Schnitte geschieht deshalb anders; dies geschieht in mehreren Schritten wie folgt.

Sei

$$\alpha_0 = \{r \in \mathbb{Q} : r \leq 0\} \in \mathbb{R}_D$$

der rationale „Nullschnitt" gemäß Definition (6.13) und seien zunächst $\alpha$ und $\beta$ zwei Schnitte, die der zusätzlichen Bedingung

$$\alpha, \beta \supseteq \alpha_0 \tag{6.19}$$

genügen.[5] Dann definieren wir das Produkt von $\alpha$ und $\beta$ durch

$$\alpha \cdot \beta := \alpha_0 \cup \{pq : p \in \alpha,\, q \in \beta,\, p, q \geq 0\}. \tag{6.20}$$

Im Gegensatz zur naiven Definition (6.18) ist durch (6.20) tatsächlich ein Dedekind'scher Schnitt definiert. Im Beispiel $\alpha = \beta = \alpha_1$ wie oben bekommen wir mit (6.20) nun

$$\alpha_1 \cdot \alpha_1 = \alpha_0 \cup \{pq : 0 \leq p, q \leq 1\} = \alpha_1,$$

und das ist nichts anderes die korrekte Formulierung der Regel $1 \cdot 1 = 1$ in der Sprache der Dedekind'schen Schnitte.

Um nun das Produkt zweier Schnitte $\alpha$ und $\beta$ auch ohne die Voraussetzung (6.19) zu erklären, definieren wir zunächst den *Absolutbetrag* $|\alpha|$ eines Elements $\alpha \in \mathbb{R}_D$ durch

$$|\alpha| := \begin{cases} \alpha & \text{falls} \quad \alpha \supseteq \alpha_0, \\ -\alpha & \text{falls} \quad \alpha \not\supseteq \alpha_0. \end{cases} \tag{6.21}$$

Hierbei ist $-\alpha$ natürlich durch $-\alpha := \{-r : r \in \alpha\}$ erklärt. Für beliebige Schnitte $\alpha$ und $\beta$ kann das Produkt dann durch

$$\alpha \cdot \beta := \begin{cases} -(|\alpha| \cdot |\beta|) & \text{für } \alpha < \alpha_0 \text{ und } \beta \geq \alpha_0, \\ -(|\alpha| \cdot |\beta|) & \text{für } \alpha \geq \alpha_0 \text{ und } \beta < \alpha_0, \\ |\alpha| \cdot |\beta| & \text{für } \alpha < \alpha_0 \text{ und } \beta < \alpha_0 \end{cases} \tag{6.22}$$

definiert werden. Da für Schnitte $\alpha$ und $\beta$ mit (6.19) offenbar $|\alpha| = \alpha$ und $|\beta| = \beta$ gilt, setzt diese Definition natürlich die Definition (6.20) fort.

Schließlich können wir noch die Menge $\mathbb{Q}$ in die Menge $\mathbb{R}_D$ einbetten, indem wir die Zahl $q \in \mathbb{Q}$ mit dem rationalen Schnitt $\alpha_q \in \mathbb{R}_D$ aus (6.13) identifizieren.

Nach der Konstruktion von $\mathbb{R}$ mittels Dedekind'scher Schnitte betrachten wir nun die mittels Cauchyfolgen. Wir erinnern daran (s. Abschnitt 2.3), dass eine *Cauchyfolge* in $\mathbb{Q}$ eine Folge $(r_n)_n$ rationaler Zahlen mit folgender Eigenschaft ist: Zu jedem $\varepsilon > 0$ existiert ein $N \in \mathbb{N}$ derart, dass für $m, n \geq N$ stets $|r_m - r_n| < \varepsilon$ gilt. Anschaulich bedeutet dies, dass die Folgenglieder $r_m$ und $r_n$ „beliebig nahe beieinander liegen", wenn wir

---

[5]Die Bedingung (6.19) besagt wegen (6.16) nichts anderes, als dass $\alpha$ und $\beta$ beide nichtnegative Schnitte sind.

nur ihre Indizes $m$ und $n$ groß genug wählen. Wie im zweiten Kapitel bezeichnen wir mit $CF(\mathbb{Q})$ die Menge aller Cauchyfolgen in $\mathbb{Q}$.

In (4.15) haben wir die *Summe* $(r_n)_n \oplus (s_n)_n$ und in (4.16) das *Produkt* $(r_n)_n \otimes (s_n)_n$ zweier Elemente $(r_n)_n, (s_n)_n \in CF(\mathbb{Q})$ in nahe liegender Weise definiert. Wir haben dort auch gesehen, dass dies wieder Cauchyfolgen sind (s. Beispiel 4.5).

In Abschnitt 2.3 haben wir neben den Cauchyfolgen auch *konvergente Folgen* betrachtet, d.h. solche, die einen Grenzwert besitzen. Hat eine rationale Folge $(r_n)_n$ den Grenzwert 0, so nennen wir sie *Nullfolge*; ein einfaches Beispiel wäre $r_n = \frac{1}{n}$. Wir schreiben $NF(\mathbb{Q})$ für die Menge aller rationalen Nullfolgen; dies ist natürlich eine Teilmenge der in Abschnitt 2.3 betrachteten Menge $KF(\mathbb{Q})$ aller konvergenten Folgen. Es gelten aber nicht nur einfach die Inklusionen

$$NF(\mathbb{Q}) \subset KF(\mathbb{Q}) \subset CF(\mathbb{Q}),$$

sondern $(NF(\mathbb{Q}), \oplus)$ und $(KF(\mathbb{Q}), \oplus)$ sind sogar *Untergruppen* der (abelschen) additiven Gruppe $(CF(\mathbb{Q}), \oplus)$. Wir können daher die in (5.22) beschriebene Methode benutzen, eine Äquivalenzrelation auf $CF(\mathbb{Q})$ einzuführen, nämlich

$$(r_n)_n \sim (s_n)_n \quad :\Leftrightarrow \quad (r_n - s_n)_n \in NF(\mathbb{Q}). \tag{6.23}$$

Zum Beispiel ist die konstante Folge $(r, r, r, r, \ldots)$ $(r \in \mathbb{Q})$ äquivalent zur Cauchyfolge $(r + 1, r + \frac{1}{2}, r + \frac{1}{3}, r + \frac{1}{4}, \ldots)$, da die Differenz gerade die Nullfolge $(\frac{1}{n})_n$ ist.

**Definition 6.4.** Wie in Abschnitt 5.2 benutzen wir für die zugehörige Quotientenmenge die Schreibweise

$$\mathbb{R}_C := CF(\mathbb{Q})/NF(\mathbb{Q}) \tag{6.24}$$

und nennen sie die *Menge der reellen Zahlen* (im Sinne Cauchys, daher der Index $C$ unten am $\mathbb{R}$). $\qquad\qquad\qquad\qquad\qquad\qquad\qquad\qquad\qquad\qquad$ □

Die Addition und Multiplikation auf $\mathbb{R}_C$ definieren wir durch

$$[(r_n)_n] + [(s_n)_n] := [(r_n)_n \oplus (s_n)_n]$$

bzw.

$$[(r_n)_n] \cdot [(s_n)_n] := [(r_n)_n \otimes (s_n)_n],$$

d.h., wir führen sie auf die entsprechenden Definitionen (4.15) und (4.16) zurück. Schließlich können wir noch die Menge $\mathbb{Q}$ in die Menge $\mathbb{R}_C$ einbetten, indem wir die Zahl $r \in \mathbb{Q}$ mit der Äquivalenzklasse der konstanten Folge $(r, r, r, r, \ldots)$ identifizieren.

Nun diskutieren wir die dritte Methode der Konstruktion von $\mathbb{R}$. Eine (rationale) *Intervallschachtelung* in $\mathbb{Q}$ ist eine Folge $(I_n)_n$ *rationaler* Intervalle[6] $I_n := [r_n, s_n]$ derart, dass $I_n \supseteq I_{n+1}$ für alle $n \in \mathbb{N}$ und $(s_n - r_n)_n \in NF(\mathbb{Q})$ gilt. Man kann sich also eine Intervallschachtelung ganz anschaulich als eine Folge abgeschlossener Intervalle vorstellen, die nur rationale Punkte enthalten und sich auf einen Punkt „zusammenziehen".[7] Mit $IS(\mathbb{Q})$ bezeichnen wir die Menge aller rationalen Intervallschachtelungen.

Auf $IS(\mathbb{Q})$ führen wir eine Äquivalenzrelation ein, indem wir

$$(I_n)_n \sim (J_n)_n \quad :\Leftrightarrow \quad \forall n \in \mathbb{N} : \; I_n \cap J_n \neq \emptyset \tag{6.25}$$

setzen. Auf der Menge der Äquivalenzklassen kann man eine Addition, eine Multiplikation und eine Kleiner-gleich-Ordnung einführen, das ist aber sehr kompliziert. Wir drücken uns deshalb darum und betrachten stattdessen nur ein Beispiel.

**Beispiel 6.5.** Sei $I_n := [r_n, s_n]$ mit

$$r_n := \left(1 + \frac{1}{n}\right)^n, \quad s_n := \left(1 + \frac{1}{n}\right)^{n+1} \qquad (n \in \mathbb{N}). \tag{6.26}$$

Es ist klar, dass $r_n$ und $s_n$ alles rationale Zahlen sind. Wir müssen $I_{n+1} \subseteq I_n$ und $(s_n - r_n)_n \in NF(\mathbb{Q})$ zeigen. In der Tat, für den Quotienten $r_n/r_{n-1}$ bekommen wir die Abschätzung

$$\frac{r_n}{r_{n-1}} = \frac{(n+1)^n}{n^n} \frac{(n-1)^{n-1}}{n^{n-1}} = \frac{n}{n-1} \frac{(n+1)^n (n-1)^n}{n^{2n}}$$

$$= \frac{n}{n-1} \frac{(n^2-1)^n}{n^{2n}} = \frac{n}{n-1} \left(1 - \frac{1}{n^2}\right)^n \geq \frac{n}{n-1} \left(1 - \frac{1}{n}\right) = 1,$$

wobei wir beim $\geq$-Zeichen die Bernoulli'sche Ungleichung (3.21) mit $h := -1/n^2$ benutzt haben. Aus der soeben bewiesenen Abschätzungskette

---

[6] Wir erinnern daran, dass wir ein Intervall *rational* nennen, wenn es nur aus rationalen Zahlen besteht.

[7] Achtung! Dieser Punkt muss selbst *nicht* rational sein, deswegen betrachten wir ja diese Konstruktion.

folgt sofort, dass $r_n \geq r_{n-1}$ ist, die Folge $(r_n)_n$ also monoton wächst. Die umgekehrte Abschätzung $s_n \leq s_{n-1}$ wird ähnlich bewiesen und den Leserinnen und Lesern als Aufgabe 6.25 überlassen.

Offensichtlich gilt $s_n = (1 + \frac{1}{n})r_n$; hieraus bekommen wir

$$s_n - r_n = \left(1 + \frac{1}{n}\right) r_n - r_n = \frac{1}{n} r_n,$$

wobei die Folge rechts eine Nullfolge ist, weil sie Produkt einer Nullfolge und einer beschränkten Folge (s. Aufgabe 6.23) ist. Damit ist $(I_n)_n$ mit $I_n = [r_n, s_n]$ tatsächlich eine Intervallschachtelung.

Die Äquivalenzklasse $[(I_n)_n]$ zur Intervallschachtelung (6.26) enthält z.B. die Intervallschachtelung $(J_n)_n$ mit

$$J_n := \left[\left(1 + \frac{1}{n}\right)^{n-1}, \left(1 + \frac{1}{n}\right)^n\right],$$

da hierfür die Bedingung (6.25) erfüllt ist. $\heartsuit$

**Definition 6.5.** Wir nennen die Quotientenmenge bzgl. der Äquivalenzrelation (6.25), also

$$\mathbb{R}_B := IS(\mathbb{Q})/\sim \tag{6.27}$$

die *Menge der reellen Zahlen* (im Sinne Bolzanos, daher der Index $B$ unten am $\mathbb{R}$). $\square$

Auch hier ist es leicht, die Menge $\mathbb{Q}$ in die Menge $\mathbb{R}_B$ einzubetten; man muss nur die Zahl $r \in \mathbb{Q}$ mit der Äquivalenzklasse der „konstanten Intervallschachtelung" $I_n := [r, r]$ identifizieren.

Nachdem wir nun alle drei Methoden der Konstruktion von $\mathbb{R}$ kennen gelernt haben, wollen wir exemplarisch zwei einfache irrationale Zahlen mit diesen Methoden „konstruieren", nämlich die algebraische Zahl $\sqrt{2}$ und die transzendente Zahl $e$. Dies machen wir in den folgenden beiden Beispielen.

**Beispiel 6.6.** Wie können wir die irrationale Zahl $\sqrt{2}$ als Element von $\mathbb{R}_D$, $\mathbb{R}_C$ und $\mathbb{R}_B$ darstellen? Im ersten Fall haben wir das schon getan: Offensichtlich stellt der (irrationale!) Dedekind'sche Schnitt (6.14) gerade die Zahl $\sqrt{2}$ dar. Um $\sqrt{2}$ als Element von $\mathbb{R}_C$ zu interpretieren, müssen wir eine Cauchyfolge in $\mathbb{Q}$ finden, die gegen $\sqrt{2}$ konvergiert. Ein geeigneter Kandidat ist die in (2.21) durch die Vorschrift

$$a_{n+1} := \frac{1}{2}\left(a_n + \frac{2}{a_n}\right) \qquad\qquad (6.28)$$

rekursiv definierte Folge. In der Tat, nehmen wir einmal an, dass wir die Konvergenz dieser Folge gegen eine Zahl $a$ nachgewiesen haben,[8] so muss für den Grenzwert die Beziehung

$$a = \frac{1}{2}\left(a + \frac{2}{a}\right)$$

erfüllt sein. Auflösung dieser Gleichung nach $a$ liefert $a^2 = 2$, also $a = \sqrt{2}$ als eindeutige positive Lösung.

Da die Folge (6.28) (in $\mathbb{R}$!) konvergiert, ist sie auch Cauchyfolge; da alle ihre Elemente rationale Zahlen sind, gehört sie also zu $CF(\mathbb{Q})$. Damit können wir die Klasse $[(a_n)_n]$ als dasjenige Element in $\mathbb{R}_C$ ansehen, welches die irrationale Zahl $\sqrt{2}$ darstellt.

Es bleibt noch die Darstellung von $\sqrt{2}$ mittels Intervallschachtelungen zu finden. Hier können wir die Folge (6.28) benutzen, um eine solche Intervallschachtelung zu konstruieren. Wir definieren $I_n := [r_n, s_n]$ einfach durch

$$r_1 := \frac{2}{a_1}, s_1 := a_1, \ r_2 := \frac{2}{a_2}, s_2 := a_2,$$

$$r_3 := \frac{2}{a_3}, s_3 := a_3, \dots, \ r_n := \frac{2}{a_n}, s_n := a_n, \dots$$

und nutzen dabei aus, dass wegen der Monotonie von $(a_n)_n$ tatsächlich $I_{n+1} \subseteq I_n$ gilt. Da sowohl $s_n = a_n \to \sqrt{2}$ als auch $r_n \to \sqrt{2}$ für $n \to \infty$ gilt, ist $(s_n - r_n)_n$ eine Nullfolge, also $(I_n)_n \in IS(\mathbb{Q})$. Damit können wir die Klasse $[(I_n)_n]$ als dasjenige Element in $\mathbb{R}_B$ ansehen, welches die irrationale Zahl $\sqrt{2}$ darstellt. $\heartsuit$

**Beispiel 6.7.** Wie können wir die irrationale Zahl $e$ als Element von $\mathbb{R}_D$, $\mathbb{R}_C$ und $\mathbb{R}_B$ darstellen? Im dritten Fall haben wir das schon in Beispiel 6.5 oben getan, denn beide rationale Folgen in (6.26) konvergieren gegen $e$. Wir können die beiden Folgen aus (6.26) natürlich auch benutzen, um $e$

---

[8]Wir weisen darauf hin, dass die Konvergenz der Folge (6.28) aus der Tatsache folgt, dass sie monoton fallend ist (s. Aufgabe 2.48) und nur positive Glieder enthält. Somit können wir Satz 4.7 benutzen, der die Existenz eines *reellen* Grenzwerts sichert.

als Element von $\mathbb{R}_C$ darzustellen, nämlich als Klasse $e = [(r_n)_n] = [(s_n)_n]$ bzgl. der Äquivalenzrelation (6.23).

Um $e$ als Element von $\mathbb{R}_D$ darzustellen, benutzen wir die Tatsache, dass die Menge

$$\alpha := \{r \in \mathbb{Q} : r \le s_n \text{ für alle } n \in \mathbb{N}\},$$

mit $s_n$ wie in (6.26), einen Dedekind'schen Schnitt darstellt. Dass das Komplement

$$\mathbb{Q} \setminus \alpha = \{r \in \mathbb{Q} : r > s_n \text{ für ein } n \in \mathbb{N}\}$$

kein Minimum hat, zeigt man wieder so wie für den rationalen Schnitt (6.13). Die anderen Schnitteigenschaften sind klar. Der oben definierte Schnitt stellt aber gerade die Zahl $e$ als Element der Menge $\mathbb{R}_D$ dar.   $\heartsuit$

## 6.5  Einzigkeit der Menge der reellen Zahlen

Wir haben die reellen Zahlen mit drei Methoden konstruiert, die überhaupt nichts miteinander zu tun zu haben scheinen. Aus diesem Grund haben wir die entstehenden Mengen auch vorsichtshalber mit den drei verschiedenen Symbolen $\mathbb{R}_D$, $\mathbb{R}_C$ und $\mathbb{R}_B$ versehen. Bei näherer Betrachtung dieser drei Mengen erlebt man allerdings eine Überraschung: *Sie stimmen alle drei überein, d.h., wir haben in Wirklichkeit stets dieselbe Menge konstruiert!* Dieses Ergebnis verdient es, als Satz formuliert zu werden:

**Satz 6.3.** *Es gilt die Gleichheit*

$$\mathbb{R}_D = \mathbb{R}_C = \mathbb{R}_B \tag{6.29}$$

*in dem Sinne, dass man zwischen je zwei dieser Mengen eine bijektive Abbildung definieren kann, die die entsprechende Addition und Multiplikation respektiert.*[9]

**Beweis:** Wir skizzieren nur die Beweisidee. Zunächst konstruieren wir eine bijektive Abbildung

$$f : \mathbb{R}_B \to \mathbb{R}_D \tag{6.30}$$

folgendermaßen: Gegeben sei die Äquivalenzklasse $[(I_n)_n] \in \mathbb{R}_B$, wobei $I_n = [r_n, s_n]$ sei. Dieser Klasse ordnen wir den Schnitt

$$f([(I_n)_n]) := \{r \in \mathbb{Q} : r \le s_n \text{ für alle } n \in \mathbb{N}\}$$

---

[9]Mit anderen Worten besagt dies, dass alle drei Mengen in (6.29) als Körper isomorph sind.

zu. Man kann dann zeigen, dass dies wirklich ein Dedekind'scher Schnitt ist, also $f([(I_n)_n]) \in \mathbb{R}_D$.

Nun konstruieren wir eine bijektive Abbildung

$$g : \mathbb{R}_B \to \mathbb{R}_C \tag{6.31}$$

folgendermaßen: Gegeben sei die Äquivalenzklasse $[(I_n)_n] \in \mathbb{R}_B$, wobei wieder $I_n = [r_n, s_n]$ sei. Dieser Klasse ordnen wir nun einfach die Klasse

$$g([(I_n)]) := [(r_n)_n] \in CF(\mathbb{Q})/NF(\mathbb{Q})$$

zu, die bzgl. der Äquivalenzrelation (6.23) gebildet sei.

Schließlich konstruieren wir eine bijektive Abbildung

$$h : \mathbb{R}_D \to \mathbb{R}_C \tag{6.32}$$

folgendermaßen: Sei $\alpha \in DS(\mathbb{Q})$ ein Dedekind'scher Schnitt. Wir wählen zunächst $r_1 \in \alpha$ und $s_1 \in \mathbb{Q} \setminus \alpha$ beliebig und setzen $I_1 := [r_1, s_1]$. Danach wählen wir

$$I_2 := [r_2, s_2] = \begin{cases} [\frac{1}{2}(r_1 + s_1), s_1] & \text{falls} \quad \frac{1}{2}(r_1 + s_1) \in \alpha, \\ [r_1, \frac{1}{2}(r_1 + s_1)] & \text{falls} \quad \frac{1}{2}(r_1 + s_1) \notin \alpha. \end{cases}$$

Haben wir allgemein $I_n = [r_n, s_n]$ auf diese Weise definiert, so setzen wir

$$I_{n+1} := [r_{n+1}, s_{n+1}] = \begin{cases} [\frac{1}{2}(r_n + s_n), s_n] & \text{falls} \quad \frac{1}{2}(r_n + s_n) \in \alpha, \\ [r_n, \frac{1}{2}(r_n + s_n)] & \text{falls} \quad \frac{1}{2}(r_n + s_n) \notin \alpha. \end{cases}$$

Nach Konstruktion ist dann $(I_n)_n$ eine Intervallschachtelung. Wir können damit die Abbildung $h$ durch

$$h(\alpha) := [(I_n)_n] \in IS(\mathbb{Q})/\sim$$

definieren, wobei $\sim$ die Äquivalenzrelation (6.25) bezeichne.

Damit haben wir bijektive Abbildungen zwischen allen drei Mengen in (6.29) definiert. Es ist erhellend, sich die Umkehrabbildungen dieser Abbildungen zu überlegen. Beispielsweise funktioniert

$$g^{-1} : \mathbb{R}_C \to \mathbb{R}_B \tag{6.33}$$

folgendermaßen: Wir fixieren eine Klasse $[(q_n)_n] \in CF(\mathbb{Q})/NF(\mathbb{Q})$. Dann wählen wir zunächst[10] eine monoton steigende Folge $(r_n)_n$ und eine monoton fallende Folge $(s_n)_n$ in $\mathbb{Q}$ mit $q_n - r_n \to 0$ und $s_n - q_n \to 0$ für $n \to \infty$. Anschließend setzen wir $I_n := [r_n, s_n]$. Das ist dann nach Konstruktion eine Intervallschachtelung und ihre Äquivalenzklasse $[(I_n)_n]$ erfüllt genau die Bedingung $g([(I_n)_n]) = [(q_n)_n]$, also $[(I_n)_n] = g^{-1}([(q_n)_n])$. Entsprechend kann man die Umkehrabbildungen $f^{-1} : \mathbb{R}_D \to \mathbb{R}_B$ und $h^{-1} : \mathbb{R}_C \to \mathbb{R}_D$ explizit angeben. ∎

Ab jetzt schreiben wir für die drei Zahlenmengen $\mathbb{R}_D$, $\mathbb{R}_C$ und $\mathbb{R}_B$, die nach (6.29) ja übereinstimmen, einfach $\mathbb{R}$. Dass sie überhaupt übereinstimmen, ist übrigens kein Zufall. Man kann nämlich die (!) Menge der reellen Zahlen durch drei Axiome eindeutig festlegen, ähnlich wie wir zu Beginn dieses Kapitels die natürlichen Zahlen durch die fünf Peano-Axiome eindeutig festlegen konnten und dann zeigen, dass alle drei Mengen in (6.29) diesen Axiomen genügen.

Sei dazu $\mathbb{K}$ eine beliebige Zahlenmenge, versehen mit einer Addition $+$ und einer Multiplikation $\cdot$, die den Körper $\mathbb{Q}$ der rationalen Zahlen enthält und den folgenden drei Axiomen genügt:

1. $(\mathbb{K}, +, \cdot)$ ist ein Körper;

2. es gibt auf $\mathbb{K}$ eine Ordnung $\leq$ derart, dass $(\mathbb{K}, +, \cdot, \leq)$ ein angeordneter Körper ist;

3. jede nichtleere nach oben beschränkte Menge $M \subset \mathbb{K}$ hat ein Supremum.

In der Terminologie von Abschnitt 4.3 besagen diese Axiome also, dass $(\mathbb{K}, +, \cdot, \leq)$ ein vollständiger angeordneter Körper ist, der $\mathbb{Q}$ enthält. Gibt es ein Modell für solch eine Zahlenmenge? Natürlich, in Abschnitt 4.3 haben wir ja gesehen, dass $(\mathbb{R}, +, \cdot, \leq)$ als vollständiger geordneter Körper all das erfüllt, wobei das dritte Axiom nichts anderes als die Ordnungsvollständigkeit von $(\mathbb{R}, +, \cdot, \leq)$ bedeutet. Der Körper $(\mathbb{C}, +, \cdot)$ der komplexen Zahlen kommt dagegen nicht in Betracht, weil er kein geordneter Körper ist.

Der „Knüller" ist nun, dass $(\mathbb{R}, +, \cdot, \leq)$ (bis auf Isomorphie) wirklich das einzige Modell ist, welches dieses Axiomensystem erfüllt! Um dies einzusehen, konstruieren wir einen Körperisomorphismus $f : \mathbb{K} \to CF(\mathbb{Q})/NF(\mathbb{Q})$

---

[10]Dass dies möglich ist und wie das genau geht, lernen Sie in der Analysis.

$(= \mathbb{R}_C)$ wie folgt. Zu $x \in \mathbb{K}$ können wir eine Folge $(x_n)_n$ in $\mathbb{Q}$ finden, die gegen $x$ konvergiert (s. Aufgabe 6.17); insbesondere gilt dann $(x_n)_n \in CF(\mathbb{Q})$. Nun definieren wir $f : \mathbb{K} \to CF(\mathbb{Q})/NF(\mathbb{Q})$ durch

$$f(x) := [(x_n)_n], \qquad (6.34)$$

wobei $[(x_n)_n]$ die Äquivalenzklasse von $(x_n)_n$ bzgl. der Äquivalenzrelation (6.23) bezeichne. Diese Definition hängt nicht von der Wahl der Cauchyfolge aus der Klasse $[(x_n)_n]$ ab, da sich ja jede andere Cauchyfolge aus dieser Klasse von $(x_n)_n$ nur durch eine Nullfolge unterscheidet. Da der Grenzwert mit Summen und Produkten verträglich ist (s. Beispiel 4.5 und Aufgabe 4.19), ist (6.34) ein Körperhomomorphismus. Da wir jedes $x \in \mathbb{Q}$ mit der konstanten Folge $(x, x, x, \ldots) \in CF(\mathbb{Q})$ approximieren können, ist die Einschränkung $f|_{\mathbb{Q}}$ von (6.34) auf die rationalen Zahlen die Identität, woraus schon die Injektivität von $f$ folgt. Schließlich können wir aus der (metrischen) Vollständigkeit[11] von $(\mathbb{K}, +, \cdot)$ schließen, dass jede Cauchyfolge in $\mathbb{K}$ konvergiert; daher ist $f$ auch surjektiv und somit sogar ein Körperisomorphismus. Damit ist alles bewiesen.

Zum Schluss dieses Abschnitts betrachten wir ein Problem, welches für sich genommen schon sehr interessant ist, nämlich das Problem der „Reichhaltigkeit" der Menge aller Körperisomorphismen. Wir beginnen mit der folgenden harmlosen Frage: *Wie viele Körperisomorphismen gibt es auf* $\mathbb{R}$, *d.h. bijektive Abbildungen* $f : (\mathbb{R}, +, \cdot) \to (\mathbb{R}, +, \cdot)$, *die den Bedingungen*

$$f(x + y) = f(x) + f(y), \quad f(x \cdot y) = f(x) \cdot f(y) \qquad (x, y \in \mathbb{R})$$

*(vgl.* (4.26) *und* (4.27)*) genügen?* Ein Beispiel fällt einem sofort ein, nämlich die Identität $f(x) = x$; gibt es weitere? Die überraschende Antwort wird durch den folgenden Satz gegeben:

**Satz 6.4:** *Die Identität* $f(x) = x$ *ist der einzige Körperisomorphismus auf der Menge der reellen Zahlen.*

**Beweis:** Sei $f : (\mathbb{R}, +, \cdot) \to (\mathbb{R}, +, \cdot)$ ein beliebiger Körperisomorphismus; wir zeigen, dass $f = id_{\mathbb{R}}$ ist. Aus $f(0) = 0$ und $f(1) = 1$ folgt zunächst durch vollständige Induktion, dass $f|_{\mathbb{N}} = id_{\mathbb{N}}$ ist. Da sich jedes Element aus $\mathbb{Q}$ in der Form $(a - b)/c$ mit $a, b, c \in \mathbb{N}$ darstellen lässt und $f$ alle vier algebraischen Operationen respektiert, folgt sogar $f|_{\mathbb{Q}} = id_{\mathbb{Q}}$.

---

[11]Hier könnte man einwenden, dass wir im dritten Axiom ja nicht die metrische Vollständigkeit, sondern die Ordnungsvollständigkeit gefordert haben. Wie im Fall der reellen Zahlen kann man aber zeigen, dass diese beiden Vollständigkeitsbegriffe *äquivalent* sind.

Man beachte, dass wir nicht verlangt haben, dass $f$ auch die Ordnung $\leq$ auf $\mathbb{R}$ respektiert, d.h. monoton steigend ist. Durch einen Trick können wir uns das nämlich ersparen: Da sich die Anordnung in $\mathbb{R}$ allein aufgrund der Körperstruktur beschreiben lässt,[12] erhält jeder Körperisomorphismus $f$ *automatisch* die Anordnung! Wenn also eine Folge $(x_n)_n \in CF(\mathbb{Q})$ gegen $x \in \mathbb{R}$ konvergiert, muss daher die Bildfolge $(f(x_n))_n$ gegen $f(x)$ konvergieren.[13] Wegen $f(x_n) = x_n$ und der Eindeutigkeit des Grenzwerts muss also $f = id$ auf ganz $\mathbb{R}$ sein. ∎

Aus Satz 6.4 folgt übrigens, dass (6.34) der *einzige* Isomorphismus zwischen den beiden Körpern $\mathbb{K}$ und $CF(\mathbb{Q})/NF(\mathbb{Q})$ ist, d.h., wir hätten den Beweis gar nicht anders führen können.

Stellen wir nun dieselbe Frage einmal im Körper der komplexen Zahlen: *Wie viele Körperisomorphismen gibt es auf* $\mathbb{C}$*, d.h. bijektive Abbildungen* $f : (\mathbb{C}, +, \cdot) \to (\mathbb{C}, +, \cdot)$*, die den Bedingungen*

$$f(z + w) = f(z) + f(w), \quad f(z \cdot w) = f(z) \cdot f(w) \qquad (z, w \in \mathbb{C})$$

*genügen?* Die Identität ist wieder das nächstliegende Beispiel, aber es gibt hier noch einen weiteren Kandidaten, nämlich die *komplexe Konjugation* $f : z \mapsto \overline{z}$, wie man sofort an Aufgabe 4.34 (a) und (b) sieht.[14] Gibt es weitere? Die Antwort ist noch überraschender als im Falle der reellen Zahlen: *Es existieren noch unendlich viele weitere Körperisomorphismen* $f : (\mathbb{C}, +, \cdot) \to (\mathbb{C}, +, \cdot)$! Allerdings hat kein Mensch je solche Isomorphismen gesehen, denn man kann sie nicht konstruieren. Dies scheint auf den ersten Blick ein Paradox zu sein, aber dahinter verbirgt sich nur eine sprachliche Mehrdeutigkeit des Wortes „Existenz". In der Mathematik kommt es durchaus öfter vor, dass man die Existenz eines gewissen Objektes zwar mathematisch sauber beweisen, aber dieses Objekt *nicht explizit konstruieren* kann.[15]

Wir wollen unsere Leserinnen und Leser aber nicht mit diesen ernüchternden Bemerkungen entlassen, sondern mit einem positiven Ergebnis. Die

---

[12]Es ist nämlich genau dann $x \leq y$, wenn es ein $z$ gibt mit $y - x = z^2$.

[13]In der Analysis lernen Sie, dass dies genau die *Stetigkeit* von $f$ bedeutet.

[14]Dieser zweite Körperisomorphismus ist in den reellen Zahlen deswegen „unsichtbar", weil ja für reelle Zahlen $z$ (und nur für diese!) die Beziehung $\overline{z} = z$ gilt, d.h., eine reelle Zahl „merkt es nicht", wenn man sie konjugiert. Die Einschränkung der komplexen Konjugation auf die reelle Achse ergibt also wieder nur die Identität.

[15]Für die Kenner und Unerschrockenen sei darauf verwiesen, dass dies mit dem so genannten *Auswahlaxiom* zusammenhängt, welches eben nicht konstruktiv ist. Mit dem Auswahlaxiom und seinen verschiedenen Varianten befasst man sich in den Grundlagenfächern Logik und Mengenlehre.

beiden angegebenen Körperisomorphismen $f(z) = z$ und $f(z) = \overline{z}$ auf $\mathbb{C}$ haben ja eine interessante Zusatzeigenschaft: Sie überführen die reelle Achse in sich, d.h., sie erfüllen $f(\mathbb{R}) \subseteq \mathbb{R}$. Wenn man diese Zusatzeigenschaft zur Isomorphieforderung hinzunimmt, bekommt man doch noch einen Eindeutigkeitssatz, der folgendermaßen lautet:

**Satz 6.5.** *Die Identität $f(z) = z$ und die Konjugation $f(z) = \overline{z}$ sind die einzigen Körperisomorphismen auf der Menge der komplexen Zahlen, die zusätzlich die Bedingung $f(\mathbb{R}) \subseteq \mathbb{R}$ erfüllen.*

Aus diesem Satz folgt insbesondere, dass keiner der oben erwähnten „apokryphen" Körperisomorphismen auf $\mathbb{C}$ die reelle Achse in sich überführt.

# 7 Aufgaben

In diesem Kapitel stellen wir eine ausführliche Liste von mehr als 300 Aufgaben zusammen, mit denen man das Gelesene vertiefen und üben kann. Wer bei der einen oder anderen dieser Aufgaben nicht weiterkommt, kann die anschließenden Lösungshinweise konsultieren.

## 7.1  Aufgaben zum 1. Kapitel

**Aufgabe 1.1.** Machen Sie sich unter Benutzung einer Wahrheitstafel die folgenden Äquivalenzen klar:

(a) $p \vee q \Leftrightarrow q \vee p, \quad p \wedge q \Leftrightarrow q \wedge p$;

(b) $p \vee (q \vee r) \Leftrightarrow (p \vee q) \vee r, \quad p \wedge (q \wedge r) \Leftrightarrow (p \wedge q) \wedge r$;

(c) $p \vee p \Leftrightarrow p, \quad p \wedge p \Leftrightarrow p$;

(d) $p \vee (q \wedge r) \Leftrightarrow (p \vee q) \wedge (p \vee r), \quad p \wedge (q \vee r) \Leftrightarrow (p \wedge q) \vee (p \wedge r)$;

(e) $(p \Rightarrow q) \Leftrightarrow (p \vee q \Leftrightarrow q) \Leftrightarrow (p \wedge q \Leftrightarrow p)$.

**Aufgabe 1.2.** Machen Sie sich unter Benutzung einer Zeichnung die folgenden Mengengleichheiten klar (vgl. Aufgabe 1.1):

(a) $P \cup Q = Q \cup P, \quad P \cap Q = Q \cap P$;

(b) $P \cup (Q \cup R) = (P \cup Q) \cup R, \quad P \cap (Q \cap R) = (P \cap Q) \cap R$;

(c) $P \cup P = P, \quad P \cap P = P$;

(d) $P \cup (Q \cap R) = (P \cup Q) \cap (P \cup R), \quad P \cap (Q \cup R) = (P \cap Q) \cup (P \cap R)$;

(e) $P \subseteq Q \Leftrightarrow P \cup Q = Q \Leftrightarrow P \cap Q = P$.

**Aufgabe 1.3.** Machen Sie sich unter Benutzung einer Wahrheitstafel die folgende Implikation klar:

$$(p \Rightarrow q) \; \wedge \; (q \Rightarrow r) \; \Rightarrow \; (p \Rightarrow r).$$

**Aufgabe 1.4.** Illustrieren Sie die Übertragung der Regeln aus Aufgabe 1.3 auf Mengen, also

$$(P \subseteq Q) \,\wedge\, (Q \subseteq R) \;\Rightarrow\; (P \subseteq R).$$

mithilfe einer Zeichnung.

**Aufgabe 1.5.** Drücken Sie die folgenden formalisierten Aussagen in einfachen Worten aus:

(a) $\exists x \in G : \forall y \in G : x \le y,$      (b) $\forall y \in G : \exists x \in G : x \le y,$

(c) $\exists x \in G : \forall y \in G : xy = 1,$      (d) $\forall y \in G : \exists x \in G : xy = 1.$

Untersuchen Sie auch, welche dieser Aussagen jeweils in den Grundmengen $G = \mathbb{N}$, $G = \mathbb{Z}$ und $G = \mathbb{Q}^+ := \{x \in \mathbb{Q} : x > 0\}$ wahr ist.

**Aufgabe 1.6.** Bearbeiten Sie noch einmal Aufgabe 1.5 mit den Negationen der Aussagen (a) – (d).

**Aufgabe 1.7.** In der linken Spalte der folgenden Tabelle sind 6 Aussagen (a) – (f) gegeben. Entscheiden Sie, welche der 6 Aussagen (1) – (6) in der rechten Spalte die jeweiligen Verneinungen sind. Untersuchen Sie alle 12 Aussagen auch auf ihren Wahrheitsgehalt.

(a) $\exists x \in \mathbb{R} : x^3 = -1 \wedge x < 0,$      (1) $\exists x \in \mathbb{Z} : x - 2 \in \mathbb{N} \wedge x < 5,$

(b) $\forall x \in \mathbb{R} : x^3 = -1 \vee x < 0,$      (2) $\forall x \in \mathbb{Q} : x^2 \le 0 \vee x \ge 0,$

(c) $\forall x \in \mathbb{Q} : x^2 \ge 0 \Rightarrow x \in \mathbb{Z},$      (3) $\exists x \in \mathbb{R} : x^3 \ne -1 \wedge x \ge 0,$

(d) $\exists x \in \mathbb{Q} : x^2 > 0 \wedge x < 0,$      (4) $\exists x \in \mathbb{Q} : x^2 \ge 0 \wedge x \notin \mathbb{Z},$

(e) $\forall x \in \mathbb{Z} : x - 2 \in \mathbb{N} \Rightarrow x \ge 5,$      (5) $\forall x \in \mathbb{Z} : x - 2 \notin \mathbb{N} \vee x + 2 \notin \mathbb{N},$

(f) $\exists x \in \mathbb{Z} : x - 2 \in \mathbb{N} \wedge x + 2 \in \mathbb{N}.$      (6) $\forall x \in \mathbb{R} : x^3 \ne -1 \vee x \ge 0.$

**Aufgabe 1.8.** Zeigen Sie anhand einer Wahrheitstafel, dass die Implikation $p \Rightarrow q$ äquivalent zu ihrer Kontraposition $\neg q \Rightarrow \neg p$ ist. Illustrieren Sie dies an drei selbst gewählten Beispielen.

**Aufgabe 1.9.** Entscheiden Sie, ob die folgenden sechs Implikationen über ganze Zahlen $m$ und $n$ wahr oder falsch sind. Formulieren Sie auch jeweils die Kontraposition und Umkehrung und untersuchen Sie diese auf ihren Wahrheitswert:

(a) $m^2 + n^2 = 0 \;\Rightarrow\; mn = 0,$      (b) $m^2 > 0 \;\Rightarrow\; m > 0,$

(c) $m < n \;\Rightarrow\; 2m < 2n,$      (d) $m \le n \;\Rightarrow\; m^2 \le n^2,$

(e) $m > 1 \;\Rightarrow\; m^2 > 1$,        (f) $m = -m \;\Rightarrow\; m = 0$.

**Aufgabe 1.10.** Welche der folgenden Teilmengen von $\mathbb{Z}$ sind leer?

(a)  $\{x \in \mathbb{Z} : x^2 = 9 \wedge 2x = 4\}$,        (b)  $\{x \in \mathbb{Z} : x \neq x\}$,

(c)  $\{x \in \mathbb{Z} : x + 8 = 1\}$,        (d)  $\{x \in \mathbb{Z} : 4x^2 = 4\}$,

(e)  $\{x \in \mathbb{Z} : 4x^2 = 1\}$,        (f)  $\{x \in \mathbb{Z} : 4x^2 = 2\}$.

Lösen Sie dieselbe Aufgabe noch einmal mit $\mathbb{Q}$ statt $\mathbb{Z}$ als Grundmenge.

**Aufgabe 1.11.** Beschreiben Sie die folgenden formal angegebenen Zahlenmengen mit Worten:

$$A = \{x \in \mathbb{R} : \exists k \in \mathbb{Z} : 2k = x\}, \qquad B = \{x \in \mathbb{Q} : \exists n \in \mathbb{N} : nx = 1\},$$

$$C = \{x \in \mathbb{R} : \exists y \in \mathbb{R} : y^2 = x\}, \qquad D = \{x \in \mathbb{Z} : \forall n \in \mathbb{N} : x < n\},$$

$$E = \{x \in \mathbb{Z} : \forall n \in \mathbb{N} : x > n\}, \qquad F = \{x \in \mathbb{R} : \forall y \in \mathbb{Q} : x \neq y\}.$$

**Aufgabe 1.12.** Mit den Bezeichnungen aus Aufgabe 1.11 bilden Sie formal die folgenden Mengen und beschreiben Sie sie mit Worten:

(a) $A \cap D$,    (b) $C \cap F$,    (c) $B \cup E$,    (d) $F \setminus C$,    (e) $A \setminus D$.

**Aufgabe 1.13.** Schreiben Sie die folgenden Mengen nieder, und zwar sowohl in beschreibender als auch in aufzählender Schreibweise:

(a) die Menge aller ungeraden Zahlen;

(b) die Menge aller positiven rationalen Zahlen, deren Nenner größer als ihr Zähler ist;

(c) die Menge aller Quadratzahlen;

(d) die Menge aller negativen irrationalen Zahlen;

(e) die Menge der ganzzahligen Lösungen $x$ der Gleichung $x^4 = 16$.

**Aufgabe 1.14.** Im Folgenden sind jeweils Mengen $M$ und $N$ gegeben. Finden Sie jeweils $M \cap N$ und $M \cup N$, und entscheiden Sie, ob $M \subseteq N$, $M \supseteq N$, $M \subset N$, $M \supset N$ oder $M = N$ gilt.

(a) $M = \{x \in \mathbb{Z} : 2 \leq x \leq 3\}$,  $N = \{x \in \mathbb{Z} : 4 \leq x^2 \leq 9\}$,

(b) $M = \{x \in \mathbb{N} : x \text{ Primzahl}\}$,  $N = \{x \in \mathbb{N} : x \text{ ungerade}\}$,

(c) $M = \{x \in \mathbb{Q} : 6x^3 - x^2 - x = 0\}$,  $N = \{x \in \mathbb{Z} : 6x^3 - x^2 - x = 0\}$,

(d) $M = \{x \in \mathbb{Q} : x^3 - x^2 - 2x + 2 = 0\}$,  $N = \{x \in \mathbb{R} : x^3 - x^2 - 2x + 2 = 0\}$.

**Aufgabe 1.15.** Beschreiben Sie die Menge $\{x \in G : -1 \leq x < 1\}$ im Falle

(a) $G = \mathbb{N}$,   (b) $G = \mathbb{N}_0$,   (c) $G = \mathbb{Z}$,   (d) $G = \mathbb{Q}$,   (e) $G = \mathbb{R}$.

**Aufgaben 1.16.** Beweisen Sie die Äquivalenzen

$$A \subseteq B \ \Leftrightarrow \ A \cap B = A \ \Leftrightarrow \ A \cup B = B$$

und erläutern Sie sie an einer Zeichnung.

**Aufgaben 1.17.** Gelte $A \subseteq B \subseteq C$. Beweisen Sie die Beziehungen

$$\complement_B A \subseteq \complement_C A, \qquad C \setminus (B \setminus A) = A \cup (C \setminus B)$$

und erläutern Sie sie an einer Zeichnung.

**Aufgaben 1.18.** Beweisen Sie die Beziehungen

$$\complement(\complement M \cap \complement N) = M \cup N, \qquad \complement(\complement M \cup \complement N) = M \cap N$$

und erläutern Sie sie an einer Zeichnung.

**Aufgabe 1.19.** Beweisen Sie, dass für Mengen $A$ und $B$ die folgenden fünf Aussagen äquivalent sind:

(a) $A = \emptyset$;

(b) für jede Menge $B$ ist $A \setminus B = A \cap B$;

(c) es gibt eine Menge $B$ mit $A \setminus B = A \cap B$;

(d) für jede Menge $B$ ist $B \setminus A = B \cup A$;

(e) es gibt eine Menge $B$ mit $B \setminus A = B \cup A$.

**Aufgabe 1.20.** Beweisen Sie die folgenden Rechenregeln für die Mengendifferenz (1.39):

(a)  $A \cap (B \setminus C) = (A \cap B) \setminus (A \cap C)$,      (b)  $A \cup (B \setminus C) \supseteq (A \cup B) \setminus C$,

(c)  $(A \setminus B) \setminus C = A \setminus (B \cup C)$,      (d)  $A \setminus (B \setminus C) = (A \setminus B) \cup (A \cap C)$.

Zeigen Sie außerdem, dass in (b) genau dann Gleichheit gilt, wenn $A$ und $C$ disjunkt sind.

**Aufgaben 1.21.** Seien $A_1, A_2, A_3, \dots, A_n$ Mengen derart, dass

$$A_1 \subseteq A_2, A_2 \subseteq A_3, \dots, A_{n-1} \subseteq A_n, \quad A_n \subseteq A_1$$

gilt. Zeigen Sie, dass dann $A_1 = A_2 = A_3 = \ldots = A_n$ gilt.

**Aufgabe 1.22.** Die *symmetrische Differenz* zweier Mengen $P$ und $Q$ ist definiert durch $P \triangle Q := (P \cup Q) \setminus (P \cap Q)$. Beweisen Sie folgende Regeln für die symmetrische Differenz und illustrieren Sie sie – wo möglich – mithilfe einer Zeichnung:

(a) $P \triangle Q = Q \triangle P$,    (b) $P \triangle \emptyset = P$,

(c) $P \triangle P = \emptyset$,    (d) $P \triangle Q = (P \setminus Q) \cup (Q \setminus P)$.

**Aufgabe 1.23.** Skizzieren Sie die Mengen $(P \triangle Q) \triangle R$ und $P \triangle (Q \triangle R)$ (vgl. Aufgabe 1.22). Was stellen Sie fest? Bestehen diese Mengen aus denjenigen Elementen $x$, für die genau eine der Beziehungen $x \in P$, $x \in Q$, $x \in R$ richtig ist?

**Aufgabe 1.24.** Untersuchen Sie, ob die folgenden Aussagen über die symmetrische Differenz $A \triangle B$ zweier Mengen $A$ und $B$ (vgl. Aufgabe 1.22) richtig oder falsch sind:

(a) aus $A = B$ folgt $A \triangle B = \emptyset$;    (b) aus $A \triangle B = \emptyset$ folgt $A = B$;

(c) aus $A \triangle B = A \triangle C$ folgt $B = C$;    (d) aus $A \triangle B \subseteq A \triangle C$ folgt $B \subseteq C$.

**Aufgaben 1.25.** Beweisen Sie die beiden Gleichheiten in (1.47).

**Aufgabe 1.26.** Berechnen Sie die Menge $A := \bigcap_{n=1}^{\infty} A_n$ für

$$A_n := [1, 1 + \tfrac{1}{n}], \quad A_n := [1, 1 + \tfrac{1}{n}), \quad A_n := (1, 1 + \tfrac{1}{n}], \quad A_n := (1, 1 + \tfrac{1}{n}).$$

**Aufgabe 1.27.** Für $k \in \mathbb{Z}$ bezeichne $H_k := \{(x, y) \in \mathbb{R}^2 : x \leq k\}$ die „Halbebene links von $k$“. Berechnen Sie die Mengen

$$A := \bigcap_{k \in \mathbb{N}} H_k, \qquad B := \bigcup_{k \in \mathbb{N}} H_k, \qquad C := \bigcap_{k \in \mathbb{Z}} H_k, \qquad D := \bigcup_{k \in \mathbb{Z}} H_k$$

und illustrieren Sie hieran die Regeln (1.45) für Komplemente.

**Aufgabe 1.28.** Sei $A = \mathbb{R}^+$ die Menge aller positiven reellen Zahlen. Für $x \in A$ bezeichne $M_x := (0, x)$ das offene Intervall aller positiven reellen Zahlen kleiner als $x$. Zeigen Sie, dass

$$\bigcap_{x \in A} M_x = \emptyset, \qquad \bigcup_{x \in A} M_x = \mathbb{R}^+$$

gilt. Berechnen Sie dieselben Mengen auch im Fall des abgeschlossenen Intervalls $M_x := [0, x]$.

**Aufgabe 1.29.** Beweisen Sie die folgenden Rechenregeln für das kartesische Produkt (1.48) und illustrieren Sie diese am Beispiel $A = \{1, 2, 3\}$, $B = \{1, 2\}$ und $C = \{2, 3\}$:

(a) $A \times (B \cup C) = (A \times B) \cup (A \times C)$,

(b) $A \times (B \cap C) = (A \times B) \cap (A \times C)$,

(c) $A \times (B \setminus C) = (A \times B) \setminus (A \times C)$,

(d) $(A \times A) \setminus (B \times C) = (A \times (A \setminus C)) \cup ((A \setminus B) \times C)$.

**Aufgabe 1.30.** Seien $A$ und $B$ nichtleere Mengen. Bewiesen Sie, dass $A$ und $B$ genau dann gleich sind, wenn $A \times B = B \times A$ gilt.

**Aufgabe 1.31.** Beweisen Sie die Beziehungen

(a) $(A \times B) \cap (C \times D) = (A \cap C) \times (B \cap D)$,

(b) $(A \times B) \cup (C \times D) \subseteq (A \cup C) \times (B \cup D)$.

Zeigen Sie anhand eines Beispiels, dass die Inklusion in (b) strikt sein kann, also nicht durch Gleichheit ersetzt werden darf.

**Aufgabe 1.32.** Skizzieren Sie die folgenden Mengen $M \subset \mathbb{R}^2$:

(a) $M = \{1, 2, 3\} \times \{1, 2\}$,        (b) $M = \mathbb{R} \times \{0\}$,        (c) $M = \mathbb{Z} \times \mathbb{Z}$.

**Aufgabe 1.33.** Skizzieren Sie für $c \in \{-1, 0, 1\}$ die folgenden Punktmengen in der Ebene:

(a) $\{(x, y) \in \mathbb{R}^2 : xy = c\}$,        (b) $\{(x, y) \in \mathbb{R}^2 : |x - 1| + |y| = c\}$,

(c) $\{(x, y) \in \mathbb{R}^2 : |x - y| = c\}$,        (d) $\{(x, y) \in \mathbb{R}^2 : x^2 - 4x + y^2 = c\}$,

(e) $\{(x, y) \in \mathbb{R}^2 : |x - y| = c\}$,        (f) $\{(x, y) \in \mathbb{R}^2 : xy - (x + y) = c\}$.

**Aufgaben 1.34.** Welche dieser Aussagen sind richtig, welche falsch?

(a) Die Menge $\emptyset$ hat keine Elemente;

(b) die Menge $\{\emptyset\}$ hat keine Elemente;

(c) die Menge $\mathcal{P}(\emptyset)$ hat genau ein Element;

(d) die Menge $\mathcal{P}(\{\emptyset\})$ hat genau ein Element;

(e) es gilt $\mathcal{P}(\mathcal{P}(\emptyset)) \subseteq \mathcal{P}(\{\emptyset\})$;

(f) es gilt $\mathcal{P}(\mathcal{P}(\emptyset)) \supseteq \mathcal{P}(\{\emptyset\})$.

**Aufgaben 1.35.** Zeigen Sie, dass aus $M \subseteq N$ stets $\mathcal{P}(M) \subseteq \mathcal{P}(N)$ folgt. Gilt dies auch für strikte Inklusionen, d.h., folgt aus $M \subset N$ stets $\mathcal{P}(M) \subset \mathcal{P}(N)$?

**Aufgabe 1.36.** Seien $A := \{1,2,3,4,5,6,7,8,9\}$, $B := \{2,4,6,8\}$, $C := \{1,3,5,7,9\}$, $D := \{3,4,5\}$ und $E := \{3,5\}$. Welche dieser Mengen ist gleich $M$, wenn wir folgende Informationen hinzufügen?

(a) $M \cap B = \emptyset$;         (b) $M \subseteq D$, $M \not\subseteq B$;

(c) $M \subseteq A$, $M \not\subseteq C$;       (d) $M \subseteq C$, $M \not\subseteq A$.

**Aufgabe 1.37.** Welches reelle Intervall wird jeweils durch die folgenden Bedingungen beschrieben?

(a) $1 \leq x < 3$,      (b) $|x| \leq 2$,      (c) $|x-1| < 1$,      (d) $|x+3| < 1$,

(e) $|x+2| \leq 3$,      (f) $x^2 < 4$,      (g) $x > 2$,      (h) $x \leq 1$.

**Aufgabe 1.38.** Für $a \in \mathbb{R}$ bezeichne $L_a := \{x \in \mathbb{R} : x^4 - 2ax^2 + 4 = 0\}$ die Menge der reellen Lösungen der Gleichung vierten Grades $x^4 - 2ax^2 + 4 = 0$. Bestimmen Sie $L_a$ in Abhängigkeit von $a$.

## 7.2 Aufgaben zum 2. Kapitel

**Aufgabe 2.1.** Sei $f : P \to Q$ eine Funktion und seien $A, B \subseteq P$ und $C, D \subseteq Q$. Beweisen Sie die Beziehungen

$$f(A \cup B) = f(A) \cup f(B), \quad f(A \cap B) \subseteq f(A) \cap f(B),$$

$$f^{-1}(C \cup D) = f^{-1}(C) \cup f^{-1}(D), \quad f^{-1}(C \cap D) = f^{-1}(C) \cap f^{-1}(D).$$

Finden Sie ein $f : \mathbb{R} \to \mathbb{R}$ und $A, B \subset \mathbb{R}$ mit $f(A \cap B) \subset f(A) \cap f(B)$.

**Aufgabe 2.2.** Seien $A$ und $B$ beliebige Indexmengen. Beweisen Sie die folgende Verallgemeinerung von Aufgabe 2.1 für eine Funktion $f : P \to Q$ und Mengenfamilien $\{M_\alpha : \alpha \in A\} \subseteq \mathcal{P}(P)$ und $\{N_\beta : \beta \in B\} \subseteq \mathcal{P}(Q)$:

$$f\left(\bigcup_{\alpha \in A} M_\alpha\right) = \bigcup_{\alpha \in A} f(M_\alpha), \quad f\left(\bigcap_{\alpha \in A} M_\alpha\right) \subseteq \bigcap_{\alpha \in A} f(M_\alpha),$$

$$f^{-1}\left(\bigcup_{\beta \in B} N_\beta\right) = \bigcup_{\beta \in B} f^{-1}(N_\beta), \quad f^{-1}\left(\bigcap_{\beta \in B} N_\beta\right) = \bigcap_{\beta \in B} f^{-1}(N_\beta).$$

**Aufgabe 2.3.** Sei $f : \mathbb{R} \to \mathbb{R}$ definiert durch $f(x) := x^2 - x - 2$. Beweisen Sie die Beziehungen

(a) $f([1, 2]) = [-2, 0]$,             (b) $f((-1, 1)) = [-\frac{9}{4}, 0)$,

(c) $f^{-1}([-2, 0]) = [-1, 0] \cup [1, 2]$,     (d) $f^{-1}(\{0\}) = \{2, -1\}$.

**Aufgabe 2.4.** Sei $f : \mathbb{R}^2 \to \mathbb{R}$ definiert durch $f(x, y) := x^2 + y^2$. Berechnen und skizzieren Sie $f^{-1}(\{r\})$ für $r > 0$, $r = 0$ und $r < 0$ als Teilmengen von $\mathbb{R}^2$.

**Aufgabe 2.5.** Drei Funktionen $f, g, h : \mathbb{R} \to \mathbb{R}$ seien gegeben durch $f(x) := 1/(1 + x^2)$, $g(x) := |x|$ und $h(x) := x + 1$. Bilden Sie die Kompositionen $f \circ g$, $f \circ h$, $g \circ h$, $g \circ f$, $h \circ f$ und $h \circ g$, und überprüfen Sie, welche dieser Funktionen übereinstimmen.

**Aufgabe 2.6.** Für festes $a, b, c, d \in \mathbb{R}$ sei $f(x) := ax + b$ und $g(x) := cx + d$. Unter welchen Bedingungen an $a, b, c$ und $d$ gilt $f \circ g = g \circ f$?

**Aufgabe 2.7.** Seien $P = \{a, b\}$ und $Q = \{c, d\}$, und sei $f : P \to Q$ die (konstante) Abbildung $f(a) = f(b) = c$. Beweisen Sie:

(a) $f^{-1}(f(\{a\})) \neq \{a\}$,     (b) $f(f^{-1}(Q)) \neq Q$,

(c) $f(\{a\} \cap \{b\}) \neq f(\{a\}) \cap f(\{b\})$.

**Aufgabe 2.8.** Sei $f : P \to Q$ eine Abbildung, $M \subseteq P$ und $N \subseteq Q$. Beweisen Sie die Gleichheit

$$f(M \cap f^{-1}(N)) = f(M) \cap N.$$

**Aufgabe 2.9.** Sei $f : P \to Q$ eine Abbildung. Zeigen Sie, dass für alle $N \subseteq Q$ die Gleichheit $f^{-1}(Q \setminus N) = P \setminus f^{-1}(N)$ gilt. Gilt auch für alle $M \subseteq P$ die Gleichheit $f(P \setminus M) = Q \setminus f(M)$?

**Aufgabe 2.10.** Zeigen Sie, dass die erste Inklusion in (2.5) für surjektives $f$ eine Gleichheit ist und die zweite Inklusion in (2.5) für injektives $f$ eine Gleichheit.

**Aufgabe 2.11.** Geben Sie jeweils eine Funktion $f : [0, 2] \to [3, 4]$ an, die (a) bijektiv,    (b) injektiv, aber nicht surjektiv,    (c) surjektiv, aber nicht injektiv,    (d) weder surjektiv noch injektiv ist.

**Aufgabe 2.12.** Geben Sie für die Funktionen aus Aufgabe 2.11 (a), (b) und (c) jeweils eine Inverse, Linksinverse und Rechtsinverse an.

**Aufgabe 2.13.** Sei $M := \{\square, \blacksquare\}$ und $N := \{\clubsuit, \spadesuit, \heartsuit, \diamondsuit\}$.

(a) Wie viele Abbildungen $f : M \to N$ gibt es? Wie viele davon sind injektiv/surjektiv/bijektiv?

(b) Wie viele Abbildungen $f : N \to M$ gibt es? Wie viele davon sind injektiv/surjektiv/bijektiv?

**Aufgabe 2.14.** Seien $f, g : \mathbb{R} \to \mathbb{R}$ zwei injektive [bzw. surjektive] Funktionen. Sind dann auch die Funktionen $f + g$, $f \cdot g$ und $g \circ f$ injektiv [bzw. surjektiv]?

**Aufgabe 2.15.** Sei $f : (0,1] \to (0,1)$ definiert durch $f(x) = \frac{3}{2} - x$ für $\frac{1}{2} < x \le 1$, $f(x) = \frac{3}{4} - x$ für $\frac{1}{4} < x \le \frac{1}{2}$, $f(x) = \frac{3}{8} - x$ für $\frac{1}{8} < x \le \frac{1}{4}$, und allgemein $f(x) = 3 \cdot 2^{-n} - x$ für $2^{-n} < x \le 2^{-n+1}$.

Skizzieren Sie den Graphen von $f$. Beweisen Sie, dass $f$ bijektiv ist, und beschreiben Sie die Umkehrabbildung $f^{-1} : (0,1) \to (0,1]$.

**Aufgabe 2.16.** Sei $f : \mathbb{R} \to \mathbb{R}$ definiert durch

$$f(x) := \begin{cases} x & \text{falls} \quad x \in \mathbb{Q}, \\ -x & \text{falls} \quad x \notin \mathbb{Q}. \end{cases}$$

Skizzieren Sie den Graphen von $f$. Ist $f$ injektiv/surjektiv/bijektiv? Falls ja, geben Sie eine Linksinverse/Rechtsinverse/Inverse an.

**Aufgabe 2.17.** Sei $f : (-1,1) \to \mathbb{R}$ gegeben durch $f(x) := \dfrac{x}{1 - |x|}$. Beweisen Sie, dass $f$ bijektiv ist, und geben Sie die Umkehrfunktion an.

**Aufgabe 2.18.** Beweisen Sie, dass jedes Intervall $[a, b]$ (mit $a < b$) bijektiv auf jedes Intervall $[c, d]$ (mit $c < d$) abgebildet werden kann. Benutzen Sie dies zusammen mit Aufgabe 2.17, um eine bijektive Abbildung $f : \mathbb{R} \to (0,1)$ zu finden.

**Aufgabe 2.19.** Für welche Wahl von $a, b, c \in \mathbb{R}$ ist die durch $f(x) := ax^2 + bx + c$ gegebene quadratische Polynomfunktion $f : \mathbb{R} \to \mathbb{R}$ bijektiv? Wie sieht in diesem Fall $f^{-1}$ aus?

**Aufgabe 2.20.** Seien $A$ und $B$ Mengen und $f : A \to B$ eine Abbildung. Beweisen Sie, dass die folgenden beiden Bedingungen äquivalent sind:

(a) $f$ ist injektiv;

(b) für alle Mengen $C$ und alle Abbildungen $g, h : C \to A$ folgt aus $f \circ g = f \circ h$ bereits $g = h$.

**Aufgabe 2.21.** Seien $A$ und $B$ Mengen und $f : A \to B$ eine Abbildung. Beweisen Sie, dass die folgenden beiden Bedingungen äquivalent sind:

(a) $f$ ist surjektiv;

(b) für alle Mengen $C$ und alle Abbildungen $g, h : B \to C$ folgt aus $g \circ f = h \circ f$ bereits $g = h$.

**Aufgabe 2.22.** Seien $P$ und $Q$ nichtleere Mengen. Beweisen Sie, dass es genau dann eine surjektive Abbildung von $P$ auf $Q$ gibt, wenn es eine injektive Abbildung von $Q$ auf $P$ gibt.

**Aufgabe 2.23.** Für festes $a, b, c, d \in \mathbb{R}$ mit $ad \neq bc$ sei $f : \mathbb{R} \backslash \{-d/c\} \to \mathbb{R}$ definiert durch

$$f(x) := \frac{ax + b}{cx + d}.$$

Zeigen Sie, dass $f$ nicht surjektiv ist, und beschreiben Sie den Wertebereich von $f$. Beweisen Sie ferner, dass $f$ injektiv ist, und geben Sie eine Linksinverse von $f$ an. Was passiert, wenn $ad = bc$ ist?

**Aufgabe 2.24.** Skizzieren Sie die Graphen der beiden Funktionen

(a) $f : \mathbb{R}^2 \to \mathbb{R}$, $f(x, y) := |x - y|$,

(b) $g : \mathbb{R} \to \mathbb{R}^2$, $g(t) := (\cos t, \sin t)$

und beschreiben Sie einige Eigenschaften dieser Funktionen.

**Aufgabe 2.25.** Für festes $a \in \mathbb{R}$ sei $f : \mathbb{R}^2 \to \mathbb{R}^2$ definiert durch $f(x, y) := (ax + 4y, x + 2y)$. Beweisen Sie, dass die folgenden drei Bedingungen äquivalent sind:

(a) $f$ ist surjektiv;    (b) $f$ ist injektiv;    (c) $a \neq 2$.

**Aufgabe 2.26.** Skizzieren Sie die Graphen der folgenden Funktionen $f : \mathbb{R} \to \mathbb{R}$:

(a) $f(x) := x|x|$,        (b) $f(x) := x + |x - 1|$,

(c) $f(x) := |x^2 - 4|$,        (d) $f(x) := 1 - x + \text{ent}\, x$.

**Aufgabe 2.27.** Seien $P$ und $Q$ zwei nichtleere Mengen und $P \times Q$ ihr kartesisches Produkt (1.46). Die beiden Abbildungen $p : P \times Q \to P$ mit $p(x, y) := x$ und $q : P \times Q \to Q$ mit $q(x, y) := y$ heißen *erste* bzw. *zweite Projektion* von $P \times Q$.

(a) Zeigen Sie, dass eine Projektion immer surjektiv ist. Wann ist sie auch injektiv?

(b) Erklären Sie den Namen „Projektion" im Fall $P = Q = \mathbb{R}$. Beschreiben Sie in diesem Spezialfall die Urbilder $p^{-1}(\{a\})$ für festes $a \in \mathbb{R}$ sowie $q^{-1}(\{b\})$ für festes $b \in \mathbb{R}$.

**Aufgabe 2.28.** Seien $A$ und $B$ Mengen und $f : A \to B$ eine Abbildung. Wir definieren mittels $f$ eine Abbildung $f_* : \mathcal{P}(A) \to \mathcal{P}(B)$ durch $f_*(M) := f(M)$ und eine Abbildung $f^* : \mathcal{P}(B) \to \mathcal{P}(A)$ durch $f^*(N) := f^{-1}(N)$. Beweisen Sie die Äquivalenzen

$$f \text{ injektiv} \iff f_* \text{ injektiv} \iff f^* \text{ surjektiv}$$

und

$$f \text{ surjektiv} \iff f_* \text{ surjektiv} \iff f^* \text{ injektiv}.$$

Zeigen Sie ferner, dass $f_*$ und $f^*$ für bijektives $f$ zueinander invers sind.

**Aufgabe 2.29.** Beweisen Sie, dass die Ganzteilfunktion (2.8) die Beziehung

$$\text{ent}\,(n + x) = n + \text{ent}\,x \qquad (x \in \mathbb{R},\, n \in \mathbb{N})$$

erfüllt.

**Aufgabe 2.30.** Beweisen Sie, dass die Ganzteilfunktion (2.8) die Beziehung

$$\text{ent}\left(\frac{\text{ent}\,x}{n}\right) = \text{ent}\left(\frac{x}{n}\right) \qquad (x \in \mathbb{R},\, n \in \mathbb{N})$$

erfüllt.

**Aufgabe 2.31.** Für welche $x \in \mathbb{R}$ gilt $\text{ent}\,x + \text{ent}\,x = \text{ent}\,2x$? Und für welche ist $\text{ent}\,x + \text{ent}\,(-x) \neq 0$?

**Aufgabe 2.32.** Beweisen Sie, dass $\text{ent}\left(x + \frac{1}{2}\right)$ diejenige ganze Zahl ist, die am dichtesten an $x \in \mathbb{R}$ liegt. Gilt dasselbe auch für die ganze Zahl $-\text{ent}\left(-x + \frac{1}{2}\right)$?

**Aufgabe 2.33.** Beweisen Sie für $x \in \mathbb{R}$ die Gleichheiten
(a) $\operatorname{ent} x + \operatorname{ent}\left(x + \frac{1}{2}\right) = \operatorname{ent} 2x,$
(b) $\operatorname{ent} x + \operatorname{ent}\left(x + \frac{1}{3}\right) + \operatorname{ent}\left(x + \frac{2}{3}\right) = \operatorname{ent} 3x.$

**Aufgabe 2.34.** Untersuchen Sie die durch
(a) $f(x) := x - \operatorname{ent} x,$       (b) $f(x) := 2\operatorname{ent} x - x,$
(c) $f(x) := \operatorname{sgn} x,$             (d) $f(x) := \operatorname{sgn} \sin x$
definierten Funktionen $f : \mathbb{R} \to \mathbb{R}$ auf Injektivität, Surjektivität und
(strikte) Monotonie. Hierbei sei

$$\operatorname{sgn} x := \begin{cases} -1 & \text{für} \quad x < 0, \\ 0 & \text{für} \quad x = 0, \\ 1 & \text{für} \quad x > 0 \end{cases}$$

die so genannte *Signumfunktion* (oder *Vorzeichenfunktion*).

**Aufgabe 2.35.** Sei $f : \mathbb{R} \to \mathbb{R}$ definiert durch

$$f(x) := \begin{cases} \dfrac{1}{x} & \text{für} \quad x \neq 0, \\ 0 & \text{für} \quad x = 0. \end{cases}$$

Zeigen Sie, dass $f$ bijektiv ist, und geben Sie die Umkehrabbildung an.
Ist $f$ monoton?

**Aufgabe 2.36.** Sei $f : \mathbb{R} \to \mathbb{R}$ definiert durch

$$f(x) := \begin{cases} x & \text{für} \quad x < 0, \\ 0 & \text{für} \quad 0 \leq x < 1, \\ \frac{1}{2} & \text{für} \quad 1 \leq x < 2, \\ \frac{1}{x} & \text{für} \quad x \geq 2. \end{cases}$$

Bestimmen Sie größtmögliche Teilmengen $A, B, C, D \subseteq \mathbb{R}$ so, dass $f|_A$
monoton wachsend, $f|_B$ monoton fallend, $f|_C$ strikt monoton wachsend
und $f|_D$ strikt monoton fallend ist.

**Aufgabe 2.37.** Untersuchen Sie die durch

$$f(x) := \begin{cases} \dfrac{1}{\operatorname{ent}(1/x)} & \text{für} \quad 0 < x \leq 1, \\ 0 & \text{für} \quad x = 0 \end{cases}$$

(vgl. (2.8)) definierte Funktion $f : [0,1] \to [0,1]$ auf Injektivität, Surjektivität und Monotonie.

**Aufgabe 2.38.** Ist die Summe zweier monoton wachsender Funktionen wieder monoton wachsend? Das Produkt? Dasselbe für monoton fallende Funktionen!

**Aufgabe 2.39.** Bestimmen Sie für die durch $f(x) := \dfrac{2-x}{x-1}$ definierte Funktion $f$

(a) den maximalen Definitionsbereich und den zugehörigen Bildbereich;

(b) die Intervalle, auf denen $f$ monoton wächst oder fällt;

(c) die Intervalle, auf denen $f$ positiv oder negativ ist.

Beweisen Sie, dass die Funktion $f$ auf ihrem maximalen Definitionsbereich bijektiv ist und bestimmen Sie die Umkehrfunktion. Zeigen Sie außerdem, dass aus $\frac{1}{2}(x_1 + x_2) = 1$ stets $\frac{1}{2}(f(x_1) + f(x_2)) = -1$ folgt. Welche Symmetrie des Graphen von $f$ drückt sich hierin aus?

**Aufgabe 2.40.** Eine Funktion $f : \mathbb{R} \to \mathbb{R}$ heißt *von unten beschränkt*, falls es ein $c \in \mathbb{R}$ gibt mit $f(x) \geq c$ für alle $x \in \mathbb{R}$, und *von oben beschränkt*, falls es ein $C \in \mathbb{R}$ gibt mit $f(x) \leq C$ für alle $x \in \mathbb{R}$. Erklären Sie die geometrische Bedeutung dieser Bedingungen am Graphen von $f$. Finden Sie heraus, welche der Funktionen aus Beispiel 2.3 von unten oder oben beschränkt sind.

**Aufgabe 2.41.** Eine Funktion $f : \mathbb{R} \to \mathbb{R}$ heißt *konvex*, falls für alle $x_1, x_2 \in \mathbb{R}$ die Ungleichung

$$f(\tfrac{1}{2}(x_1 + x_2)) \leq \tfrac{1}{2}(f(x_1) + f(x_2))$$

gilt. Was bedeutet diese Beziehung geometrisch für den Graphen von $f$? Geben Sie ein Beispiel einer konvexen und einer nichtkonvexen Funktion (mit Beweis). Ist die Summe zweier konvexer Funktionen wieder konvex? Das Produkt?

**Aufgabe 2.42.** Eine Funktion $f : \mathbb{R} \to \mathbb{R}$ heißt *konkav*, falls für alle $x_1, x_2 \in \mathbb{R}$ die Ungleichung

$$f(\tfrac{1}{2}(x_1 + x_2)) \geq \tfrac{1}{2}(f(x_1) + f(x_2))$$

gilt. Was bedeutet diese Beziehung geometrisch für den Graphen von $f$? Beweisen Sie, dass $f$ genau dann konkav ist, wenn $-f$ konvex ist (s. Aufgabe 2.41). Ist die Summe zweier konkaver Funktionen wieder konkav? Das Produkt?

**Aufgabe 2.43.** Eine Funktion $f : \mathbb{R} \to \mathbb{R}$ heißt *gerade*, wenn $f(-x) = f(x)$ für alle $x \in \mathbb{R}$ gilt, und *ungerade*, wenn $f(-x) = -f(x)$ für alle $x \in \mathbb{R}$ gilt. Beweisen Sie, dass eine Polynomfunktion $f(x) = a_n x^n + a_{n-1} x^{n-1} + \ldots + a_2 x^2 + a_1 x + a_0$ genau dann gerade [bzw. ungerade] ist, wenn in ihr nur Koeffizienten $a_k$ mit geradem $k$ [bzw. ungeradem $k$] auftreten.

**Aufgabe 2.44.** Zeigen Sie, dass man jede Funktion $f : \mathbb{R} \to \mathbb{R}$ als Summe $f = g + u$ einer geraden Funktion $g : \mathbb{R} \to \mathbb{R}$ und einer ungeraden Funktion $u : \mathbb{R} \to \mathbb{R}$ darstellen kann. Wie sieht diese Darstellung aus, wenn $f$ speziell eine Polynomfunktion ist?

**Aufgabe 2.45.** Sei $M \subseteq \mathbb{R}$ eine beliebige Menge. Die *charakteristische Funktion* $\chi_M$ von $M$ ist definiert durch

$$\chi_M(x) := \begin{cases} 1 & \text{für} \quad x \in M, \\ 0 & \text{für} \quad x \notin M. \end{cases}$$

Beweisen Sie für $M, N \subseteq \mathbb{R}$ die folgenden Beziehungen:

(a)  $\chi_{M \cap N} = \chi_M \cdot \chi_N$;      (b)  $\chi_{M \cup N} = \chi_M + \chi_N - \chi_M \cdot \chi_N$;

(c)  $\chi_{M \setminus N} = \chi_M - \chi_M \cdot \chi_N$.

Finden Sie entsprechende Gleichheiten für $\chi_{M \cap N \cap P}$ und $\chi_{M \cup N \cup P}$, wobei $M, N, P \subseteq \mathbb{R}$ sei.

**Aufgabe 2.46.** Ist $f : \mathbb{R} \to \mathbb{R}$ eine gegebene Funktion, so ist die Funktion $|f| : \mathbb{R} \to \mathbb{R}$ definiert durch $|f|(x) := |f(x)|$. Folgt aus der Injektivität bzw. Surjektivität bzw. Monotonie von $f$ die Injektivität bzw. Surjektivität bzw. Monotonie von $|f|$?

**Aufgabe 2.47.** Sei $|f|$ definiert wie in Aufgabe 2.46. Folgt aus der Injektivität bzw. Surjektivität bzw. Monotonie von $|f|$ die Injektivität bzw. Surjektivität bzw. Monotonie von $f$?

**Aufgabe 2.48.** Beweisen Sie, dass die Folge $(a_n)_n$ in (2.21) monoton fällt.

**Aufgabe 2.49.** Beweisen Sie, dass die Folge $(a_n)_n$ in (2.21) beschränkt ist.

**Aufgabe 2.50.** Beweisen Sie, dass die Folge $(a_n)_n$ in (2.22) beschränkt ist.

**Aufgabe 2.51.** Geben Sie eine Folge $(a_n)_n$ in $\mathbb{N}$ sowie eine Folge $(b_n)_n$ in $\mathbb{Z}$ an, die

(a) injektiv, aber nicht surjektiv,

(b) surjektiv, aber nicht injektiv,

(c) injektiv und surjektiv,

(d) weder injektiv noch surjektiv ist.

**Aufgabe 2.52.** Finden Sie Folgen $(a_n)_n$ mit folgenden Eigenschaften:

(a) $(a_n)_n$ injektiv, $\{a_1, a_2, a_3, \ldots\}$ beschränkt, aber ohne Maximum;

(b) $(a_n)_n$ injektiv, $\{a_1, a_2, a_3, \ldots\}$ mit Maximum und Minimum;

(c) $(a_n)_n$ injektiv, $\{a_1, a_2, a_3, \ldots\}$ unbeschränkt;

(d) $(a_n)_n$ nicht injektiv, $\{a_1, a_2, a_3, \ldots\}$ beschränkt;

(e) $(a_n)_n$ nicht injektiv, $\{a_1, a_2, a_3, \ldots\}$ unbeschränkt;

(f) $(a_n)_n$ nicht injektiv, $\{a_1, a_2, a_3, \ldots\}$ beschränkt, aber unendlich;

(g) $(a_n)_n$ nicht injektiv, $\{a_1, a_2, a_3, \ldots\}$ fünfelementig.

**Aufgabe 2.53.** Geben Sie auf einem Taschenrechner eine beliebige Zahl $a > 0$ ein und drücken Sie dann wiederholt die „Wurzeltaste". Sie erzeugen auf diese Weise die Folge

$$(a_1, a_2, a_3, a_4, a_5, \ldots) = (a, \sqrt{a}, \sqrt[4]{a}, \sqrt[8]{a}, \sqrt[16]{a}, \ldots).$$

Was fällt Ihnen auf, wenn Sie $a > 1$, $a = 1$ und $a < 1$ als Startwert wählen?

**Aufgabe 2.54.** Berechnen Sie mit einem Taschenrechner die ersten 10 Terme der durch (2.22) definierten Folge $(a_n)_n$. Machen Sie dasselbe mit der durch

$$b_n := 1 + \frac{1}{1!} + \frac{1}{2!} + \ldots + \frac{1}{n!} \qquad (n = 1, 2, 3, \ldots)$$

definierten Folge $(b_n)_n$ (s. Beispiel 4.18). Was fällt Ihnen auf?

**Aufgabe 2.55.** Sei $a \in \mathbb{Q}$ mit $a > 0$. Eine rationale Folge $(a_n)_n$ sei rekursiv definiert durch

$$a_1 := a, \ a_{n+1} := \frac{1}{2}\left(a_n + \frac{a}{a_n}\right) \qquad (n \in \mathbb{N}).$$

Zeigen Sie, dass die Folge $(a_n)_n$ monoton wächst oder fällt, je nachdem, ob $a > 1$ oder $a < 1$ gilt. Vergleichen Sie dies mit Aufgabe 2.48. Wie sieht $(a_n)_n$ im Fall $a = 1$ aus?

**Aufgabe 2.56.** Beweisen Sie, dass die folgenden drei Aussagen für eine Menge $M$ äquivalent sind:

(a) $M$ ist unendlich;

(b) es gibt eine injektive Abbildung $g : M \to M$, die nicht surjektiv ist;

(c) es gibt eine surjektive Abbildung $h : M \to M$, die nicht injektiv ist.

**Aufgabe 2.57.** Beweisen Sie die folgende Verallgemeinerung des Ergebnisses aus Beispiel 2.17: Ist $M$ eine beliebige Menge, so gibt es *keine* surjektive Abbildung von $M$ auf $\mathcal{P}(M)$.

**Aufgabe 2.58.** Für eine beliebige Menge $M$ bezeichne $Abb(M, \{0, 1\})$ die Menge aller Abbildungen von $M$ in die zweielementige Menge $\{0, 1\}$. Zeigen Sie, dass die durch $\Phi(f) := f^{-1}(\{1\})$ definierte Abbildung $\Phi : Abb(M, \{0, 1\}) \to \mathcal{P}(M)$ bijektiv ist. Folgern Sie hieraus noch einmal, dass die Menge $\mathcal{P}(\mathbb{N})$ überabzählbar unendlich ist, und dass die in Beispiel 2.18 betrachtete Menge $\mathcal{F}$ nicht gleichmächtig zu $\mathbb{R}$ ist.

## 7.3  Aufgaben zum 3. Kapitel

**Aufgabe 3.1.** Für $a \in \mathbb{R}$ sei $f_a : \mathbb{R} \to \mathbb{R}$ definiert wie in (3.13), also $f_a(x) := e^{ax}$. Finden Sie Teilmengen $A \subseteq \mathbb{R}$ derart, dass die Funktionenmenge $\mathcal{U} := \{f_a : a \in A\}$ mit der punktweisen Multiplikation eine Untergruppe der Gruppe $(\mathcal{G}, \cdot)$ aus Beispiel 3.7 wird.

**Aufgabe 3.2.** Für $\alpha \in \mathbb{R}$ seien $s_\alpha, c_\alpha : \mathbb{R} \to \mathbb{R}$ definiert wie in (3.15), also $s_\alpha(x) := \sin \alpha x$ und $c_\alpha(x) := \cos \alpha x$. Finden Sie Teilmengen $A \subseteq \mathbb{R}$ derart, dass die Funktionenmenge $\mathcal{U} := \{s_\alpha : \alpha \in A\} \cup \{c_\alpha : \alpha \in A\}$ mit der Multiplikation aus (3.16) eine Untergruppe der Gruppe $(\mathcal{G}, *)$ aus Beispiel 3.8 wird.

**Aufgabe 3.3.** Zeigen Sie, dass die Menge aller linearen Transformationen $T_{a,b} : \mathbb{R} \to \mathbb{R}$, definiert durch $T_{a,b}(x) := ax + b$ ($a \in \mathbb{R}^*$, $b \in \mathbb{R}$), mit der üblichen Komposition $\circ$ von Abbildungen eine Gruppe bildet. Ist diese Gruppe abelsch?

**Aufgabe 3.4.** Zeigen Sie, dass die Menge aller Paare $(a, b) \in \mathbb{R}^* \times \mathbb{R}$ mit der Verknüpfung $(a, b) * (c, d) := (ac, ad + b)$ eine Gruppe bildet. Ist diese Gruppe abelsch?

**Aufgabe 3.5.** Sei $S_n$ ($n \in \mathbb{N}$) die Menge aller Permutationen ($=$ bijektiven Abbildungen) der Menge $\{1, 2, \ldots, n\}$ auf sich, versehen mit der üblichen Komposition $\circ$ von Abbildungen. Geben Sie die entsprechenden Verknüpfungstafeln für die Werte $n = 1, 2, 3$ an und zeigen Sie, dass $(S_n, \circ)$ für diese Werte eine Gruppe (die so genannte *symmetrische Gruppe*) ist. Ist diese Gruppe abelsch?

**Aufgabe 3.6.** Auf $\mathbb{R}^2$ und $\mathbb{R}^3$ sei eine Verknüpfung $*$ definiert durch

$$(a, b) * (\alpha, \beta) := (a\alpha - b\beta, a\beta + b\alpha)$$

bzw.

$$(a, b, c) * (\alpha, \beta, \gamma) := (b\gamma - c\beta, c\alpha - a\gamma, a\beta - b\alpha).$$

Untersuchen Sie diese Verknüpfung auf Assoziativität und Kommutativität. Ist $(\mathbb{R}^2 \setminus \{(0, 0)\}, *)$ bzw. $(\mathbb{R}^3 \setminus \{(0, 0, 0)\}, *)$ eine Halbgruppe? Eine Gruppe?

**Aufgabe 3.7.** Auf $\mathbb{R}^4$ sei eine Verknüpfung $*$ definiert durch

$$(a, b, c, d) * (\alpha, \beta, \gamma, \delta) :=$$

$$(a\alpha - b\beta - c\gamma - d\delta, a\beta + b\alpha + c\delta - d\gamma,$$

$$a\gamma - b\delta + c\alpha + d\beta, a\delta + b\gamma - c\beta + d\alpha).$$

Untersuchen Sie diese Verknüpfung auf Assoziativität und Kommutativität. Ist $(\mathbb{R}^4 \setminus \{(0, 0, 0, 0)\}, *)$ eine Halbgruppe? Eine Gruppe?

**Aufgabe 3.8.** Sei $\mathcal{M}$ die Menge aller Matrizen der Form

$$M_a = \begin{pmatrix} a & 0 \\ 0 & 1 \end{pmatrix} \qquad (a \in \mathbb{R}^+).$$

Beweisen Sie, dass $(\mathcal{M}, \circ)$ eine abelsche Gruppe ist.

**Aufgabe 3.9.** Zeigen Sie, dass eine Matrix

$$A := \begin{pmatrix} a & b \\ c & d \end{pmatrix} \in \mathcal{M}(\mathbb{Q}, 2)$$

genau dann bzgl. der Matrizenmultiplikation (3.8) invertierbar ist, wenn $\det A := ad - bc \neq 0$ gilt. Welche Form hat dann die inverse Matrix $A^{-1}$?

**Aufgabe 3.10.** Welche Funktionen $f \in Abb(\mathbb{R}, \mathbb{R})$ sind bzgl. der Verknüpfung (3.11) aus Beispiel 3.5 invertierbar?

**Aufgabe 3.11.** Bilden die monoton steigenden Funktionen $f : \mathbb{R} \to \mathbb{R}$ bzgl. der Addition (3.10) eine Halbgruppe? Eine Gruppe?

**Aufgabe 3.12.** Bilden die monoton steigenden Funktionen $f : \mathbb{R} \to \mathbb{R}$ bzgl. der Komposition (3.12) eine Halbgruppe? Eine Gruppe?

**Aufgabe 3.13.** Sei $\mathcal{D}_3$ die Menge der Drehungen und Spiegelungen eines festgewählten gleichseitigen Dreiecks in der Ebene, welche dieses Dreieck in sich überführen („Kongruenzabbildungen"). Zeigen Sie, dass $\mathcal{D}_3$ mit der üblichen Hintereinanderausführung von Abbildungen eine sechselementige Gruppe bildet. Stellen Sie die Gruppentafel für $\mathcal{D}_3$ auf. Ist diese Gruppe abelsch?

**Aufgabe 3.14.** In Analogie zu Aufgabe 3.13 machen Sie dasselbe für die achtelementige Menge $\mathcal{D}_4$ der Drehungen und Spiegelungen eines festgewählten Quadrats in der Ebene.

**Aufgabe 3.15.** Untersuchen Sie, ob $(\mathcal{M}, *)$ eine Halbgruppe oder sogar Gruppe ist:

(a) $\mathcal{M} := \mathbb{Z}$, $* = $ übliche Multiplikation;

(b) $\mathcal{M} := \mathbb{Q}^+$, $* = $ übliche Multiplikation;

(c) $\mathcal{M} = \mathbb{Q}^* := \mathbb{Q} \setminus \{0\}$, $* = $ übliche Multiplikation;

(d) $\mathcal{M} = \mathbb{Q}^*$, $* = $ übliche Addition;

(e) $\mathcal{M} := \mathbb{Z} \cup \{\sqrt{2}\}$, $* = $ übliche Multiplikation;

(f) $\mathcal{M} := \mathbb{Z}$, $x * y := 0$ für alle $x, y \in \mathbb{Z}$;

(g) $\mathcal{M} := \mathbb{Q}^*$, $x * y := \frac{x+y}{xy}$ für alle $x, y \in \mathbb{Q}^*$.

**Aufgabe 3.16.** Finden Sie alle Untergruppen der symmetrischen Gruppen $S_2$, $S_3$, $S_4$ und $S_5$ (s. Aufgabe 3.5) und untersuchen Sie sie auf Kommutativität.

**Aufgabe 3.17.** Der kleine Patrick hat auf $\mathbb{Z}$ eine neue Verknüpfung entdeckt, die er mit dem Symbol $\bowtie$ bezeichnet. Ihm ist es gelungen, die folgenden Rechenregeln für diese Verknüpfung nachzuweisen ($a, b \in \mathbb{Z}$):

$$a \bowtie 0 = a^2, \quad a \bowtie b = a \bowtie (a + b), \quad b \cdot (a \bowtie b) = a \cdot (b \bowtie a).$$

Was ist dann $200 \bowtie 5$? Ist $(\mathbb{Z}, \bowtie)$ eine Halbgruppe? Eine Gruppe?

**Aufgabe 3.18.** Seien $x_1, x_2, \ldots, x_n$ festgewählte paarweise verschiedene reelle Zahlen. Bringen Sie das Polynom $n$-ten Grades

$$P_n(x) := \prod_{k=1}^{n} (x - x_k) = (x - x_1)(x - x_2) \cdots (x - x_n)$$

für $n = 2, 3, 4$ durch Ausmultiplizieren in die normale Form

$$P_n(x) = a_n x^n + a_{n-1} x^{n-1} + \ldots + a_2 x^2 + a_1 x + a_0.$$

Wie können Sie in diesen Fällen die Koeffizienten $a_n$, $a_{n-1}$ und $a_0$ beschreiben? Formulieren Sie eine Regel für allgemeines $n$ und beweisen Sie sie durch Induktion.

**Aufgabe 3.19.** Beweisen Sie durch Induktion, dass die Gruppe $S_n$ aus Aufgabe 3.5 genau $n!$ Elemente (mit $n!$ gemäß (3.28)) hat.

**Aufgabe 3.20.** Zeigen Sie anhand eines Beispiels, dass man im Prinzip der vollständigen Induktion nicht auf den Induktionsbeginn (IB) verzichten darf.

**Aufgabe 3.21.** Für welche $n \in \mathbb{N}$ gilt die Abschätzung $n! \geq 2^{n+1}$?

**Aufgabe 3.22.** Für welche $n \in \mathbb{N}$ gilt die Abschätzung $2^n \geq 2n + 1$?

**Aufgabe 3.23.** Beweisen Sie mittels vollständiger Induktion die Gleichheit

$$1 + 4 + 9 + \ldots + n^2 = \frac{1}{6} n(n + 1)(2n + 1) \qquad (n \in \mathbb{N}).$$

**Aufgabe 3.24.** Beweisen Sie mittels vollständiger Induktion die Gleichheit

$$\sum_{k=1}^{n} \frac{1}{k(k+1)} = \frac{n}{n+1} \qquad (n \in \mathbb{N}).$$

**Aufgabe 3.25.** Beweisen Sie mittels vollständiger Induktion, dass die Potenzmenge $\mathcal{P}(M)$ einer $n$-elementigen Menge $M$ genau $2^n$ Elemente enthält.

**Aufgabe 3.26.** Die Folge $(f_n)_n$ der so genannte *Fibonacci-Zahlen* ist definiert durch

$$(f_n)_n = (1, 1, 2, 3, 5, 8, 13, 21, 34, 55, 89, \ldots).$$

Erklären Sie das Bildungsgesetz dieser Folge. Beweisen Sie weiter durch Induktion, dass stets $f_n < 2^n$ gilt.

**Aufgabe 3.27.** Sei $(f_n)_n$ die Folge der Fibonacci-Zahlen aus Aufgabe 3.26. Beweisen Sie mit Induktion die Formel

$$f_n = \frac{1}{\sqrt{5}} \left( \left( \frac{1 + \sqrt{5}}{2} \right)^n - \left( \frac{1 - \sqrt{5}}{2} \right)^n \right).$$

**Aufgabe 3.28.** Beweisen Sie durch Induktion die folgenden Beziehungen für die Fibonacci-Zahlen aus Aufgabe 3.26:

(a) $f_{2n} = f_n(f_{n-1} + f_{n+1})$, \qquad (b) $f_n^2 = f_{n-1}f_{n+1} - (-1)^n$.

**Aufgabe 3.29.** Beweisen Sie die folgenden Gleichheiten mittels vollständiger Induktion:

(a) $\displaystyle\sum_{k=1}^{n} (2k - 1) = n^2$; \qquad (b) $\displaystyle\sum_{k=1}^{n} (2k - 1)^2 = \frac{n}{3}(4n^2 - 1)$;

(c) $\displaystyle\sum_{k=1}^{n} (-1)^{k-1} k^2 = (-1)^{n+1} \frac{n(n+1)}{2}$.

**Aufgabe 3.30.** Beweisen Sie die folgenden Gleichheiten mittels vollständiger Induktion:

(a) $\displaystyle\sum_{k=1}^{n} \frac{1}{k(k+1)} = 1 - \frac{1}{n+1}$; \qquad (b) $\displaystyle\sum_{k=1}^{n} k(k+1) = \frac{1}{3} n(n+1)(n+2)$.

**Aufgabe 3.31.** Beweisen Sie die folgenden Gleichheiten mittels vollständiger Induktion:

$$\text{(a) } \prod_{k=2}^{n}\left(1-\frac{1}{k^2}\right)=\frac{1}{2}\left(1+\frac{1}{n}\right); \quad \text{(b) } \prod_{k=2}^{n}\left(1-\frac{2}{k(k+1)}\right)=\frac{1}{3}\left(1+\frac{2}{n}\right).$$

**Aufgabe 3.32.** Beweisen Sie die Gleichheit

$$\prod_{k=2}^{n}\frac{k^3-1}{k^3+1}=\frac{2}{3}\left(1+\frac{1}{n(n+1)}\right)$$

mittels vollständiger Induktion.

**Aufgabe 3.33.** Für die folgenden rekursiv gegebenen Folgen $(a_n)_n$ beweisen Sie die jeweils angegebene explizite Darstellung durch vollständige Induktion:

(a) $a_1 := 2$, $a_{n+1} := 2 - \dfrac{1}{a_n}$ wird erfüllt von $a_n = \dfrac{n+1}{n}$;

(b) $a_1 := 0$, $a_1 := 1$, $a_{n+1} := \dfrac{1}{2}(a_n + a_{n-1})$ wird erfüllt von $a_n = \dfrac{2}{3}\left(1 + (-1)^n \dfrac{1}{2^{n-1}}\right)$;

(c) $a_1 := 2$, $a_{n+1} := 1 + \dfrac{1}{a_n}$ wird erfüllt von $a_n = \dfrac{f_{n+1}}{f_n}$ (mit den Fibonacci-Zahlen aus Aufgabe 3.26).

**Aufgabe 3.34.** Beweisen Sie die Gleichheit

$$\sum_{k=0}^{n} k!k = (n+1)! - 1 \qquad (n \in \mathbb{N})$$

durch vollständige Induktion.

**Aufgabe 3.35.** Wir sagen, dass sich endlich viele Geraden in der Ebene $\mathbb{R}^2$ *in allgemeiner Lage* befinden, falls keine zwei von ihnen parallel sind und sich nicht mehr als zwei von ihnen in einem Punkt schneiden. Zeigen Sie, dass zwei Geraden in allgemeiner Lage die Ebene in vier Teile zerlegen, während drei Geraden in allgemeiner Lage die Ebene in sieben Teile zerlegen. Formulieren Sie eine allgemeine Vermutung, in wie viele Teile $n$ Geraden in allgemeiner Lage die Ebene zerlegen, und beweisen Sie Ihre Vermutung duch Induktion.

**Aufgabe 3.36.** Beweisen Sie durch Induktion nach $n$, dass die durch $f_n(x) := x^n$ definierte Funktion $f_n : \mathbb{R}^+ \to \mathbb{R}^+$ streng monoton steigend ist.

**Aufgabe 3.37.** Beweisen Sie, dass die drei Aussagen (a) – (c) aus Satz 3.4 zur folgenden Variante des Induktionsprinzips äquivalent sind:

(d) *Trifft eine Aussage* $p(n)$ *auf* $n = 1$ *und* $n = 2$ *zu, und gilt*

$$\forall k \in \mathbb{N} : \quad p(k) \wedge p(k+1) \Rightarrow p(k+2),$$

*so gilt* $p(n)$ *für alle* $n \in \mathbb{N}$.

**Aufgabe 3.38.** Die folgenden Gleichheiten sind für die meisten natürlichen Zahlen *falsch*. Versuchen Sie, diese durch Induktion zu beweisen, und untersuchen Sie, an welcher Stelle Sie dabei scheitern. Geben Sie auch jeweils eine Zahl $n$ an, für die die angegebene Gleichheit falsch ist.

(a) $\displaystyle\sum_{k=1}^{n}(2k+1) = n^2 + 2,$      (b) $\displaystyle\sum_{k=1}^{n}(k+3) = n^2 + n + 2,$

(c) $\displaystyle\sum_{k=1}^{n} 2^{k-1} = \frac{1}{2}n(n+1),$      (d) $\displaystyle\sum_{k=1}^{n}(3k-2) = n^2 + n + 1.$

**Aufgabe 3.39.** Benutzen Sie die Bernoulli'sche Ungleichung (3.21), um zu zeigen, dass die Folge $(a_n)_n$ aus (2.22) der Abschätzung

$$\frac{a_n}{a_{n-1}} \geq 1$$

genügt. Was können Sie hieraus bzgl. der Monotonie der Folge $(a_n)_n$ schließen?

**Aufgabe 3.40.** Beweisen Sie, dass $\dbinom{n+1}{k+1} = \dbinom{n}{k+1} + \dbinom{n}{k}$ für alle $k < n$ gilt.

**Aufgabe 3.41.** Verifizieren Sie die Gleichheit

$$\binom{6}{3} = \binom{2}{2} + \binom{3}{2} + \binom{4}{2} + \binom{5}{2}$$

und verallgemeinern Sie (mit Beweis).

**Aufgabe 3.42.** Beweisen Sie die Gleichheiten (3.32) und (3.33) durch vollständige Induktion.

**Aufgabe 3.43.** Beweisen Sie die folgende quadratische Beziehung für Binomialkoeffizienten:

$$\binom{n}{0}^2 + \binom{n}{1}^2 + \binom{n}{2}^2 + \ldots + \binom{n}{n}^2 = \binom{2n}{n}.$$

**Aufgabe 3.44.** Beweisen Sie die Gleichheiten

(a) $\displaystyle\sum_{k=0}^{n}\binom{2n+1}{2k+1} = \sum_{k=0}^{n}\binom{2n+1}{2k}$,

(b) $\displaystyle\sum_{k=0}^{n}\binom{2n}{2k} = \sum_{k=0}^{n-1}\binom{2n}{2k+1}$.

**Aufgabe 3.45.** Wie hoch ist die Wahrscheinlichkeit, im Lotto „sechs Richtige" (aus 49) zu erzielen, wenn man auf einem System-Lottoschein 7, 8 oder 9 Felder ankreuzt? Wie viel müsste ein solcher Lottoschein im Vergleich zu einem Standard-Lottoschein kosten, damit das „Preis-Gewinn-Verhältnis" dasselbe bleibt? Vergleichen Sie Ihr Ergebnis mit dem tatsächlichen Preis eines solchen System-Lottoscheins. Was stellen Sie fest?

**Aufgabe 3.46.** Beweisen Sie die Beziehungen (3.37) – (3.40).

**Aufgabe 3.47.** Sei $\mathcal{M} := \{4n + 1 : n \in \mathbb{N}_0\} = \{1, 5, 9, 13, 17, \ldots\}$. Ist $(\mathcal{M}, \cdot)$ eine Halbgruppe? Eine Gruppe? Zeigen Sie, dass es in $\mathcal{M}$ Zahlen gibt, die zwar keine Primzahlen sind, die aber in $\mathcal{M}$ auch keine echten Teiler besitzen.

**Aufgabe 3.48.** Beweisen Sie die folgenden Teilbarkeitsregeln für $n \in \mathbb{N}$:

(a) $5|(2^{n+1} + 3 \cdot 7^n)$;    (b) $3|(n^3 + 2n)$;    (c) $6|(n^3 - n)$;

(d) $7|(5^{2n+1} + 2^{2n+1})$;    (e) $30|(n^5 - n)$;    (f) $3|(2^{2n} - 1)$;

(g) $15|(3n^5 + 5n^3)$;    (h) $5|(3^{n+1} + 2^{3n+1})$.

**Aufgabe 3.49.** Sei $p = 6k + r \in \mathbb{P} \setminus \{2, 3\}$ mit $k, r \in \mathbb{N}$ und $0 < r < 6$. Zeigen Sie, dass dann $r = 1$ oder $r = 5$ sein muss.

**Aufgabe 3.50.** Rechtfertigen Sie mathematisch exakt das im Anschluss von Beispiel 3.17 angegebene Verfahren zur Teilbarkeit durch 7. Illustrieren Sie es anhand der Zahl $n = 3.466.008$ und finden Sie alle weiteren Teiler dieser Zahl.

**Aufgabe 3.51.** Seien $a, b \in \mathbb{Z}$ mit $b \neq 0$. Zeigen Sie, dass es dann ganze Zahlen $q$ und $r$ gibt mit $a = qb + r$ und $|r| \leq \frac{1}{2}|b|$ (d.h., $r$ ist der „absolut kleinste Rest" bei Division von $a$ durch $b$). Sind $q$ und $r$ hierbei eindeutig bestimmt?

**Aufgabe 3.52.** Zeigen Sie, dass 496 eine vollkommene Zahl ist, 498 aber nicht.

**Aufgabe 3.53.** Sei $M_p = 2^p - 1$ eine Mersenne'sche Primzahl. Beweisen Sie, dass dann die Zahl $v = 2^{p-1} M_p$ vollkommen ist. Benutzen Sie dies, um vier vollkommene Zahlen zu finden.

**Aufgabe 3.54.** Beweisen Sie die folgende Umkehrung von Aufgabe 3.53: Ist $v$ eine gerade vollkommene Zahl, so gibt es eine Mersenne'sche Primzahl $M_p = 2^p - 1$ mit $v = 2^{p-1} M_p$.

**Aufgabe 3.55.** Beweisen Sie, dass für jedes $n \in \mathbb{N} \setminus \{1, 2\}$ immer eine Primzahl zwischen $n$ und $n!$ liegt.

**Aufgabe 3.56.** Sei $f : \mathbb{N} \to \mathbb{N}$ definiert durch $f(n) := 3n^5 + 5n^3 + 7n$. Zeigen Sie, dass $f(n)$ stets durch 15 teilbar ist.

**Aufgabe 3.57.** Beweisen Sie durch Induktion, dass $2^{2n} - 1$ für alle $n \in \mathbb{N}$ durch 3 teilbar ist.

**Aufgabe 3.58.** Beweisen Sie, dass jede gerade vollkommene Zahl eine Dreieckszahl (vgl. Beispiel 3.9) ist. Gilt auch die Umkehrung?

**Aufgabe 3.59.** Bestimmen Sie mithilfe des Euklidischen Algorithmus' die Zahlen $ggT(16.384, 486)$, $ggT(1.871, 391)$ und $ggT(434.146, 119.102)$.

**Aufgabe 3.60.** Seien $a, b \in \mathbb{N}$ mit $ggT(a, b) = 1$. Zeigen Sie, dass es dann Zahlen $m, n \in \mathbb{Z}$ gibt mit $ma + nb = 1$.

**Aufgabe 3.61.** Beweisen Sie die Gleichheit

$$\max\{\alpha, \beta\} + \min\{\alpha, \beta\} = \alpha + \beta$$

für alle $\alpha, \beta \in \mathbb{R}$. Schließen Sie hieraus, dass

$$ggT(a, b) \cdot kgV(a, b) = ab$$

für alle $a, b \in \mathbb{N}$ gilt.

**Aufgabe 3.62.** Beweisen Sie die Gleichheit

$$\min\{\alpha, \max\{\beta, \gamma\}\} = \max\{\min\{\alpha, \beta\}, \min\{\alpha, \gamma\}\}$$

für alle $\alpha, \beta, \gamma \in \mathbb{R}$. Schließen Sie hieraus, dass

$$ggT(a, kgV(b, c)) = kgV(ggT(a, b), ggT(a, c))$$

für alle $a, b, c \in \mathbb{N}$ gilt.

**Aufgabe 3.63.** Definieren Sie $ggT(a_1, a_2, \dots, a_n)$ und $kgV(a_1, a_2, \dots, a_n)$ für $n$ natürliche Zahlen $a_1, a_2, \dots, a_n$ und beweisen Sie hierfür eine zu (3.55) und (3.56) analoge Formel. Verwenden Sie diese Formel zur Berechnung von $ggT(12, 33, 44, 121)$ und $kgV(12, 33, 44, 121)$.

**Aufgabe 3.64.** Informieren Sie sich in einem Buch über Division mit Rest für Polynome und erläutern Sie diese anhand des Beispiels $(3x^4 + 7x^3 + x^2 + 5x + 1) : (x^2 + 1)$. Beweisen Sie ebenfalls mit Polynomdivision die Formel (3.24) aus Beispiel 3.11.

**Aufgabe 3.65.** Zeigen Sie, dass Satz 3.11 aus Satz 3.12 folgt.

**Aufgabe 3.66.** Wenden Sie Satz 3.14 auf $x = \frac{41}{42}$ und $x = \frac{12}{35}$ an.

**Aufgabe 3.67.** Beweisen Sie, dass die Zahlenmenge

$$\{6k + 5 : k \in \mathbb{N}_0\} = \{5, 11, 17, 23, 29, \dots\}$$

unendlich viele Primzahlen enthält.

**Aufgabe 3.68.** Beweisen Sie, dass die Zahlenmenge

$$\{ak + b : k \in \mathbb{N}_0\} = \{b, a + b, 2a + b, 3a + b, \dots\}$$

immer höchstens eine Primzahl enthält, wenn $a$ und $b$ *nicht* teilerfremd sind, also wenn $ggT(a, b) \geq 2$ gilt. Kann es auch vorkommen, dass diese Menge überhaupt keine Primzahl enthält?

**Aufgabe 3.69.** Zeigen Sie, dass keine Zahl in der Folge

$$(11, 111, 1.111, 11.111, 111.111, \dots)$$

eine Quadratzahl ist.

**Aufgabe 3.70.** Sei $(a, b, c)$ ein elementares pythagoreisches Tripel, und sei $r > 0$ der Radius des Inkreises des entsprechenden rechtwinkligen Dreiecks. Zeigen Sie, dass $r$ eine ganze Zahl ist. Gilt dieses Ergebnis auch, wenn $(a, b, c)$ zwar ein pythagoreisches Tripel ist, aber nicht notwendigerweise elementar?

**Aufgabe 3.71.** Stellen Sie eine Liste pythagoreischer Tripel her, indem Sie Satz 3.16 für die Paare $(s, t) \in \{(1, 2), (1, 4), (1, 6), (1, 8), (2, 3), (2, 5),$ $(2, 7), (2, 9), (3, 4), (3, 8), (4, 5)\}$ benutzen.

**Aufgabe 3.72.** Ihre Liste aus Aufgabe 3.71 legt die Vermutung nahe, dass in jedem elementaren pythagoreischen Tripel eine der Zahlen durch 3 teilbar ist, eine (nicht notwendigerweise verschieden von der ersten) durch 4, und eine (nicht notwendigerweise verschieden von der ersten) durch 5. Beweisen Sie dies.

**Aufgabe 3.73.** Beweisen Sie, dass $(3, 4, 5)$ das einzige pythagoreische Tripel ist, welches aus benachbarten natürlichen Zahlen besteht.

**Aufgabe 3.74.** Beweisen Sie, dass man zu jeder *ungeraden* natürlichen Zahl $a$ zwei benachbarte natürliche Zahlen $b$ und $c$ finden kann derart, dass $(a, b, c)$ ein elementares pythagoreisches Tripel ist.

**Aufgabe 3.75.** Für $p \in \mathbb{N}$, $p \geq 2$, ist die *p-adische Darstellung* von $n \in \mathbb{N}$ definiert durch

$$n = \sum_{j=0}^{k} a_j p^j \qquad (a_j \in \{0, 1, 2, \dots, p-1\})$$

(vgl. (3.70) für $p = 10$, (3.74) für $p = 2$, und (3.75) für $p = 12$). Stellen Sie die Zahl 13.860 in 7-adischer und 11-adischer Schreibweise dar. Untersuchen Sie ferner, welche natürliche Zahl die 9-adische Darstellung 13860 hat.

**Aufgabe 3.76.** Beweisen Sie, dass eine natürliche Zahl genau dann durch 11 teilbar ist, wenn ihre „alternierende Quersumme" durch 11 teilbar ist.

Formulieren und beweisen Sie ein entsprechendes Ergebnis für natürliche Zahlen in $p$-adischer Darstellung.

**Aufgabe 3.77.** Bestimmen Sie die exakten Exponenten $\alpha$ von $p = 2$, $p = 5$ und $p = 7$ für 28!

(a) mittels Satz 3.15;     (b) mittels Satz 3.18.

**Aufgabe 3.78.** Sei $p$ Primzahl und seien

$$m = \sum_{j=0}^{k} a_j p^j, \quad n = \sum_{j=0}^{k} b_j p^j, \quad m + n = \sum_{j=0}^{k} c_j p^j$$

die Darstellungen zweier natürlicher Zahlen $m$ und $n$ und ihrer Summe im $p$-adischen System. Es gelte

$$p^{\alpha} \| \binom{m+n}{m}, \qquad (*)$$

d.h., $\alpha$ sei der exakte Exponent von $p$ für den in $(*)$ stehenden Binomialkoeffizienten. Beweisen Sie für $\alpha$ die Gleichheit

$$\alpha = \sum_{j=0}^{k} \frac{a_j + b_j - c_j}{p - 1}.$$

Illustrieren Sie dies am Beispiel $p = 3$, $m = 4$ und $n = 5$.

**Aufgabe 3.79.** Sei $p$ Primzahl und gelte $p^{\alpha} \| n$. Zeigen Sie, dass der Binomialkoeffizient $\binom{n}{p^{\alpha}}$ dann nicht durch $p$ teilbar ist. Illustrieren Sie dies am Beispiel $n = 12$, und zwar einmal mit $p = 2$ und einmal mit $p = 3$.

# 7.4 Aufgaben zum 4. Kapitel

**Aufgabe 4.1.** Sei $Pol(\mathbb{R}, \mathbb{R})$ der Ring der Polynome $f : \mathbb{R} \to \mathbb{R}$ mit der punktweisen Addition und Multiplikation. Gibt es in $(Pol(\mathbb{R}, \mathbb{R}), +, \cdot)$ Nullteiler? Ist $(Pol(\mathbb{R}, \mathbb{R}), +, \cdot)$ ein Körper?

**Aufgabe 4.2.** Sei $Pol(\mathbb{R}, \mathbb{R})$ die Menge der Polynome $f : \mathbb{R} \to \mathbb{R}$, versehen mit der punktweisen Addition und der Komposition von Funktionen als Multiplikation. Stellen Sie analog zu (4.14) eine Gradformel für das Polynom $g \circ f$ auf. Ist $(Pol(\mathbb{R}, \mathbb{R}), +, \circ)$ ein (kommutativer) Ring? Gibt es in $(Pol(\mathbb{R}, \mathbb{R}), +, \circ)$ Nullteiler? Ist $(Pol(\mathbb{R}, \mathbb{R}), +, \circ)$ ein Körper?

**Aufgabe 4.3.** Sei $\mathcal{M}$ die Menge aller Matrizen der Form

$$M_{a,b} = \begin{pmatrix} a & 0 \\ 0 & b \end{pmatrix} \qquad (a, b \in \mathbb{R}),$$

versehen mit der üblichen Matrizenaddition (3.5) und -multiplikation (3.8). Ist $(\mathcal{M}, +, \circ)$ ein Ring/Integritätsring/Körper?

**Aufgabe 4.4.** Sei $q$ eine feste natürliche Zahl, die *keine* Quadratzahl ist. Auf der Menge $\mathbb{Q}(\sqrt{q}) := \{(a, b) : a, b \in \mathbb{Q}\}$ seien eine Addition $\oplus$ und eine Multiplikation $\otimes$ erklärt durch

$$(a, b) \oplus (\alpha + \beta) := (a + \alpha, b + \beta), \quad (a, b) \otimes (\alpha, \beta) := (a\alpha + qb\beta, a\beta + b\alpha).$$

Vergleichen Sie dies mit den Operationen (4.11) und (4.12). Zeigen Sie, dass $(\mathbb{Q}(\sqrt{q}), \oplus, \otimes)$ ein Körper ist. Was passiert, wenn $q$ eine Quadratzahl ist?

**Aufgabe 4.5.** In $\mathcal{R} = \mathbb{R}^2$ definieren wir zwei Verknüpfungen $\oplus$ und $\otimes$ durch

$$(a, b) \oplus (\alpha, \beta) := (a + \alpha, b + \beta), \qquad (a, b) \otimes (\alpha, \beta) := (a\alpha, a\beta + b\alpha).$$

Ist $(\mathcal{R}, \oplus, \circ)$ ein Ring/Integritätsring/Körper?

**Aufgabe 4.6.** Sei $\mathcal{M}$ die Menge aller Matrizen der Form

$$M_{a,b} = \begin{pmatrix} a & b \\ 0 & a \end{pmatrix} \qquad (a, b \in \mathbb{R}),$$

versehen mit der üblichen Matrizenaddition (3.5) und -multiplikation (3.8). Zeigen Sie, dass $(\mathcal{M}, +, \circ)$ ein Ring ist, der zum Ring aus Aufgabe 4.5 isomorph ist.

**Aufgabe 4.7.** Sei $\mathcal{M}$ die Menge aller Matrizen der Form

$$M_{a,b} = \begin{pmatrix} a & b \\ 0 & 1 \end{pmatrix} \qquad (a \in \mathbb{R}^*, b \in \mathbb{R}),$$

versehen mit der üblichen Matrizenmultiplikation (3.8). Zeigen Sie, dass $(\mathcal{M}, \circ)$ eine Gruppe ist, die zu den Gruppen $(\mathcal{G}, *)$ und $(\mathcal{T}, \circ)$ aus Beispiel 4.12 isomorph ist.

**Aufgabe 4.8.** Sei $\mathcal{M}$ die Menge aller Matrizen der Form

$$M_a = \begin{pmatrix} a & 0 \\ 0 & a \end{pmatrix} \qquad (a \in \mathbb{R}),$$

versehen mit der üblichen Matrizenaddition (3.5) und -multiplikation (3.8). Zeigen Sie, dass $(\mathcal{M}, +, \circ)$ ein Körper ist, der zum Körper $(\mathbb{R}, +, \cdot)$ der reellen Zahlen isomorph ist.

**Aufgabe 4.9.** Sei $\mathcal{M}(q)$ die Menge aller Matrizen der Form

$$M_{a,b} = \begin{pmatrix} a & b \\ qb & a \end{pmatrix} \qquad (a, b \in \mathbb{Q}).$$

Beweisen Sie, dass $\mathcal{M}(q)$ mit der üblichen Matrizenaddition (3.5) und -multiplikation (3.8) ein Körper ist, der zum Körper $(\mathbb{Q}(\sqrt{q}), \oplus, \otimes)$ aus Aufgabe 4.4 isomorph ist.

**Aufgabe 4.10.** Zeigen Sie, dass die multiplikative Gruppe $(\mathbb{R}^+, \cdot)$ zur Gruppe aus Aufgabe 3.8 isomorph ist.

**Aufgabe 4.11.** Zeigen Sie, dass die Gruppe $(\mathcal{D}_3, \circ)$ aus Aufgabe 3.13 isomorph zur Gruppe $(S_3, \circ)$ aus Aufgabe 3.5 ist.

**Aufgabe 4.12.** Zwei Gruppen $(\{0, 1, 2, 3\}, *)$ und $(\{e, a, b, c\}, \hat{*})$ seien durch die folgenden Gruppentafeln gegeben:

| $*$ | 0 | 1 | 2 | 3 |
|---|---|---|---|---|
| 0 | 0 | 1 | 2 | 3 |
| 1 | 1 | 2 | 3 | 0 |
| 2 | 2 | 3 | 0 | 1 |
| 3 | 3 | 0 | 1 | 2 |

| $\hat{*}$ | $e$ | $a$ | $b$ | $c$ |
|---|---|---|---|---|
| $e$ | $e$ | $a$ | $b$ | $c$ |
| $a$ | $a$ | $e$ | $c$ | $b$ |
| $b$ | $b$ | $c$ | $e$ | $a$ |
| $c$ | $c$ | $b$ | $a$ | $e$ |

Zeigen Sie, dass dies (bis auf Isomorphie) die einzigen vierelementigen Gruppen sind.

**Aufgabe 4.13.** Zeigen Sie, dass eine Matrix $A \in \mathcal{M}(\mathbb{R}, 2)$ und ihre Transponierte $A^T$ dieselbe Determinante (4.25) haben.

**Aufgabe 4.14.** Zeigen Sie, dass für die Transponierten $A^T$ und $B^T$ zweier Matrizen $A, B \in \mathcal{M}(\mathbb{R}, 2)$ die Rechenregeln

$$(A + B)^T = A^T + B^T, \qquad (A \circ B)^T = B^T \circ A^T$$

gelten. Falls $A$ invertierbar ist, ist dann auch $A^T$ invertierbar? Falls ja, wie hängen dann $A^{-1}$ und $(A^T)^{-1}$ miteinander zusammen?

**Aufgabe 4.15.** Ist die in (4.54) definierte Abbildung

$$\text{Spur} : (\mathcal{M}(\mathbb{R}, 2), +) \to (\mathbb{R}, +), \qquad \text{Spur} : (\mathcal{GL}(\mathbb{R}, 2), \circ) \to (\mathbb{R} \setminus \{0\}, \cdot)$$

jeweils ein Gruppenhomomorphismus?

**Aufgabe 4.16.** Zeigen Sie, dass für festes $m \in \mathbb{N}$ die beiden additiven Gruppen $\mathbb{Z}$ und $m\mathbb{Z} := \{mk : k \in \mathbb{Z}\}$ isomorph sind. Sind für beliebiges $m, n \in \mathbb{Z}$ auch die beiden additiven Gruppen $m\mathbb{Z}$ und $n\mathbb{Z}$ immer isomorph?

**Aufgabe 4.17.** Sei $\sigma : \mathbb{R}^2 \to \mathbb{R}^2$ die Spiegelung an einer festen Achse, und sei $\mathcal{G} := \{id, \sigma\}$ ($id$ = identische Abbildung). Zeigen Sie, dass $(\mathcal{G}, \circ)$ eine Gruppe ist, die zur Gruppe $(\{1, -1\}, \cdot)$ aus Beispiel 4.12 isomorph ist.

**Aufgabe 4.18** Beweisen Sie, dass jede Cauchyfolge beschränkt ist. Gilt auch die Umkehrung?

**Aufgabe 4.19.** Zeigen Sie, dass die Summe und das Produkt zweier konvergenter Folgen wieder eine konvergente Folge ist.

**Aufgabe 4.20.** Ist die Summe einer konvergenten Folge und einer Cauchyfolge eine konvergente Folge? Ist das Produkt einer konvergenten Folge und einer Cauchyfolge eine konvergente Folge?

**Aufgabe 4.21.** Geben Sie jeweils eine Folge $(a_n)_n$ in $\mathbb{Q}$ mit den gewünschten Eigenschaften an, oder begründen Sie, warum es eine solche Folge nicht geben kann.

(a) $(a_n)_n$ beschränkt und divergent;

(b) $(a_n)_n$ konvergent und unbeschränkt;

(c) $(a_n)_n$ monoton steigend und divergent;

(d) $(a_n)_n$ konvergent und nicht monoton fallend;

(e) $(a_n)_n$ beschränkt und nicht monoton;

(f) $(a_n)_n$ monoton fallend und unbeschränkt.

**Aufgabe 4.22.** Beweisen oder widerlegen Sie die folgenden Aussagen für reelle Zahlen $x$ und $y$:

(a) aus $x \in \mathbb{Q}$ und $y \notin \mathbb{Q}$ folgt $x + y \notin \mathbb{Q}$;

(b) aus $x \in \mathbb{Q}$ und $y \notin \mathbb{Q}$ folgt $xy \notin \mathbb{Q}$;

(c) aus $x \notin \mathbb{Q}$ und $y \notin \mathbb{Q}$ folgt $x + y \notin \mathbb{Q}$;

(d) aus $x \notin \mathbb{Q}$ und $y \notin \mathbb{Q}$ folgt $xy \notin \mathbb{Q}$.

**Aufgabe 4.23.** Beweisen Sie, dass $\sqrt{n}$ genau dann irrational ist, wenn $n$ keine Quadratzahl ist.

**Aufgabe 4.24.** Zeigen Sie, dass es irrationale Zahlen $x$ und $y$ gibt derart, dass $x^y$ rational ist.

**Aufgabe 4.25.** Seien $x, y \in \mathbb{R}$ mit $x < y$. Zeigen Sie, dass es dann eine rationale Zahl $r$ mit $x < r < y$ gibt. Schließen Sie hieraus, dass zwischen zwei reellen Zahlen unendlich viele rationale Zahlen liegen.

**Aufgabe 4.26.** Zeigen Sie, dass die vierelementige Menge $\tilde{\mathcal{G}} = \{1, i, -1, -i\}$ mit der üblichen Multiplikation komplexer Zahlen eine Gruppe bildet. Ist diese Gruppe zu einer der Gruppen aus Aufgabe 4.12 isomorph?

**Aufgabe 4.27.** Berechnen Sie die komplexen Zahlen

(a) $\dfrac{2 - 3i}{4 - i}$,    (b) $(4 + i)(3 + 2i)(1 - i)$,    (c) $(1 + i)^2(1 - i)^2$,

(d) $(2i - 1)^2 \left( \dfrac{4}{1 - i} + \dfrac{2 - i}{1 + i} \right)$,    (e) $\dfrac{i^4 + i^9 + i^{16}}{2 - i^5 + i^{10} - i^{15}}$,    (f) $\dfrac{(1 + i)^9}{(2 - i)^5}$.

**Aufgabe 4.28.** Mit $z_1 := 1 + i$, $z_2 := 2 + 3i$ und $z_3 := 3 + 4i$ berechnen Sie Realteil und Imaginärteil der komplexen Zahlen

(a) $(z_1 + z_2)z_3$,    (b) $z_1 z_2 - z_3$,    (c) $\dfrac{z_1 - z_2}{z_2}$;    (d) $\dfrac{z_1 z_3}{z_2}$.

**Aufgabe 4.29.** Berechnen Sie $\left( \dfrac{1 + i}{\sqrt{2}} \right)^n$ für $n \in \mathbb{N}$.

**Aufgabe 4.30.** Bestimmen Sie zwei komplexe Zahlen, deren Summe 4 und deren Produkt 8 ergibt. Ist Ihre Lösung eindeutig? Gibt es reelle Lösungen dieses Problems?

**Aufgabe 4.31.** Welche Menge $M \subset \mathbb{C}$ wird jeweils durch die folgenden Bedingungen beschrieben?

(a) $1 \leq |z| < 3$,        (b) $|z| \leq 2$,        (c) $|z - 1| < 1$,

(d) $|z + 2| \leq 3$,        (e) $|z^2| < 4$,        (f) $|z| > 0$.

**Aufgabe 4.32.** Welche $z \in \mathbb{C}$ erfüllen die folgenden Bedingungen?

(a) $|z - i| = |z + i|$,        (b) $|z - 1| \leq |z|$,

(c) $|z - 1| > |z - i|$,        (d) $|z| = |z - i|$.

**Aufgabe 4.33.** Beschreiben Sie die folgenden Punktmengen $M \subseteq \mathbb{C}$ geometrisch:

(a) $M = \{z \in \mathbb{C} : z\overline{z} \leq 16\}$,        (b) $M = \{z \in \mathbb{C} : z + \overline{z} = 4\}$,

(c) $M = \{z \in \mathbb{C} : \overline{z} = z + 6i\}$,        (d) $M = \{z \in \mathbb{C} : z - \overline{z} > 0\}$.

**Aufgabe 4.34.** Beweisen Sie die folgenden Eigenschaften für $z, w \in \mathbb{C}$:

(a) $\overline{z + w} = \overline{z} + \overline{w}$;     (b) $\overline{zw} = \overline{z}\,\overline{w}$;     (c) $\overline{\overline{z}} = z$;

(d) $|zw| = |z|\,|w|$;     (e) $|z + w| \leq |z| + |w|$;

(f) $\operatorname{Re}(z + w) = \operatorname{Re} z + \operatorname{Re} w$;     (g) $\operatorname{Im}(z + w) = \operatorname{Im} z + \operatorname{Im} w$;

(h) $\operatorname{Re}(z\overline{w}) = (\operatorname{Re} z)(\operatorname{Re} w) + (\operatorname{Im} z)(\operatorname{Im} w)$;     (i) $z + \overline{z} = 2\operatorname{Re} z$;

(j) $z - \overline{z} = 2i\operatorname{Im} z$;     (k) $z\overline{z} = |z|^2$;     (l) $|\operatorname{Re} z| \leq |z|$;     (m) $|\operatorname{Im} z| \leq |z|$.

**Aufgabe 4.35.** Zeigen Sie, dass der Absolutbetrag (4.42) einer komplexen Zahl die Eigenschaften (1.33) – (1.37) hat.

**Aufgabe 4.36.** Finden Sie alle 4 komplexen Lösungen der Polynomgleichung $z^4 + 16 = 0$.

**Aufgabe 4.37** Finden Sie (durch Probieren und Polynomdivision, vgl. Aufgabe 3.64) alle 6 komplexen Lösungen der Polynomgleichung $z^6 - 2z^5 - z^4 + 6z^2 - 4z = 0$ und skizzieren Sie sie in der komplexen Ebene.

**Aufgabe 4.38.** Beweisen Sie, dass $z^3 - i^3 = (z - i)(z^2 + iz - 1)$ ist. Benutzen Sie dies, um alle Nullstellen der Polynome $f(z) = z^3 + i$ und $z^3 + 3z$ zu finden.

**Aufgabe 4.39.** Sei $f(z) = a_n z^n + a_{n-1} z^{n-1} + \ldots + a_2 z^2 + a_1 z + a_0$ ein Polynom mit *reellen* Koeffizienten $a_n, a_{n-1}, \ldots, a_2, a_1, a_0$. Zeigen Sie, dass mit jeder komplexen Nullstelle $z_0$ von $f$ auch die konjugiert komplexe Zahl $\bar{z}_0$ Nullstelle von $f$ ist. Benutzen Sie dies, um zu beweisen, dass jedes Polynom mit reellen Koeffizienten und *ungeradem* Grad mindestens eine reelle Nullstelle hat. Gilt dies auch für Polynome mit geradem Grad?

**Aufgabe 4.40.** Betrachtet werde die Gleichung 3. Grades $x^3 + px + q = 0$ mit $p, q \in \mathbb{R}$. Mit den Abkürzungen

$$\Delta^+ := -\frac{q}{2} + \sqrt{\frac{q^2}{4} + \frac{p^3}{27}}, \qquad \Delta^- := -\frac{q}{2} - \sqrt{\frac{q^2}{4} + \frac{p^3}{27}}$$

beweisen Sie Folgendes:

(a) Ist $27q^2 + 4p^3 = 0$, so hat die Gleichung die reelle Lösung $x_0 = -\sqrt[3]{4q}$ und die doppelte reelle Lösung $x_1 = x_2 = -x_0/2$.

(b) Ist $27q^2 + 4p^3 > 0$, so hat die Gleichung die reelle Lösung

$$x_0 = \sqrt[3]{\Delta^+} + \sqrt[3]{\Delta^-}$$

sowie die beiden konjugiert komplexen Lösungen (vgl. Aufgabe 4.39)

$$z_1 = \epsilon_1 \sqrt[3]{\Delta^+} + \bar{\epsilon}_1 \sqrt[3]{\Delta^-}, \quad z_2 = \epsilon_2 \sqrt[3]{\Delta^+} + \bar{\epsilon}_2 \sqrt[3]{\Delta^-},$$

wobei $\epsilon_1 = -\frac{1}{2} + \frac{1}{2}\sqrt{3}i$ und $\epsilon_2 = -\frac{1}{2} - \frac{1}{2}\sqrt{3}i$ die beiden dritten Einheitswurzeln bezeichne.

Illustrieren Sie die allgemeinen Formeln anhand der beiden Gleichungen $x^3 - 3x + 2 = 0$ und $x^3 + 3x + 2 = 0$.

**Aufgabe 4.41.** Sei $\mathcal{O}(2)$ definiert wie in (4.61). Zeigen Sie, dass jede Matrix $A \in \mathcal{O}(2)$ der Bedingung $A^T = A^{-1}$ genügt, wobei $A^T$ die transponierte Matrix (4.52) zu $A$ bezeichne. Zeigen Sie, dass $\mathcal{O}(2)$ mit der üblichen Matrizenmultiplikation $\circ$ eine Gruppe bildet.

**Aufgabe 4.42.** Sei $\mathcal{SO}(2)$ definiert wie in (4.62). Zeigen Sie, dass $\mathcal{SO}(2)$ mit der üblichen Matrizenmultiplikation $\circ$ eine Untergruppe von $\mathcal{O}(2)$ (s. Aufgabe 4.41) ist.

**Aufgabe 4.43.** Beweisen Sie, dass die Gruppe $(\mathcal{SO}(2), \circ)$ aus Aufgabe 4.42 isomorph zur Gruppe $(\mathbb{S}^1, \cdot)$ ist, wobei $\mathbb{S}^1$ wie in (4.48) definiert sei.

**Aufgabe 4.44.** Zeigen Sie, dass die durch die Matrix (4.58) definierte Abbildung $f_\alpha : \mathbb{R}^2 \to \mathbb{R}^2$, also

$$f_\alpha(x, y) = (x \cos\alpha + y \sin\alpha, x \sin\alpha - y \cos\alpha),$$

tatsächlich eine Spiegelung an einer Geraden darstellt. Welche Gerade ist das?

**Aufgabe 4.45.** Zeigen Sie, dass das Skalarprodukt (4.43) die folgenden Bedingungen erfüllt:

(a) $\langle z + z', w \rangle = \langle z, w \rangle + \langle z', w \rangle$;     (b) $\langle z, w + w' \rangle = \langle z, w \rangle + \langle z, w' \rangle$;

(c) $\langle az, w \rangle = a \langle z, w \rangle$;     (d) $\langle z, aw \rangle = \bar{a} \langle z, w \rangle$;     (e) $\langle z, z \rangle = |z|^2$.

**Aufgabe 4.46.** Zwei komplexe Zahlen $z$ und $w$ heißen *orthogonal* (Schreibweise: $z \perp w$), falls $\langle z, w \rangle = 0$ ist (s. Aufgabe 4.45). Zeigen Sie, dass genau dann $z \perp cz$ gilt, wenn $z = 0$ oder $c$ rein imaginär ist.

**Aufgabe 4.47.** Beweisen Sie für das Skalarprodukt (4.43) die Identität

$$\langle z, w \rangle^2 + \langle iz, w \rangle^2 = |z|^2 |w|^2.$$

**Aufgabe 4.48.** Beweisen Sie die so genannte *Cauchy-Schwarz-Ungleichung*

$$|\langle z, w \rangle| \leq |z|\,|w| \qquad (z, w \in \mathbb{C}).$$

Zeigen Sie ferner, dass in der Cauchy-Schwarz-Ungleichung genau dann Gleichheit eintritt, wenn $w$ ein *reelles* Vielfaches von $z$ ist.

**Aufgabe 4.49.** Zeigen Sie, dass drei Punkte $a, b, c \in \mathbb{C}$ mit $a \neq b$ genau dann auf einer Geraden liegen, wenn der Quotient $(c - a)/(b - a)$ reell ist.

**Aufgabe 4.50.** Beweisen Sie die so genannte *rationale Parametrisierung*

$$\mathbb{S}^1 \setminus \{-1\} = \left\{ \frac{1 + \lambda i}{1 - \lambda i} : \lambda \in \mathbb{R} \right\}$$

des komplexen Einheitskreisrandes ohne $-1$. Wie „übersetzt" sich dieses Ergebnis in die Matrizenmenge $\mathcal{SO}(2) \setminus \{-E\}$ unter dem am Schluss von Abschnitt 4.4 angegebenen Isomorphismus?

**Aufgabe 4.51.** Die Menge $\hat{\mathbb{C}} := \mathbb{C} \cup \{\infty\}$ heißt *erweiterte komplexe Ebene*. Seien $a, b, c, d \in \mathbb{C}$ fest und $f : \hat{\mathbb{C}} \to \hat{\mathbb{C}}$ definiert durch

$$f(z) := \begin{cases} \dfrac{az+b}{cz+d} & \text{für} \quad z \neq -\dfrac{d}{c}, \\[2mm] \infty & \text{für} \quad z = -\dfrac{d}{c}, \\[2mm] \dfrac{a}{c} & \text{für} \quad z = \infty. \end{cases}$$

(Im Fall $c = 0$, d.h. $f(z) = \frac{1}{d}(ax + b)$, setzen wir einfach $f(\infty) := \infty$.) Zeigen Sie, dass $f$ genau dann bijektiv ist, wenn $ad - bc \neq 0$ ist, und geben Sie in diesem Fall die Umkehrabbildung an.

**Aufgabe 4.52.** Zeigen Sie, dass die Abbildung $\Phi$, die der Funktion $f$ aus Aufgabe 4.51 die Matrix $\begin{pmatrix} a & b \\ c & d \end{pmatrix} \in \mathcal{M}(\mathbb{C}, 2)$ zuordnet, ein Gruppenhomomorphismus bzgl. $\circ$ ist. Ist es ein Isomorphismus?

**Aufgabe 4.53.** Beweisen Sie, dass durch $\epsilon(\alpha) := e^{i\alpha}$ eine bijektive Abbildung $\epsilon : [0, 2\pi) \to \mathbb{S}^1$ gegeben ist. Welche algebraische Identität erfüllt diese Abbildung?

**Aufgabe 4.54.** Sei $\mathbb{D} := \{z \in \mathbb{C} : |z| < 1\}$ die komplexe Einheitskreisscheibe und sei $z_0 \in \mathbb{D}$ fest. Beweisen Sie, dass dann durch

$$f_{z_0}(z) := \frac{z - z_0}{1 - \overline{z_0} z}$$

eine bijektive Abbildung $f_{z_0} : \mathbb{D} \to \mathbb{D}$ definiert ist. Wie sieht $f_{z_0}^{-1} : \mathbb{D} \to \mathbb{D}$ aus? Wie kann man $f_{z_0}$ in der Form einer Abbildung aus Aufgabe 4.51 schreiben? Wie sieht die entsprechende Matrix aus, die Sie dieser Funktion gemäß Aufgabe 4.52 zuordnen können? Wie ihre Determinante?

**Aufgabe 4.55.** Sei $\mathbb{E} := \{z \in \mathbb{C} : \operatorname{Im} z > 0\}$ die komplexe obere Halbebene und sei $z_0 \in \mathbb{E}$ fest. Beweisen Sie, dass dann durch

$$f_{z_0}(z) := \frac{z - z_0}{z - \overline{z_0}}$$

eine bijektive Abbildung $f_{z_0} : \mathbb{E} \to \mathbb{D}$ definiert ist. Wie sieht $f_{z_0}^{-1} : \mathbb{D} \to \mathbb{E}$ aus? Wie kann man $f_{z_0}$ in der Form einer Abbildung aus Aufgabe 4.51

schreiben? Wie sieht die entsprechende Matrix aus, die Sie dieser Funktion gemäß Aufgabe 4.52 zuordnen können? Wie ihre Determinante?

**Aufgabe 4.56.** Sei $\mathbb{Z}(\sqrt{5}i)$ die Menge aller Paare $(a,b) \in \mathbb{Z} \times \mathbb{Z}$, versehen mit den algebraischen Operationen

$$(a,b) \oplus (\alpha,\beta) := (a+\alpha, b+\beta), \quad (a,b) \otimes (\alpha,\beta) := (a\alpha - 5b\beta, a\beta + b\alpha)$$

(vgl. Beispiel 4.3 und Aufgabe 4.4). Zeigen Sie, dass $(\mathbb{Z}(\sqrt{5}i), \oplus, \otimes)$ ein Ring ist. Zeigen Sie außerdem, dass die Elemente $(7,0)$, $(1,2)$ und $(1,-2)$ alle prim in diesem Ring sind, d.h. nicht als Produkt zweier anderer Elemente dargestellt werden können.

**Aufgabe 4.57.** Finden Sie einen Unterring des Matrizenrings $\mathcal{M}(\mathbb{Z}, 2)$ (s. Beispiel 4.1 und Aufgabe 4.9), zu dem der in Aufgabe 4.56 definierte Ring $(\mathbb{Z}(\sqrt{5}i), \oplus, \otimes)$ isomorph ist.

**Aufgabe 4.58.** Untersuchen Sie, welche Drehung bzw. Spiegelung sich in (4.57) bzw. (4.58) für $\alpha = \frac{3}{2}\pi$ ergibt.

**Aufgabe 4.59.** Eine komplexe Zahl $z$ heißt *algebraisch*, wenn sie Nullstelle eines Polynoms $f(z) = a_n z^n + a_{n-1} z^{n-1} + \ldots + a_2 z^2 + a_1 z + a_0$ mit *ganzzahligen* Koeffizienten $a_n, a_{n-1}, \ldots, a_2, a_1, a_0$ ist. Beweisen Sie, dass $\sqrt{3} + \sqrt{2}$ und $\sqrt[3]{4} - 2i$ algebraische Zahlen sind.

**Aufgabe 4.60.** Zeigen Sie, dass die Menge aller algebraischen reellen Zahlen abzählbar unendlich, die Menge aller transzendenten reellen Zahlen dagegen überabzählbar unendlich ist.

## 7.5 Aufgaben zum 5. Kapitel

**Aufgabe 5.1.** Finden Sie Beispiele von Relationen, die jeweils zwei der drei Eigenschaften (5.5) – (5.7) einer Äquivalenzrelation haben, aber nicht die dritte.

**Aufgabe 5.2.** Seien $P$, $Q$ und $R$ Mengen, $\rho$ eine Relation zwischen $P$ und $Q$ und $\sigma$ eine Relation zwischen $Q$ und $R$. Dann ist die *Komposition* $\sigma \circ \rho$ von $\rho$ und $\sigma$ zwischen $P$ und $R$ definiert durch

$$x\,(\sigma \circ \rho)\,z \;:\Leftrightarrow\; \exists y \in Q : x\rho y \wedge y\sigma z.$$

Beweisen Sie, dass stets $(\sigma \circ \rho)^{-1} = \rho^{-1} \circ \sigma^{-1}$ gilt. Illustrieren Sie dies für $A$, $B$ und $C$ wie in Aufgabe 1.29 und für die Relationen $\rho$ und $\sigma$ mit den Graphen $\Gamma(\rho) = \{(1,2),(1,3),(3,1)\} \subseteq A \times B$ und $\Gamma(\sigma) = B \times C$.

**Aufgabe 5.3.** Zeigen Sie, dass die in Aufgabe 5.2 definierte Komposition assoziativ ist, d.h., für drei Relationen $\rho$, $\sigma$ und $\tau$ gilt stets $(\tau \circ \sigma) \circ \rho = \tau \circ (\sigma \circ \rho)$. Ist sie auch kommutativ, d.h., gilt stets $\sigma \circ \rho = \rho \circ \sigma$?

**Aufgabe 5.4.** Eine Relation $\rho$ sei auf $\mathbb{R}$ definiert durch

$$x\rho y \;\; :\Leftrightarrow\;\; \exists k \in \mathbb{Z} : k \leq x \leq k+1 \wedge k \leq y \leq k+1.$$

Skizzieren Sie für diese Relation den Graphen (5.3) in der Ebene $\mathbb{R}^2$. Ist $\rho$ eine Äquivalenzrelation?

**Aufgabe 5.5.** Sei $\rho$ die Relation mit dem Graphen

$$\Gamma(\rho) = \{(1,3),(1,5),(2,3),(2,5),(3,5),(4,5)\}.$$

Welche der vier Eigenschaften (5.5) – (5.8) hat diese Relation? Berechnen Sie die Relationen $\rho^{-1}$, $\rho \circ \rho^{-1}$ und $\rho^{-1} \circ \rho$.

**Aufgabe 5.6.** Untersuchen Sie, welche der folgenden Implikationen für eine Relation $\rho$ richtig und welche falsch sind:

(a) $\rho$ reflexiv $\Rightarrow$ $\rho \circ \rho$ reflexiv;

(b) $\rho$ symmetrisch $\Rightarrow$ $\rho \circ \rho$ symmetrisch;

(c) $\rho$ transitiv $\Rightarrow$ $\rho \circ \rho$ transitiv;

(d) $\rho$ antisymmetrisch $\Rightarrow$ $\rho \circ \rho$ antisymmetrisch;

(e) $\rho$ reflexiv $\Rightarrow$ $\rho^{-1}$ reflexiv;

(f) $\rho$ symmetrisch $\Rightarrow$ $\rho^{-1}$ symmetrisch;

(g) $\rho$ transitiv $\Rightarrow$ $\rho^{-1}$ transitiv;

(h) $\rho$ antisymmetrisch $\Rightarrow$ $\rho^{-1}$ antisymmetrisch.

Stellen Sie auch fest, bei welchen dieser Implikationen die Umkehrung richtig ist.

**Aufgabe 5.7.** Sei $f : P \to Q$ eine Abbildung und $\rho_f$ die durch (5.4) definierte Relation. Was bedeutet es für die Abbildung $f$, wenn die Relation $\rho_f$ reflexiv/symmetrisch/transitiv ist?

**Aufgabe 5.8.** Stellen Sie fest, welche der Eigenschaften (5.5) – (5.8) die durch

$$x\rho y \quad :\Leftrightarrow \quad x = y^2$$

auf $\mathbb{R}$ gegebene Relation $\rho$ hat. Ist diese Relation sogar eine Funktion?

**Aufgabe 5.9.** Wie viele Relationen auf der Menge $\{1, 2, 3\}$ gibt es, die

(a) reflexiv sind?        (b) symmetrisch sind?        (c) transitiv sind?

(d) antisymmetrisch sind?        (e) reflexiv und symmetrisch sind?

(f) symmetrisch und antisymmetrisch sind?

**Aufgabe 5.10.** Zwei Relationen $\rho$ und $\sigma$ seien auf $\mathbb{R}$ definiert durch

$$x\rho y \quad :\Leftrightarrow \quad xy > 0 \vee x^2 + y^2 = 1$$

bzw.

$$x\sigma y \quad :\Leftrightarrow \quad \sin x = \sin y \wedge \cos x = \cos y.$$

Stellen Sie fest, ob dies Äquivalenzrelationen sind. Skizzieren Sie die Graphen dieser Relationen in der Ebene $\mathbb{R}^2$.

**Aufgabe 5.11.** Für zwei festgewählte positive reelle Zahlen $a$ und $b$ sei eine Relation $\sim$ auf $\mathbb{R}^2$ definiert durch

$$(x, y) \sim (u, v) \quad :\Leftrightarrow \quad \exists k, l \in \mathbb{Z} : \quad x - u = ka \wedge y - v = lb.$$

Beweisen Sie, dass $\sim$ eine Äquivalenzrelation auf $\mathbb{R}^2$ ist, beschreiben Sie die zugehörigen Äquivalenzklassen und geben Sie ein vollständiges Repräsentantensystem an.

**Aufgabe 5.12.** Sei $f : \mathbb{R} \to \mathbb{R}$ eine gegebene Funktion. Eine Relation $\sim$ sei auf $\mathbb{R}$ definiert durch

$$x \sim y \quad :\Leftrightarrow \quad f(x) = f(y).$$

Zeigen Sie, dass $\sim$ eine Äquivalenzrelation ist. Wie sehen die Äquivalenzklassen aus, wenn $f$ injektiv ist? Geben Sie je ein Beispiel für $f$, in dem jede Äquivalenzklasse endlich/abzählbar unendlich/überabzählbar unendlich ist.

**Aufgabe 5.13.** Beschreiben Sie die in Aufgabe 5.12 definierte Äquivalenzrelation im Falle der Funktionen

$$f(x) := \operatorname{ent} x, \qquad f(x) := x - \operatorname{ent} x, \qquad f(x) := \sin x, \qquad f(x) := \exp x.$$

Geben Sie auch die Äquivalenzklassen und jeweils ein vollständiges Repräsentantensystem an.

**Aufgabe 5.14.** Auf der Menge $CF(\mathbb{Q})$ (s. Abschnitt 2.3) betrachten wir die durch

$$(x_n)_n \sim (y_n)_n \quad :\Leftrightarrow \quad (x_n - y_n)_n \in KF(\mathbb{Q})$$

definierte Relation. Zeigen Sie, dass $\sim$ eine Äquivalenzrelation ist.

**Aufgabe 5.15.** Zeigen Sie, dass die Kongruenzrelation modulo $m \in \mathbb{N}$ die folgenden drei Eigenschaften hat ($a, b, c \in \mathbb{Z}$):

(a)  $a \equiv a \,(\mathrm{mod}\, m)$;

(b)  $a \equiv b \,(\mathrm{mod}\, m) \ \Rightarrow\ b \equiv a \,(\mathrm{mod}\, m)$;

(c)  $a \equiv b \,(\mathrm{mod}\, m) \ \wedge\ b \equiv c \,(\mathrm{mod}\, m) \ \Rightarrow\ a \equiv c \,(\mathrm{mod}\, m)$.

**Aufgabe 5.16.** Die Menge $\mathbb{Z}_m \setminus \{[0]\} = \{[1], [2], \ldots, [m-1]\}$ ($m \in \mathbb{N}$) sei mit der Multiplikation (5.18) versehen. Geben Sie die entsprechenden Verknüpfungstafeln für die Werte $m = 5$ und $m = 6$ an und untersuchen Sie, ob $(\mathbb{Z}_m \setminus \{[0]\}, \otimes)$ für diese Werte eine Gruppe ist.

**Aufgabe 5.17.** Zeigen Sie, dass $(\mathbb{Z}_3, \oplus)$ bis auf Isomorphie die einzige dreielementige Gruppe ist.

**Aufgabe 5.18.** Seien $a, m \in \mathbb{N}$ mit $ggT(a, m) = 1$. Zeigen Sie, dass dann die Kongruenz $ax \equiv b \,(\mathrm{mod}\, m)$ für jedes $b \in \{1, 2, 3, \ldots, m-1\}$ genau eine Lösung $x \in \{1, 2, 3, \ldots, m-1\}$ besitzt.

**Aufgabe 5.19.** Beweisen Sie unter Benutzung der binomischen Formel (3.30), dass für $p \in \mathbb{P}$ im Körper $(\mathbb{Z}_p, \oplus, \otimes)$ die „Schüler-Traumformel" $(a + b)^p = a^p + b^p$ gilt.

**Aufgabe 5.20.** Die so genannte *Euler'sche Phi-Funktion* $\varphi : \mathbb{N} \to \mathbb{N}$ ist definiert durch

$$\varphi(n) := \text{Anzahl aller } m \in \{1, 2, 3, \ldots, n\} \text{ mit } ggT(m, n) = 1.$$

Beweisen Sie für $p \in \mathbb{P}$ und $\alpha \in \mathbb{N}$ die Formeln

$$\varphi(p) = p - 1, \qquad \varphi(p^\alpha) = p^\alpha - p^{\alpha-1}$$

und allgemeiner für $n \in \mathbb{N}$ mit der Primfaktordarstellung (3.53) die Formel

$$\varphi(n) = n \prod_{j=1}^{k} \left(1 - \frac{1}{p_j}\right).$$

**Aufgabe 5.21.** Sei $\varphi : \mathbb{N} \to \mathbb{N}$ die Euler'sche Phi-Funktion aus Aufgabe 5.20. Zeigen Sie, dass $\varphi(n)$ für $n \geq 3$ stets gerade und $\geq 2$ ist.

**Aufgabe 5.22.** Beweisen Sie, dass für ungerades $n$ die Formel $\varphi(8n) = 4\varphi(n)$ gilt. Geben Sie ein gerades $n$ an, für welches diese Formel nicht stimmt.

**Aufgabe 5.23.** Für $m \in \mathbb{N}$ besteht die so genannte *reduzierte Restklassenmenge* $\mathbb{Z}_m^*$ aus allen Restklassen $[k] \in \mathbb{Z}_m$ mit $ggT(k,m) = 1$, enthält also genau $\varphi(m)$ Elemente. Zeigen Sie, dass $(\mathbb{Z}_m^*, \otimes)$ mit der Multiplikation (5.18) eine Gruppe ist. Stellen Sie eine Beziehung zu Satz 5.3 sowie zu den Aufgaben 5.16 und 5.20 her.

**Aufgabe 5.24.** Sei $(\mathbb{R}^n, +)$ die additive Gruppe der reellen $n$-tupel und $(\mathbb{Z}^n, +)$ die Untergruppe der ganzzahligen $n$-tupel. Beschreiben Sie die Äquivalenzrelation (5.22), die zugehörige Quotientenmenge $\mathbb{R}^n / \mathbb{Z}^n$ sowie ein vollständiges Repräsentantensystem.

**Aufgabe 5.25.** Sei $(\mathbb{C}^*, \cdot)$ die multiplikative Gruppe der komplexen Zahlen $z \neq 0$ und $(\mathbb{S}^1, \cdot)$ die Untergruppe der komplexen Zahlen $z$ vom Betrag $|z| = 1$. Beschreiben Sie die Äquivalenzrelation (5.22) und die zugehörige Quotientenmenge $\mathbb{C}^* / \mathbb{S}^1$.

**Aufgabe 5.26.** Sei $(Bij(\mathbb{R}, \mathbb{R}), \circ)$ die Gruppe der bijektiven Abbildungen $f : \mathbb{R} \to \mathbb{R}$ aus Beispiel 3.6 und $(\mathcal{U}, \circ)$ die Untergruppe aller $f \in Bij(\mathbb{R}, \mathbb{R})$ mit $f(0) = 0$. Beschreiben Sie die Äquivalenzrelation (5.22) und die zugehörige Quotientenmenge $Bij(\mathbb{R}, \mathbb{R}) / \mathcal{U}$.

**Aufgabe 5.27.** Beweisen oder widerlegen Sie die folgenden Behauptungen für $n \in \mathbb{N}$:

(a)  $n^2 \equiv n \pmod 2$;     (b)  $n^3 \equiv n \pmod 3$;     (c)  $n^4 \equiv n \pmod 4$.

**Aufgabe 5.28.** Für welche Zahlen $n \in \mathbb{N}$ gilt

(a) $\displaystyle\sum_{k=1}^{n} k \equiv 0\,(\mathrm{mod}\,n)$?  (b) $\displaystyle\sum_{k=1}^{n} k^2 \equiv 0\,(\mathrm{mod}\,n)$?

**Aufgabe 5.29.** Sei $p \in \mathbb{P}$ und $a \in \mathbb{N}$ mit $ggT(a,p) = 1$. Beweisen Sie, dass dann $a^{p(p-1)} \equiv 1\,(\mathrm{mod}\,p^2)$ gilt. Kann man hierbei auf die Teilerfremdheit von $a$ und $p$ verzichten?

**Aufgabe 5.30.** Zeichnen Sie, wie in Abschnitt 5.2 für $m = 5$ und $m = 7$ geschehen, ein Pascal'sches Dreieck modulo 3 und modulo 4. Kommentieren Sie das Ergebnis.

**Aufgabe 5.31.** Beweisen Sie, dass aus $2^p \equiv 1\,(\mathrm{mod}\,q)$ mit $p, q \in \mathbb{P}$ folgt, dass $q - 1$ durch $p$ teilbar ist.

**Aufgabe 5.32.** Sei $\mathcal{G} := \{1, i, j, k, -1, -i, -j, -k\}$ die multiplikative Gruppe der Quaternionen-Bausteine aus Abschnitt 4.6, und sei $\hat{\mathcal{G}} := \mathbb{Z}_8$ die additive Restklassengruppe zu $m = 8$ aus Abschnitt 5.2. Sind diese beiden Gruppen isomorph?

**Aufgabe 5.33.** Ist die Umkehrrelation einer Äquivalenzrelation wieder eine Äquivalenzrelation? Ist die Umkehrrelation einer Ordnungsrelation wieder eine Ordnungsrelation? Gibt es Relationen, die sowohl Äquivalenz- als auch Ordnungsrelationen sind?

**Aufgabe 5.34.** Finden Sie Beispiele von Relationen, die jeweils zwei der drei Eigenschaften (5.5), (5.7) und (5.8) einer Ordnungsrelation haben, aber nicht die dritte.

**Aufgabe 5.35.** Sei $\rho$ die durch $x\rho y :\Leftrightarrow 0 \leq x - y \leq 1$ definierte Relation in $\mathbb{R}$. Skizzieren Sie $\rho$, $\rho^{-1}$ und $\rho \circ \rho^{-1}$ als Teilmengen der Ebene $\mathbb{R}^2$. Ist $\rho$ eine Äquivalenzrelation? Eine Ordnungsrelation?

**Aufgabe 5.36.** Zwei Relationen $\preceq$ und $\sqsubseteq$ auf $\mathbb{R}^2$ seien definiert durch

$$(x,y) \preceq (u,v) :\Leftrightarrow x \leq u \wedge y \leq v$$

bzw.

$$(x,y) \sqsubseteq (u,v) :\Leftrightarrow x < u \vee (x = u \wedge y \leq v).$$

Beweisen Sie, dass $\preceq$ und $\sqsubseteq$ Ordnungsrelationen auf $\mathbb{R}^2$ sind, und skizzieren Sie für festes $(x,y) \in \mathbb{R}^2$ die Mengen $\{(u,v) \in \mathbb{R}^2 : (x,y) \preceq (u,v)\}$ und $\{(u,v) \in \mathbb{R}^2 : (x,y) \sqsubseteq (u,v)\}$.

**Aufgabe 5.37.** Sind die beiden Ordnungsrelationen aus Aufgabe 5.36 archimedisch auf $\mathbb{R}^2$?

**Aufgabe 5.38.** Seien $A$ und $B$ Mengen, die jeweils bzgl. einer Ordnungsrelation $\preceq_A$ bzw. $\preceq_B$ total geordnet sind. Auf der Produktmenge $A \times B$ definieren wir zwei Ordnungsrelationen $\preceq$ und $\sqsubseteq$ durch

$$(a,b) \preceq (c,d) \quad :\Leftrightarrow \quad a \preceq_A c \wedge b \preceq_B d$$

bzw.

$$(a,b) \sqsubseteq (c,d) \quad :\Leftrightarrow \quad a \prec_A c \vee (a = c \wedge b \preceq_B d).$$

Beweisen Sie, dass dies zwei Ordnungsrelationen auf $A \times B$ sind. Sind die dadurch definierten Ordnungen total? Vergleichen Sie dies mit den Ergebnissen aus Aufgabe 5.36.

**Aufgabe 5.39.** Sei $Abb(\mathbb{R}_0^+, \mathbb{R})$ die Mengen aller Abbildungen $f : \mathbb{R}_0^+ \to \mathbb{R}$, versehen mit der Ordnung

$$f \preccurlyeq g \quad :\Leftrightarrow \quad f(x) \leq g(x) \text{ für alle } x \in \mathbb{R}_0^+.$$

Ist diese Ordnung total? Was bedeutet $f \preccurlyeq g$ geometrisch? Geben Sie eine notwendige und hinreichende Bedingung an $a, b, c$ und $d$ an, unter der $T_{a,b} \preccurlyeq T_{c,d}$ gilt (mit $T_{a,b}$ aus Aufgabe 3.3). Geben Sie weiter eine notwendige und hinreichende Bedingung an $M, N \subseteq [0, \infty)$ an, unter der $\chi_M \preccurlyeq \chi_N$ gilt (mit $\chi_M$ aus Aufgabe 2.45).

**Aufgabe 5.40.** Lösen Sie noch einmal Aufgabe 5.39, aber diesmal mit $Abb([0, 1], \mathbb{R})$ statt $Abb(\mathbb{R}_0^+, \mathbb{R})$.

**Aufgabe 5.41.** Auf der komplexen Ebene $\mathbb{C}$ sei eine Relation $\preceq$ definiert durch

$$z \preceq w \quad :\Leftrightarrow \quad \operatorname{Im} z \leq \operatorname{Im} w.$$

Ist dies eine Ordnungsrelation? Falls nicht, durch welche zusätzliche Vorschrift wird dies eine Ordnungsrelation?

**Aufgabe 5.42.** Sei $\rho$ eine reflexive und transitive Relation auf einer Menge $M$. Zeigen Sie, dass dann durch

$$a \sim b \quad :\Leftrightarrow \quad a\rho b \wedge b\rho a$$

eine Äquivalenzrelation auf $M$ gegeben ist. Zeigen Sie weiter, dass durch

$$[a] \preceq [b] \quad :\Leftrightarrow \quad a\rho b$$

eine Ordnungsrelation auf der Quotientenmenge $M/\sim$ definiert ist. Illustrieren Sie diese Ergebnisse anhand eines selbst gewählten (nichttrivialen) Beispiels.

**Aufgabe 5.43.** Bestimmen Sie (falls vorhanden) das Infimum und Supremum der folgenden Mengen:

(a) $A := \left\{ \left( \dfrac{n}{1+n} \right)^n : n \in \mathbb{N} \right\};$ \qquad (b) $B := \left\{ \left( \dfrac{-n}{1+n} \right)^n : n \in \mathbb{N} \right\};$

(c) $C := \left\{ \dfrac{m-n}{m+n} : m, n \in \mathbb{N} \right\};$ \qquad (d) $D := \left\{ \left( \dfrac{1}{m} + \dfrac{1}{n} \right)^{mn} : m, n \in \mathbb{N} \right\}.$

Ist in einem dieser Fälle das Supremum sogar ein Maximum bzw. das Infimum sogar ein Minimum?

**Aufgabe 5.44.** Seien $M, N \subset \mathbb{R}$ beschränkte Mengen. Beweisen Sie die folgenden Abschätzungen:

$$\inf M + \inf N \leq \inf (M + N) \leq \inf M + \sup N$$
$$\leq \sup (M + N) \leq \sup M + \sup N.$$

Hierbei ist die Summe der Mengen $M$ und $N$ erklärt durch

$$M + N := \{x + y : x \in M, y \in N\}.$$

**Aufgabe 5.45.** Für $a \in \mathbb{R}$ und beschränktes $M \subset \mathbb{R}$ sei $aM$ erklärt durch

$$aM := \{ax : x \in M\}.$$

Unter welchen Bedingungen an $a$ und $M$ gelten die Gleichheiten

$$\inf (aM) = a \inf M, \qquad \sup (aM) = a \sup M?$$

**Aufgabe 5.46.** Zeigen Sie, dass man eine geordnete Menge durch die Verknüpfungen (5.36) tatsächlich zu einem Verband machen kann.

**Aufgabe 5.47.** Die Menge $\mathcal{V}_2$ bestehe aus der leeren Menge, allen Punkten der Ebene $\mathbb{R}^2$, allen Geraden in der Ebene $\mathbb{R}^2$ und der Ebene $\mathbb{R}^2$ selbst.

Für $\alpha, \beta \in \mathcal{V}_2$ bezeichne $\alpha \sqcap \beta$ den größten linearen Unterraum von $\mathbb{R}^2$, der ganz zu $\alpha$ und $\beta$ gehört, und $\alpha \sqcup \beta$ den kleinsten linearen Unterraum von $\mathbb{R}^2$, der sowohl $\alpha$ als auch $\beta$ enthält. Zeigen Sie, dass $(\mathcal{V}_2, \sqcap, \sqcup)$ ein Verband ist. Ist dieser Verband distributiv?

**Aufgabe 5.48.** Lösen Sie Aufgabe 5.47 noch einmal für die Menge $\mathcal{V}_3$, die aus der leeren Menge, allen Punkten des Raums $\mathbb{R}^3$, allen Geraden im Raum $\mathbb{R}^3$, allen Ebenen im Raum $\mathbb{R}^3$ und aus $\mathbb{R}^3$ selbst besteht.

**Aufgabe 5.49.** Beweisen Sie, dass das erste Distributivgesetz in (5.33) das zweite impliziert und umgekehrt.

**Aufgabe 5.50.** Finden Sie alle Verbände, die genau vier Elemente enthalten.

**Aufgabe 5.51.** Finden Sie den Verband, der mittels (5.36) von der Ordnung aus Aufgabe 5.39 erzeugt wird.


## 7.6  Aufgaben zum 6. Kapitel

**Aufgabe 6.1.** Überprüfen Sie, welche der fünf Peano-Axiome aus Abschnitt 6.1 von den folgenden Mengen $M$ und „Nachfolgerabbildungen" $\nu : M \to M$ erfüllt werden:

(a) $M := \mathbb{R}$, $\nu(x) := x + 1$;       (b) $M := \mathbb{Z}$, $\nu(k) := k + 1$;

(c) $M := \{-1, 1\}$, $\nu(n) := -n$;       (d) $M := \mathbb{S}^1$, $\nu(z) := z^2$.

**Aufgabe 6.2.** Neben der üblichen Kleiner-gleich-Ordnung $\leq$ sei eine weitere Ordnungsrelation $\preceq$ auf $\mathbb{N}$ folgendermaßen definiert: Für $m, n \in \mathbb{N}$ gelte $m \preceq n$, falls $m$ und $n$ beide gerade mit $m \leq n$ sind, falls $m$ und $n$ beide ungerade mit $m \leq n$ sind oder falls $m$ ungerade und $n$ gerade ist. Symbolisch können wir die beiden Ordnungen $\leq$ und $\preceq$ auf $\mathbb{N}$ dann durch die Folgen

$$(1, 2, 3, 4, 5, 6, 7, 8, \ldots), \qquad (1, 3, 5, 7, \ldots, 2, 4, 6, 8, \ldots)$$

darstellen. Ist $(\mathbb{N}, \preceq)$ wohlgeordnet? Gilt in $(\mathbb{N}, \preceq)$ das Prinzip der vollständigen Induktion?

**Aufgabe 6.3.** Welche Peano-Axiome gelten in der geordneten Menge $(\mathbb{N}, \preceq)$ aus Aufgabe 6.2?

**Aufgabe 6.4.** Man sagt, dass zwei geordnete Mengen $(M, \sqsubseteq)$ und $(N, \preceq)$ *ordnungs-gleichmächtig* sind, falls es eine bijektive Abbildung $f : M \to N$, die bzgl. dieser Ordnungen monoton steigend ist, d.h., aus $x \sqsubseteq y$ folgt $f(x) \preceq f(y)$.

(a) Beweisen Sie, dass aus der Ordnungs-Gleichmächtigkeit die übliche Gleichmächtigkeit (s. Abschnitt 2.4) folgt.

(b) Zeigen Sie, dass die Umkehrung von (a) nicht gilt.

**Aufgabe 6.5.** Seien $(M, \sqsubseteq)$ und $(N, \preceq)$ ordnungs-gleichmächtig (s. Aufgabe 6.4) und $(M, \sqsubseteq)$ wohlgeordnet. Beweisen Sie, dass dann auch $(N, \preceq)$ wohlgeordnet ist. Lösen Sie hiermit noch einmal Aufgabe 6.4 (b).

**Aufgabe 6.6.** Zeigen Sie, dass die beiden Ordnungsrelationen in (6.7) und (6.12) wohldefiniert sind, d.h., nicht von der Auswahl der Repräsentanten abhängen.

**Aufgabe 6.7.** Geben Sie einen Dedekind'schen Schnitt $\alpha$ mit den folgenden Eigenschaften an oder begründen Sie jeweils, warum es einen solchen Schnitt nicht geben kann:

(a)  $\max \alpha$ existiert, $\min (\mathbb{Q} \setminus \alpha)$ existiert nicht;

(b)  $\max \alpha$ existiert nicht, $\min (\mathbb{Q} \setminus \alpha)$ existiert;

(c)  $\max \alpha$ existiert nicht, $\min (\mathbb{Q} \setminus \alpha)$ existiert nicht;

(d)  $\max \alpha$ existiert, $\min (\mathbb{Q} \setminus \alpha)$ existiert.

**Aufgabe 6.8.** Sei $\alpha_q$ der rationale Schnitt gemäß Definition (6.13), und sei $|\alpha_q|$ sein Absolutbetrag gemäß Definition (6.21). Gilt dann die Gleichheit $|\alpha_q| = \alpha_{|q|}$?

**Aufgabe 6.9.** Seien $\alpha_p$ und $\alpha_q$ rationale Schnitte gemäß Definition (6.13), und sei $\alpha_p \cdot \alpha_q$ das Produkt dieser Schnitte gemäß Definition (6.22). Gilt dann die Gleichheit $\alpha_p \cdot \alpha_q = \alpha_{pq}$?

**Aufgabe 6.10.** Zeigen Sie, dass die Addition (6.17) auf der Menge der Dedekind'schen Schnitte kommutativ ist. Was ist das additiv-neutrale Element?

**Aufgabe 6.11.** Zeigen Sie, dass die in (6.22) definierte Multiplikation auf der Menge der Dedekind'schen Schnitte kommutativ ist. Was ist das multiplikativ-neutrale Element?

**Aufgabe 6.12.** Sei $\alpha$ ein Dedekind'scher Schnitt und $r \in \mathbb{Q}^+$. Beweisen Sie, dass es dann rationale Zahlen $p$ und $q$ gibt derart, dass $p \in \alpha$, $q \notin \alpha$ und $q - p = r$ gilt.

**Aufgabe 6.13.** Sei $\alpha \in DS(\mathbb{Q})$ der in (6.14) definierte Dedekind'sche Schnitt. Zeigen Sie, dass das Quadrat $\alpha^2 = \alpha \cdot \alpha$ dieses Schnitts (im Sinne der Definition aus (6.22)) mit dem rationalen Schnitt $\alpha_2$ (s. (6.13)) übereinstimmt.

**Aufgabe 6.14.** Zeigen Sie, dass der in (6.21) definierte Absolutbetrag $|\alpha|$ für $\alpha \in DS(\mathbb{Q})$ der Dreiecksungleichung (1.35) genügt.

**Aufgabe 6.15.** Zeigen Sie, dass durch (6.23) eine Äquivalenzrelation auf $CF(\mathbb{Q})$ definiert ist.

**Aufgabe 6.16.** Beweisen Sie durch direkte Anwendung der Definition, dass die durch $r_n := 1/n^2$ gegebene Folge $(r_n)_n$ eine Cauchyfolge ist.

**Aufgabe 6.17.** Sei $x \in \mathbb{R}$ und $x_n \in \mathbb{Q}$ definiert durch $x_n := \text{ent}\,(nx)/n$. Beweisen Sie, dass die Folge $(x_n)_n$ gegen $x$ konvergiert. Berechnen Sie (mit einem Taschenrechner) die ersten 5 Folgenglieder $x_1, \ldots, x_5$ im Fall $x = \pi$. Ist die Folge $(x_n)_n$ immer monoton?

**Aufgabe 6.18.** Sei $(a_n)_n$ die rekursiv durch

$$a_1 := 1, a_2 := \frac{3}{2}, a_3 := \frac{7}{5}, \ldots, a_{n+1} := 1 + \frac{1}{1 + a_n}, \ldots$$

definierte rationale Folge. Zeigen Sie, dass $(a_n)_n$ gegen die irrationale Zahl $\frac{1}{2}(1 + \sqrt{5})$ konvergiert.

**Aufgabe 6.19.** Zeigen Sie, dass die durch

$$a_1 := 1, a_2 := 1 + \frac{1}{2}, a_3 := 1 + \frac{1}{2} + \frac{1}{3}, \ldots, a_n := 1 + \frac{1}{2} + \frac{1}{3} + \ldots + \frac{1}{n}$$

definierte rationale Folge $(a_n)_n$ keine Cauchyfolge ist.

**Aufgabe 6.20.** Zeigen Sie, dass die durch

$$a_1 := 1, a_2 := 1 - \frac{1}{2}, a_3 := 1 - \frac{1}{2} + \frac{1}{3}, \ldots, a_n := 1 - \frac{1}{2} + \frac{1}{3} - + \ldots + (-1)^{n-1}\frac{1}{n}$$

definierte rationale Folge $(a_n)_n$ eine Cauchyfolge ist.

**Aufgabe 6.21.** Sei $(a_n)_n$ die rekursiv durch

$$a_1 := 1, a_2 := \frac{2}{3}, a_3 := \frac{13}{22}, \ldots, a_{n+1} := \frac{1 + a_n^2}{2 + a_n}, \ldots$$

Beweisen Sie, dass $a_n \geq \frac{1}{2}$ gilt, dass $(a_n)_n$ monoton fällt, und dass $(a_n)_n$ konvergiert. Bestimmen Sie auch den Grenzwert dieser Folge.

**Aufgabe 6.22.** Zeigen Sie, dass die Summe und das Produkt zweier Nullfolgen wieder eine Nullfolge ist.

**Aufgabe 6.23.** Zeigen Sie, dass das Produkt einer Nullfolge und einer beschränkten Folge wieder eine Nullfolge ist. Geben Sie auch eine Nullfolge und eine unbeschränkte Folge an, deren Produkt keine Nullfolge ist.

**Aufgabe 6.24.** Ist die Summe einer Nullfolge und einer Cauchyfolge eine Nullfolge? Ist das Produkt einer Nullfolge und einer Cauchyfolge eine Nullfolge?

**Aufgabe 6.25.** Zeigen Sie, dass die Folge $(s_n)_n$ mit $s_n$ aus (6.26) monoton fallend ist.

**Aufgabe 6.26.** Benutzen Sie Satz 4.7 in Verbindung mit Aufgabe 3.39, um die Konvergenz der Zahlenfolge (2.22) zu beweisen.

**Aufgabe 6.27.** Benutzen Sie Satz 4.7 in Verbindung mit Aufgabe 2.48, um die Konvergenz der Zahlenfolge (2.21) zu beweisen.

**Aufgabe 6.28.** Zeigen Sie durch Beispiele, dass Satz 4.7 falsch wird, wenn man auf die Beschränktheits- oder Monotonievoraussetzung an $(a_n)_n$ verzichtet.

**Aufgabe 6.29.** Zeigen Sie, dass durch (6.25) eine Äquivalenzrelation auf $IS(\mathbb{Q})$ definiert ist.

**Aufgabe 6.30.** Beweisen Sie, dass man die Äquivalenzrelation (6.25) äquivalent folgendermaßen definieren kann: Für zwei Intervallschachtelungen $(I_n)_n = ([a_n, b_n])_n$ und $(J_n)_n = ([c_n, d_n])_n$ gilt $(I_n)_n \sim (J_n)_n$, falls es ein $n_0 \in \mathbb{N}$ gibt derart, dass $\max\{a_n, c_n\} \leq \min\{b_n, d_n\}$ für alle $n \geq n_0$ gilt.

**Aufgabe 6.31.** Sei $a \in \mathbb{R}^+$ und $x$ eine reelle Zahl, die durch die Intervallschachtelung $(I_n)_n$ repräsentiert wird. Durch welche Intervallschachtelung kann man dann die reelle Zahl $e^x$ repräsentieren?

**Aufgabe 6.32.** Das *arithmetische Mittel* zweier Zahlen $x, y \in \mathbb{R}^+$ ist definiert durch $a(x, y) := \frac{1}{2}(x + y)$, das *geometrische Mittel* durch $g(x, y) := \sqrt{xy}$. Zeigen Sie, dass stets $g(x, y) \leq a(x, y)$ gilt, und bringen Sie je ein Beispiel für Gleichheit und strikte Ungleichheit.

**Aufgabe 6.33.** Benutzen Sie die Ungleichung $g(x, y) \leq a(x, y)$ aus Aufgabe 6.32, um die Abschätzung $\sqrt{2} \leq a_n \leq 2$ für die Folge $(a_n)_n$ aus (2.21) zu beweisen.

**Aufgabe 6.34.** Finden Sie die Inverse $f^{-1} : \mathbb{R}_D \to \mathbb{R}_B$ der in (6.30) definierten bijektiven Abbildung $f$.

**Aufgabe 6.35.** Finden Sie die Inverse $h^{-1} : \mathbb{R}_C \to \mathbb{R}_D$ der in (6.32) definierten bijektiven Abbildung $h$.

**Aufgabe 6.36.** Für $x \in \mathbb{R}$ sei $(x_n)_n$ die in Aufgabe 6.17 definierte rationale Folge. Zeigen Sie, dass die Klasse $[(x_n)_n] \in \mathbb{R}_C$ bzgl. der Äquivalenzrelation (6.18) die reelle Zahl $x$ repräsentiert.

**Aufgabe 6.37.** Sei $(I_n)_n \in IS(\mathbb{Q})$ eine Intervallschachtelung mit $I_n := [a_n, b_n]$. Beweisen Sie Folgendes:

(a) Sowohl $(a_n)_n$ als auch $(b_n)_n$ ist eine rationale Cauchyfolge.

(b) Die zugehörigen Klassen $[(a_n)_n]$ und $[(b_n)_n]$ bzgl. der Äquivalenzrelation (6.23) sind gleich.

(c) Diese Klassen werden unter der Abbildung $g^{-1}$ aus (6.33) auf die Klasse $[(I_n)_n]$ bzgl. der Äquivalenzrelation (6.25) abgebildet.

**Aufgabe 6.38.** Sei $(a_n)_n \in CF(\mathbb{Q})$ monoton wachsend und $(b_n)_n \in CF(\mathbb{Q})$ monoton fallend, und gelte $(b_n - a_n)_n \in NF(\mathbb{Q})$, d.h., $(a_n)_n \sim (b_n)_n$ gemäß (6.23). Beweisen Sie Folgendes:

(a) Die Intervalle $I_n := [a_n, b_n]$ bilden eine Intervallschachtelung.

(b) Die Klasse $[(I_n)_n]$ bzgl. der Äquivalenzrelation (6.25) wird unter der Abbildung $g$ aus (6.31) auf die Klasse $[(a_n)_n]$ $(= [(b_n)_n])$ bzgl. der Äquivalenzrelation (6.23) abgebildet.

**Aufgabe 6.39.** Beweisen Sie die Äquivalenz der folgenden beiden Aussagen in einem geordneten Körper $(\mathcal{K}, +, \cdot, \leq)$:

(a) Jede von unten beschränkte nichtleere Teilmenge von $\mathcal{K}$ hat ein Infimum in $\mathcal{K}$.

(b) Jede von oben beschränkte nichtleere Teilmenge von $\mathcal{K}$ hat ein Supremum in $\mathcal{K}$.

**Aufgabe 6.40.** Beweisen Sie die Äquivalenz der folgenden beiden Aussagen in einem geordneten Körper $(\mathcal{K}, +, \cdot, \leq)$:

(a) jede von unten beschränkte monoton fallende Folge konvergiert in $\mathcal{K}$;

(b) jede von oben beschränkte monoton wachsende Folge konvergiert in $\mathcal{K}$.

## 7.7 Lösungshinweise zu ausgewählten Aufgaben

**Hinweis 1.5.** In der Grundmenge $\mathbb{N}$ sind die Aussagen (a) und (b) wahr, in der Grundmenge $\mathbb{Z}$ die Aussage (b) und in der Grundmenge $\mathbb{Q}^+$ die Aussagen (b) und (d).

**Hinweis 1.9.** Die Aussagen (a), (c), (e) und (f) sind wahr.

**Hinweis 1.10.** Die Mengen in (a), (b), (e) und (f) sind leer.

**Hinweis 1.15.** In den Fällen (a), (b) und (c) ist die angegebene Menge endlich, in den Fällen (d) und (e) unendlich.

**Hinweis 1.26.** In den ersten beiden Fällen ist $A$ einelementig, in den letzten beiden leer.

**Hinweis 1.27.** (Nur) die Menge $C$ ist leer.

**Hinweis 1.28.** Im Falle $M_x = [0, x]$ ist der Durchschnitt nicht leer.

**Hinweis 1.31.** Zum Beweis des letzten Teils wählen Sie $A \supset C$ und $B \subset D$.

**Hinweis 1.33.** Beachten Sie, dass Quadrate und Absolutbeträge nicht negativ sein können.

**Hinweis 1.37.** In den Fällen (a) – (e) ist das Intervall beschränkt, in den Fällen (f) – (h) unbeschränkt.

**Hinweis 1.38.** Versuchen Sie die Substitution $x^2 =: z$.

**Hinweis 2.1.** Für den Beweis des letzten Teils wählen Sie $A$ und $B$ disjunkt und $f$ nicht injektiv.

**Hinweis 2.4.** Im Fall $r > 0$ ist $f^{-1}(r)$ unendlich, im Fall $r = 0$ einelementig und im Fall $r < 0$ leer.

**Hinweis 2.9.** Zur Beantwortung der Frage betrachten Sie $P = Q = \mathbb{R}$ und $f(x) = x^2$.

**Hinweis 2.14.** Nur bei der Komposition $g \circ f$ bleiben die Injektivität und Surjektivität erhalten.

**Hinweis 2.15.** Ermitteln Sie die Umkehrabbildung „stückweise" auf den Bildern der Intervalle $(\frac{1}{2}, 1]$, $(\frac{1}{4}, \frac{1}{2}]$, $(\frac{1}{8}, \frac{1}{4}]$, ..., und setzen Sie sie dann zusammen, um die Umkehrfunktion auf ganz $(0, 1)$ zu bekommen.

**Hinweis 2.16.** Überlegen Sie, ob das Negative einer rationalen Zahl irrational sein kann. Wie könnte $f \circ f$ aussehen? Was also ist $f^{-1}$?

**Hinweis 2.17.** Beachten Sie, dass $f(0) = 0$ ist und unterscheiden Sie die Fälle $x > 0$ und $x < 0$.

**Hinweis 2.18.** Sie können sogar eine Funktion $g$ der Form $g(x) = px + q$ finden, d.h. mit einer Strecke als Graph. Bestimmen Sie $p$ und $q$ so, dass $g : (-1, 1) \to (0, 1)$ bijektiv ist, und betrachten Sie dann $g \circ f^{-1}$ mit $f$ aus Aufgabe 2.17.

**Hinweis 2.19.** Was wissen Sie über mögliche Nullstellen quadratischer Polynome?

**Hinweis 2.23.** Gibt es ein $x \in \mathbb{R} \setminus \{-d/c\}$ mit $f(x) = a/c$? Zum Beweis der Injektivität zeigen Sie direkt, dass aus $f(x_1) = f(x_2)$ stets $x_1 = x_2$ folgt.

**Hinweis 2.24.** In (a) unterscheiden Sie die Fälle $x > y$, $x = y$ und $x < y$. In (b) skizzieren Sie $f(t)$ für $t \in \{0, \frac{\pi}{2}, \pi, \frac{3\pi}{2}, 2\pi\}$ in der Ebene.

**Hinweis 2.25.** Fixieren Sie $(u, v) \in \mathbb{R}^2$ und zeigen Sie, dass das lineare Gleichungssystem

$$\begin{cases} ax + 4y = u, \\ x + 2y = v \end{cases}$$

genau für $a \neq 2$ eindeutig lösbar ist.

**Hinweis 2.28.** Benutzen Sie die Inklusion (2.5) in Verbindung mit Aufgabe 2.10, falls $f$ injektiv bzw. surjektiv ist. Beachten Sie außerdem, dass für einelementige Mengen $M = \{x\}$ stets $f(\{x\}) = \{f(x)\}$ gilt.

**Hinweis 2.29.** Benutzen Sie, dass ent $x$ die einzige (und damit eindeutig bestimmte) ganze Zahl im Intervall $[x, x + 1)$ ist.

**Hinweis 2.30.** Nach Definition der Ganzteilfunktion gilt

$$\operatorname{ent}\left(\frac{x}{n}\right) \leq \frac{x}{n} < \operatorname{ent}\left(\frac{x}{n}\right) + 1, \qquad (*)$$

also nach Multiplikation mit $n$

$$n\operatorname{ent}\left(\frac{x}{n}\right) \leq x < n\operatorname{ent}\left(\frac{x}{n}\right) + n.$$

Benutzen Sie dies, um zu zeigen, dass außer $(*)$ auch

$$\operatorname{ent}\left(\frac{x}{n}\right) \leq \frac{\operatorname{ent} x}{n} < \operatorname{ent}\left(\frac{x}{n}\right) + 1$$

gilt. Wieso folgt hieraus die Behauptung?

**Hinweis 2.32.** Sei ent $x = k$, also $k \leq x < k + 1$. In welchem Fall liegt dann $x$ näher an $k$, in welchem näher an $k + 1$? Wie sieht in diesen beiden Fällen ent $\left(x + \frac{1}{2}\right)$ aus?

**Hinweis 2.34.** In (a) und (b) untersuchen Sie die Funktion auf Intervallen der Form $[k, k+1]$, in (d) auf Intervallen der Form $[k\pi, (k+1)\pi]$ für $k \in \mathbb{Z}$.

**Hinweis 2.35.** Wie könnte $f \circ f$ aussehen? Was also ist $f^{-1}$?

**Hinweis 2.37.** Beachten Sie zunächst, dass $f(\frac{1}{n}) = \frac{1}{n}$ ($n \in \mathbb{N}$) ist, und untersuchen Sie dann, wohin $f$ Intervalle der Form $(\frac{1}{n+1}, \frac{1}{n})$ abbildet.

**Hinweis 2.41.** Für Beispiele denken Sie an Parabeln.

**Hinweis 2.43.** Ist $f(x) = a_n x^n + a_{n-1} x^{n-1} + \ldots + a_2 x^2 + a_1 x + a_0$ ein Polynom, wie sieht dann $f(-x)$ aus? Wie sehen $f(x) - f(-x)$ und $f(x) + f(-x)$ aus? (Hier empfiehlt es sich, die beiden Fälle „$n$ gerade" und „$n$ ungerade" zu unterscheiden.)

**Hinweis 2.44.** Benutzen Sie, dass die Funktion $x \mapsto f(x) + f(-x)$ immer gerade und die Funktion $x \mapsto f(x) - f(-x)$ immer ungerade ist, auch wenn $f$ eine beliebige Funktion ist.

**Hinweis 2.46.** Denken Sie an Funktionen (wie etwa $f(x) = x$), deren Graph einmal die $x$-Achse schneidet.

**Hinweis 2.47.** Ändern Sie die Funktion $f$ aus Aufgabe 2.16 geeignet ab.

**Hinweis 2.49.** Beweisen Sie, dass $0 \leq a_n \leq 2$ gilt.

**Hinweis 2.50.** Beweisen Sie, dass $0 \leq a_n \leq 3$ gilt.

**Hinweis 2.52.** Untersuchen Sie zunächst die Folgen $(a_n)_n$ mit $a_n = n$ bzw. $a_n = \frac{1}{n}$ als „Modellbeispiele".

**Hinweis 2.55.** Orientieren Sie sich an Aufgabe 2.48.

**Hinweis 2.56.** Benutzen Sie Definition 2.9.

**Hinweis 2.57.** Nehmen Sie an, es gäbe eine surjektive Abbildung $f : M \to \mathcal{P}(M)$, betrachten Sie die Menge $\mathcal{M} := \{m \in M : m \notin f(m)\}$ und imitieren Sie den Beweis aus Beispiel 2.17.

**Hinweis 2.58.** Zeigen Sie, dass $\Phi^{-1}(N) = \chi_N$ ist, wobei $\chi_N$ die charakteristische Funktion von $N \subseteq M$ gemäß Aufgabe 2.45 bezeichne.

**Hinweis 3.1.** Machen Sie sich klar, dass mit $a, b \in A$ auch $a + b \in A$ und $a - b \in A$ gelten muss.

**Hinweis 3.3.** Zur Beantwortung der letzten Frage benutzen Sie Aufgabe 2.6.

**Hinweis 3.5.** Zur Beantwortung der letzten Frage müssen Sie (mindestens) $n = 3$ wählen.

**Hinweis 3.6.** Die angegebene Verknüpfung auf $\mathbb{R}^3$ ist assoziativ (etwas mühsam zu zeigen), aber nicht kommutativ (an einfachen Beispielen zu sehen).

**Hinweis 3.7.** Die angegebene Verknüpfung ist weder assoziativ (sehr mühsam zu zeigen) noch kommutativ (an einfachen Beispielen zu sehen).

**Hinweis 3.9.** Setzen Sie $A^{-1}$ im Falle $\det A \neq 0$ in der Form

$$A^{-1} := \begin{pmatrix} \alpha & \beta \\ \gamma & \delta \end{pmatrix}$$

an und berechnen Sie die Zahlen $\alpha, \beta, \gamma, \delta \in \mathbb{Q}$ aus der Bedingung $A \circ A^{-1} = E$.

**Hinweis 3.11.** Ist die Differenz zweier monoton steigender Funktionen monoton steigend?

**Hinweis 3.13.** Die angegebene Gruppe hat die Form

$$\mathcal{D}_3 = \{\epsilon, \delta_1, \delta_2, \sigma, \sigma \circ \delta_1, \sigma \circ \delta_2\},$$

wobei $\epsilon$ die identische Abbildung ist, $\delta_1$ die Drehung des Dreiecks (gegen den Uhrzeigersinn) um 120 Grad, $\delta_2$ die Drehung des Dreiecks (gegen den Uhrzeigersinn) um 240 Grad und $\sigma$ die Spiegelung des Dreiecks an einer Seitenhalbierenden.

**Hinweis 3.18.** Man sieht sofort, dass stets $a_n = 1$ und $a_0 = x_1 x_2 \cdots x_n$ gilt. An den Spezialfällen $n = 2, 3, 4$ kann man auch $a_{n-1}$ relativ leicht erkennen.

**Hinweis 3.19.** Angenommen, Sie haben die Behauptung für festes $n$ bewiesen. Wenn dann $f : \{1, 2, \ldots, n, n+1\} \to \{1, 2, \ldots, n, n+1\}$ bijektiv ist (also ein Element von $S_{n+1}$), wie viele verschiedene Werte kann dann $f(n+1)$ noch annehmen, wenn Sie die Einschränkung von $f$ auf $\{1, 2, \ldots, n\}$ fixieren und als Element von $S_n$ ansehen?

**Hinweis 3.24.** Vielleicht geht es am einfachsten, wenn Sie die Beziehung

$$\frac{1}{k(k+1)} = \frac{1}{k} - \frac{1}{k+1}$$

ausnutzen.

**Hinweis 3.25.** Für den Induktionsschritt argumentieren Sie ähnlich wie in Aufgabe 3.19.

**Hinweis 3.26.** Addieren Sie zwei benachbarte Elemente der Folge und vergleichen Sie die Summe mit dem folgenden Element.

**Hinweis 3.36.** Beweisen Sie zunächst, dass das durch (3.11) definierte Produkt zweier (streng) monoton steigender Funktionen wieder (streng) monoton steigend ist. Benutzen Sie dieses Ergebnis dann für den Induktionsschritt.

**Hinweis 3.39.** Für $n \geq 2$ gilt

$$\frac{a_n}{a_{n-1}} = \frac{(n+1)^n}{n^n} \frac{(n-1)^{n-1}}{n^{n-1}} = \frac{n}{n-1} \frac{(n^2-1)^n}{n^{2n}} = \frac{n}{n-1} \left(1 - \frac{1}{n^2}\right)^n.$$

Wenden Sie nun die Bernoulli'sche Ungleichung auf $h := -1/n^2$ an.

**Hinweis 3.47.** Offensichtlich gilt $(4m+1)(4n+1) = 4k+1$ mit $k = 4mn + m + n$. Wie müssen Sie also $k$ wählen, damit $4k+1$ nicht zerlegbar ist?

**Hinweis 3.50.** Subtrahieren Sie von der gegebenen Zahl nacheinander Vielfache von $21 = 3 \cdot 7$.

**Hinweis 3.51.** Falls $b$ ungerade ist, sind $q$ und $r$ eindeutig bestimmt; falls $b$ gerade ist, gibt es 2 Möglichkeiten.

**Hinweis 3.54.** Wir können $n$ als gerade Zahl stets in der Form $n = 2^{p-1}u$ schreiben, wobei $u$ ungerade und $p$ eine natürliche Zahl (zunächst nicht notwendigerweise eine Primzahl) ist. Was können Sie dann über die Teiler von $2^{p-1}$, $u$ und $n$ sagen?

**Hinweis 3.55.** Benutzen Sie, dass alle Pimzahlen $p \leq n$ Teiler von $n!$ sind, aber nicht von $n! - 1$. Was also können Sie über Primzahlen sagen, die $n! - 1$ teilen?

**Hinweis 3.57.** Für die Induktionsannahme wählen Sie ein $m \in \mathbb{N}$ mit $2^{2n} - 1 = 3m$ und drücken Sie dann $2^{2n+2} - 1$ mit $m$ als Vielfaches von 3 aus.

**Hinweis 3.58.** Zum Beweis der Behauptung benutzen Sie Aufgabe 3.54, für die Umkehrung überprüfen Sie die vollkommenen Zahlen, die Sie schon kennen.

**Hinweis 3.60.** Betrachten Sie die (natürliche!) Zahl

$$d := \min \left( \{ ma + nb : m, n \in \mathbb{Z} \} \cap \mathbb{N} \right)$$

und zeigen Sie, dass $d = 1$ sein muss, indem Sie sowohl $a$ als auch $b$ mit Rest durch $d$ teilen.

**Hinweis 3.67.** Nehmen Sie an, die angegebene Menge enthalte nur endlich viele Primzahlen, also $p_1, p_2, \ldots, p_N$. Betrachten Sie dann die Primteiler der Zahl $a := 6p_1 p_2 \cdots p_N - 1$ und beweisen Sie, dass mindestens einer von ihnen auch in der angegebenen Menge liegen muss.

**Hinweis 3.68.** Beachten Sie, dass $2 \leq ggT(a, b) \leq ak + b$ für alle $k \in \mathbb{N}_0$ gilt. Welches ist also die einzig mögliche Primzahl in der angegebenen Menge?

**Hinweis 3.69.** Benutzen Sie die Gleichheit (3.24) für $a = 10$.

**Hinweis 3.70.** Wählen Sie $s$ und $t$ gemäß Satz 3.16 und zeigen Sie, dass $r = s(t - s)$ ist. Ist $(a, b, c)$ ein beliebiges pythagoreisches Tripel, so wählen Sie $k \in \mathbb{N}$ derart, dass $(a/k, b/k, c/k)$ elementares pythagoreisches Tripel ist, und wiederholen Sie die Rechnung.

**Hinweis 3.72.** Benutzen Sie die Tatsache, dass jede natürliche Zahl in der Form $3k$, $3k + 1$ oder $3k + 2$ geschrieben werden kann, aber auch in der Form $5k$, $5k + 1$, $5k + 2$, $5k + 3$ oder $5k + 4$.

**Hinweis 3.74.** Da $b$ und $c$ benachbart sind, muss $c = b + 1$ gelten; Sie müssen daher die Bedingung $a^2 + b^2 = (b + 1)^2$ nach $b$ auflösen.

**Hinweis 3.75.** Beachten Sie, dass $7^4 = 2.401 < 13.860 < 16.807 = 7^5$ gilt. Sie müssen also 13.860 durch 2.401 mit Rest teilen.

**Hinweis 3.76.** Beachten Sie, dass die geraden Potenzen von 10, vermindert um 1, also $10^2 - 1 = 99$, $10^4 - 1 = 9.999$, $10^6 - 1 = 999.999$ usw., stets durch 11 teilbar sind. Andererseits sind die ungeraden Potenzen von 10, erhöht um 1, also $10^1 + 1 = 11$, $10^3 + 1 = 1.001$, $10^5 + 1 = 100.001$ usw., ebenfalls durch 11 teilbar. Argumentieren Sie nun weiter wie im Beweis von Satz 3.17 (e).

**Hinweis 3.78.** Beginnen Sie mit dem angegebenen Spezialfall, also

$$m = 1 \cdot 3^1 + 1 \cdot 3^0, \qquad n = 1 \cdot 3^1 + 2 \cdot 3^0, \qquad m + n = 1 \cdot 3^2.$$

Hier gilt $a_1 = 1$, $a_0 = 1$, $b_1 = 1$, $b_0 = 2$ und $c_2 = 1$, mithin

$$\alpha = \frac{1}{2}\left(a_0 + b_0 + a_1 + b_1 - c_2\right) = \frac{1}{2}\left(1 + 2 + 1 + 1 - 1\right) = 2.$$

Andererseits ist

$$\binom{m+n}{m} = \frac{9!}{4!5!} = 126 = 2 \cdot 3^2 \cdot 7,$$

also gilt tatsächlich $3^2 \| 126$. Versuchen Sie nun die Gesetzmäßigkeit in diesem Beispiel zu erkennen.

**Hinweis 3.79.** Beginnen Sie wieder mit dem angegebenen Spezialfall, in dem Sie aus $12 = 2^2 \cdot 3$ für $p = 2$ sofort $\alpha = 2$ ablesen können. Hier ist

$$\binom{12}{4} = \frac{12 \cdot 11 \cdot 10 \cdot 9}{1 \cdot 2 \cdot 3 \cdot 4} = 495,$$

und das ist nicht durch 2 teilbar. Für $p = 3$ gilt dagegen $\alpha = 1$, und tatsächlich ist

$$\binom{12}{3} = \frac{12 \cdot 11 \cdot 10}{1 \cdot 2 \cdot 3} = 220$$

nicht durch 3 teilbar. Beweisen Sie nun den allgemeinen Fall.

**Hinweis 4.1.** Was wissen Sie über die Anzahl der Nullstellen eines Polynoms $n$-ten Grades $(n \geq 1)$?

**Hinweis 4.2.** Kann die Komposition zweier Funktionen identisch null sein, selbst wenn beide Funktionen nicht identisch null sind?

**Hinweis 4.4.** Imitieren Sie die Argumentation aus Beispiel 4.8 und benutzen Sie dabei Aufgabe 4.23.

**Hinweis 4.10.** Ordnen Sie jeder Zahl $a > 0$ die Matrix $M_a$ aus Aufgabe 3.8 zu.

**Hinweis 4.11.** Bezeichnen Sie die Eckpunkte des Dreiecks mit $A$, $B$ und $C$, so können Sie jedes Element von $\mathcal{D}_3$ als Permutation der Menge $\{A, B, C\}$ ansehen.

**Hinweis 4.14.** Falls $A$ invertierbar ist, so ist auch $A^T$ invertierbar und es gilt $(A^T)^{-1} = (A^{-1})^T$.

**Hinweis 4.18.** Zu $\varepsilon = 1$ wähle man einen Index $N \in \mathbb{N}$ derart, dass für $m, n \geq N$ stets $|a_m - a_n| < 1$ gilt. Insbesondere ($m := N$) gilt dann $|a_n - a_N| < 1$ für alle $n \geq N$. Wieso ist der Beweis damit im Wesentlichen erbracht?

**Hinweis 4.19.** Imitieren Sie den entsprechenden Beweis für Cauchyfolgen.

**Hinweis 4.21.** Folgen wie in (b) kann es nicht geben.

**Hinweis 4.24.** Betrachten Sie die Zahl $\sqrt{2}^{\sqrt{2}^{\sqrt{2}}} = 2$.

**Hinweis 4.25.** Wählen Sie $q \in \mathbb{N}$ mit $\frac{1}{q} < y - x$ und anschließend $p := \mathrm{ent}\,(xq + 1)$, und beachten Sie, dass dann $xq < p \leq xq + 1$ gilt.

**Hinweis 4.26.** Die Menge $\tilde{\mathcal{G}}$ ist eine Gruppe, die zur ersten Gruppe (linke Gruppentafel) aus Aufgabe 4.12 isomorph ist. Um das einzusehen, betrachten Sie die Potenzen $i^n$ für $n \in \mathbb{N}_0$.

**Hinweis 4.29.** Berechnen Sie zunächst probeweise $(1 + i)^n$ für $n = 1, 2, 3, 4$.

**Hinweis 4.30.** Versuchen Sie den Ansatz $z := a(1 \pm i)$ mit $a \in \mathbb{R}$.

**Hinweis 4.31.** Erinnern Sie sich daran, dass $\{z \in \mathbb{C} : |z - z_0| < r\}$ die offene und $\{z \in \mathbb{C} : |z - z_0| \leq r\}$ die abgeschlossene Kreisscheibe mit Mittelpunkt $z_0$ und Radius $r$ ist.

**Hinweis 4.36.** Benutzen Sie den Beweis von Satz 4.11 oder betrachten Sie die Substitution $z^2 =: w$.

**Hinweis 4.37.** Versuchen Sie es zunächst mit 0 und 1 (eventuell auch mehrfach).

**Hinweis 4.39.** Gilt $f(z_0) = 0$ für ein $z_0 \in \mathbb{C}$, so benutzen Sie die Eigenschaften (a) und (b) der Konjugation aus Aufgabe 4.34, um zu beweisen, dass $f(\overline{z}_0) = \overline{f(z_0)} = 0$ ist.

**Hinweis 4.40.** Ein üblicher Trick besteht zunächst darin, statt $x$ eine Summe $z_1 + z_2$ einzusetzen, wobei $z_1$ und $z_2$ irgendwelche komplexen Zahlen sind. Dann geht die gegebene Gleichung in die Gleichung

$$0 = (z_1 + z_2)^3 + p(z_1 + z_2) + q = z_1^3 + z_2^3 + 3(z_1 + z_2)\left(z_1 z_2 + \tfrac{p}{3}\right) + q$$

über. Falls (!) dann

$$z_1^3 + z_2^3 + q = 0, \quad z_1 z_2 + \frac{p}{3} = 0$$

gilt, so ist $x = z_1 + z_2$ tatsächlich eine Lösung der ursprünglichen Gleichung.

Nun hängen $z_1$ und $z_2$ mit $p$ und $q$ über die Beziehungen

$$z_1^3 + z_2^3 = -q, \quad z_1^3 z_2^3 = -\frac{p^3}{27}$$

zusammen. Damit sind die Zahlen $z_1^3$ und $z_2^3$ Lösungen der *quadratischen* Gleichung

$$z^2 + qz - \frac{p^3}{27} = 0.$$

Versuchen Sie also zunächst, diese quadratische Gleichung nach der bekannten Methode zu lösen.

**Hinweis 4.44.** Bestimmen Sie diejenigen Punkte $(x, y)$, die von der Abbildung $f_\alpha$ nicht bewegt werden, also die Lösungen des Gleichungssystems

$$\begin{cases} x \cos \alpha + y \sin \alpha = x, \\ x \sin \alpha - y \cos \alpha = y. \end{cases}$$

Hierzu orientieren Sie sich zunächst an speziellen Werten von $\alpha$ wie etwa in (4.59) und (4.60).

**Hinweis 4.46.** Berechnen Sie das Skalarprodukt $\langle z, cz \rangle$ unter Beachtung der Definition (4.43).

**Hinweis 4.48.** Benutzen Sie die Identität aus Aufgabe 4.47.

**Hinweis 4.49.** Benutzen Sie die Cauchy-Schwarz-Ungleichung für $z = c - a$ und $w = b - a$ und beachten Sie den Zusatz am Schluss von Aufgabe 4.48.

**Hinweis 4.50.** Zeigen Sie die Gleichheit

$$\mathcal{SO}(2) \setminus \{-E\} = \left\{ \frac{1}{1+\lambda^2} \begin{pmatrix} 1-\lambda^2 & -2\lambda \\ 2\lambda & 1-\lambda^2 \end{pmatrix} : \lambda \in \mathbb{R} \right\}.$$

**Hinweis 4.51.** Vergleichen Sie mit Aufgabe 2.23.

**Hinweis 4.53.** Nach (4.44) gelten die Formeln

$$\epsilon(\alpha + \beta) = \epsilon(\alpha)\epsilon(\beta), \quad \epsilon(\alpha - \beta) = \frac{\epsilon(\alpha)}{\epsilon(\beta)}. \qquad (*)$$

Zeigen Sie zunächst, dass für $0 < \alpha < 2\pi$ stets $\epsilon(\alpha) \neq 1$ gilt. In der Tat, für $0 < \alpha < \frac{\pi}{2}$ gilt $x := \operatorname{Re}\epsilon(\alpha) \in (0,1)$ und $y := \operatorname{Im}\epsilon(\alpha) \in (0,1)$, also kann

$$\epsilon(4\alpha) = (x + yi)^4 = x^4 - 6x^2 y^2 + y^4 + 4xy(x^2 - y^2)i$$

nur dann reell sein, wenn $x^2 = y^2 = \frac{1}{2}$, d.h. $\epsilon(4\alpha) = -1$ ist.

Um die Injektivität der Funktion $\epsilon : [0, 2\pi) \to \mathbb{S}^1$ zu beweisen, nehmen Sie nun $\alpha \neq \beta$ an und benutzen Sie das soeben Bewiesene zusammen mit der zweiten Formel in $(*)$.

Zum Beweis der Surjektivität der Funktion $\epsilon : [0, 2\pi) \to \mathbb{S}^1$ fixieren Sie $z = x + yi$ mit $x^2 + y^2 = 1$ und (o.B.d.A.) $x, y \geq 0$. Untersuchen Sie dann den Verlauf der Sinus- und Cosinusfunktion auf dem Intervall $[0, \frac{\pi}{2}]$.

**Hinweis 4.54.** Beweisen Sie, dass $f_{z_0}^{-1} = f_{-z_0}$ gilt, also

$$f_{z_0}^{-1}(w) = \frac{w + z_0}{1 + \overline{z_0}w}.$$

Die Abbildung $f_{z_0}$ hat die Form wie die Funktion $f$ aus Aufgabe 4.51, wenn man $a = 1$, $b = -z_0$, $c = -\overline{z_0}$ und $d = 1$ wählt. (Dann ist $ad - bc = 1 - |z_0|^2 \neq 0$, weil $z_0$ in $\mathbb{D}$ liegt!) Die diesem $f$ entsprechende Matrix aus Aufgabe 4.52 können Sie nun leicht angeben.

**Hinweis 4.55.** Zeigen Sie, dass

$$f_{z_0}^{-1}(w) = \frac{\overline{z_0}w - z_0}{w - 1}$$

gilt, und gehen Sie weiter wie in Aufgabe 4.54 vor.

**Hinweis 4.56.** Die Ringeigenschaften weist man wie in Beispiel 4.3 nach. Zur Beantwortung des letzten Satzes sei etwa $(7, 0) = (a, b) \otimes (\alpha, \beta)$; dies führt auf die Bedingungen

$$a\alpha - 5b\beta = 7, \quad a\beta + b\alpha = 0 \quad (a, b, \alpha, \beta \in \mathbb{Z}).$$

Zeigen Sie, dass hieraus $(a, b) = (7, 0)$ und $(\alpha, \beta) = (1, 0)$ (oder umgekehrt) folgt.

**Hinweis 4.57.** Imitieren Sie Aufgabe 4.9 mit $-5$ statt $q$ (und natürlich $\mathbb{Z}$ statt $\mathbb{Q}$).

**Hinweis 4.59.** Die Zahl $\sqrt{3} + \sqrt{2}$ ist Nullstelle des Polynoms $f(z) = z^4 - 10z^2 + 1$, die Zahl $\sqrt[3]{4} - 2i$ Nullstelle des Polynoms $f(z) = z^6 + 12z^4 - 8z^3 + 48z^2 + 96z + 80$.

**Hinweis 4.60.** Beachten Sie, dass Sie für die Darstellung einer algebraischen reellen Zahl ein Polynom *endlichen* Grades mit *ganzzahligen* Koeffizienten benötigen, und dass $\mathbb{Z}$ abzählbar ist.

**Hinweis 5.3.** Ist die Komposition von Funktionen kommutativ?

**Hinweis 5.11.** Zeichnen Sie in der Ebene ein Gitter, bestehend aus senkrechten Geraden im Abstand $a$ und waagrechten Geraden im Abstand $b$. Wie können Sie hieran die Äquivalenzklassen und ein vollständiges Repräsentantensystem verdeutlichen?

**Hinweis 5.12.** Hier ist es vielleicht hilfreich, zunächst Aufgabe 5.13 zu machen.

**Hinweis 5.16.** Die letzte Frage wird durch Satz 5.3 vollständig beantwortet.

**Hinweis 5.18.** Orientieren Sie sich am Beweis der Implikation (a) $\Rightarrow$ (b) in Satz 5.3.

**Hinweis 5.19.** Untersuchen Sie die Binomialkoeffizienten

$$\binom{p}{1}, \binom{p}{2}, \ldots, \binom{p}{p-2}, \binom{p}{p-1}$$

auf Teilbarkeit durch $p$.

**Hinweis 5.20.** Den ersten Teil können Sie direkt durch Betrachtung der zu einer Primzahl teilerfremden Zahlen lösen. Für den letzten zeigen Sie, dass die Phi-Funktion auf teilerfremden Faktoren *multiplikativ* ist, d.h., aus $ggT(n_1, n_2) = 1$ folgt $\varphi(n_1 n_2) = \varphi(n_1)\varphi(n_2)$.

**Hinweis 5.21.** Benutzen Sie die letzte Formel in Aufgabe 5.20.

**Hinweis 5.22.** Ist $n$ ungerade, so gilt $ggT(8, n) = 1$ und Sie können die Multiplikativität der Phi-Funktion (s. Hinweis 5.20) ausnutzen.

**Hinweis 5.24.** Wählen Sie o.B.d.A. $n = 2$ und orientieren Sie sich an Aufgabe 5.11.

**Hinweis 5.25.** Benutzen Sie Polarkoordinaten (s. (4.44) und die Erklärungen dazu).

**Hinweis 5.26.** Was bedeutet es für zwei Funktionen $f, g \in Bij(\mathbb{R}, \mathbb{R})$, wenn $g \circ f \in \mathcal{U}$ gilt?

**Hinweis 5.27.** (a) und (b) sind richtig, (c) ist falsch.

**Hinweis 5.28.** Benutzen Sie Beispiel 3.9 und Aufgabe 3.23.

**Hinweis 5.29.** Zur Beantwortung der letzten Frage betrachten Sie etwa $a = 4$ und $p = 2$.

**Hinweis 5.31.** Aus Satz 5.4 wissen wir zunächst, dass $2^p \equiv 1 \,(\mathrm{mod}\, q)$ gilt. Schreiben wir $q - 1 = kp + r$ mit $k \in \mathbb{N}$ und $0 \leq r < p$, so erhalten wir nach Voraussetzung

$$1 \equiv 2^{q-1} \equiv 2^{kp+r} \equiv (2^p)^k \cdot 2^r \equiv 2^r \,(\mathrm{mod}\, q).$$

Warum muss hieraus $r = 0$, also $q - 1 = kp$ folgen?

**Hinweis 5.32.** Beachten Sie, dass in der Gruppe $\{1, i, j, k, -1, -i, -j, -k\}$ zwar $1^1 = (-1)^2 = 1$, aber $i^2 = j^2 = k^2 = (-i)^2 = (-j)^2 = (-k)^2 = -1$ gilt. Was erhalten Sie dagegen in der Gruppe $\mathbb{Z}_8$, wenn sie jedes Element zu sich selbst addieren?

**Hinweis 5.33.** Eine Relation, die sowohl Äquivalenz- als auch Ordnungs-relation ist, müsste symmetrisch und antisymmetrisch sein. Was folgt hie-raus sofort?

**Hinweis 5.39.** Überlegen Sie zunächst, worin sich diese Aufgabe von Beispiel 5.13 unterscheidet. Zeichnen Sie die Graphen der Funktionen $T_{a,b}$ und $T_{c,d}$, um den letzten Teil zu lösen.

**Hinweis 5.41.** Wie liegen zwei komplexe Zahlen $z$ und $w$ in der Ebene, wenn sie die Bedingung $\mathrm{Im}\, z = \mathrm{Im}\, w$ bzw. $\mathrm{Im}\, z < \mathrm{Im}\, w$ erfüllen? Untersu-chen Sie insbesondere auf Antisymmetrie.

**Hinweis 5.43.** Schreiben Sie in jedem Beispiel zunächst die ersten fünf Elemente der Menge auf.

**Hinweis 5.45.** Betrachten Sie etwa den Fall $a = -1$: Gilt tatsächlich $\inf(-M) = -\inf M$ bzw. $\sup(-M) = -\sup M$? Welche Vermutung bzgl. $a$ legt dies nahe?

**Hinweis 6.2.** Um zu zeigen, dass $(\mathbb{N}, \preceq)$ nicht wohlgeordnet ist, betrach-ten Sie die Menge aller geraden Zahlen. Für den zweiten Teil benutzen Sie dann Satz 3.4.

**Hinweis 6.4.** Zum Beweis von (b) betrachten Sie noch einmal Aufgabe 6.2.

**Hinweis 6.5.** Zeigen Sie, dass eine monotone bijektive Abbildung Minima in Minima überführt. Zum Beweis der letzten Behauptung benutzen Sie Aufgabe 6.2.

**Hinweis 6.9.** Beschränken Sie sich beim Beweis o.B.d.A. auf den Fall $p, q \geq 0$.

**Hinweis 6.12.** Fixieren Sie eine beliebige rationale Zahl $s \in \alpha$ und betrachten Sie die rationale Folge $(s_n)_n$ mit $s_n := s + (n-1)r$. Benutzen Sie dann, dass es eine eindeutig bestimmte Zahl $m \in \mathbb{N}$ gibt mit $s_m \in \alpha$ und $s_{m+1} \notin \alpha$.

**Hinweis 6.17.** Beachten Sie Hinweis 2.29.

**Hinweis 6.18.** Offenbar gilt $a_n \geq 1$ für alle $n$. Wegen

$$a_{n+1} - a_n = 1 + \frac{1}{1+a_n} - \left(1 + \frac{1}{1+a_{n-1}}\right) = \frac{a_{n-1} - a_n}{(1+a_n)(1+a_{n-1})}$$

ist also $|a_{n+1} - a_n| \leq \frac{1}{2}|a_n - a_{n-1}|$. Beweisen Sie nun durch Induktion, dass allgemein

$$|a_{n+1} - a_n| \leq \frac{1}{2^{n+1}}|a_2 - a_1| = \frac{1}{2^{n+2}}$$

gilt, und schließen Sie hieraus, dass $(a_n)_n$ Cauchyfolge ist. Zur Berechnung des Grenzwerts gehen Sie dann vor wie in Beispiel 6.6.

**Hinweis 6.19.** Beachten Sie, dass die Abschätzungen

$$a_2 \geq 2 \cdot \frac{1}{2}, \ a_4 \geq 4 \cdot \frac{1}{4}, \ a_{2^k} \geq 2^k \cdot \frac{1}{2^k}$$

gelten. Benutzen Sie dann Satz 2.4.

**Hinweis 6.20.** Beachten Sie zunächst, dass für $n, k \in \mathbb{N}$ die Abschätzung

$$|a_{n+k} - a_n| = \left| \frac{1}{n+1} - \frac{1}{n+2} + \frac{1}{n+3} - + \ldots + (-1)^{k+1}\frac{1}{n+k} \right|$$

gilt. Zeigen Sie nun, dass der Ausdruck rechts nach oben durch $\frac{1}{n+1}$ abgeschätzt werden kann. Was folgt hieraus für die Folge $(a_n)_n$?

**Hinweis 6.21.** Die Abschätzung $a_n \geq \frac{1}{2}$ zeigt man am besten durch vollständige Induktion, die Monotonie der Folge $(a_n)_n$ durch direkte Umformung der Bedingung $a_{n+1} \leq a_n$. Um die Konvergenz zu zeigen, benutzen Sie Satz 4.7.

**Hinweis 6.22.** Imitieren Sie den Beweis für Cauchyfolgen in Beispiel 4.5.

**Hinweis 6.27.** Nach (6.20) gilt

$$\alpha^2 = \{r \in \mathbb{Q} : r \leq 0\} \cup \{pq : p, q \geq 0, \ p^2, q^2 < 2\}$$

und

$$\alpha_2 = \{s \in \mathbb{Q} : s \leq 2\}.$$

Sie müssen also zeigen, dass diese beiden Mengen gleich sind.

**Hinweis 6.28.** Betrachten Sie zum Beispiel die Folgen $(a_n)_n$ mit $a_n := n$ bzw. $a_n := (-1)^n$.

**Hinweis 6.32.** Es ist leichter, $4g(x, y)^2 \leq 4a(x, y)^2$ zu beweisen.

**Hinweis 6.33.** Nach Definition (2.21) ist $a_{n+1} = a(a_n, 2/a_n)$.

**Hinweis 6.34.** Versuchen Sie es mit $g^{-1} \circ h : \mathbb{R}_D \to \mathbb{R}_B$.

**Hinweis 6.35.** Versuchen Sie es mit $f \circ g^{-1} : \mathbb{R}_C \to \mathbb{R}_D$.

**Hinweis 6.39.** Modifizieren Sie in geeigneter Weise das Ergebnis aus Aufgabe 5.45 für $a = -1$.

**Hinweis 6.40.** Wie erzeugt man am einfachsten aus einer monoton fallenden eine monoton wachsende Folge?

# Anhang

In diesem Anhang stellen wir zunächst eine Liste wichtiger Symbole, Bezeichnungsweisen und Abkürzungen zusammen, die wir in den vorangegangenen Kapiteln benutzt haben, sowie eine Übersicht über die wichtigsten Zahlenmengen. Es schließen sich eine englische Übersetzung mathematischer Ausdrücke sowie ein kurzes Literaturverzeichnis an. Zum Abschluss finden Sie einen Symbol-Index und einen Stichwort-Index.

## Einige Bezeichnungen und Abkürzungen

**Häufig benutzte Abkürzungen: z.z.** = zu zeigen; **w.w.** = wir wissen; **d.h.** = das heißt; **i.A.** = im Allgemeinen; **q.e.d.** = quod erat demonstrandum (was zu beweisen war); **o.B.d.A.** = ohne Beschränkung der Allgemeinheit (engl.: without loss of generality); **gdw.** = genau dann wenn (engl.: **iff** = if and only if).

**Häufig wiederkehrende Symbole:**

$$\sum_{k=1}^{n} a_k = a_1 + \ldots + a_n \ \text{(Summe)}, \qquad \prod_{k=1}^{n} a_k = a_1 \cdots a_n \ \text{(Produkt)}$$

$$\bigcap_{k=1}^{n} M_k = M_1 \cap \ldots \cap M_n \ \text{(Durchschnitt)}$$

$$\bigcup_{k=1}^{n} M_k = M_1 \cup \ldots \cup M_n \ \text{(Vereinigung)}$$

$$n! = \prod_{k=1}^{n} k \ \text{(Fakultät)}, \qquad \binom{n}{k} = \frac{n!}{k!(n-k)!} \ \text{(Binomialkoeffizient)}$$

**Binomische Formel mit Spezialfällen:**

$$(a+b)^n = \sum_{k=0}^{n} \binom{n}{k} a^{n-k} b^k$$

$$= a^n + na^{n-1}b + \frac{n(n-1)}{2} a^{n-1}b^2 + \dots$$

$$+ \frac{n(n-1)}{2} a^2 b^{n-2} + nab^{n-1} + b^n$$

$$(a+b)^2 = a^2 + 2ab + b^2, \quad (a+b)^3 = a^3 + 3a^2b + 3ab^2 + b^3,$$

$$(a+b)^4 = a^4 + 4a^3b + 6a^2b^2 + 4ab^3 + b^4$$

$$(1+b)^n = \sum_{k=0}^{n} \binom{n}{k} b^k$$

$$= 1 + nb + \frac{n(n-1)}{2} b^2 + \dots + \frac{n(n-1)}{2} b^{n-2} + nb^{n-1} + b^n$$

**Griechische Kleinbuchstaben:** $\alpha$ (alpha), $\beta$ (beta), $\gamma$ (gamma), $\delta$ (delta), $\varepsilon$ (epsilon), $\zeta$ (zeta), $\eta$ (eta), $\theta$ (theta), $\iota$ (iota), $\kappa$ (kappa), $\lambda$ (lambda), $\mu$ (mu), $\nu$ (nu), $\xi$ (xi), $o$ (omikron), $\pi$ (pi), $\rho$ (rho), $\sigma$ (sigma), $\tau$ (tau), $\upsilon$ (ypsilon), $\phi$ (phi), $\chi$ (chi), $\psi$ (psi), $\omega$ (omega)

**Griechische Großbuchstaben:** $\Gamma$ (Gamma), $\Delta$ (Delta), $\Theta$ (Theta), $\Lambda$ (Lambda), $\Xi$ (Xi), $\Pi$ (Pi), $\Sigma$ (Sigma), $\Upsilon$ (Ypsilon), $\Phi$ (Phi), $\Psi$ (Psi), $\Omega$ (Omega)

**Deutsche Kleinbuchstaben:** 𝔞, 𝔟, 𝔠, 𝔡, 𝔢, 𝔣, 𝔤, 𝔥, 𝔦, 𝔧, 𝔨, 𝔩, 𝔪, 𝔫, 𝔬, 𝔭, 𝔮, 𝔯, 𝔰, 𝔱, 𝔲, 𝔳, 𝔴, 𝔵, 𝔶, 𝔷

**Deutsche Großbuchstaben:** 𝔄, 𝔅, ℭ, 𝔇, 𝔈, 𝔉, 𝔊, ℌ, ℑ, 𝔍, 𝔎, 𝔏, 𝔐, 𝔑, 𝔒, 𝔓, 𝔔, ℜ, 𝔖, 𝔗, 𝔘, 𝔙, 𝔚, 𝔛, 𝔜, ℨ

**Hebräische Buchstaben:** ℵ (aleph), ℶ (beth), ℷ (gimel), ℸ (daleth)

## Wichtige Zahlenmengen:

- $\mathbb{N} = \{1, 2, 3, 4, 5, \ldots\}$ = Menge der natürlichen Zahlen,

- $\mathbb{N}_0 = \mathbb{N} \cup \{0\}$,

- $\mathbb{P} = \{2, 3, 5, 7, 11, \ldots\}$ = Menge der Primzahlen,

- $\mathbb{Z} = \{\ldots, -2, -1, 0, 1, 2, \ldots\}$ = Menge der ganzen Zahlen,

- $\mathbb{Z}^* = \mathbb{Z} \setminus \{0\}$,

- $\mathbb{Q} = \{\frac{m}{n} : m \in \mathbb{Z}, \, n \in \mathbb{N}\}$ = Menge der rationalen Zahlen,

- $\mathbb{Q}^+ = \{x \in \mathbb{Q} : x > 0\}$,

- $\mathbb{Q}^* = \mathbb{Q} \setminus \{0\}$ = punktierte rationale Achse,

- $\mathbb{R}$ = Menge der reellen Zahlen,

- $\mathbb{R}^+ = \{x \in \mathbb{R} : x > 0\} = (0, \infty)$,

- $\mathbb{R}_0^+ = \{x \in \mathbb{R} : x \geq 0\} = [0, \infty)$,

- $\mathbb{R}^* = \mathbb{R} \setminus \{0\} = (-\infty, 0) \cup (0, \infty)$ = punktierte reelle Achse,

- $\hat{\mathbb{R}} = \mathbb{R} \cup \{\pm\infty\}$ = erweiterte reelle Achse,

- $\mathbb{C} = \{x + yi : x, y \in \mathbb{R}\}$ = Menge der komplexen Zahlen,

- $\mathbb{D} = \{z \in \mathbb{C} : |z| < 1\}$ = komplexe Einheitskreisscheibe,

- $\mathbb{E} = \{z \in \mathbb{C} : \operatorname{Im} z > 0\}$ = obere komplexe Halbebene,

- $\mathbb{C}^* = \mathbb{C} \setminus \{0\}$ = punktierte komplexe Ebene,

- $\hat{\mathbb{C}} = \mathbb{C} \cup \{\infty\}$ = erweiterte komplexe Ebene,

- $\mathbb{S}^1 = \{z \in \mathbb{C} : |z| = 1\}$ = 1-Sphäre = komplexer Einheitskreisrand,

- $\mathbb{S}^{n-1} = \{(x_1, x_2, \ldots, x_n) \in \mathbb{R}^n : x_1^2 + x_2^2 + \ldots + x_n^2 = 1\}$ = Sphäre,

- $\mathbb{V}^n = \{(x_1, x_2, \ldots, x_n) \in \mathbb{R}^n : x_1^2 + x_2^2 + \ldots + x_n^2 \leq 1\}$ = Kugel,

- $\mathbb{T} = \mathbb{S}^1 \times \mathbb{S}^1$ = 2-Torus,

- $\mathbb{H}$ = Menge der Hamilton-Quaternionen,

- $\mathbb{O}$ = Menge der Cayley-Oktaven,

- $\mathbb{P}^{n-1}$ = projektiver Raum.

# Englische mathematische Ausdrücke

Abbildung: *map(ping)*

abelsch: *abelian*

abgeschlossen: *closed*

Abschätzung: *estimate*

Absolutbetrag: *absolute value*

Abstand: *distance*

abzählbar unendlich: *countable*

Achse: *axis*

addieren: *to add*

Addition: *addition*

Adjungierte: *adjoint*

affin: *affine*

algebraisch: *algebraic*

Algorithmus: *algorithm*

Annahme: *assumption*

annehmen: *assume*

äquivalent: *equivalent*

Äquivalenz: *equivalence*

Äquivalenzklasse: *equivalence class*

Äquivalenzrelation: *equivalence relation*

archimedisch: *archimedian*

assoziativ: *associative*

Assoziativgesetz: *associative law*

Aussage: *statement, assertion*

Äußeres: *exterior*

Auswahlaxiom: *axiom of choice*

Automorphismus: *automorphism*

Axiom: *axiom*

Basis: *base, basis*

Bedingung: *condition*

Behauptung: *assertion, claim*

beschränkt: *bounded*

Betrag: *absolute value*

Beweis: *proof*

bijektiv: *bijective*

Cauchyfolge: *Cauchy sequence*

Cosinus: *cosine*

Definition: *definition*

Definitionsbereich: *domain (of definition)*

Determinante: *determinant*

dicht: *dense*

Differenz: *difference*

distributiv: *distributive*

Distributivgesetz: *distributive law*

divergent: *divergent*

dividieren: *to divide*

Division: *division*

Drehung: *rotation*

Dreieck: *triangle*

Dualitätsprinzip: *duality principle*

Durchschnitt: *intersection*

Ebene: *plane*

Einbettung: *imbedding*

Eindeutigkeit: *uniqueness*

Einschränkung: *restriction*

Element: *element*

Ellipse: *ellipse*

endlich: *finite*

Endomorphismus: *endomorphism*

Erweiterung: *extension*

euklidisch: *euclidean*

Existenz: *existence*

Exponent: *exponent*

Faktor: *factor*

Fakultät (n!): *factorial*

fallend: *decreasing*

Fläche: *area*

Folge: *sequence*

Folgerung: *conclusion, corollary*

Fortsetzung: *continuation*

Funktion: *function*

ganz: *entire*

gegen den Uhrzeigersinn: *counter-clockwise*

Gerade: *line*

gerade (Zahl): *even*

gerade (Linie): *straight*

gleich: *equal*

Gleichheit: *equality*

Gleichung: *equation*

Graph: *graph*

Grenzwert: *limit*

ggT: *greatest common divisor*

Gruppe: *group*

Halbgruppe: *semigroup*

Hinlänglichkeit: *sufficiency*

hinreichend: *sufficient*

homomorph: *homomorphic*

Homomorphismus: *homomorphism*

Hyperbel: *hyperbola*

Identität: *identity*

imaginär: *imaginary*

Imaginärteil: *imaginary part*

Implikation: *implication*

im Uhrzeigersinn: *clockwise*

Induktion: *induction*

Infimum: *infimum*

injektiv: *injective, one-to-one*

Inklusion: *inclusion*

Inneres: *interior*

Intervall: *interval*

invers: *inverse*

irrational: *irrational*

isomorph: *isomorphic*

Isomorphismus: *isomorphism*

kartesisches Product: *cartesian product*

kgV: *least common multiple*

kommutativ: *commutative*

Kommutativgesetz: *commutative law*

Komplement: *complement*

komplex: *complex*

Kongruenz: *congruence*

konjugiert: *conjugate*

konkav: *concave*

Kontraposition: *contraposition*

konvergent: *convergent*

konvex: *convex*

Koeffizient: *coefficient*

Konstante: *constant*

Koordinate: *coordinate*

Körper: *field*

Kreis: *circle*

Kreisumfang: *circumference*

Kurve: *curve*

Länge: *length*

leer: *empty*

linear: *linear*

linksinvers: *left inverse*

Logarithmus: *logarithm*

Lösung: *solution*

Mächtigkeit: *cardinality*

Matrix: *matrix*
Maximum: *maximum*
Menge: *set*
Minimum: *minimum*
monoton: *monotone*
Multiplikation: *multiplication*
multiplizieren: *multiply*
natürlich: *natural*
Negation: *negation*
negativ: *negative*
Nenner: *denominator*
nichtleer: *nonempty*
nichtlinear: *nonlinear*
notwendig: *necessary*
Notwendigkeit: *necessity*
Nullstelle: *zero, root*
Nullteiler: *zero divisor*
Oberfläche: *surface*
offen: *open*
Ordnung(srelation): *ordering*
Paar: *pair*
Parabel: *parabola*
Parametrisierung: *parametrization*
Permutation: *permutation*
Polarkoordinaten: *polar coordinates*
Polygon: *polygon*
Polynom: *polynomial*
positiv: *positive*
Potenz: *power*
Potenzmenge: *power set*
Primzahl: *prime number*
Produkt: *product*
Punkt: *point*

pythagoreisch: *pythagorean*
Quadrat: *square*
Quantor: *quantifier*
Quaternione: *quaternion*
Quotient: *quotient, ratio*
Quotientenmenge: *quotient set*
Rand: *boundary*
rational: *rational*
Realteil: *real part*
Rechteck: *rectangle*
rechtsinvers: *right inverse*
reell: *real*
Rekursion: *recursion*
Relation: *relation*
Rest: *remainder*
Restklasse: *coset*
Ring: *ring, annulus*
Satz: *theorem, proposition*
Schiefkörper: *skew field*
Schnitt: *section*
Sekante: *secant*
Sinus: *sine*
Skalarprodukt: *scalar product*
Spiegelung: *reflection*
Spur: *trace*
steigend: *increasing*
subtrahieren: *to subtract*
Subtraktion: *subtraction*
Summe: *sum*
Supremum: *supremum*
surjektiv: *surjective, onto*
Tangente: *tangent*
teilbar: *divisible*
Teiler: *divisor*

teilerfremd: *relatively prime*
Teilmenge: *subset*
Torus: *torus*
Transponierte: *transposed*
transzendent: *transcendental*
Tripel: *triple*
überabz. unendlich: *uncountable*
Umkehrung: *converse*
unbeschränkt: *unbounded*
unendlich: *infinite*
ungerade: *odd*
ungleich: *unequal*
Ungleichung: *inequality*
Untergruppe: *subgroup*
Variable: *variable*
Verband: *lattice*
Vereinigung: *union*
Verknüpfung: *composition*
Vervollständigung: *completion*
Vielfaches: *multiple*
vollständig: *complete*
Volumen: *volume*
Voraussetzung: *hypothesis*
Wahrscheinlichkeit: *probability*
Wertebereich: *range*
Widerspruch: *contradiction*
widersprüchlich: *contradictory*
Wohlordnung: *well-ordering*
Wurzel: *root*
Zahl: *number*
Zähler: *numerator*
Zerlegung: *partition*

# Literaturverzeichnis

Im Folgenden geben wir eine Liste weiterführender Literatur an, die uns zur Vertiefung und Erweiterung des Stoffes geeignet erscheint.


1. H. D. EBBINGHAUS, H. HERMES, F. HIRZEBRUCH, M. KOECHER, K. MAINZER, J. NEUKIRCH, A. PRESTEL, R. REMMERT: *Zahlen*, Springer-Verlag, Berlin – Heidelberg – New York 1992

2. K. FRITZSCHE: *Mathematik für Einsteiger*, Spektrum Akademischer Verlag, Heidelberg 2001

3. H. KIRSCH: *Mathematik wirklich verstehen*, Aulis-Verlag, Köln 1997

4. H. KOCH: *Einführung in die Mathematik*, Springer-Verlag, Berlin – Heidelberg – New York 2004

5. F. PADBERG: *Elementare Zahlentheorie*, Herder-Verlag, Freiburg – Basel – Berlin 1972

6. F. PADBERG: *Zahlentheorie und Arithmetik*, Spektrum Akademischer Verlag, Heidelberg – Berlin 1999

7. F. PADBERG, R. DANCKWERTS, M. STEIN: *Zahlbereiche*, Spektrum Akademischer Verlag, Heidelberg – Berlin – Oxford 1995

8. K. REISS, G. SCHMIEDER: *Basiswissen Zahlentheorie*, Springer-Verlag, Heidelberg 2005

9. H. J. VOLLRATH: *Grundlagen des Mathematikunterrichts in der Sekundarstufe*, Spektrum Akademischer Verlag, Heidelberg – Berlin 2001

10. H. J. VOLLRATH: *Algebra in der Sekundarstufe*, Spektrum Akademischer Verlag, Heidelberg – Berlin 2003

# Symbol-Index

# Stichwort-Index